高等代数

Advanced Algebra

耿薇　编著

高等教育出版社·北京

内容简介

本书是为统计学与数据科学专业编写的高等代数教材。全书共十一章，主要内容包括多项式、行列式、矩阵、线性方程组、线性空间与线性变换、矩阵的特征值问题、二次型、欧氏空间、矩阵分解、线性方程组数值解法介绍、矩阵特征值问题数值解法介绍。力求使学生在掌握多项式理论与线性代数理论等高等代数知识的同时，也能够学会在实际中用数值方法解决线性方程组及矩阵特征值问题。

本书可作为高等学校统计学专业、数据科学与大数据技术专业高等代数课程的教材，也可作为数学类专业的高等代数课程的参考教材，还可以作为教师的教学参考书。

图书在版编目（CIP）数据

高等代数 / 耿薇编著 . -- 北京 : 高等教育出版社，2021.3

ISBN 978-7-04-055462-5

Ⅰ. ①高… Ⅱ. ①耿… Ⅲ. ①高等代数－高等学校－教材 Ⅳ. ① O15

中国版本图书馆 CIP 数据核字（2021）第 025269 号

Gaodeng Daishu

策划编辑 张晓丽　责任编辑 高　旭　封面设计 张　楠　版式设计 王艳红
责任校对 窦丽娜　责任印制 刘思涵

出版发行	高等教育出版社	网　址	http://www.hep.edu.cn
社　址	北京市西城区德外大街 4 号		http://www.hep.com.cn
邮政编码	100120	网上订购	http://www.hepmall.com.cn
印　刷	三河市华润印刷有限公司		http://www.hepmall.com
开　本	787mm×1092mm　1/16		http://www.hepmall.cn
印　张	22		
字　数	420 千字	版　次	2021 年 3 月第 1 版
购书热线	010-58581118	印　次	2021 年 3 月第 1 次印刷
咨询电话	400-810-0598	定　价	46.00 元

物 料 号　55462-00

前言

高等代数是数学类专业的必修课程之一，是几乎所有数学相关科学研究的基础，历来特别被重视。随着数据科学的飞速发展，大数据专业应运而生，专业课程建设是办好新专业的头等大事。数学专业传统的高等代数课程已不能满足统计学与数据科学专业的教学需要，建设新高等代数课程势在必行，有了好的课程体系，才能培养适合国家大数据发展战略需要的人才。

由于数学大类各个学科、专业的体系结构、知识层次不同，教学目标和教学要求有所不同，课程内容的深度和广度也有所不同，自然所使用的教材也应有所不同。教材建设是课程建设的一个重要方面，属于基础性建设。时代在前进，教材也应适时更新而不能一成不变，因此，教材建设是一项持续性的工作，目前已有北京大学数学系前代数小组编写的（王萼芳、石生明修订）、南开大学孟道骥编写的多部经典高等代数教材，这些教材为高等代数教学作出了重要贡献，也为统计学与数据科学专业的教材建设奠定了基础，积累了经验。近几年，我国许多高校纷纷成立了数据科学与大数据技术专业，这对我们的高等代数教学提出了许多新要求，而作为课程建设基础的教材建设自当及时跟进，现在呈现在读者面前的便是为统计学与数据科学专业量身打造的数学基础课教材之一——《高等代数》，曾在南开大学统计与数据科学学院本科生一年级必修课高等代数课程试用。

本书主要内容包括一元多项式理论、线性代数理论、线性代数中的数值解法三部分。第 1 章介绍多项式理论，我们在实际教学中只讲授一元多项式，主要包括多项式的运算、最大公因式以及因式分解。第 2 章至第 9 章是线性代数理论部分。第 2 章是行列式，包括行列式的定义、性质、展开及用行列式解线性方程组的克拉默法则；第 3 章是矩阵，介绍了矩阵的运算及分块运算，矩阵的初等变换及初等矩阵，最后讨论了矩阵的秩；第 4 章是线性方程组，讨论了线性方程组有解的条件、求解的方法以及解的结构；第 5 章是线性空间与线性变换，通过介绍线性空间及线性变换中的基本概念和理论，使读者理解把数学对象抽象为数学结构的思维方法；第 6 章是矩阵的特征值问题，讲述了矩阵特征值、特征向量的相关概念和结论，重点讨论了矩阵对角化的条件，最后介绍了矩阵的若尔当标准形；第 7 章是二次型，介绍了二次型的标准形与规范形，以及正定、半正定等有定二次型，讨论了二次型的非退化的线性变换及对称矩阵的合同变换；第 8 章是欧氏空间，主要介绍了欧氏空间的标准正交基和正交矩阵，将最小二乘法作为子空间的一个应用加以讲述；第 9 章是矩阵分解，包括矩阵的三角分解和正交分解，特别介绍了矩阵的奇异值以及奇异值分解。第 10、11 章是线性代数中的数值解法部分。第 10 章是线性方程组的数值解法，介绍了基于矩阵三角分解的直接法和迭代法两大类算法；第 11 章是矩阵特征值问题的数值解法，介绍了幂法、反幂法，以及基于正交变换和矩阵正交分解的雅可比方法、QR 方法。

不同于已有的高等代数教材, 为了适应统计学、数据科学与大数据技术本科专业发展的需要, 本书增添了统计学与数据科学中常用的奇异值分解等矩阵分解理论, 并且还加入了线性方程组的数值解法、矩阵特征值问题的数值解法两部分内容, 使学生不仅学习线性方程组、特征值问题的理论知识, 还要学会在实际中解决问题的方法, 为将来成为统计学与数据科学人才奠定基础。

在本书的编写过程中, 编者参阅了多位作者的书籍, 这些书籍为本书的编写提供了许多宝贵的经验。本书的编写得到了南开大学教务处、南开大学统计与数据科学学院的大力支持和帮助, 特别是统计与数据科学学院执行院长王兆军教授提出了许多有建设性的意见。此外, 刘泽、郭子庆、任雨濛三位同学利用课余时间为本书录入了全部的书稿。对来自方方面面的关心、支持和帮助, 编者在此一并表示衷心的感谢!

由于水平有限, 缺点和不足在所难免, 欢迎读者批评指正。

编者

2020 年 8 月于南开园

目录

0

第零章

预备知识

常用符号

为了使数学公式表达起来简单明了, 通常需要规定一些特殊符号, 比如连加号 $\sum$ 和连乘号 $\prod$.

n 个数 $a_1, a_2, \cdots, a_n$ 的和

$$a_1 + a_2 + \cdots + a_n$$

简记为

$$\sum_{i=1}^{n} a_i \text{ 或 } \sum_{1 \leqslant i \leqslant n} a_i.$$

序列 $a_1, a_2, \cdots, a_n$ 中从第 p 项到第 q 项的和, 则可记为

$$\sum_{i=p}^{q} a_i \text{ 或 } \sum_{p \leqslant i \leqslant q} a_i.$$

序列中从第 1 项到第 $2k+1$ 项中所有奇数项的和, 可记为

$$\sum_{i=0}^{k} a_{2i+1}.$$

而序列中从第 2 项到第 $2k$ 项中所有偶数项的和, 可记为

$$\sum_{i=1}^{k} a_{2i}.$$

例 0.1.1 用 $\sum$ 符号可以很简洁地表示二项展开式

$$(x+y)^n = \sum_{i=0}^{n} \mathrm{C}_n^i x^{n-i} y^i.$$

其中 C_n^i 为从 n 个不同元素中取出 $i(i \leqslant n)$ 个元素的所有组合的个数.

如果我们要求 mn 个数

$$\begin{matrix} a_{11} & a_{12} & \cdots & a_{1n} \\ a_{21} & a_{22} & \cdots & a_{2n} \\ \vdots & \vdots & & \vdots \\ a_{m1} & a_{m2} & \cdots & a_{mn} \end{matrix}$$

的和, 可以先将 m 行各行求和, 分别得到

$$\sum_{j=1}^{n} a_{1j},\ \sum_{j=1}^{n} a_{2j},\ \cdots,\ \sum_{j=1}^{n} a_{mj},$$

然后再将这 m 个数求和, 即

$$\sum_{i=1}^{m}\sum_{j=1}^{n} a_{ij},$$

这个数就是 mn 个数的总和. 当然, 我们也可以先按列分别求和得

$$\sum_{i=1}^{m} a_{i1},\ \sum_{i=1}^{m} a_{i2},\ \cdots,\ \sum_{i=1}^{m} a_{in},$$

而后再将各列之和相加, 有

$$\sum_{j=1}^{n}\sum_{i=1}^{m} a_{ij}.$$

因此, 我们就得到

$$\sum_{i=1}^{m}\sum_{j=1}^{n} a_{ij} = \sum_{j=1}^{n}\sum_{i=1}^{m} a_{ij},$$

这就是所谓的“双 $\sum$”求和的可交换性.

与连加号 $\sum$ 类似, 也有连乘号 $\prod$, n 个数 $a_1, a_2, \cdots, a_n$ 的乘积简记为

$$a_1 a_2 \cdots a_n = \prod_{i=1}^{n} a_i = \prod_{1\leqslant i\leqslant n} a_i.$$

例 0.1.2 设 $a_1, a_2, \cdots, a_n$ 是 n 个互不相同的数, 则它们之间互不相同的差的积可以很简洁地记为

$$\begin{aligned}&(a_2-a_1)(a_3-a_1)\cdots(a_n-a_1)(a_3-a_2)\cdots(a_n-a_2)\cdots(a_n-a_{n-1})\\&\quad=\prod_{1\leqslant j<i\leqslant n}(a_i-a_j),\end{aligned}$$

共有 $\dfrac{n(n-1)}{2}$ 项乘积.

同样, mn 个数 a_{ij} $(i=1,2,\cdots,m,\ j=1,2,\cdots,n)$ 的乘积也可用“双 $\prod$”来记, 并且也有

$$\prod_{i=1}^{m}\prod_{j=1}^{n} a_{ij} = \prod_{j=1}^{n}\prod_{i=1}^{m} a_{ij}$$

的可交换性.

除了有代替数学公式中的运算的符号外, 还有一些代替文字的符号, 常常用“$\forall$”表示“对于任意的”, 用“$\exists$”表示“存在”, 用“$\exists!$”表示“唯一存在”, 用“s.t.”表示“使得”等.

0.2 数学归纳法

数学归纳法是一种在证明一个与正整数有关的命题 $E(n)$ 对任意正整数 n 成立时常用的方法, 一般有两种形式, 即第一数学归纳法和第二数学归纳法.

第一数学归纳法原理: 若

(1) 验证 $E(1)$ 成立;

(2) 归纳假设 $E(n)$ 成立;

(3) 证明 $E(n+1)$ 成立,

则 $E(n)$ 对任意 n 成立.

第一数学归纳法的可靠性, 基于正整数集的如下性质:

性质 1 设 S 为正整数集 $\mathbf{N}^*$ 的一个子集, 如果 $1 \in S$, 由 $n \in S$ 可推出 $n+1 \in S$, 则 $S = \mathbf{N}^*$.

第二数学归纳法原理: 若

(1) 验证 $E(1)$ 成立;

(2) 归纳假设对所有 $k < n$, $E(k)$ 成立;

(3) 证明 $E(n)$ 成立,

则 $E(n)$ 对任意 n 成立.

第二数学归纳法的可靠性, 基于正整数集的另一性质:

性质 2 正整数集 $\mathbf{N}^*$ 的任一非空子集 S 都有最小数.

其实, 第二数学归纳法原理与第一数学归纳法原理是等价的. 有时第二数学归纳法使用起来更为方便.

例 0.2.1 设 $a_1 = 1$, $a_2 = 2$, $a_n = a_{n-1} + a_{n-2}$, $n = 3, 4, \cdots$. 证明:

$$a_n = \frac{1}{\sqrt{5}}\left(\left(\frac{1+\sqrt{5}}{2}\right)^{n+1} - \left(\frac{1-\sqrt{5}}{2}\right)^{n+1}\right), \quad n = 1, 2, \cdots.$$

证明 当 $n = 1$ 时,

$$\frac{1}{\sqrt{5}}\left(\left(\frac{1+\sqrt{5}}{2}\right)^{2} - \left(\frac{1-\sqrt{5}}{2}\right)^{2}\right) = \frac{1}{\sqrt{5}}\left(\frac{3+\sqrt{5}}{2} - \frac{3-\sqrt{5}}{2}\right) = 1 = a_1.$$

假设 $\forall k<n$, 有

$$a_k=\frac{1}{\sqrt{5}}\left(\left(\frac{1+\sqrt{5}}{2}\right)^{k+1}-\left(\frac{1-\sqrt{5}}{2}\right)^{k+1}\right),$$

于是

$$\begin{aligned}
&a_n=a_{n-1}+a_{n-2}\\
&=\frac{1}{\sqrt{5}}\left(\left(\frac{1+\sqrt{5}}{2}\right)^{n}-\left(\frac{1-\sqrt{5}}{2}\right)^{n}\right)+\frac{1}{\sqrt{5}}\left(\left(\frac{1+\sqrt{5}}{2}\right)^{n-1}-\left(\frac{1-\sqrt{5}}{2}\right)^{n-1}\right)\\
&=\frac{1}{\sqrt{5}}\left(\left(\frac{1+\sqrt{5}}{2}\right)^{n-1}\left(\frac{1+\sqrt{5}}{2}+1\right)-\left(\frac{1-\sqrt{5}}{2}\right)^{n-1}\left(\frac{1-\sqrt{5}}{2}+1\right)\right)\\
&=\frac{1}{\sqrt{5}}\left(\left(\frac{1+\sqrt{5}}{2}\right)^{n+1}-\left(\frac{1-\sqrt{5}}{2}\right)^{n+1}\right).
\end{aligned}$$

所以, $\forall n\in\mathbf{N}^*$, 都有 $a_n=\dfrac{1}{\sqrt{5}}\left(\left(\dfrac{1+\sqrt{5}}{2}\right)^{n+1}-\left(\dfrac{1-\sqrt{5}}{2}\right)^{n+1}\right)$. □

0.3 数域

数是数系的一个最基本的概念, 我们讨论问题, 常常需要明确所考虑的数的范围, 在数的不同范围内, 同一个问题的解答可能是不同的, 比如 x^2+1 在实数范围内不能分解成两个一次因式的乘积, 而在复数范围内可以. 我们经常会涉及的数有自然数、整数、有理数、实数及复数, 它们的全体分别构成数集 $\mathbf{N}$, $\mathbf{Z}$, $\mathbf{Q}$, $\mathbf{R}$ 与 $\mathbf{C}$, 显然有

$$\mathbf{N}\subset\mathbf{Z}\subset\mathbf{Q}\subset\mathbf{R}\subset\mathbf{C}.$$

如果某个数集中, 任意两个数作某种运算, 结果还在这个数集中, 就称这个数集对这种运算是封闭的. 例如自然数集 $\mathbf{N}$ 对加法与乘法封闭, 但对减法和除法不封闭, 整数集对加法、减法和乘法封闭, 但对除法不封闭. 而有理数集、实数集和复数集对加、减、乘、除法都封闭, 还有其他的数集也具有这样的性质.

定义 0.3.1 设 P 为复数集 $\mathbf{C}$ 中包括 0 和 1 的一个子集. 如果 P 对加、减、乘、除法四种运算封闭, 则称 P 为一个数域.

这样, $\mathbf{Q}$, $\mathbf{R}$, $\mathbf{C}$ 都是数域, 分别称为有理数域、实数域、复数域.

例 0.3.1 令

$$P=\mathbf{Q}(\sqrt{2})=\{a+b\sqrt{2}\mid a,b\in\mathbf{Q}\},$$

则 P 是一个数域.

证明 显然 $0,1\in P$, $\forall a+b\sqrt{2},c+d\sqrt{2}\in P$, $a,b,c,d\in\mathbf{Q}$, 有

$$(a+b\sqrt{2})\pm(c+d\sqrt{2})=(a\pm c)+(b\pm d)\sqrt{2}\in P,$$

$$(a+b\sqrt{2})\cdot(c+d\sqrt{2})=(ac+2bd)+(ad+bc)\sqrt{2}\in P.$$

又设 $c+d\sqrt{2}\neq 0$, 当 $d=0$ 时, $c\neq 0$, 于是 $c-d\sqrt{2}\neq 0$; 当 $d\neq 0$ 时, 由于 $\sqrt{2}$ 是无理数, 则 $c-d\sqrt{2}\neq 0$. 总之若 $c+d\sqrt{2}\neq 0$, 则 $c-d\sqrt{2}\neq 0$,

$$\frac{a+b\sqrt{2}}{c+d\sqrt{2}}=\frac{(a+b\sqrt{2})(c-d\sqrt{2})}{(c+d\sqrt{2})(c-d\sqrt{2})}=\frac{ac-2bd}{c^2-2d^2}+\frac{bc-ad}{c^2-2d^2}\sqrt{2}\in P.$$

所以 P 是一个数域. □

显然有

$$\mathbf{Q}\subset\mathbf{Q}(\sqrt{2})\subset\mathbf{R}.$$

与例 0.3.1 中的方法完全类似地, 可以证明

$$\mathbf{Q}(\sqrt{-1})=\{a+b\sqrt{-1}\mid a,b\in\mathbf{Q}\}$$

也是一个数域, 且

$$\mathbf{Q}\subset\mathbf{Q}(\sqrt{-1})\subset\mathbf{C}.$$

定理 0.3.1 设 P 为任意一个数域, 则有

$$\mathbf{Q}\subset P.$$

证明 $\forall\frac{m}{n}\in\mathbf{Q}$, $n\neq 0$, 由于 $0\in P,1\in P$, 则有

$$m\in P,\ n\in P,$$

于是 $\frac{m}{n}\in P$, 故 $\mathbf{Q}\subset P$. □

定理 0.3.2 设 P 为一个数域, 如果 $\mathbf{R}\subsetneqq P$, 则 $P=\mathbf{C}$.

证明 由于 $\mathbf{R}\subsetneqq P$, 则有 $a\in P$, 但 $a\notin\mathbf{R}$. 于是可设

$$a=x+y\sqrt{-1},$$

其中 $x,y\in\mathbf{R}$, 且 $y\neq 0$. 则 $x,y\in P$,

$$\sqrt{-1}=\frac{a-x}{y}\in P,$$

所以 $\forall c,d\in\mathbf{R}$, $c+d\sqrt{-1}\in P$, 从而 $P=\mathbf{C}$. □

1 第一章 一元多项式简介

1.1 一元多项式的定义及其运算

在本章的讨论中, 我们总是设 P 为一个数域, x 为一个符号 (或文字). 下面给出一元多项式的定义.

定义 1.1.1 设 n 是一个非负整数, $a_i \in P, i=1,2,\cdots,n$, 称表达式

$$f(x)=\sum_{i=0}^{n} a_i x^i$$

为数域 P 中的一个以 x 为元的一元多项式. 其中 a_i 称为 i 次项系数, 特别地, 若 $a_n \neq 0$, 称多项式为 n 次多项式, 记为 $\deg(f(x))=n$. 若多项式中各次项系数全为零, 则称此多项式为零多项式, 记为 0, 不规定零多项式的次数.

记 $P[x]$ 为数域 P 中所有以 x 为元的一元多项式的全体构成的集合. 本章中所有的多项式均属于 $P[x]$.

定义 1.1.2 设 $f(x)=\sum\limits_{i=0}^{n} a_i x^i$, $g(x)=\sum\limits_{i=0}^{m} b_i x^i$. 若 $m=n$, 且 $a_i=b_i, i=1,2,\cdots,n$, 则称 $f(x)=g(x)$.

下面考虑一元多项式的运算.

设 $f(x)=\sum\limits_{i=0}^{n} a_i x^i$, $g(x)=\sum\limits_{i=0}^{m} b_i x^i$, $h(x)=\sum\limits_{i=0}^{l} c_i x^i$.

1. 加法

定义 1.1.3 不妨设 $n \geqslant m$. 称一元多项式 $\sum\limits_{i=0}^{m}(a_i+b_i)x^i+\sum\limits_{i=m+1}^{n} a_i x^i$ 为 $f(x)$ 与 $g(x)$ 的和, 记为 $f(x)+g(x)$.

不难看出,

$$\deg(f(x)+g(x)) \leqslant \max\{\deg(f(x)),\deg(g(x))\}.$$

显然, 多项式的加法运算满足下面的法则:

(1) 交换律: $f(x)+g(x)=g(x)+f(x)$;

(2) 结合律: $(f(x)+g(x))+h(x)=f(x)+(g(x)+h(x))$.

2. 乘法

定义 1.1.4 称一元多项式 $\sum_{k=0}^{m+n}\left(\sum_{i+j=k}a_ib_j\right)x^k$ 为 $f(x)$ 与 $g(x)$ 的积, 记为 $f(x)\cdot g(x)$.

对乘法运算, 显然有 $\deg(f(x)\cdot g(x))=\deg(f(x))+\deg(g(x))$, 且满足下面的法则:

(1) 交换律: $f(x)g(x)=g(x)f(x)$;

(2) 结合律: $(f(x)g(x))h(x)=f(x)(g(x)h(x))$;

(3) 分配律: $(f(x)+g(x))h(x)=f(x)h(x)+g(x)h(x)$;

(4) 消去律: 若 $f(x)g(x)=f(x)h(x)$, 且 $f(x)\neq 0$, 则 $g(x)=h(x)$.

下面仅对结合律加以证明:

首先

$$\begin{aligned}&\deg((f(x)g(x))h(x))=\deg(f(x)g(x))+\deg(h(x))\\=&\deg(f(x))+\deg(g(x))+\deg(h(x))\\=&\deg(f(x))+\deg(g(x)h(x))\\=&\deg(f(x)(g(x)h(x))),\end{aligned}$$

$f(x)g(x)$ 中的 s 次项的系数为 $\sum_{i+j=s}a_ib_j$, $(f(x)g(x))h(x)$ 中的 t 次项系数为

$$\sum_{s+k=t}\left(\sum_{i+j=s}a_ib_j\right)c_k=\sum_{i+j+k=t}a_ib_jc_k,$$

而 $g(x)h(x)$ 中的 r 次项系数为 $\sum_{j+k=r}b_jc_k$, $f(x)(g(x)h(x))$ 中的 $t(t=0,1,\cdots,m+n+l)$ 次项系数为

$$\sum_{i+r=t}a_i\left(\sum_{j+k=r}b_jc_k\right)=\sum_{i+j+k=t}a_ib_jc_k,$$

即 $(f(x)g(x))h(x)$ 与 $f(x)(g(x)h(h))$ 的 t 次项系数相等, 所以

$$(f(x)g(x))h(x)=f(x)(g(x)h(x)).$$

1.2 带余除法

一个多项式除以另一个多项式, 结果不一定是多项式. 所以, 在 $P[x]$ 中,

讨论多项式的运算是不能用除法的, 而是用一种替代的办法, 就是带余除法.

定义 1.2.1 (带余除法) 设 $f(x), g(x) \in P[x]$, 且 $g(x) \neq 0$, 若 $q(x), r(x) \in P[x]$, 满足

(1) $f(x) = g(x)q(x) + r(x)$;

(2) $r(x) = 0$ 或 $\deg(r(x)) < \deg(g(x))$,

则称 $q(x)$ 为 $f(x)$ 除以 $g(x)$ 的商式, $r(x)$ 为 $f(x)$ 除以 $g(x)$ 的余式.

定理 1.2.1 对于 $P[x]$ 中的任意两个多项式 $f(x)$ 与 $g(x)$, 其中 $g(x) \neq 0$, $f(x)$ 除以 $g(x)$ 的商式和余式是唯一存在的.

证明 若 $f(x) = 0$, 取 $q(x) = r(x) = 0$ 即可.

若 $f(x) \neq 0$, 设 $f(x) = \sum\limits_{i=0}^{n} a_i x^i$, $g(x) = \sum\limits_{i=0}^{m} b_i x^i$.

当 $n < m$ 时, 取 $q(x) = 0, r(x) = f(x)$ 即可.

当 $n \geqslant m$ 时, 利用第二数学归纳法证明.

当 $\deg(f(x)) = m$ 时,

$$\begin{aligned}
f(x) &= \frac{a_m}{b_m}g(x) + \left(a_{m-1} - \frac{a_m}{b_m}b_{m-1}\right)x^{m-1} + \left(a_{m-2} - \frac{a_m}{b_m}b_{m-2}\right)x^{m-2} + \cdots + \\
&\quad \left(a_1 - \frac{a_m}{b_m}b_1\right)x + \left(a_0 - \frac{a_m}{b_m}b_0\right) \\
&= \frac{a_m}{b_m}g(x) + \sum_{i=0}^{m-1}\left(a_i - \frac{a_m}{b_m}b_i\right)x^i.
\end{aligned}$$

取 $q(x) = \dfrac{a_m}{b_m}$, $r(x) = \sum\limits_{i=0}^{m-1}\left(a_i - \dfrac{a_m}{b_m}b_i\right)x^i$, 则结论成立.

归纳假设当 $m < \deg(f(x)) < n$ 时, 结论成立. 当 $m < \deg(f(x)) = n$ 时, 首先令

$$f_1(x) = f(x) - \frac{a_n}{b_m}x^{n-m}g(x),$$

则 $f_1(x) = 0$ 或 $\deg(f_1(x)) < n$, 故存在 $q_1(x), r(x) \in P[x]$, 使

$$f_1(x) = g(x)q_1(x) + r(x),$$

其中 $r(x) = 0$ 或 $\deg(r(x)) < \deg(g(x))$. 于是

$$\begin{aligned}
f(x) &= g(x)q_1(x) + r(x) + \frac{a_n}{b_m}x^{n-m}g(x) \\
&= g(x)\left[q_1(x) + \frac{a_n}{b_m}x^{n-m}\right] + r(x),
\end{aligned}$$

令 $q(x)=q_1(x)+\dfrac{a_n}{b_m}x^{n-m}$, 则有

$$f(x)=g(x)q(x)+r(x).$$

下面来证明唯一性.

设另有 $\overline{q}(x),\overline{r}(x)\in P[x]$, 使得

$$f(x)=g(x)\overline{q}(x)+\overline{r}(x),$$

其中 $\overline{r}(x)=0$ 或 $\deg(\overline{r}(x))<\deg(g(x))$. 则有

$$g(x)((q(x)-\overline{q}(x))=\overline{r}(x)-r(x).$$

于是

$$\deg(g(x))+\deg(q(x)-\overline{q}(x))=\deg(\overline{r}(x)-r(x)),$$

因此 $\deg(\overline{r}(x)-r(x))\geqslant\deg(g(x))$, 与 $\deg(\overline{r}(x)-r(x))<\deg(g(x))$ 矛盾. 故 $\overline{q}(x)=q(x)$, $\overline{r}(x)=r(x)$. □

例 1.2.1 求 $3x^3+4x^2-5x+6$ 除以 x^2-3x+1 的商式和余式.

解

$$\begin{array}{r|r|l}
x^2-3x+1 & 3x^3+4x^2-5x+6 & 3x+13 \\
 & 3x^3-9x^2+3x & \\ \cline{2-2}
 & 13x^2-8x+6 & \\
 & 13x^2-39x+13 & \\ \cline{2-2}
 & 31x-7 &
\end{array}$$

由此可见, 商式为 $3x+13$, 余式为 $31x-7$. □

特别地, 在带余除法中, 若 $f(x)=\sum\limits_{i=0}^{n}a_ix^i$, $g(x)=x-a$, 则余式 $r\in P$, 商式 $q(x)$ 为 $n-1$ 次多项式, 设 $q(x)=\sum\limits_{i=0}^{n-1}b_ix^i$, 此时有下面关系式:

$$\begin{cases} b_{n-1}=a_n, \\ b_i=ab_{i+1}+a_{i+1}, \quad i<n-1, \\ r=ab_0+a_0, \end{cases}$$

由于 $f(x)=(x-a)q(x)+r$, 于是又有

$$r=f(a)=\sum_{i=0}^{n}a_ia^i.$$

可用下列形式算出 $q(x)$ 的各次项系数及 r:

a	a_n	a_{n-1}	$\cdots$	a_1	a_0
		ab_{n-1}	$\cdots$	ab_1	ab_0
	$a_n = b_{n-1}$	$a_{n-1} + ab_{n-1} = b_{n-2}$	$\cdots$	$a_1 + ab_1 = b_0$	$a_0 + ab_0 = r$

上述方法称为综合除法.

例 1.2.2 求 $2x^5 - x^4 - 3x^3 + x - 3$ 除以 $x - 3$ 的商式及余式.

解

3	2	−1	−3	0	1	−3
		6	15	36	108	327
	2	5	12	36	109	324

即商式为 $2x^4 + 5x^3 + 12x^2 + 36x + 109$, 余式为 324. □

定义 1.2.2 设 $f(x), g(x) \in P[x]$, 若有 $h(x) \in P[x]$, 使得 $f(x) = g(x)h(x)$, 则称 $g(x)$ 整除 $f(x)$, 记为 $g(x) \mid f(x)$.

易得如下定理:

定理 1.2.2 设 $f(x), g(x) \in P[x]$,$g(x) \neq 0$, 则 $g(x) \mid f(x)$ 的充分必要条件为 $g(x)$ 除 $f(x)$ 余式为零.

当 $g(x) \mid f(x)$ 时, $g(x)$ 称为 $f(x)$ 的因式.

整除具有如下几个常用性质:

(1) 若 $f(x) \mid g(x)$ 且 $g(x) \mid f(x)$, 则 $f(x) = cg(x)$, 其中 c 为非零常数.

证明 由 $f(x) \mid g(x)$ 知存在 $h_1(x) \in P[x]$, 使

$$g(x) = f(x)h_1(x).$$

又由 $g(x) \mid f(x)$ 知存在 $h_2(x) \in P[x]$, 使

$$f(x) = g(x)h_2(x),$$

从而

$$f(x) = f(x)h_1(x)h_2(x).$$

若 $f(x) = 0$, 则 $g(x) = 0$, 结论成立.

若 $f(x) \neq 0$, 则 $h_1(x)h_2(x) = 1$, 故

$$\deg(h_1(x)) + \deg(h_2(x)) = 0,$$

从而

$$\deg(h_1(x)) = \deg(h_2(x)) = 0,$$

即

$$h_2(x) = c(\neq 0), \ f(x) = cg(x).$$

□

(2) 若 $f(x) \mid g(x)$, 且 $g(x) \mid h(x)$, 则 $f(x) \mid h(x)$.

(3) 若 $f(x) \mid g_i(x), i = 1, 2, \cdots, s$, 则 $f(x) \left| \sum_{i=1}^{s} u_i(x) g_i(x) \right.$, 其中 $u_i(x)$ 是 $P[x]$ 中的任意多项式.

1.3 最大公因式

设 $f(x), g(x), \psi(x) \in P[x]$, 若 $\psi(x) \mid f(x)$ 且 $\psi(x) \mid g(x)$, 则称 $\psi(x)$ 为 $f(x)$ 与 $g(x)$ 的公因式.

定义 1.3.1 设 $f(x), g(x) \in P[x]$, 若存在 $d(x) \in P[x]$, 满足

(1) $d(x)$ 为 $f(x)$ 与 $g(x)$ 的公因式;

(2) $f(x)$ 与 $g(x)$ 的任一公因式都是 $d(x)$ 的因式,

则称 $d(x)$ 为 $f(x)$ 与 $g(x)$ 的最大公因式.

为了讨论最大公因式的存在性, 先给出如下引理.

引理 1.3.1 若 $f(x) = g(x)q(x) + r(x)$, 则 $f(x), g(x)$ 的公因式与 $g(x), r(x)$ 的公因式全部相同.

证明 设 $\psi(x)$ 为 $f(x), g(x)$ 的任一公因式, 即 $\psi(x) \mid f(x)$ 且 $\psi(x) \mid g(x)$.

由于 $r(x) = f(x) - g(x)q(x)$, 则有 $\psi(x) \mid r(x)$. 从而 $\psi(x)$ 也为 $g(x), r(x)$ 的公因式.

同理, 若 $\psi(x)$ 为 $g(x), r(x)$ 的任一公因式, 则 $\psi(x)$ 也为 $f(x), g(x)$ 的公因式.

故 $f(x), g(x)$ 与 $g(x), r(x)$ 有相同的公因式, 进而有相同的最大公因式. □

定理 1.3.1 对于 $P[x]$ 中的任意两个不全为零的多项式 $f(x), g(x)$, 存在 $d(x) \in P[x]$, 使得 $d(x)$ 为 $f(x), g(x)$ 的最大公因式, 且存在 $u(x), v(x) \in P[x]$, 使得

$$d(x) = u(x)f(x) + v(x)g(x).$$

证明 若 $f(x), g(x)$ 有一个为零, 不妨设 $f(x) = 0$, 则 $g(x)$ 即为二者的最大公因式, 且

$$g(x) = 1 \cdot f(x) + 1 \cdot g(x).$$

若 $f(x), g(x)$ 均不为零, 不妨设 $\deg(g(x)) < \deg(f(x))$, 则有

$$f(x)=g(x)q_1(x)+r_1(x).$$

若 $r_1(x)=0$, 则 $g(x)$ 即为 $f(x),g(x)$ 的最大公因式, 且

$$g(x)=0\cdot f(x)+1\cdot g(x).$$

若 $r_1(x)\neq 0$, 则 $\deg(r_1(x))<\deg(g(x))$, 有

$$g(x)=r_1(x)q_2(x)+r_2(x).$$

若 $r_2(x)=0$, 则 $r_1(x)$ 即为 $g(x),r_1(x)$ 的最大公因式, 也即 $f(x),g(x)$ 的最大公因式.

若 $r_2(x)\neq 0$, 则 $\deg(r_2(x))<\deg(r_1(x))$, 有

$$r_1(x)=r_2(x)q_3(x)+r_3(x),\cdots$$

如此辗转相除下去, 所得余式的次数不断降低, 在有限次后, 必然有余式为零, 即

$$\begin{aligned}r_{s-3}(x)&=r_{s-2}(x)q_{s-1}(x)+r_{s-1}(x),\\ r_{s-2}(x)&=r_{s-1}(x)q_s(x)+r_s(x),\\ r_{s-1}(x)&=r_s(x)q_{s+1}(x),\end{aligned}$$

则 $r_s(x)$ 为 $r_{s-1}(x),r_s(x)$ 的最大公因式, 逐步推上去, $r_s(x)$ 即为 $f(x),g(x)$ 的最大公因式. 又有

$$r_s(x)=r_{s-2}(x)-r_{s-1}(x)q_s(x),$$

将 $r_{s-1}(x)=r_{s-3}(x)-r_{s-2}(x)q_{s-1}(x)$ 代入上式, 消去 $r_{s-1}(x)$ 得到

$$r_s(x)=(1+q_s(x)q_{s-1}(x))r_{s-2}(x)-q_s(x)r_{s-3}(x),$$

再将 $r_{s-2}(x)=r_{s-4}(x)-r_{s-3}(x)q_{s-2}(x)$ 代入上式, 消去 $r_{s-2}(x)$, 同样的方法继续下去, 逐个消去 $r_{s-3}(x),\cdots,r_1(x)$, 再合并整理, 最终得到

$$r_s(x)=u(x)f(x)+v(x)g(x).$$ □

若 $d_1(x),d_2(s)$ 都是 $f(x),g(x)$ 的最大公因式, 由最大公因式的定义可知 $d_1(x)\mid d_2(x)$, 且 $d_2(x)\mid d_1(x)$, 则有 $d_2(x)=cd_1(x),c\neq 0$, 也就是说最大公因式在相差一个非零常数倍的意义下是唯一存在的. 因此, 我们约定用 $(f(x),g(x))$ 来表示首项系数为 1 的最大公因式.

例 1.3.1 已知 $f(x)=x^4+3x^3-x^2-4x-3$, $g(x)=3x^3+10x^2+2x-3$, 求 $(f(x),g(x))$, 并将 $(f(x),g(x))$ 表示成 $f(x),g(x)$ 的组合.

解 由带余除法,

$$
\begin{array}{r|r|r|l}
-\dfrac{27}{5}x+9 & 3x^3+10x^2+2x-3 & x^4+3x^3-x^2-4x-3 & \dfrac{1}{3}x-\dfrac{1}{9} \\
 & 3x^3+15x^2+18x & x^4+\dfrac{10}{3}x^3+\dfrac{2}{3}x^2-x & \\
\cline{2-3}
 & -5x^2-16x-3 & -\dfrac{1}{3}x^3-\dfrac{5}{3}x^2-3x-3 & \\
 & -5x^2-25x-30 & -\dfrac{1}{3}x^3-\dfrac{10}{9}x^2-\dfrac{2}{9}x+\dfrac{1}{3} & \\
\cline{2-3}
 & 9x+27 & -\dfrac{5}{9}x^2-\dfrac{25}{9}x-\dfrac{10}{3} & -\dfrac{5}{81}x-\dfrac{10}{81} \\
 & & -\dfrac{5}{9}x^2-\dfrac{5}{3}x & \\
\cline{3-3}
 & & -\dfrac{10}{9}x-\dfrac{10}{3} & \\
 & & -\dfrac{10}{9}x-\dfrac{10}{3} & \\
\cline{3-3}
 & & 0 &
\end{array}
$$

故 $(f(x),g(x))=x+3$.

又

$$
\begin{aligned}
9x+27&=g(x)-\left(-\frac{27}{5}x+9\right)\left(-\frac{5}{9}x^2-\frac{25}{9}x-\frac{10}{3}\right)\\
&=g(x)-\left(-\frac{27}{5}x+9\right)\left[f(x)-(\frac{1}{3}x-\frac{1}{9})g(x)\right]\\
&=\left(\frac{27}{5}x-9\right)f(x)+\left(-\frac{9}{5}x^2+\frac{18}{5}x\right)g(x),
\end{aligned}
$$

从而

$$
(f(x),g(x))=\left(\frac{3}{5}x-1\right)f(x)+\left(-\frac{1}{5}x^2+\frac{2}{5}x\right)g(x). \qquad \square
$$

例 1.3.2 已知 $f(x)=x^3+2x^2-5x-6$, $g(x)=x^2+x-2$, 不难算出 $(f(x),g(x))=1$.

定义 1.3.2 设 $f(x),g(x)\in P[x]$. 若 $(f(x),g(x))=1$, 则称 $f(x),g(x)$ 互素.

定理 1.3.2 设 $f(x),g(x)\in P[x]$, 则 $f(x),g(x)$ 互素的充分必要条件为存在 $u(x),v(x)\in P[x]$, 使

$$u(x)f(x)+v(x)g(x)=1.$$

证明 只需证明充分性.

设存在 $u(x),v(x)\in P[x]$, 使

$$u(x)f(x)+v(x)g(x)=1,$$

由于 $(f(x),g(x))\mid f(x)$ 且 $(f(x),g(x))\mid g(x)$, 则 $(f(x),g(x))\mid 1$, 故 $(f(x),g(x))=1$, 即 $f(x),g(x)$ 互素. □

定理 1.3.3 设 $f(x),g(x),h(x)\in P[x]$, 若 $(f(x),g(x))=1$, 且 $f(x)\mid g(x)h(x)$, 则 $f(x)\mid h(x)$.

证明 由 $(f(x),g(x))=1$ 可知存在 $u(x),v(x)\in P[x]$, 使

$$u(x)f(x)+v(x)g(x)=1,$$

两边同乘 $h(x)$ 可得

$$u(x)f(x)h(x)+v(x)g(x)h(x)=h(x).$$

又由于 $f(x)\mid g(x)h(x)$, 则 $f(x)\mid h(x)$. □

推论 1.3.1 设 $f_1(x),f_2(x),g(x)\in P[x]$, 若 $f_1(x)\mid g(x),f_2(x)\mid g(x)$, 且 $(f_1(x),f_2(x))=1$, 则 $f_1(x)f_2(x)\mid g(x)$.

证明 由于 $f_1(x)\mid g(x)$, 则有

$$g(x)=f_1(x)h_1(x).$$

于是 $f_2(x)\mid f_1(x)h_1(x)$, 又由于 $(f_1(x),f_2(x))=1$, 由上定理可得 $f_2(x)\mid h_1(x)$, 即有

$$h_1(x)=f_2(x)h_2(x).$$

于是

$$g(x)=f_1(x)f_2(x)h_2(x),$$

即 $f_1(x)f_2(x)\mid g(x)$. □

注 两个多项式的最大公因式互素的概念及相关结果可推广到多个多项式.

1.4 因式分解

在中学的代数课里，我们就学习了因式分解，而且对多项式进行因式分解时，总是要求分解到不能再分的程度. 但什么是不能再分呢？这要依系数所在的数域而言. 例如，x^2+1 作为 $\mathbf{R}[x]$ 中的多项式就不能再分了，但作为 $\mathbf{C}[x]$ 中的多项式，还可以继续分解为 $(x+\mathrm{i})(x-\mathrm{i})$.

所谓"不能再分"，确切数学含义如下：

定义 1.4.1 设 $p(x)\in P[x], \deg(p(x))\geqslant 1$，如果 $p(x)$ 不能表示成 $P[x]$ 中两个次数小于 $\deg(p(x))$ 的多项式的乘积，则称 $p(x)$ 为 $P[x]$ 中的不可约多项式；如果存在 $p_i(x)\in P[x]$，$\deg(p_i(x))<\deg(p(x)), i=1,2$，使 $p(x)=p_1(x)p_2(x)$，则称 $p(x)$ 为 $P[x]$ 中的可约多项式.

在任何数域中，一次多项式总是不可约的.

显然，不可约多项式的因式只有非零常数与它自身的非零常数倍. 由此可知，不可约多项式 $p(x)$ 与任一多项式 $f(x)$ 的关系只有两种：要么 $(p(x),f(x))=1$，要么 $p(x)\mid f(x)$.

定理 1.4.1 设 $p(x)$ 为 $P[x]$ 中的不可约多项式，$f(x),g(x)\in P[x]$. 若 $p(x)\mid f(x)g(x)$，则 $p(x)\mid f(x)$ 或 $p(x)\mid g(x)$.

证明 若 $p(x)\mid f(x)$，则结论成立.

若 $p(x)\nmid f(x)$，则 $(p(x),f(x))=1$. 又 $p(x)\mid f(x)g(x)$，则 $p(x)\mid g(x)$. □

下面考虑常用数域中的不可约多项式.

(1) 在复数域中，不可约多项式仅有一次多项式.

(2) 在实数域中，不可约多项式仅有一次多项式和判别式 $\varDelta<0$ 的二次多项式.

事实上，设 $f(x)=a_nx^n+a_{n-1}x^{n-1}+\cdots+a_0$ 是实系数多项式 $(n\geqslant 2)$，当 $n=2$，且 $\varDelta\geqslant 0$ 时，$f(x)$ 有两个实根 a,b，即 $f(x)=a_n(x-a)(x-b)$，$f(x)$ 在实数域中可约；当 $n>2$ 时，$f(x)$ 在复数域中一定存在一个根 c. 若 c 为实数，则 $f(x)=(x-c)f_1(x)$，$f_1(x)$ 为 $n-1$ 次实系数多项式，即 $f(x)$ 在实数域中可约；若 c 为复数，由于

$$f(c)=a_nc^n+a_{n-1}c^{n-1}+\cdots+a_0=0,$$

则有

$$f(\overline{c})=a_n\overline{c}^n+a_{n-1}\overline{c}^{n-1}+\cdots+a_0=\overline{a_nc^n+a_{n-1}c^{n-1}+\cdots+a_0}=0,$$

即 $\overline{c}$ 也为 $f(x)$ 的根, 因此

$$f(x)=(x-c)(x-\overline{c})f_2(x)=[x^2-(c+\overline{c})x+c\overline{c}]f_2(x),$$

显然 $x^2-(c+\overline{c})x+c\overline{c}$ 为实系数多项式, 且 $f_2(x)$ 为 $n-2$ 次实系数多项式, 即 $f(x)$ 在实数域中可约.

(3) 在有理数域中, 存在任意次数的不可约多项式.

设 $f(x)=a_nx^n+a_{n-1}x^{n-1}+\cdots+a_0$ 是一有理系数多项式, 则存在非零整数 k, 使 $kf(x)$ 为整系数多项式, 若 $kf(x)$ 的各项系数有最大公因子 l, 则有 $kf(x)=lg(x)$, 即 $f(x)=\dfrac{l}{k}g(x)$, 其中 $g(x)$ 是整系数多项式, 且各项系数互素, 称 $g(x)$ 为本原多项式. 可以证明, 两个本原多项式的乘积还是本原多项式, 由此又可以证明: 如果一个非零的整系数多项式能够分解成两个次数较低的有理系数多项式的乘积, 那么它一定能够分解成两个次数较低的整系数多项式的乘积.

在有理数域中, 我们不妨只考虑整系数多项式. 下面给出一个判别定理:

定理 1.4.2 (艾森斯坦 (Eisenstein) 判别法) *设 $f(x)=a_nx^n+a_{n-1}x^{n-1}+\cdots+a_0$ 是一个整系数多项式. 如果存在一个素数 p, 使得 $p\nmid a_n, p\mid a_{n-1},\cdots,a_0, p^2\nmid a_0$, 则 $f(x)$ 为有理数域中的不可约多项式.*

证明 假设 $f(x)$ 在有理数域上可约, 则 $f(x)$ 可分解为两个次数较低的整系数多项式的乘积:

$$f(x)=(b_kx^k+b_{k-1}x^{k-1}+\cdots+b_0)(c_lx^l+c_{l-1}x^{l-1}+\cdots+c_0),$$

其中 $k,l<n,k+l=n$, 于是

$$a_n=b_kc_l,a_0=b_0c_0.$$

由于 $p\mid a_0$, 则 $p\mid b_0$ 或 $p\mid c_0$. 又由于 $p^2\nmid a_0$, 则 p 不能同时整除 b_0 及 c_0. 不妨设 $p\mid b_0,p\nmid c_0$. 另一方面, 由于 $p\nmid a_n$, 故 $p\nmid b_k$, 假设 $b_1,b_2,\cdots,b_k$ 中第一个不能被 p 整除的为 $b_m(1\leqslant m\leqslant k<n)$, 而

$$a_m=b_mc_0+b_{m-1}c_1+\cdots+b_0c_m,$$

由于 $p\mid a_m,p\mid b_{m-1}c_1,\cdots,b_0c_m$, 则 $p\mid b_mc_0$, 从而 $p\mid b_m$, 矛盾. □

例 1.4.1 *已知 $f(x)=x^4-8x^3+12x+2$, 对素数 2, $2\mid -8$, $2|12$, $2|2$, 但 $2\nmid 1, 2^2\nmid 2$, 故 $f(x)$ 在有理数域上不可约.*

下面给出因式分解定理:

定理 1.4.3 (因式分解)　设 $f(x)=a_nx^n+a_{n-1}x^{n-1}+\cdots+a_0\,(n\geqslant 1)$ 是数域 P 中的任一多项式, 则存在数域 P 中的一些互不相同的首项系数为 1 的不可约多项 $p_1(x),p_2(x),\cdots,p_s(x)$, 使

$$f(x)=a_np_1^{r_1}(x)\,p_2^{r_2}(x)\cdots p_s^{r_s}(x),$$

其中 $r_1,r_2,\cdots,r_s$ 是正整数, 且这种分解是唯一的.

利用归纳法容易证明上述定理, 这里不再赘述.

特别地, 在复数域中, 任一次数不小于 1 的多项式都可以唯一地分解为

$$f(x)=a_n(x-b_1)^{r_1}\,(x-b_2)^{r_2}\cdots(x-b_s)^{r_s},$$

其中 $r_1,r_2,\cdots,r_s$ 为正整数, $r_1+r_2+\cdots+r_s=n$. 在实数域中, 任一次数不小于 1 的多项式都可以唯一地分解成

$$f(x)=a_n(x-b_1)^{k_1}\,(x-b_2)^{k_2}\cdots(x-b_s)^{k_s}\cdot$$
$$(x^2+p_1x+q_1)^{l_1}\,(x^2+p_2x+q_2)^{l_2}\cdots(x^2+p_tx+q_t)^{l_t},$$

其中 $k_1,k_2,\cdots,k_s,\ l_1,l_2,\cdots,l_t$ 均为正整数, $k_1+k_2+\cdots+k_s+2l_1+2l_2+\cdots+2l_t=n$, 且

$$p_i^2-4q_i<0,\ i=1,2,\cdots,t.$$

例 1.4.2　将 x^8-1 在实数域中因式分解.

解

$$\begin{aligned}x^8-1&=(x^4-1)(x^4+1)=(x^2-1)(x^2+1)(x^4+1)\\&=(x-1)(x+1)(x^2+1)(x^2-\sqrt{2}x+1)(x^2+\sqrt{2}x+1).\end{aligned}$$ □

定义 1.4.2　设 $p(x)$ 为数域 P 中的不可约多项式, 若 $p^k(x)\mid f(x)$, 而 $p^{k+1}(x)\nmid f(x)$, 则称 $p(x)$ 为 $f(x)$ 的 k 重因式.

定义 1.4.3　设

$$f(x)=a_nx^n+a_{n-1}x^{n-1}+\cdots+a_1x+a_0\in P[x],$$

称 $P[x]$ 中的多项式

$$na_nx^{n-1}+(n-1)a_{n-1}x^{n-2}+\cdots+2a_2x+a_1$$

为 $f(x)$ 的形式导数, 记为 $f'(x)$. 记 $f^{(0)}(x)=f(x)$, 称 $f^{(k)}(x)=(f^{(k-1)})'(x)$ 为 $f(x)$ 的 k 阶形式导数, $k=1,2,\cdots$.

利用归纳法易得如下定理.

定理 1.4.4 如果不可约多项式 $p(x)$ 为 $f(x)$ 的 k 重因式 $(k \geqslant 1)$, 则 $p(x)$ 为 $f'(x)$ 的 $k-1$ 重因式, $f''(x)$ 的 $k-2$ 重因式 $\cdots\cdots f^{(k-1)}(x)$ 的单重因式, 而不是 $f^{(k)}(x)$ 的因式.

推论 1.4.1 多项式 $f(x)$ 没有重因式的充分必要条件为 $(f(x), f'(x)) = 1$.

1.5 多项式函数

这一节, 我们从另一个观点, 即函数的观点来考察一元多项式.

设 $f(x) = a_n x^n + a_{n-1} x^{n-1} + \cdots + a_0 \in P[x]$, 则 $\forall a \in P$, 有 $f(a) \in P$, 这样一来, 多项式 $f(x)$ 就定义了一个数域 P 上的函数. 这个函数就称为多项式函数.

利用带余除法, 容易得到下面的定理.

定理 1.5.1 用一次多项式 $x-a$ 去除多项式 $f(x)$, 所得的余式是一个常数, 这个常数等于函数值 $f(a)$.

如果 $f(a) = 0$, 则称 a 为 $f(x)$ 的一个根.

推论 1.5.1 a 是 $f(x)$ 的根的充分必要条件为 $(x-a) \mid f(x)$.

如果 $(x-a)^k \mid f(x)$, 而 $(x-a)^{k+1} \nmid f(x)$, 即 $x-a$ 为 $f(x)$ 的 k 重因式, 则称 a 为 $f(x)$ 的 k 重根.

$P[x]$ 中的 n 次多项式 $(n \geqslant 0)$ 在数域 P 中的根 (重根按重数计) 不可能多于 n 个. 特别地, 复数域中的 n 次多项式在复数域中的根 (重根按重数计) 一定有 n 个.

对一个次数不超过 n 的多项式 $f(x)$, 如果它有 $n+1$ 个互异的根, 则 $f(x) = 0$.

下面, 我们考察有理系数多项式的有理根.

定理 1.5.2 设 $f(x) = a_n x^n + a_{n-1} x^{n-1} + \cdots + a_0$ 是一个整系数多项式, 如果 $\dfrac{r}{s}$ 是 $f(x)$ 的一个有理根, 其中 $(r, s) = 1$, 则一定有 $s \mid a_n$, $r \mid a_0$, 特别地, 当 $a_n = 1$ 时, $f(x)$ 的有理根都是整数, 且为 a_0 的因子.

证明 由于 $\dfrac{r}{s}$ 为 $f(x)$ 的一个有理根, 则有 $\left(x - \dfrac{r}{s}\right) \mid f(x)$. 从而 $(sx - r) \mid f(x)$, 则有

$$f(x)=(sx-r)(b_{n-1}x^{n-1}+b_{n-2}x^{n-2}+\cdots+b_0).$$

由于 $sx-r$ 是一个本原多项式, 所以 $b_{n-1},b_{n-2},\cdots,b_0$ 均为整数. 两边比较系数可得

$$a_n=sb_{n-1},\ a_0=-rb_0,$$

故 $s\mid a_n$, $r\mid a_0$. □

例 1.5.1 *求多项式* $f(x)=2x^4-x^3+2x-3$ *的有理根.*

解 由 $a_4=2$, $a_0=-3$ 可知这个多项式的有理根可能是 ±1, ±3, $\pm\dfrac{1}{2}$, $\pm\dfrac{3}{2}$. 经验证, 只有 $f(1)=0$. 因此这个多项式的有理根只有 1. □

下面我们再考察一元多项式的根与系数的关系.

设 $f(x)=x^n+a_1x^{n-1}+\cdots+a_n$ 是 $P[x]$ 中的一个多项式, 若 $f(x)$ 在数域 P 中有 n 个根 $x_1,x_2,\cdots,x_n$, 则 $f(x)$ 就可以分解成

$$f(x)=(x-x_1)(x-x_2)\cdots(x-x_n),$$

将乘积展开, 两边比较系数, 即得根与系数的关系如下:

$$\begin{cases} -a_1=x_1+x_2+\cdots+x_n, \\ a_2=\displaystyle\sum_{1\leqslant i<j\leqslant n}x_ix_j, \\ \cdots\cdots\cdots\cdots \\ (-1)^ka_k=\displaystyle\sum_{1\leqslant i_1<i_2<\cdots<i_k\leqslant n}x_{i_1}x_{i_2}\cdots x_{i_k}, \\ \cdots\cdots\cdots\cdots \\ (-1)^na_n=x_1x_2\cdots x_n, \end{cases}$$

其中第三个式子的和式为所有可能的 k 个不同的 x_{i_j} 的乘积之和. 可以看出, 一元多项式系数对称地依赖于多项式的根.

习 题 1

1. 计算:

(1) $(x^3+x^2-x-1)(x^3-2x-1)-8x(x^2-5)$;

(2) $(x^3+ax-b)(x^2-1)+(x^3-ax+b)(x^2+1)$.

2. 求实数 k, l, m, 使

$$(2x^2 + lx - 1)(x^2 - kx + 1) = 2x^4 + 5x^3 + mx^2 - x - 1.$$

3. 设 $f(x), g(x)$ 是两个非零多项式, 问 $f(x), g(x)$ 的系数满足什么条件时, 下式

$$\deg(f(x) + g(x)) \leqslant \max\{\deg(f(x)), \deg(g(x))\}$$

中的等号成立? 满足什么条件时, 小于号成立?

4. 设 $f(x), g(x)$ 都是数域 P 上的一元多项式, 且 $f(x) \neq 0$, $g(x) \neq 0$. 证明: 若 $\deg(f(x)g(x)) = \deg(g(x))$, 则 $f(x) = c$, $c \in P$.

5. 设 $f(x)$ 是数域 P 上的一元多项式, 证明: 若 $\forall a, b \in P$, 都有

$$f(a + b) = f(a) + f(b),$$

则 $f(x) = kx$, $k \in P$.

6. 证明实数域上多项式

$$f(x) = x^3 + px^2 + qx + r$$

是实数域上一个多项式的立方, 当且仅当 $p = 3\sqrt[3]{r}$, $q = 3\sqrt[3]{r^2}$.

7. 用 $g(x)$ 除 $f(x)$, 求商 $q(x)$ 及余式 $r(x)$:

(1) $f(x) = 2x^4 - 3x^3 + 4x^2 - 5x + 6$, $g(x) = x^3 - 3x + 1$;

(2) $f(x) = x^3 - 3x^2 - x - 1$, $g(x) = 3x^2 - 2x + 1$;

(3) $f(x) = x^5 + x^4 + 4x^3 + 2x^2 + 10x - 3$, $g(x) = x^3 + 2x^2 + 3x - 1$;

(4) $f(x) = x^4 - x^3 - 8x^2 + 11x - 3$, $g(x) = x^2 - 3x + 1$.

8. 设 $f(x) = 3x^4 - 10x^2 - 5x - 4$, $g(x) = x - 2$.

(1) 求用 $g(x)$ 除 $f(x)$ 所得的商及余式;

(2) 求 $f(2)$.

9. 把 $f(x)$ 表示成 $x - x_0$ 的方幂和

$$c_0 + c_1(x - x_0) + c_2(x - x_0)^2 + \cdots$$

的形式:

(1) $f(x) = x^5$, $x_0 = 1$;

(2) $f(x) = x^4 - 2x^2 + 3$, $x_0 = -2$;

(3) $f(x) = x^4 + 2\mathrm{i}x^3 - (1 + \mathrm{i})x^2 - 3x + 7 + \mathrm{i}$, $x_0 = -\mathrm{i}$.

10. 当 k, l, m, n 取何值时, 有

(1) $(x^3 - x + 1) \mid (x^5 + 3x^4 - 3x^3 + kx^2 + 5x + l)$;

(2) $(x^2 + mx + 1) \mid (x^3 + nx^2 + 5x + 2)$?

11. 证明: 若 $g(x) \mid (f_1(x) + f_2(x))$, 且 $g(x) \mid (f_1(x) - f_2(x))$, 则 $g(x) \mid f_1(x)$, 且 $g(x) \mid f_2(x)$.

12. 求 $(f(x),g(x))$, 并求 $u(x),v(x)$, 使 $(f(x),g(x))=u(x)f(x)+v(x)g(x)$:

(1) $f(x)=x^4+2x^3-4x-4$, $g(x)=x^4+2x^3-x^2-4x-2$;

(2) $f(x)=2x^4-x^3-8x^2+3x+4$, $g(x)=2x^3-x^2-4x-3$;

(3) $f(x)=4x^4-2x^3-16x^2+5x+9$, $g(x)=2x^3-x^2-5x+4$.

13. 设 $f(x)=x^3+(1+t)x^2+2x+2u$, $g(x)=x^3+tx+u$ 的最大公因式为一个二次多项式, 求实数 t,u 的值.

14. 设 $d(x)=u(x)f(x)+v(x)g(x)$, 证明: $d(x)$ 是 $f(x),g(x)$ 的最大公因式当且仅当 $d(x)\mid f(x)$ 且 $d(x)\mid g(x)$.

15. 设 $h(x)$ 是一个首项系数为 1 的多项式, 证明: $(f(x)h(x),g(x)h(x))=(f(x),g(x))\,h(x)$.

16. 设 $f(x),g(x)$ 是不全为零的多项式, 证明:

(1) $(f(x),g(x))=(f(x)+g(x),g(x))$;

(2) $(f(x),g(x))=(f(x)+g(x),f(x)-g(x))$.

17. 设 $f(x),g(x)$ 是不全为零的多项式, 证明:

$$\left(\frac{f(x)}{(f(x),g(x))},\frac{g(x)}{(f(x),g(x))}\right)=1.$$

18. 证明: 若 $(f(x),g(x))=1$, $(f(x),h(x))=1$, 则 $(f(x),g(x)h(x))=1$.

19. 证明: 若 $(f(x),g(x))=1$, 则 $(f(x)g(x),f(x)+g(x))=1$.

20. 设 $(f(x),g(x))=1$. 试证 $(f(x^m),g(x^m))=1\ (m\geqslant 1)$.

21. 求下列多项式的公共根:

$$f(x)=x^3+2x^2+2x+1,\ g(x)=x^4+x^3+2x^2+x+1.$$

22. 判别下列多项式有无重因式:

(1) $f(x)=x^5-5x^4+7x^3-2x^2+4x-8$;

(2) $f(x)=x^4+4x^2-4x-3$.

23. 求实数 t, 使多项式 $f(x)=x^3-3x^2+tx-1$ 有重根.

24. 求多项式 $f(x)=x^3+px+q$ 有重根的条件.

25. 如果 $(x-1)^2\mid(Ax^4+Bx^2+1)$, 求 A,B.

26. 证明: $1+x+\dfrac{x^2}{2!}+\cdots+\dfrac{x^n}{n!}$ 无重根.

27. 如果 a 是 $f'''(x)$ 的 k 重根, 证明: a 是

$$g(x)=\frac{1}{2}(x-a)(f'(x)+f'(a))-f(x)+f(a)$$

的 $k+3$ 重根.

28. 证明: x_0 是 $f(x)$ 的 k 重根, 当且仅当 $f(x_0)=f'(x_0)=\cdots=f^{(k-1)}(x_0)=0$, 而 $f^{(k)}(x_0)\neq 0$.

29. “若 a 是 $f'(x)$ 的 m 重根, 则 a 是 $f(x)$ 的 $m+1$ 重根” 这一论断是否正确? 为什么?

30. 证明: 若 $(x-1) \mid f(x^n)$, 则 $(x^n-1) \mid f(x^n)$.

31. 证明: 若 $(x^2+x+1) \mid (f_1(x^3)+xf_2(x^3))$, 则 $(x-1) \mid f_1(x)$, $(x-1) \mid f_2(x)$.

32. 分别在复数域与实数域内将 $f(x)$ 因式分解:

(1) $f(x)=x^7-3x^6+5x^5-7x^4+7x^3-5x^2+3x-1$;

(2) $f(x)=x^5-10x^3-20x^2-15x-4$;

(3) $f(x)=x^6-1$.

33. 证明: 奇数次实系数多项式一定有实根.

34. 求下列多项式的有理根:

(1) $f(x)=x^3-6x^2+15x-14$;

(2) $f(x)=4x^4-7x^2-5x-1$;

(3) $f(x)=x^5+x^4-6x^3-14x^2-11x-3$.

35. 判别下列多项式在有理数域上是否可约:

(1) $x^3-6x^2+16x-14$;

(2) x^6+x^3+1;

(3) x^p+px+1, p 为奇素数;

(4) x^4+4k+1, k 为整数.

36. 设 $f(x)$ 是一个整系数多项式. 试证: 若 $f(0)$ 与 $f(1)$ 都是奇数, 则 $f(x)$ 没有整数根.

37. 设 $a_1,a_2,\cdots,a_n$ 是互不相同的整数, 求证: $f(x)=(x-a_1)(x-a_2)\cdots(x-a_n)-1$ 在有理数域上不可约.

2

第二章

行列式

引　言

行列式是从求解 n 个未知量、n 个方程的线性方程组问题中产生的.

对于二元线性方程组

$$\begin{cases} a_{11}x_1 + a_{12}x_2 = b_1, \\ a_{21}x_1 + a_{22}x_2 = b_2, \end{cases}$$

当 $a_{11}a_{22} - a_{12}a_{21} \neq 0$ 时, 方程组有唯一解, 解为

$$x_1 = \frac{b_1a_{22} - b_2a_{12}}{a_{11}a_{22} - a_{12}a_{21}},\ x_2 = \frac{a_{11}b_2 - a_{21}b_1}{a_{11}a_{22} - a_{12}a_{21}}.$$

可见, x_1, x_2 中的分子、分母均为四个数的两两相乘再相减, 把它们分别用符号表示为

$$a_{11}a_{22} - a_{12}a_{21} = \begin{vmatrix} a_{11} & a_{12} \\ a_{21} & a_{22} \end{vmatrix},\quad b_1a_{22} - b_2a_{12} = \begin{vmatrix} b_1 & a_{12} \\ b_2 & a_{22} \end{vmatrix},$$

$$a_{11}b_2 - a_{21}b_1 = \begin{vmatrix} a_{11} & b_1 \\ a_{21} & b_2 \end{vmatrix},$$

它们都称为二阶行列式, 当方程组的四个系数构成的二阶行列式

$$\begin{vmatrix} a_{11} & a_{12} \\ a_{21} & a_{22} \end{vmatrix} \neq 0$$

时, 方程组有唯一解, 解为

$$x_1 = \frac{\begin{vmatrix} b_1 & a_{12} \\ b_2 & a_{22} \end{vmatrix}}{\begin{vmatrix} a_{11} & a_{12} \\ a_{21} & a_{22} \end{vmatrix}},\quad x_2 = \frac{\begin{vmatrix} a_{11} & b_1 \\ a_{21} & b_2 \end{vmatrix}}{\begin{vmatrix} a_{11} & a_{12} \\ a_{21} & a_{22} \end{vmatrix}}.$$

对于三元线性方程组

$$\begin{cases} a_{11}x_1 + a_{12}x_2 + a_{13}x_3 = b_1, \\ a_{21}x_1 + a_{22}x_2 + a_{23}x_3 = b_2, \\ a_{31}x_1 + a_{32}x_2 + a_{33}x_3 = b_3, \end{cases}$$

也有类似的讨论和结果. 当方程组的九个系数构成的三阶行列式

$$a_{11}a_{22}a_{33}+a_{12}a_{23}a_{31}+a_{13}a_{21}a_{32}-a_{11}a_{23}a_{32}-a_{12}a_{21}a_{33}-a_{13}a_{22}a_{31}\neq 0,$$

即

$$\begin{vmatrix} a_{11} & a_{12} & a_{13} \\ a_{21} & a_{22} & a_{23} \\ a_{31} & a_{32} & a_{33} \end{vmatrix} \neq 0$$

时, 方程组有唯一解, 解为

$$x_1=\frac{\begin{vmatrix} b_1 & a_{12} & a_{13} \\ b_2 & a_{22} & a_{23} \\ b_3 & a_{32} & a_{33} \end{vmatrix}}{\begin{vmatrix} a_{11} & a_{12} & a_{13} \\ a_{21} & a_{22} & a_{23} \\ a_{31} & a_{32} & a_{33} \end{vmatrix}},\quad x_2=\frac{\begin{vmatrix} a_{11} & b_1 & a_{13} \\ a_{21} & b_2 & a_{23} \\ a_{31} & b_3 & a_{33} \end{vmatrix}}{\begin{vmatrix} a_{11} & a_{12} & a_{13} \\ a_{21} & a_{22} & a_{23} \\ a_{31} & a_{32} & a_{33} \end{vmatrix}},\quad x_3=\frac{\begin{vmatrix} a_{11} & a_{12} & b_1 \\ a_{21} & a_{22} & b_2 \\ a_{31} & a_{32} & b_3 \end{vmatrix}}{\begin{vmatrix} a_{11} & a_{12} & a_{13} \\ a_{21} & a_{22} & a_{23} \\ a_{31} & a_{32} & a_{33} \end{vmatrix}}.$$

我们将要把上述结论推广到 n 个未知量、n 个方程的线性方程组

$$\begin{cases} a_{11}x_1+a_{12}x_2+\cdots+a_{1n}x_n=b_1, \\ a_{21}x_1+a_{22}x_2+\cdots+a_{2n}x_n=b_2, \\ \cdots\cdots\cdots\cdots \\ a_{n1}x_1+a_{n2}x_2+\cdots+a_{nn}x_n=b_n. \end{cases}$$

为此, 我们先要给出 n 阶行列式的概念, 并讨论它的性质, 研究它的计算方法.

2.2 n 阶排列

为了定义 n 阶行列式, 我们先引入 n 阶排列的概念并讨论其性质.

定义 2.2.1 由 $1,2,\cdots,n$ 组成的一个有序数组称为一个 n 阶排列, 记为 $i_1\,i_2\,\cdots\,i_n$.

例如 231 是一个三阶排列, 3214 是一个四阶排列.

三阶排列共有 6 个, 四阶排列共有 24 个, n 阶排列共有 $n!$ 个. $12\cdots n$ 当然是一个 n 阶排列, 这个排列是按照递增的顺序排起来的, 我们把它称为自然顺序排列. 而其他的 n 阶排列都或多或少地破坏了自然顺序.

定义 2.2.2 对于 n 阶排列 $i_1 \cdots i_s \cdots i_t \cdots i_n$, 若 $i_s > i_t$, 则称 (i_s, i_t) 为一个逆序, n 阶排列 $i_1 i_2 \cdots i_n$ 中的逆序的总数称为排列的逆序数, 记为 $\tau(i_1 i_2 \cdots i_n)$.

例如 231 中, (2,1), (3,1) 是逆序, $\tau(231) = 2$; 3214 中, (3,1), (3,2), (2,1) 是逆序, $\tau(3214) = 3$.

对 n 阶排列 $n(n-1)\cdots 21$, 所有的两个数都是逆序, 因此 $\tau(n(n-1)\cdots 21) = \dfrac{n(n-1)}{2}$.

定义 2.2.3 对 n 阶排列 $i_1 i_2 \cdots i_n$, 若 $\tau(i_1 i_2 \cdots i_n)$ 为偶数, 则称 $i_1 i_2 \cdots i_n$ 为偶排列; 若 $\tau(i_1 i_2 \cdots i_n)$ 为奇数, 则称 $i_1 i_2 \cdots i_n$ 为奇排列.

例如 231 就是一个三阶偶排列, 3214 就是一个四阶奇排列, 因 $\tau(12\cdots n) = 0$, 故 $12\cdots n$ 为偶排列.

定义 2.2.4 将一个 n 阶排列 $i_1 \cdots i_s \cdots i_t \cdots i_n$ 中的某两个数 i_s, i_t 位置互换, 而其他数的位置不变, 就得到另一个 n 阶排列 $i_1 \cdots i_t \cdots i_s \cdots i_n$, 称这种一对数的位置变换为一次对换, 表示为

$$i_1 \cdots i_s \cdots i_t \cdots i_n \xrightarrow{(i_s, i_t)} i_1 \cdots i_t \cdots i_s \cdots i_n.$$

显然, 连续进行两次相同的对换, 排列就还原了. 由此可知, 一个对换将全部 n 阶排列两两配对, 使每两个配对的 n 阶排列在这个对换下互变.

例如, 6 个三阶排列, 可根据 (1,2) 对换两两配对如下:

$$123 \leftrightarrow 213,\ 132 \leftrightarrow 231,\ 312 \leftrightarrow 321.$$

定理 2.2.1 经过一次对换, 奇排列变成偶排列, 偶排列变成奇排列, 即一次对换改变排列的奇偶性.

证明 先看特殊情形, 即对换一对相邻数的情形

$$i_1 \cdots i_s i_{s+1} \cdots i_n \xrightarrow{(i_s, i_{s+1})} i_1 \cdots i_{s+1} i_s \cdots i_n.$$

若在原排列中, (i_s, i_{s+1}) 是一个逆序, 则经过对换, 新排列的逆序数减少 1; 若原排列中, (i_s, i_{s+1}) 不是逆序, 则经过对换, 新排列的逆序数增加 1. 而 i_s, i_{s+1} 以外的数之间的逆序状况及 i_s, i_{s+1} 以外的数与 i_s, i_{s+1} 之间的逆序状况均保持不变. 所以, 新排列的奇偶性与原排列互换.

再看一般情形, 即对换一对不相邻数的情形

$$i_1 \cdots i_s \cdots i_{s+k} \cdots i_n \xrightarrow{(i_s, i_{s+k})} i_1 \cdots i_{s+k} \cdots i_s \cdots i_n.$$

不难看出, 一对不相邻数的对换, 可以经过若干次相邻数的对换来实现. 比如, 将 i_s 依次与后边的 $i_{s+1},\cdots,i_{s+k}$ 对换, 经过 k 次相邻数的对换, 原排列就变成

$$i_1\cdots i_{s+1}\cdots i_{s+k}\,i_s\cdots i_n.$$

再将 i_{s+k} 依次与前边 $i_{s+k-1},\cdots,i_{s+1}$ 对换, 经过 $k-1$ 次相邻数的对换原排列最终变成

$$i_1\cdots i_{s+k}\cdots i_s\cdots i_n,$$

即总共经过了 $2k-1$ 次相邻数的对换, 实现了 i_s,i_{s+k} 的对换. 一次相邻数的对换改变排列的奇偶性, $2k-1$ 是奇数, 显然, 奇数次相邻数的对换也改变排列的奇偶性, 从而任意位置的一对数的对换改变排列的奇偶性. □

推论 2.2.1 在全部的 n 阶排列中, 奇偶排列各半, 即各有 $\dfrac{n!}{2}$ 个.

证明 设在全部的 n 阶排列中, 有 s 个奇排列, t 个偶排列. 将 s 个奇排列中的 1 ,2 对换, 就得到 s 个偶排列, 于是 $s\leqslant t$. 同理可证 $t\leqslant s$, 故 $s=t$, 即奇偶排列数相等, 各为 $\dfrac{n!}{2}$ 个. □

例如三阶排列中, 123, 231, 312 为偶排列, 213, 132, 321 为奇排列.

定理 2.2.2 任意一个 n 阶排列总可以经过有限次对换, 变为 $12\cdots n$, 且所作对换的次数与这个排列有相同的奇偶性.

证明 我们对排列的阶数 n 作数学归纳法.

对一阶排列, 结论显然成立.

假设结论对 $n-1$ 阶排列成立, 下面考虑 n 阶排列.

设 $i_1\,i_2\cdots i_n$ 为一个 n 阶排列.

(1) 若 $i_n=n$, 则由归纳假设可知 $i_1\,i_2\cdots i_{n-1}$ 可以经过有限次对换变为 $12\cdots(n-1)$, 且所作对换的次数与 $\tau(i_1\,i_2\cdots i_{n-1})$ 有相同的奇偶性, 从而 n 阶排列 $i_1\,i_2\cdots i_{n-1}\,n$ 可以经过有限次对换变为 $123\cdots n$, 且所对换的次数与 $\tau(i_1i_2\cdots i_{n-1}\,n)=\tau(i_1i_2\cdots i_{n-1})$ 有相同的奇偶性.

(2) 若 $i_n\neq n$, 则先将 $i_1\,i_2\cdots i_n$ 中的 i_n,n 对换, 变为新的排列 $i_1'\,i_2'\cdots i_{n-1}'\,n$, 且 $i_1'\,i_2'\cdots i_{n-1}'\,n$ 与 $i_1\,i_2\cdots i_n$ 的奇偶性相反. 由 (1) 可知 $i_1'\,i_2'\cdots i_{n-1}'\,n$ 可以经 k 次对换变为 $12\cdots n$, 且所作对换的次数 k 与 $i_1'\,i_2'\cdots i_{n-1}'\,n$ 有相同的奇偶性. 从而 $i_1\,i_2\cdots i_n$ 可以经 $k+1$ 次对换, 变为 $12\cdots n$, 且所作对换的次数 $k+1$ 与 $i_1\,i_2\cdots i_n$ 有相同的奇偶性. □

例如, 四阶排列 4321, $\tau(4321)=6$, 4321 是偶排列,

$$4321\xrightarrow{(1,4)}1324\xrightarrow{(2,3)}1234,$$

将 4 3 2 1 变为 1 2 3 4, 所作对换的次数 2 与 $\tau(4\,3\,2\,1)$ 都是偶数, 即有相同的奇偶性, 还可以进行不同方式的对换,

$$4\,3\,2\,1 \xrightarrow{(1,2)} 4\,3\,1\,2 \xrightarrow{(1,3)} 4\,1\,3\,2 \xrightarrow{(2,4)} 2\,1\,3\,4 \xrightarrow{(1,2)} 1\,2\,3\,4.$$

可见, 这样的方式作对换的次数为 4, 同样是偶数.

2.3 n 阶行列式

从这一节开始, 我们所涉及的数均取自数域 P.

我们先回忆一下二阶行列式和三阶行列式

$$\begin{vmatrix} a_{11} & a_{12} \\ a_{21} & a_{22} \end{vmatrix} = a_{11}a_{22} - a_{12}a_{21},$$

$$\begin{vmatrix} a_{11} & a_{12} & a_{13} \\ a_{21} & a_{22} & a_{23} \\ a_{31} & a_{32} & a_{33} \end{vmatrix}$$

$$= a_{11}a_{22}a_{33} + a_{12}a_{23}a_{31} + a_{13}a_{21}a_{32} - a_{11}a_{23}a_{32} - a_{12}a_{21}a_{33} - a_{13}a_{22}a_{31}.$$

可以看出, 二阶行列式中有 2 项, 每一项均为取自不同行、不同列两个元素的乘积, 且由于 $\tau(1\,2) = 0, \tau(2\,1) = 1$, 而使得 $a_{11}a_{22}$ 带正号, $a_{12}a_{21}$ 带负号; 三阶行列式中共有 6 项, 每一项均为取自不同行、不同列的三个元素的乘积, 且由于

$$\tau(1\,2\,3) = 0, \tau(2\,3\,1) = 2, \tau(3\,1\,2) = 2,$$

使 $a_{11}a_{22}a_{33}$, $a_{12}a_{23}a_{31}$, $a_{13}a_{21}a_{32}$ 三项带正号, 又由于

$$\tau(3\,2\,1) = 3, \tau(1\,3\,2) = 1, \tau(2\,1\,3) = 1,$$

而使 $a_{13}a_{22}a_{31}$, $a_{11}a_{23}a_{32}$, $a_{12}a_{21}a_{33}$ 三项带负号.

下面, 我们将二阶、三阶行列式推广到 n 阶行列式.

定义 2.3.1 n 阶行列式为所有取自不同行、不同列元素乘积 $a_{1j_1}a_{2j_2}\cdots a_{nj_n}$ 的代数和, 而每一项的符号为 $(-1)^{\tau(j_1\,j_2\,\cdots\,j_n)}$, 即

$$\begin{vmatrix} a_{11} & a_{12} & \cdots & a_{1n} \\ a_{21} & a_{22} & \cdots & a_{2n} \\ \vdots & \vdots & & \vdots \\ a_{n1} & a_{n2} & \cdots & a_{nn} \end{vmatrix} = \sum_{j_1\,j_2\,\cdots\,j_n} (-1)^{\tau(j_1\,j_2\,\cdots\,j_n)} a_{1j_1}a_{2j_2}\cdots a_{nj_n},$$

这里 $\sum\limits_{j_1j_2\cdots j_n}$ 表示对 $j_1j_2\cdots j_n$ 取遍所有 n 阶排列求和, 即共 $n!$ 项求和.

在上述定义中, 为了决定每一项取自不同行、不同列元素乘积的符号, 我们把 n 个元素按行指标的自然顺序排列起来, 即写成 $a_{1j_1}a_{2j_2}\cdots a_{nj_n}$, 其中 $j_1j_2\cdots j_n$ 为一个 n 阶排列, 事实上, 由于数的乘积是可交换的, n 个元素的次序是可以任意排列的, 即可以写成一般形式

$$a_{i_1j_1}a_{i_2j_2}\cdots a_{i_nj_n},$$

其中 $i_1i_2\cdots i_n$ 与 $j_1j_2\cdots j_n$ 为两个 n 阶排列. 如何决定这一项的符号呢? 将 $i_1i_2\cdots i_n$ 经过有限次对换变成 $12\cdots n$, 即对 $a_{i_1j_1}a_{i_2j_2}\cdots a_{i_nj_n}$ 经过有限次因数的交换变成 $a_{1j_1'}a_{2j_2'}\cdots a_{nj_n'}$, 其值不变, $a_{1j_1'}a_{2j_2'}\cdots a_{nj_n'}$ 的符号为 $(-1)^{\tau(j_1'j_2'\cdots j_n')}$. 由于每作一次因数的交换, $i_1i_2\cdots i_n$ 与 $j_1j_2\cdots j_n$ 同时都作一次对换, 即行指标排列与列指标排列同时改变奇偶性, 因此, 每作一次因数的交换, 行指标排列的逆序数与列指标排列的逆序数和的奇偶性不变. 这样, 经过有限次因数的交换后,

$$(-1)^{\tau(i_1i_2\cdots i_n)+\tau(j_1j_2\cdots j_n)}=(-1)^{\tau(12\cdots n)+\tau(j_1'j_2'\cdots j_n')}=(-1)^{\tau(j_1'j_2'\cdots j_n')},$$

即有

$$(-1)^{\tau(i_1i_2\cdots i_n)+\tau(j_1j_2\cdots j_n)}a_{i_1j_1}a_{i_2j_2}\cdots a_{i_nj_n}=(-1)^{\tau(j_1'j_2'\cdots j_n')}a_{1j_1'}a_{2j_2'}\cdots a_{nj_n'}.$$

我们对 $a_{i_1j_1}a_{i_2j_2}\cdots a_{i_nj_n}$ 也可经过有限次因数的交换变成 $a_{i_1'1}a_{i_2'2}\cdots a_{i_n'n}$. 与前同理, 还可以得到

$$(-1)^{\tau(i_1i_2\cdots i_n)+\tau(j_1j_2\cdots j_n)}a_{i_1j_1}a_{i_2j_2}\cdots a_{i_nj_n}=(-1)^{\tau(i_1'i_2'\cdots i_n')}a_{i_1'1}a_{i_2'2}\cdots a_{i_n'n}.$$

于是, 我们又可以给出 n 阶行列式的另两种定义形式, 即

$$\begin{vmatrix} a_{11} & a_{12} & \cdots & a_{1n} \\ a_{21} & a_{22} & \cdots & a_{2n} \\ \vdots & \vdots & & \vdots \\ a_{n1} & a_{n2} & \cdots & a_{nn} \end{vmatrix}=\sum_{i_1i_2\cdots i_n}(-1)^{\tau(i_1i_2\cdots i_n)}a_{i_11}a_{i_22}\cdots a_{i_nn},$$

$$\begin{aligned}\begin{vmatrix} a_{11} & a_{12} & \cdots & a_{1n} \\ a_{21} & a_{22} & \cdots & a_{2n} \\ \vdots & \vdots & & \vdots \\ a_{n1} & a_{n2} & \cdots & a_{nn} \end{vmatrix}&=\sum_{j_1j_2\cdots j_n}(-1)^{\tau(i_1i_2\cdots i_n)+\tau(j_1j_2\cdots j_n)}a_{i_1j_1}a_{i_2j_2}\cdots a_{i_nj_n}\\ &=\sum_{i_1i_2\cdots i_n}(-1)^{\tau(i_1i_2\cdots i_n)+\tau(j_1j_2\cdots j_n)}a_{i_1j_1}a_{i_2j_2}\cdots a_{i_nj_n}.\end{aligned}$$

例 2.3.1 计算上三角形行列式

$$\begin{vmatrix} a_{11} & a_{12} & \cdots & a_{1,n-1} & a_{1n} \\ 0 & a_{22} & \cdots & a_{2,n-1} & a_{2n} \\ \vdots & \vdots & & \vdots & \vdots \\ 0 & 0 & \cdots & a_{n-1,n-1} & a_{n-1,n} \\ 0 & 0 & \cdots & 0 & a_{nn} \end{vmatrix}.$$

解 考虑行列式中的一般项 $a_{1j_1}a_{2j_2}\cdots a_{nj_n}$, 第 n 行中的元素除 a_{nn} 以外全为零, 故只能有 $j_n=n$, 第 $n-1$ 行中除 $a_{n-1,n-1}$、$a_{n-1,n}$ 以外全为零, 但 j_{n-1} 不能等于 j_n, 即不能等于 n, 故只能有 $j_{n-1}=n-1$, 这样逐步推上去, 只能 $j_2=2, j_1=1$, 即行列式中只有 $a_{11}a_{22}\cdots a_{nn}$ 这一项, 又由于 $12\cdots n$ 是偶排列, 于是

$$\begin{vmatrix} a_{11} & a_{12} & \cdots & a_{1,n-1} & a_{1n} \\ 0 & a_{22} & \cdots & a_{2,n-1} & a_{2n} \\ \vdots & \vdots & & \vdots & \vdots \\ 0 & 0 & \cdots & a_{n-1,n-1} & a_{n-1,n} \\ 0 & 0 & \cdots & 0 & a_{nn} \end{vmatrix} = a_{11}a_{22}\cdots a_{nn}.$$ □

类似地, 由行列式的定义, 可得下三角形行列式

$$\begin{vmatrix} a_{11} & 0 & \cdots & 0 \\ a_{21} & a_{22} & \cdots & 0 \\ \vdots & \vdots & & \vdots \\ a_{n1} & a_{n2} & \cdots & a_{nn} \end{vmatrix} = a_{11}a_{22}\cdots a_{nn}.$$

显然, 对角行列式作为三角形行列式的特殊情形, 也有

$$\begin{vmatrix} a_{11} & 0 & \cdots & 0 \\ 0 & a_{22} & \cdots & 0 \\ \vdots & \vdots & & \vdots \\ 0 & 0 & \cdots & a_{nn} \end{vmatrix} = a_{11}a_{22}\cdots a_{nn}.$$

而对于如下三种行列式

$$\begin{vmatrix} a_{11} & \cdots & a_{1,n-1} & a_{1n} \\ a_{21} & \cdots & a_{2,n-1} & 0 \\ \vdots & & \vdots & \vdots \\ a_{n1} & \cdots & 0 & 0 \end{vmatrix}, \quad \begin{vmatrix} 0 & \cdots & 0 & a_{1n} \\ 0 & \cdots & a_{2,n-1} & a_{2n} \\ \vdots & & \vdots & \vdots \\ a_{n1} & \cdots & a_{n,n-1} & a_{nn} \end{vmatrix},$$

$$\begin{vmatrix} 0 & \cdots & 0 & a_{1n} \\ 0 & \cdots & a_{2,n-1} & 0 \\ \vdots & & \vdots & \vdots \\ a_{n1} & \cdots & 0 & 0 \end{vmatrix},$$

同样利用行列式的定义, 可知它们均等于

$$(-1)^{\tau(n\,(n-1)\,\cdots\,2\,1)} a_{1n}a_{2,n-1}\cdots a_{n1} = (-1)^{n(n-1)/2} a_{1n}a_{2,n-1}\cdots a_{n1}.$$

由行列式的定义, n 阶行列式是由 $n!$ 项组成, 初看起来计算量会很大, 但是如果某些元素是零, 那么含有这些元素的乘积项就等于零, 这些项就不用计算, 从而节省了计算量. 按照这种思路, 我们试图将行列式作某些变换, 使得变换后的行列式中出现尽可能多的零元素, 并且由变换后的行列式的值来求得原行列式的值.

2.4 n 阶行列式的性质

行列式的计算是一个重要的问题, 对于一个普通的 n 阶行列式, 当 n 较大时, 直接从定义来计算行列式几乎是不可能的事, 我们必须大大简化行列式, 而简化行列式的理论依据就是行列式的性质. 为此, 我们在这一节讨论行列式的一些性质.

性质 1 行列互换, 行列式不变, 即

$$\begin{vmatrix} a_{11} & a_{12} & \cdots & a_{1n} \\ a_{21} & a_{22} & \cdots & a_{2n} \\ \vdots & \vdots & & \vdots \\ a_{n1} & a_{n2} & \cdots & a_{nn} \end{vmatrix} = \begin{vmatrix} a_{11} & a_{21} & \cdots & a_{n1} \\ a_{12} & a_{22} & \cdots & a_{n2} \\ \vdots & \vdots & & \vdots \\ a_{1n} & a_{2n} & \cdots & a_{nn} \end{vmatrix}.$$

证明 令 $b_{ij} = a_{ji},\ i, j = 1, 2, \cdots, n$, 则有

$$\begin{vmatrix} a_{11} & a_{21} & \cdots & a_{n1} \\ a_{12} & a_{22} & \cdots & a_{n2} \\ \vdots & \vdots & & \vdots \\ a_{1n} & a_{2n} & \cdots & a_{nn} \end{vmatrix} = \begin{vmatrix} b_{11} & b_{12} & \cdots & b_{1n} \\ b_{21} & b_{22} & \cdots & b_{2n} \\ \vdots & \vdots & & \vdots \\ b_{n1} & b_{n2} & \cdots & b_{nn} \end{vmatrix}$$

$$= \sum_{j_1 j_2 \cdots j_n} (-1)^{\tau(j_1 j_2 \cdots j_n)} b_{1j_1} b_{2j_2} \cdots b_{nj_n}$$

$$= \sum_{j_1 j_2 \cdots j_n} (-1)^{\tau(j_1 j_2 \cdots j_n)} a_{j_1 1} a_{j_2 2} \cdots a_{j_n n} = \begin{vmatrix} a_{11} & a_{12} & \cdots & a_{1n} \\ a_{21} & a_{22} & \cdots & a_{2n} \\ \vdots & \vdots & & \vdots \\ a_{n1} & a_{n2} & \cdots & a_{nn} \end{vmatrix}. \quad \square$$

性质 1 说明, 在行列式中, 行和列的地位是对称的.

在后面讨论的行列式的性质, 我们只对行来说, 对列也有相同的性质, 就不再赘述了.

性质 2　行列式中一行元素乘 k, 行列式变为原来的 k 倍, 即

$$\begin{vmatrix} a_{11} & a_{12} & \cdots & a_{1n} \\ \vdots & \vdots & & \vdots \\ ka_{i1} & ka_{i2} & \cdots & ka_{in} \\ \vdots & \vdots & & \vdots \\ a_{n1} & a_{n2} & \cdots & a_{nn} \end{vmatrix} = k \begin{vmatrix} a_{11} & a_{12} & \cdots & a_{1n} \\ \vdots & \vdots & & \vdots \\ a_{i1} & a_{i2} & \cdots & a_{in} \\ \vdots & \vdots & & \vdots \\ a_{n1} & a_{n2} & \cdots & a_{nn} \end{vmatrix}.$$

证明　按照行列式的定义,

$$\begin{aligned} \text{左边} &= \sum_{j_1 j_2 \cdots j_n} (-1)^{\tau(j_1 j_2 \cdots j_n)} a_{1j_1} \cdots (ka_{ij_i}) \cdots a_{nj_n} \\ &= k \sum_{j_1 j_2 \cdots j_n} (-1)^{\tau(j_1 j_2 \cdots j_n)} a_{1j_1} \cdots a_{ij_i} \cdots a_{nj_n} = \text{右边}. \end{aligned} \quad \square$$

特别地, 若 $k=0$, 则有

推论 2.4.1　若行列式中一行元素全为零, 则行列式等于零.

性质 3　若行列式中某行元素均为两个数的和, 则行列式等于两个行列式的和, 即

$$\begin{vmatrix} a_{11} & a_{12} & \cdots & a_{1n} \\ \vdots & \vdots & & \vdots \\ a_{i1}+b_{i1} & a_{i2}+b_{i2} & \cdots & a_{in}+b_{in} \\ \vdots & \vdots & & \vdots \\ a_{n1} & a_{n2} & \cdots & a_{nn} \end{vmatrix} = \begin{vmatrix} a_{11} & a_{12} & \cdots & a_{1n} \\ \vdots & \vdots & & \vdots \\ a_{i1} & a_{i2} & \cdots & a_{in} \\ \vdots & \vdots & & \vdots \\ a_{n1} & a_{n2} & \cdots & a_{nn} \end{vmatrix} + \begin{vmatrix} a_{11} & a_{12} & \cdots & a_{1n} \\ \vdots & \vdots & & \vdots \\ b_{i1} & b_{i2} & \cdots & b_{in} \\ \vdots & \vdots & & \vdots \\ a_{n1} & a_{n2} & \cdots & a_{nn} \end{vmatrix}.$$

证明 由行列式的定义可知

$$
\begin{aligned}
\text{左边} &= \sum_{j_1 j_2 \cdots j_n} (-1)^{\tau(j_1 j_2 \cdots j_n)} a_{1j_1} \cdots (a_{ij_i} + b_{ij_i}) \cdots a_{nj_n} \\
&= \sum_{j_1 j_2 \cdots j_n} (-1)^{\tau(j_1 j_2 \cdots j_n)} a_{1j_1} \cdots a_{ij_i} \cdots a_{nj_n} + \\
&\quad \sum_{j_1 j_2 \cdots j_n} (-1)^{\tau(j_1 j_2 \cdots j_n)} a_{1j_1} \cdots b_{ij_i} \cdots a_{nj_n} \\
&= \text{右边}.
\end{aligned}
$$

□

按照性质 3, 若 n 阶行列式中每行元素均为两个数的和, 则行列式等于 2^n 个行列式的和.

性质 3 可以推广为若行列式中某行元素全是 s 个数的和, 则行列式等于 s 个行列式的和.

性质 4 若行列式中两行相同, 则行列式等于零, 即

$$
\begin{vmatrix}
a_{11} & a_{12} & \cdots & a_{1n} \\
\vdots & \vdots & & \vdots \\
a_{i1} & a_{i2} & \cdots & a_{in} \\
\vdots & \vdots & & \vdots \\
a_{i1} & a_{i2} & \cdots & a_{in} \\
\vdots & \vdots & & \vdots \\
a_{n1} & a_{n2} & \cdots & a_{nn}
\end{vmatrix} = 0,
$$

其中第 k 行与第 i 行 $(k \neq i)$ 元素相同.

证明 按照行列式的定义, 左边行列式中任一项为

$$(-1)^{\tau(j_1 \cdots j_i \cdots j_k \cdots j_n)} a_{1j_1} \cdots a_{ij_i} \cdots a_{kj_k} \cdots a_{nj_n},$$

行列式中同时还有一项

$$(-1)^{\tau(j_1 \cdots j_k \cdots j_i \cdots j_n)} a_{1j_1} \cdots a_{ij_k} \cdots a_{kj_i} \cdots a_{nj_n},$$

由于 $a_{ij_k} = a_{kj_k}, a_{kj_i} = a_{ij_i}$, 故这两项乘积相等, 但符号相反, 相互抵消, 即行列式中的任一项总能有另一项与其相互抵消, 从而行列式为零. □

性质 5 若行列式中两行成比例, 则行列式等于零, 即

$$\begin{vmatrix} a_{11} & a_{12} & \cdots & a_{1n} \\ \vdots & \vdots & & \vdots \\ a_{i1} & a_{i2} & \cdots & a_{in} \\ \vdots & \vdots & & \vdots \\ sa_{i1} & sa_{i2} & \cdots & sa_{in} \\ \vdots & \vdots & & \vdots \\ a_{n1} & a_{n2} & \cdots & a_{nn} \end{vmatrix} = 0,$$

其中第 k 行与第 i 行 $(k \neq i)$ 元素成比例.

证明 由性质 2 和性质 4 即可证明. □

性质 6 把行列式中一行的倍数加到另一行, 则行列式不变, 即

$$\begin{vmatrix} a_{11} & a_{12} & \cdots & a_{1n} \\ \vdots & \vdots & & \vdots \\ a_{i1} & a_{i2} & \cdots & a_{in} \\ \vdots & \vdots & & \vdots \\ sa_{i1}+a_{k1} & sa_{i2}+a_{k2} & \cdots & sa_{in}+a_{kn} \\ \vdots & \vdots & & \vdots \\ a_{n1} & a_{n2} & \cdots & a_{nn} \end{vmatrix} = \begin{vmatrix} a_{11} & a_{12} & \cdots & a_{1n} \\ \vdots & \vdots & & \vdots \\ a_{i1} & a_{i2} & \cdots & a_{in} \\ \vdots & \vdots & & \vdots \\ a_{k1} & a_{k2} & \cdots & a_{kn} \\ \vdots & \vdots & & \vdots \\ a_{n1} & a_{n2} & \cdots & a_{nn} \end{vmatrix}.$$

证明 由性质 3 和性质 5 即可证明. □

性质 7 把行列式中两行互换, 则行列式反号, 即

$$\begin{vmatrix} a_{11} & a_{12} & \cdots & a_{1n} \\ \vdots & \vdots & & \vdots \\ a_{k1} & a_{k2} & \cdots & a_{kn} \\ \vdots & \vdots & & \vdots \\ a_{i1} & a_{i2} & \cdots & a_{in} \\ \vdots & \vdots & & \vdots \\ a_{n1} & a_{n2} & \cdots & a_{nn} \end{vmatrix} = -\begin{vmatrix} a_{11} & a_{12} & \cdots & a_{1n} \\ \vdots & \vdots & & \vdots \\ a_{i1} & a_{i2} & \cdots & a_{in} \\ \vdots & \vdots & & \vdots \\ a_{k1} & a_{k2} & \cdots & a_{kn} \\ \vdots & \vdots & & \vdots \\ a_{n1} & a_{n2} & \cdots & a_{nn} \end{vmatrix}.$$

证明

$$
\text{左边} = \begin{vmatrix} a_{11} & a_{12} & \cdots & a_{1n} \\ \vdots & \vdots & & \vdots \\ a_{i1}+a_{k1} & a_{i2}+a_{k2} & \cdots & a_{in}+a_{kn} \\ \vdots & \vdots & & \vdots \\ a_{i1} & a_{i2} & \cdots & a_{in} \\ \vdots & \vdots & & \vdots \\ a_{n1} & a_{n2} & \cdots & a_{nn} \end{vmatrix}
$$

$$
= \begin{vmatrix} a_{11} & a_{12} & \cdots & a_{1n} \\ \vdots & \vdots & & \vdots \\ a_{i1}+a_{k1} & a_{i2}+a_{k2} & \cdots & a_{in}+a_{kn} \\ \vdots & \vdots & & \vdots \\ -a_{k1} & -a_{k2} & \cdots & -a_{kn} \\ \vdots & \vdots & & \vdots \\ a_{n1} & a_{n2} & \cdots & a_{nn} \end{vmatrix}
$$

$$
= \begin{vmatrix} a_{11} & a_{12} & \cdots & a_{1n} \\ \vdots & \vdots & & \vdots \\ a_{i1} & a_{i2} & \cdots & a_{in} \\ \vdots & \vdots & & \vdots \\ -a_{k1} & -a_{k2} & \cdots & -a_{kn} \\ \vdots & \vdots & & \vdots \\ a_{n1} & a_{n2} & \cdots & a_{nn} \end{vmatrix} = \text{右边}.
$$

□

例 2.4.1 计算 5 阶行列式

$$
\begin{vmatrix} 1 & 2 & 3 & 4 & 5 \\ 2 & 3 & 4 & 5 & 1 \\ 3 & 4 & 5 & 1 & 2 \\ 4 & 5 & 1 & 2 & 3 \\ 5 & 1 & 2 & 3 & 4 \end{vmatrix}.
$$

解 首先将第 2,3,4,5 列都加到第 1 列, 然后再利用行列式的性质进行化简, 有

$$
\begin{vmatrix} 1 & 2 & 3 & 4 & 5 \\ 2 & 3 & 4 & 5 & 1 \\ 3 & 4 & 5 & 1 & 2 \\ 4 & 5 & 1 & 2 & 3 \\ 5 & 1 & 2 & 3 & 4 \end{vmatrix}
$$

$$
= \begin{vmatrix} 15 & 2 & 3 & 4 & 5 \\ 15 & 3 & 4 & 5 & 1 \\ 15 & 4 & 5 & 1 & 2 \\ 15 & 5 & 1 & 2 & 3 \\ 15 & 1 & 2 & 3 & 4 \end{vmatrix} = 15 \begin{vmatrix} 1 & 2 & 3 & 4 & 5 \\ 1 & 3 & 4 & 5 & 1 \\ 1 & 4 & 5 & 1 & 2 \\ 1 & 5 & 1 & 2 & 3 \\ 1 & 1 & 2 & 3 & 4 \end{vmatrix}
$$

$$
= 15 \begin{vmatrix} 0 & 1 & 1 & 1 & 1 \\ 0 & 1 & 1 & 1 & -4 \\ 0 & 1 & 1 & -4 & 1 \\ 0 & 1 & -4 & 1 & 1 \\ 1 & 1 & 2 & 3 & 4 \end{vmatrix} = 15 \begin{vmatrix} 0 & 0 & 0 & 0 & 5 \\ 0 & 0 & 0 & 5 & -5 \\ 0 & 0 & 5 & -5 & 0 \\ 0 & 1 & -4 & 1 & 1 \\ 1 & 1 & 2 & 3 & 4 \end{vmatrix}
$$

$$
= 15 \times 125 \times (-1)^{5\times 4/2} = 1875.
$$

□

例 2.4.2 证明在一个 n 阶行列式中，若它的元素满足 $a_{ij} = -a_{ji}$, $i, j = 1, 2, \cdots, n$, 且 n 为奇数，则行列式为零.

证明 由于 $a_{ij} = -a_{ji}$, $i, j = 1, 2, \cdots, n$, 则可知行列式为

$$
\begin{vmatrix} 0 & a_{12} & a_{13} & \cdots & a_{1n} \\ -a_{12} & 0 & a_{23} & \cdots & a_{2n} \\ -a_{13} & -a_{23} & 0 & \cdots & a_{3n} \\ \vdots & \vdots & \vdots & & \vdots \\ -a_{1n} & -a_{2n} & -a_{3n} & \cdots & 0 \end{vmatrix} = \begin{vmatrix} 0 & -a_{12} & -a_{13} & \cdots & -a_{1n} \\ a_{12} & 0 & -a_{23} & \cdots & -a_{2n} \\ a_{13} & a_{23} & 0 & \cdots & -a_{3n} \\ \vdots & \vdots & \vdots & & \vdots \\ a_{1n} & a_{2n} & a_{3n} & \cdots & 0 \end{vmatrix}
$$

$$
= (-1)^n \begin{vmatrix} 0 & a_{12} & a_{13} & \cdots & a_{1n} \\ -a_{12} & 0 & a_{23} & \cdots & a_{2n} \\ -a_{13} & -a_{23} & 0 & \cdots & a_{3n} \\ \vdots & \vdots & \vdots & & \vdots \\ -a_{1n} & -a_{2n} & -a_{3n} & \cdots & 0 \end{vmatrix}
$$

$$
= - \begin{vmatrix} 0 & a_{12} & a_{13} & \cdots & a_{1n} \\ -a_{12} & 0 & a_{23} & \cdots & a_{2n} \\ -a_{13} & -a_{23} & 0 & \cdots & a_{3n} \\ \vdots & \vdots & \vdots & & \vdots \\ -a_{1n} & -a_{2n} & -a_{3n} & \cdots & 0 \end{vmatrix},
$$

故行列式等于零. □

2.5 行列式按一行 (列) 展开

我们很自然地认为阶数较低的行列式, 其计算较容易, 那么能否将一个阶数较高的行列式化成若干个阶数较低的行列式来计算呢?

首先考虑三阶行列式

$$
\begin{aligned}
&\begin{vmatrix} a_{11} & a_{12} & a_{13} \\ a_{21} & a_{22} & a_{23} \\ a_{31} & a_{32} & a_{33} \end{vmatrix} \\
=&a_{11}a_{22}a_{33} + a_{12}a_{23}a_{31} + a_{13}a_{21}a_{32} - a_{11}a_{23}a_{32} - a_{12}a_{21}a_{33} - a_{13}a_{22}a_{31} \\
=&a_{11}(a_{22}a_{33} - a_{23}a_{32}) - a_{12}(a_{21}a_{33} - a_{23}a_{31}) + a_{13}(a_{21}a_{32} - a_{22}a_{31}) \\
=&a_{11}\begin{vmatrix} a_{22} & a_{23} \\ a_{32} & a_{33} \end{vmatrix} - a_{12}\begin{vmatrix} a_{21} & a_{23} \\ a_{31} & a_{33} \end{vmatrix} + a_{13}\begin{vmatrix} a_{21} & a_{22} \\ a_{31} & a_{32} \end{vmatrix}.
\end{aligned}
$$

可见, 三阶行列式可以通过二阶行列式来表示.

对于一般的 n 阶行列式, 我们也可以用一些 $n-1$ 阶行列式来表示.

定义 2.5.1 *在 n 阶行列式*

$$
\begin{vmatrix} a_{11} & \cdots & a_{1j} & \cdots & a_{1n} \\ \vdots & & \vdots & & \vdots \\ a_{i1} & \cdots & a_{ij} & \cdots & a_{in} \\ \vdots & & \vdots & & \vdots \\ a_{n1} & \cdots & a_{nj} & \cdots & a_{nn} \end{vmatrix}
$$

中划去元素 a_{ij} 所在的第 i 行、第 j 列, 剩下的 $(n-1)^2$ 个元素按照原排列方式构成的一个 $n-1$ 阶行列式

$$\begin{vmatrix} a_{11} & \cdots & a_{1,j-1} & a_{1,j+1} & \cdots & a_{1n} \\ \vdots & & \vdots & \vdots & & \vdots \\ a_{i-1,1} & \cdots & a_{i-1,j-1} & a_{i-1,j+1} & \cdots & a_{i-1,n} \\ a_{i+1,1} & \cdots & a_{i+1,j-1} & a_{i+1,j+1} & \cdots & a_{i+1,n} \\ \vdots & & \vdots & \vdots & & \vdots \\ a_{n1} & \cdots & a_{n,j-1} & a_{n,j+1} & \cdots & a_{nn} \end{vmatrix},$$

称为元素 a_{ij} 的余子式, 记为 M_{ij}. 令 $A_{ij}=(-1)^{i+j}M_{ij}$, 称 A_{ij} 为元素 a_{ij} 的代数余子式.

由此定义可知, 三阶行列式 d 可以表示为

$$d=a_{11}A_{11}+a_{12}A_{12}+a_{13}A_{13}.$$

其实, 如果我们将三阶行列式中的 6 项按照第 2 行元素或第 3 行元素来提取公因子合并同类项的话, 也有

$$d=a_{21}A_{21}+a_{22}A_{22}+a_{23}A_{23}=a_{31}A_{31}+a_{32}A_{32}+a_{33}A_{33}.$$

一般地, 对于 n 阶行列式, 有如下结论:

定理 2.5.1 设 n 阶行列式为

$$d=\begin{vmatrix} a_{11} & a_{12} & \cdots & a_{1n} \\ a_{21} & a_{22} & \cdots & a_{2n} \\ \vdots & \vdots & & \vdots \\ a_{n1} & a_{n2} & \cdots & a_{nn} \end{vmatrix},$$

则对任意的 $i=1,2,\cdots,n$, 都有

$$d=a_{i1}A_{i1}+a_{i2}A_{i2}+\cdots+a_{in}A_{in}.$$

此式称为行列式按第 i 行展开.

证明 分三种情形讨论.

(1) 若

$$d=\begin{vmatrix} a_{11} & a_{12} & \cdots & a_{1,n-1} & a_{1n} \\ \vdots & \vdots & & \vdots & \vdots \\ a_{n-1,1} & a_{n-1,2} & \cdots & a_{n-1,n-1} & a_{n-1,n} \\ 0 & 0 & \cdots & 0 & a_{nn} \end{vmatrix},$$

由行列式定义及 $a_{n1}=a_{n2}=\cdots=a_{n,n-1}=0$ 可知:

$$\begin{aligned}
d &= \sum_{j_1\cdots j_{n-1}j_n}(-1)^{\tau(j_1\cdots j_{n-1}j_n)}a_{1j_1}\cdots a_{n-1,j_{n-1}}a_{nj_n}\\
&= \sum_{j_1\cdots j_{n-1}n}(-1)^{\tau(j_1\cdots j_{n-1}n)}a_{1j_1}\cdots a_{n-1,j_{n-1}}a_{nn}\\
&= a_{nn}\sum_{j_1\cdots j_{n-1}}(-1)^{\tau(j_1\cdots j_{n-1})}a_{1j_1}\cdots a_{n-1,j_{n-1}}\\
&= a_{nn}M_{nn}=a_{nn}A_{nn}.
\end{aligned}$$

(2) 若

$$d=\begin{vmatrix}
a_{11} & \cdots & a_{1,j-1} & a_{1j} & a_{1,j+1} & \cdots & a_{1n}\\
\vdots & & \vdots & \vdots & \vdots & & \vdots\\
a_{i-1,1} & \cdots & a_{i-1,j-1} & a_{i-1,j} & a_{i-1,j+1} & \cdots & a_{i-1,n}\\
0 & \cdots & 0 & a_{ij} & 0 & \cdots & 0\\
a_{i+1,1} & \cdots & a_{i+1,j-1} & a_{i+1,j} & a_{i+1,j+1} & \cdots & a_{i+1,n}\\
\vdots & & \vdots & \vdots & \vdots & & \vdots\\
a_{n1} & \cdots & a_{n,j-1} & a_{nj} & a_{n,j+1} & \cdots & a_{nn}
\end{vmatrix},$$

利用行列式的性质 7, 可得

$$\begin{aligned}
d &= (-1)^{n-i}\begin{vmatrix}
a_{11} & \cdots & a_{1,j-1} & a_{1j} & a_{1,j+1} & \cdots & a_{1n}\\
\vdots & & \vdots & \vdots & \vdots & & \vdots\\
a_{i-1,1} & \cdots & a_{i-1,j-1} & a_{i-1,j} & a_{i-1,j+1} & \cdots & a_{i-1,n}\\
a_{i+1,1} & \cdots & a_{i+1,j-1} & a_{i+1,j} & a_{i+1,j+1} & \cdots & a_{i+1,n}\\
\vdots & & \vdots & \vdots & \vdots & & \vdots\\
a_{n1} & \cdots & a_{n,j-1} & a_{nj} & a_{n,j+1} & \cdots & a_{nn}\\
0 & \cdots & 0 & a_{ij} & 0 & \cdots & 0
\end{vmatrix}\\
&= (-1)^{n-i}(-1)^{n-j}\begin{vmatrix}
a_{11} & \cdots & a_{1,j-1} & a_{1,j+1} & \cdots & a_{1n} & a_{1j}\\
\vdots & & \vdots & \vdots & & \vdots & \vdots\\
a_{i-1,1} & \cdots & a_{i-1,j-1} & a_{i-1,j+1} & \cdots & a_{i-1,n} & a_{i-1,j}\\
a_{i+1,1} & \cdots & a_{i+1,j-1} & a_{i+1,j+1} & \cdots & a_{i+1,n} & a_{i+1,j}\\
\vdots & & \vdots & \vdots & & \vdots & \vdots\\
a_{n1} & \cdots & a_{n,j-1} & a_{n,j+1} & \cdots & a_{nn} & a_{nj}\\
0 & \cdots & 0 & 0 & \cdots & 0 & a_{ij}
\end{vmatrix}\\
&= (-1)^{2n-(i+j)}a_{ij}M_{ij}=(-1)^{i+j}a_{ij}M_{ij}=a_{ij}A_{ij}.
\end{aligned}$$

(3) 对一般的 n 阶行列式 d.
由行列式性质 3 及情形 (2) 可知, $\forall i=1,2,\cdots,n$,

$$d=\begin{vmatrix} a_{11} & a_{12} & \cdots & a_{1n} \\ \vdots & \vdots & & \vdots \\ a_{i1}+0+\cdots+0 & 0+a_{i2}+\cdots+0 & \cdots & 0+\cdots+0+a_{in} \\ \vdots & \vdots & & \vdots \\ a_{n1} & a_{n2} & \cdots & a_{nn} \end{vmatrix}$$

$$=\begin{vmatrix} a_{11} & a_{12} & \cdots & a_{1n} \\ \vdots & \vdots & & \vdots \\ a_{i1} & 0 & \cdots & 0 \\ \vdots & \vdots & & \vdots \\ a_{n1} & a_{n2} & \cdots & a_{nn} \end{vmatrix}+\begin{vmatrix} a_{11} & a_{12} & \cdots & a_{1n} \\ \vdots & \vdots & & \vdots \\ 0 & a_{i2} & \cdots & 0 \\ \vdots & \vdots & & \vdots \\ a_{n1} & a_{n2} & \cdots & a_{nn} \end{vmatrix}+\cdots+$$

$$\begin{vmatrix} a_{11} & a_{12} & \cdots & a_{1n} \\ \vdots & \vdots & & \vdots \\ 0 & 0 & \cdots & a_{in} \\ \vdots & \vdots & & \vdots \\ a_{n1} & a_{n2} & \cdots & a_{nn} \end{vmatrix}=a_{i1}A_{i1}+a_{i2}A_{i2}+\cdots+a_{in}A_{in}.$$ □

推论 2.5.1 设 n 阶行列式为

$$\begin{vmatrix} a_{11} & a_{12} & \cdots & a_{1n} \\ a_{21} & a_{22} & \cdots & a_{2n} \\ \vdots & \vdots & & \vdots \\ a_{n1} & a_{n2} & \cdots & a_{nn} \end{vmatrix},$$

则对于任意的 $k\neq i,\ i,k=1,2,\cdots,n$, 都有

$$a_{k1}A_{i1}+a_{k2}A_{i2}+\cdots+a_{kn}A_{in}=0.$$

证明 在 n 阶行列式 d' 中, 若第 i 行与第 k 行 $(k\neq i)$ 元素相同, 则行列式为零, 即

$$d' = \begin{vmatrix} a_{11} & a_{12} & \cdots & a_{1n} \\ \vdots & \vdots & & \vdots \\ a_{k1} & a_{k2} & \cdots & a_{kn} \\ \vdots & \vdots & & \vdots \\ a_{k1} & a_{k2} & \cdots & a_{kn} \\ \vdots & \vdots & & \vdots \\ a_{n1} & a_{n2} & \cdots & a_{nn} \end{vmatrix} = 0.$$

另一方面, 将 d' 按照第 i 行展开, 则有

$$d' = a_{k1}A_{i1} + a_{k2}A_{i2} + \cdots + a_{kn}A_{in}.$$

故

$$a_{k1}A_{i1} + a_{k2}A_{i2} + \cdots + a_{kn}A_{in} = 0.$$ □

可以将定理 2.5.1 及其推论 2.5.1 总结为如下形式:

$$\sum_{j=1}^{n} a_{kj}A_{ij} = \begin{cases} d, & k = i, \\ 0, & k \neq i. \end{cases}$$

上述结论对列也有同样的结果, 即

$$\sum_{i=1}^{n} a_{ij}A_{ik} = \begin{cases} d, & k = j, \\ 0, & k \neq j. \end{cases}$$

例 2.5.1 计算 5 阶行列式

$$\begin{vmatrix} 5 & 3 & -1 & 2 & 0 \\ 1 & 7 & 2 & 5 & 2 \\ 0 & -2 & 3 & 1 & 0 \\ 0 & -4 & -1 & 4 & 0 \\ 0 & 2 & 3 & 5 & 0 \end{vmatrix}.$$

解

$$\text{原式} = (-1)^{2+5} \cdot 2 \begin{vmatrix} 5 & 3 & -1 & 2 \\ 0 & -2 & 3 & 1 \\ 0 & -4 & -1 & 4 \\ 0 & 2 & 3 & 5 \end{vmatrix} = -2 \cdot (-1)^{1+1} \cdot 5 \begin{vmatrix} -2 & 3 & 1 \\ -4 & -1 & 4 \\ 2 & 3 & 5 \end{vmatrix}$$

$$= -10 \begin{vmatrix} -2 & 3 & 1 \\ 0 & -7 & 2 \\ 0 & 6 & 6 \end{vmatrix} = -10 \cdot (-1)^{1+1} \cdot (-2) \begin{vmatrix} -7 & 2 \\ 6 & 6 \end{vmatrix}$$

$$= 20 \cdot (-42 - 12) = -1080.$$ □

例 2.5.2 证明 n 阶范德蒙德 (Vandermonde) 行列式

$$d=\begin{vmatrix}1 & 1 & \cdots & 1\\ x_1 & x_2 & \cdots & x_n\\ x_1^2 & x_2^2 & \cdots & x_n^2\\ \vdots & \vdots & & \vdots\\ x_1^{n-1} & x_2^{n-1} & \cdots & x_n^{n-1}\end{vmatrix}=\prod_{1\leqslant i<j\leqslant n}(x_j-x_i)\quad (n\geqslant 2).$$

证明 对 n 进行数学归纳.

当 $n=2$ 时,

$$d=\begin{vmatrix}1 & 1\\ x_1 & x_2\end{vmatrix}=x_2-x_1.$$

假设对 $n-1$ 阶范德蒙德行列式结论成立, 对 n 阶范德蒙德行列式

$$\begin{aligned}d&=\begin{vmatrix}1 & 1 & \cdots & 1\\ 0 & x_2-x_1 & \cdots & x_n-x_1\\ 0 & x_2^2-x_1x_2 & \cdots & x_n^2-x_1x_n\\ \vdots & \vdots & & \vdots\\ 0 & x_2^{n-1}-x_1x_2^{n-2} & \cdots & x_n^{n-1}-x_1x_n^{n-2}\end{vmatrix}\\
&=\begin{vmatrix}x_2-x_1 & x_3-x_1 & \cdots & x_n-x_1\\ x_2^2-x_1x_2 & x_3^2-x_1x_3 & \cdots & x_n^2-x_1x_n\\ \vdots & \vdots & & \vdots\\ x_2^{n-1}-x_1x_2^{n-2} & x_3^{n-1}-x_1x_3^{n-2} & \cdots & x_n^{n-1}-x_1x_n^{n-2}\end{vmatrix}\\
&=(x_2-x_1)(x_3-x_1)\cdots(x_n-x_1)\begin{vmatrix}1 & 1 & \cdots & 1\\ x_2 & x_3 & \cdots & x_n\\ \vdots & \vdots & & \vdots\\ x_2^{n-2} & x_3^{n-2} & \cdots & x_n^{n-2}\end{vmatrix}\\
&=(x_2-x_1)(x_3-x_1)\cdots(x_n-x_1)\prod_{2\leqslant i<j\leqslant n}(x_j-x_i)\\
&=\prod_{1\leqslant i<j\leqslant n}(x_j-x_i).\end{aligned}$$

从而对任意 n 阶范德蒙德行列式, 结论成立. □

由此结果可知, $x_1,x_2,\cdots,x_n$ 互不相同是范德蒙德行列式不为零的充分必要条件.

例 2.5.3 证明

$$d=\begin{vmatrix} a_{11} & \cdots & a_{1k} & 0 & \cdots & 0 \\ \vdots & & \vdots & \vdots & & \vdots \\ a_{k1} & \cdots & a_{kk} & 0 & \cdots & 0 \\ c_{11} & \cdots & c_{1k} & b_{11} & \cdots & b_{1l} \\ \vdots & & \vdots & \vdots & & \vdots \\ c_{l1} & \cdots & c_{lk} & b_{l1} & \cdots & b_{ll} \end{vmatrix}=\begin{vmatrix} a_{11} & \cdots & a_{1k} \\ \vdots & & \vdots \\ a_{k1} & \cdots & a_{kk} \end{vmatrix}\cdot\begin{vmatrix} b_{11} & \cdots & b_{1l} \\ \vdots & & \vdots \\ b_{l1} & \cdots & b_{ll} \end{vmatrix}.$$

证明 对 k 进行数学归纳.

当 $k=1$ 时,

$$d=\begin{vmatrix} a_{11} & 0 & \cdots & 0 \\ c_{11} & b_{11} & \cdots & b_{1l} \\ \vdots & \vdots & & \vdots \\ c_{l1} & b_{l1} & \cdots & b_{ll} \end{vmatrix}=a_{11}\begin{vmatrix} b_{11} & \cdots & b_{1l} \\ \vdots & & \vdots \\ b_{l1} & \cdots & b_{ll} \end{vmatrix}.$$

假设对 $k-1$ 结论成立, 对 k, 将 d 按第 1 行展开, 并利用归纳假设, 则有

$$d=a_{11}\begin{vmatrix} a_{22} & \cdots & a_{2k} & 0 & \cdots & 0 \\ \vdots & & \vdots & \vdots & & \vdots \\ a_{k2} & \cdots & a_{kk} & 0 & \cdots & 0 \\ c_{12} & \cdots & c_{1k} & b_{11} & \cdots & b_{1l} \\ \vdots & & \vdots & \vdots & & \vdots \\ c_{l2} & \cdots & c_{lk} & b_{l1} & \cdots & b_{ll} \end{vmatrix}-$$

$$a_{12}\begin{vmatrix} a_{21} & a_{23} & \cdots & a_{2k} & 0 & \cdots & 0 \\ \vdots & \vdots & & \vdots & \vdots & & \vdots \\ a_{k1} & a_{k3} & \cdots & a_{kk} & 0 & \cdots & 0 \\ c_{11} & c_{13} & \cdots & c_{1k} & b_{11} & \cdots & b_{1l} \\ \vdots & \vdots & & \vdots & \vdots & & \vdots \\ c_{l1} & c_{l3} & \cdots & c_{lk} & b_{l1} & \cdots & b_{ll} \end{vmatrix}+\cdots+$$

$$(-1)^{1+k}a_{1k}\begin{vmatrix} a_{21} & \cdots & a_{2,k-1} & 0 & \cdots & 0 \\ \vdots & & \vdots & \vdots & & \vdots \\ a_{k1} & \cdots & a_{k,k-1} & 0 & \cdots & 0 \\ c_{11} & \cdots & c_{1,k-1} & b_{11} & \cdots & b_{1l} \\ \vdots & & \vdots & \vdots & & \vdots \\ c_{l1} & \cdots & c_{l,k-1} & b_{l1} & \cdots & b_{ll} \end{vmatrix}$$

$$
\begin{aligned}
&= a_{11}\begin{vmatrix} a_{22} & \cdots & a_{2k} \\ \vdots & & \vdots \\ a_{k2} & \cdots & a_{kk} \end{vmatrix} \cdot \begin{vmatrix} b_{11} & \cdots & b_{1l} \\ \vdots & & \vdots \\ b_{l1} & \cdots & b_{ll} \end{vmatrix} - \\
&\quad a_{12}\begin{vmatrix} a_{21} & a_{23} & \cdots & a_{2k} \\ \vdots & \vdots & & \vdots \\ a_{k1} & a_{k3} & \cdots & a_{kk} \end{vmatrix} \cdot \begin{vmatrix} b_{11} & \cdots & b_{1l} \\ \vdots & & \vdots \\ b_{l1} & \cdots & b_{ll} \end{vmatrix} + \cdots + \\
&\quad (-1)^{1+k}a_{1k}\begin{vmatrix} a_{21} & \cdots & a_{2,k-1} \\ \vdots & & \vdots \\ a_{k1} & \cdots & a_{k,k-1} \end{vmatrix} \cdot \begin{vmatrix} b_{11} & \cdots & b_{1l} \\ \vdots & & \vdots \\ b_{l1} & \cdots & b_{ll} \end{vmatrix} \\
&= \left(a_{11}\begin{vmatrix} a_{22} & \cdots & a_{2k} \\ \vdots & & \vdots \\ a_{k2} & \cdots & a_{kk} \end{vmatrix} - a_{12}\begin{vmatrix} a_{21} & a_{23} & \cdots & a_{2k} \\ \vdots & \vdots & & \vdots \\ a_{k1} & a_{k3} & \cdots & a_{kk} \end{vmatrix} + \cdots + \right. \\
&\quad \left. (-1)^{1+k}a_{1k}\begin{vmatrix} a_{21} & \cdots & a_{2,k-1} \\ \vdots & & \vdots \\ a_{k1} & \cdots & a_{k,k-1} \end{vmatrix} \right) \cdot \begin{vmatrix} b_{11} & \cdots & b_{1l} \\ \vdots & & \vdots \\ b_{l1} & \cdots & b_{ll} \end{vmatrix} \\
&= \begin{vmatrix} a_{11} & \cdots & a_{1k} \\ \vdots & & \vdots \\ a_{k1} & \cdots & a_{kk} \end{vmatrix} \cdot \begin{vmatrix} b_{11} & \cdots & b_{1l} \\ \vdots & & \vdots \\ b_{l1} & \cdots & b_{ll} \end{vmatrix}.
\end{aligned}
$$

从而对任意 k, 结论成立. □

2.6 行列式的计算

计算行列式常用的方法有: 定义法、化三角形法、降阶法、加边法、拆行 (列) 法、递推法 (或数学归纳法)、析因子法等. 在计算行列式时, 要根据行列式中行 (列) 元素的特点, 来选择相应有效的计算方法.

1. 定义法

定义法适用于零元素较多的行列式.

例 2.6.1 计算行列式

$$D_n=\begin{vmatrix} x & y & 0 & \cdots & 0 & 0 \\ 0 & x & y & \cdots & 0 & 0 \\ \vdots & \vdots & \vdots & & \vdots & \vdots \\ 0 & 0 & 0 & \cdots & x & y \\ y & 0 & 0 & \cdots & 0 & x \end{vmatrix}.$$

解 由行列式的定义可知行列式中除项 $a_{11}a_{22}\cdots a_{nn}$ 及 $a_{12}a_{23}\cdots a_{n-1,n}a_{n1}$ 外其余项均为零. 故 $D_n=(-1)^{\tau(1\,2\cdots n)}x\cdot x\cdots x+(-1)^{\tau(2\,3\cdots n\,1)}y\cdot y\cdots y=x^n+(-1)^{n-1}y^n$. □

2. 化三角形法

化三角形法适用于所有的行列式, 是计算行列式的最基本的方法.

例 2.6.2 计算行列式

$$D_n=\begin{vmatrix} a & b & b & \cdots & b \\ b & a & b & \cdots & b \\ \vdots & \vdots & \vdots & & \vdots \\ b & b & b & \cdots & a \end{vmatrix}.$$

解 D_n 中各行元素和相等, 于是可把第 2 列至第 n 列均加到第 1 列, 提出公因子后, 则有

$$D_n=[a+(n-1)b]\begin{vmatrix} 1 & b & b & \cdots & b \\ 1 & a & b & \cdots & b \\ \vdots & \vdots & \vdots & & \vdots \\ 1 & b & b & \cdots & a \end{vmatrix}$$

$$=[a+(n-1)b]\begin{vmatrix} 1 & b & b & \cdots & b \\ 0 & a-b & 0 & \cdots & 0 \\ \vdots & \vdots & \vdots & & \vdots \\ 0 & 0 & 0 & \cdots & a-b \end{vmatrix}$$

$$=[a+(n-1)b](a-b)^{n-1}.$$ □

例 2.6.3 计算行列式

$$D_n=\begin{vmatrix} a_1 & 1 & 1 & \cdots & 1 \\ 1 & a_2 & 0 & \cdots & 0 \\ 1 & 0 & a_3 & \cdots & 0 \\ \vdots & \vdots & \vdots & & \vdots \\ 1 & 0 & 0 & \cdots & a_n \end{vmatrix},$$

其中 $a_i \neq 0,\ i=2,3,\cdots,n.$

解 这种类型的行列式俗称“爪型”行列式, 只需将第 1 行中的“1”或第 1 列中的“1”全部消成“0”, D_n 即化为三角形行列式. 比如, 我们可利用 $a_2,a_3,\cdots,a_n$ 将第 1 列中的“1”全消成“0”:

$$D_n=\begin{vmatrix} a_1-\dfrac{1}{a_2}-\dfrac{1}{a_3}-\cdots-\dfrac{1}{a_n} & 1 & 1 & \cdots & 1 \\ 0 & a_2 & 0 & \cdots & 0 \\ 0 & 0 & a_3 & \cdots & 0 \\ \vdots & \vdots & \vdots & & \vdots \\ 0 & 0 & 0 & \cdots & a_n \end{vmatrix}=\prod_{i=2}^{n} a_i\left(a_1-\sum_{j=2}^{n}\frac{1}{a_j}\right).$$

□

3. 降阶法

降阶法适用于行 (列) 非零元素极少的行列式, 选择零最多的行 (列) 作展开, 将原行列式降为低阶行列式.

例 2.6.4 计算行列式

$$D_4=\begin{vmatrix} a_1 & 0 & 0 & b_1 \\ 0 & a_2 & b_2 & 0 \\ 0 & b_3 & a_3 & 0 \\ b_4 & 0 & 0 & a_4 \end{vmatrix}.$$

解 首先将行列式按第 1 行展开, 则有

$$D_4=a_1\begin{vmatrix} a_2 & b_2 & 0 \\ b_3 & a_3 & 0 \\ 0 & 0 & a_4 \end{vmatrix}-b_1\begin{vmatrix} 0 & a_2 & b_2 \\ 0 & b_3 & a_3 \\ b_4 & 0 & 0 \end{vmatrix},$$

再将两个三阶行列式都按最后一行展开, 得到

$$D_4=a_1a_4\begin{vmatrix} a_2 & b_2 \\ b_3 & a_3 \end{vmatrix}-b_1b_4\begin{vmatrix} a_2 & b_2 \\ b_3 & a_3 \end{vmatrix}$$

$$= (a_1a_4 - b_1b_4)(a_2a_3 - b_2b_3). \quad \square$$

例 2.6.5 计算行列式

$$D_n = \begin{vmatrix} x & y & 0 & \cdots & 0 & 0 \\ 0 & x & y & \cdots & 0 & 0 \\ \vdots & \vdots & \vdots & & \vdots & \vdots \\ 0 & 0 & 0 & \cdots & x & y \\ y & 0 & 0 & \cdots & 0 & x \end{vmatrix}.$$

解 可选择按第 1 列将行列式展开, 则有

$$D_n = x\begin{vmatrix} x & y & \cdots & 0 & 0 \\ 0 & x & \cdots & 0 & 0 \\ \vdots & \vdots & & \vdots & \vdots \\ 0 & 0 & \cdots & 0 & x \end{vmatrix} + (-1)^{1+n}y\begin{vmatrix} y & 0 & \cdots & 0 & 0 \\ x & y & \cdots & 0 & 0 \\ \vdots & \vdots & & \vdots & \vdots \\ 0 & 0 & \cdots & x & y \end{vmatrix}$$

$$= x \cdot x^{n-1} + (-1)^{1+n}y \cdot y^{n-1} = x^n + (-1)^{1+n}y^n. \quad \square$$

4. 加边法

加边法适用于非对角元素呈现相同规律的行列式. 将 n 阶行列式适当地添加一行一列, 得到一个新的 $n+1$ 阶行列式, 保持行列式值不变, 但新的 $n+1$ 阶行列式较原 n 阶行列式更易于计算.

例 2.6.6 计算行列式

$$D_n = \begin{vmatrix} 1+a_1 & 1 & 1 & \cdots & 1 & 1 \\ 1 & 1+a_2 & 1 & \cdots & 1 & 1 \\ 1 & 1 & 1+a_3 & \cdots & 1 & 1 \\ \vdots & \vdots & \vdots & & \vdots & \vdots \\ 1 & 1 & 1 & \cdots & 1 & 1+a_n \end{vmatrix},$$

其中 $a_i \neq 0,\ i = 1, 2, \cdots, n$.

解 将行列式加上一行一列后, 得到 $n+1$ 阶行列式

$$D_n = \begin{vmatrix} 1 & 1 & 1 & \cdots & 1 & 1 \\ 0 & 1+a_1 & 1 & \cdots & 1 & 1 \\ 0 & 1 & 1+a_2 & \cdots & 1 & 1 \\ \vdots & \vdots & \vdots & & \vdots & \vdots \\ 0 & 1 & 1 & \cdots & 1 & 1+a_n \end{vmatrix}.$$

各行再减第 1 行, 得到“爪型”行列式

$$D_n = \begin{vmatrix} 1 & 1 & 1 & \cdots & 1 \\ -1 & a_1 & 0 & \cdots & 0 \\ -1 & 0 & a_2 & \cdots & 0 \\ \vdots & \vdots & \vdots & & \vdots \\ -1 & 0 & 0 & \cdots & a_n \end{vmatrix} = \begin{vmatrix} 1+\sum\limits_{i=1}^{n}\frac{1}{a_i} & 1 & 1 & \cdots & 1 \\ 0 & a_1 & 0 & \cdots & 0 \\ 0 & 0 & a_2 & \cdots & 0 \\ \vdots & \vdots & \vdots & & \vdots \\ 0 & 0 & 0 & \cdots & a_n \end{vmatrix}$$

$$= \left(1+\sum_{i=1}^{n}\frac{1}{a_i}\right)\prod_{i=1}^{n}a_i. \qquad \square$$

例 2.6.7 计算行列式

$$D_n = \begin{vmatrix} a_1+\lambda_1 & a_2 & \cdots & a_n \\ a_1 & a_2+\lambda_2 & \cdots & a_n \\ \vdots & \vdots & & \vdots \\ a_1 & a_2 & \cdots & a_n+\lambda_n \end{vmatrix},$$

其中 $\lambda_i \neq 0,\ i=1,2,\cdots,n$.

解 将行列式加上一行一列后, 得到 $n+1$ 阶行列式

$$D_n = \begin{vmatrix} 1 & a_1 & a_2 & \cdots & a_n \\ 0 & a_1+\lambda_1 & a_2 & \cdots & a_n \\ 0 & a_1 & a_2+\lambda_2 & \cdots & a_n \\ \vdots & \vdots & \vdots & & \vdots \\ 0 & a_1 & a_2 & \cdots & a_n+\lambda_n \end{vmatrix} = \begin{vmatrix} 1 & a_1 & a_2 & \cdots & a_n \\ -1 & \lambda_1 & 0 & \cdots & 0 \\ -1 & 0 & \lambda_2 & \cdots & 0 \\ \vdots & \vdots & \vdots & & \vdots \\ -1 & 0 & 0 & \cdots & \lambda_n \end{vmatrix}$$

$$= \begin{vmatrix} 1+\sum\limits_{i=1}^{n}\frac{a_i}{\lambda_i} & a_1 & a_2 & \cdots & a_n \\ 0 & \lambda_1 & 0 & \cdots & 0 \\ 0 & 0 & \lambda_2 & \cdots & 0 \\ \vdots & \vdots & \vdots & & \vdots \\ 0 & 0 & 0 & \cdots & \lambda_n \end{vmatrix} = \left(1+\sum_{i=1}^{n}\frac{a_i}{\lambda_i}\right)\prod_{i=1}^{n}\lambda_i. \qquad \square$$

5. 拆行 (列) 法

拆行 (列) 法适用于行 (列) 的每个元素都能表示成两个数的和的行列式, 且拆开后的每个行列式更易于计算.

例 2.6.8 计算行列式

$$D_n=\begin{vmatrix} a_{11}+x_1 & a_{12}+x_2 & \cdots & a_{1n}+x_n \\ a_{21}+x_1 & a_{22}+x_2 & \cdots & a_{2n}+x_n \\ \vdots & \vdots & & \vdots \\ a_{n1}+x_1 & a_{n2}+x_2 & \cdots & a_{nn}+x_n \end{vmatrix}.$$

解 行列式中第 1 列的每个元素均为两个数的和, 故可分解为两个行列式的和:

$$D_n=\begin{vmatrix} a_{11} & a_{12}+x_2 & \cdots & a_{1n}+x_n \\ a_{21} & a_{22}+x_2 & \cdots & a_{2n}+x_n \\ \vdots & \vdots & & \vdots \\ a_{n1} & a_{n2}+x_2 & \cdots & a_{nn}+x_n \end{vmatrix}+\begin{vmatrix} x_1 & a_{12}+x_2 & \cdots & a_{1n}+x_n \\ x_1 & a_{22}+x_2 & \cdots & a_{2n}+x_n \\ \vdots & \vdots & & \vdots \\ x_1 & a_{n2}+x_2 & \cdots & a_{nn}+x_n \end{vmatrix}.$$

再对拆分后的两个行列式的第 2 列进行分解, 注意到两列成比例的行列式为零, 一直继续下去, 就可以得到:

$$D_n=\begin{vmatrix} a_{11} & a_{12} & \cdots & a_{1n} \\ a_{21} & a_{22} & \cdots & a_{2n} \\ \vdots & \vdots & & \vdots \\ a_{n1} & a_{n2} & \cdots & a_{nn} \end{vmatrix}+\sum_{j=1}^{n}\begin{vmatrix} a_{11} & \cdots & a_{1,j-1} & x_j & a_{1,j+1} & \cdots & a_{1n} \\ a_{21} & \cdots & a_{2,j-1} & x_j & a_{2,j+1} & \cdots & a_{2n} \\ \vdots & & \vdots & \vdots & \vdots & & \vdots \\ a_{n1} & \cdots & a_{n,j-1} & x_j & a_{n,j+1} & \cdots & a_{nn} \end{vmatrix}$$

$$=\begin{vmatrix} a_{11} & a_{12} & \cdots & a_{1n} \\ a_{21} & a_{22} & \cdots & a_{2n} \\ \vdots & \vdots & & \vdots \\ a_{n1} & a_{n2} & \cdots & a_{nn} \end{vmatrix}+\sum_{j=1}^{n}\sum_{i=1}^{n}x_jA_{ij}.$$ □

6. 递推法 (或数学归纳法)

递推法 (或数学归纳法) 适用于结果与 n 有关的行列式. 这类方法的关键在于, 对 D_n 要选择合适的行或列作展开, 得到 D_n 关于低阶同类行列式 D_{n-1}, 甚至还有更低阶同类行列式 D_{n-2} 的递推关系式, 然后利用递推或数学归纳法来计算 D_n.

例 2.6.9 计算行列式

$$D_n=\begin{vmatrix} 2 & 1 & 0 & 0 & \cdots & 0 & 0 \\ 1 & 2 & 1 & 0 & \cdots & 0 & 0 \\ 0 & 1 & 2 & 1 & \cdots & 0 & 0 \\ \vdots & \vdots & \vdots & \vdots & & \vdots & \vdots \\ 0 & 0 & 0 & 0 & \cdots & 2 & 1 \\ 0 & 0 & 0 & 0 & \cdots & 1 & 2 \end{vmatrix}.$$

形如 D_n 这样的行列式称为三对角行列式.

解 首先将 D_n 按第 1 行展开, 得到

$$D_n = 2D_{n-1} - \begin{vmatrix} 1 & 1 & 0 & \cdots & 0 & 0 \\ 0 & 2 & 1 & \cdots & 0 & 0 \\ \vdots & \vdots & \vdots & & \vdots & \vdots \\ 0 & 0 & 0 & \cdots & 2 & 1 \\ 0 & 0 & 0 & \cdots & 1 & 2 \end{vmatrix} = 2D_{n-1} - D_{n-2}.$$

将上述关系式写成 $D_n - D_{n-1} = D_{n-1} - D_{n-2}$, 然后递推下去, 有

$$D_n - D_{n-1} = D_{n-1} - D_{n-2} = D_{n-2} - D_{n-3} = \cdots = D_2 - D_1 = 3 - 2 = 1,$$

则有 $D_n = 1 + D_{n-1}$, 再次递推下去, 则有

$$D_n = 1 + D_{n-1} = 2 + D_{n-2} = \cdots = n - 1 + D_1 = n - 1 + 2 = n + 1.$$ □

7. 析因子法

析因子法适用于元素中有 x 的行列式, 即行列式为 x 的多项式.

例 2.6.10 计算行列式

$$D = \begin{vmatrix} 1 & 1 & 2 & 3 \\ 1 & 2 - x^2 & 2 & 3 \\ 2 & 3 & 1 & 5 \\ 2 & 3 & 1 & 9 - x^2 \end{vmatrix}.$$

解 由行列式的定义可知, $D = f(x)$, $\deg(f(x)) = 4$.

当 $x = \pm 1$ 时, $f(\pm 1) = 0$, 且当 $x = \pm 2$ 时, $f(\pm 2) = 0$, 即 $f(x)$ 以 $\pm 1, \pm 2$ 为根. 故可设

$$D = f(x) = C(x + 1)(x - 1)(x + 2)(x - 2).$$

令 $x = 0$, $f(0) = 4C$, 而此时

$$D = \begin{vmatrix} 1 & 1 & 2 & 3 \\ 1 & 2 & 2 & 3 \\ 2 & 3 & 1 & 5 \\ 2 & 3 & 1 & 9 \end{vmatrix} = -12,$$

故 $C = -3$, 从而 $D = -3(x^2 - 1)(x^2 - 4)$. □

以上计算行列式的各种方法并不是孤立的, 有时计算一个行列式会融合两种以上的方法.

除了以上计算行列式的方法, 还有其他方法, 在以后的章节中再给大家介绍.

2.7 克拉默法则

这一节, 我们介绍行列式在求解线性方程组中的应用. 我们这里考虑的方程组是方程的个数和未知量的个数相等的情形.

定理 2.7.1 (克拉默 (Cramer) 法则) 如果线性方程组

$$\begin{cases} a_{11}x_1 + a_{12}x_2 + \cdots + a_{1n}x_n = b_1, \\ a_{21}x_1 + a_{22}x_2 + \cdots + a_{2n}x_n = b_2, \\ \cdots\cdots\cdots\cdots \\ a_{n1}x_1 + a_{n2}x_2 + \cdots + a_{nn}x_n = b_n \end{cases}$$

的系数行列式

$$d = \begin{vmatrix} a_{11} & a_{12} & \cdots & a_{1n} \\ a_{21} & a_{22} & \cdots & a_{2n} \\ \vdots & \vdots & & \vdots \\ a_{n1} & a_{n2} & \cdots & a_{nn} \end{vmatrix} \neq 0,$$

则线性方程组有唯一解, 且唯一解为

$$x_1 = \frac{d_1}{d}, x_2 = \frac{d_2}{d}, \cdots, x_n = \frac{d_n}{d},$$

其中 d_j 是将 d 中的第 j 列的元素分别换成方程组的常数项 $b_1, b_2, \cdots, b_n$ 所形成的行列式, $j = 1, 2, \cdots, n$.

证明 首先, 只要验证 $x_j = \frac{d_j}{d}$, $j = 1, 2, \cdots, n$ 是方程组的解, 就证明了解的存在性.

将 d_j 按照第 j 列展开, 有

$$d_j = \sum_{k=1}^{n} b_k A_{kj},$$

其中 A_{kj} 为 a_{kj} 在 d 中的代数余子式. 因而对任意的 $i = 1, 2, \cdots, n$, 有

$$\begin{aligned} \sum_{j=1}^{n} a_{ij}\frac{d_j}{d} &= \frac{1}{d}\sum_{j=1}^{n} a_{ij}\sum_{k=1}^{n} b_k A_{kj} = \frac{1}{d}\sum_{k=1}^{n} b_k \sum_{j=1}^{n} a_{ij}A_{kj} \\ &= \frac{1}{d} b_i \sum_{j=1}^{n} a_{ij}A_{ij} = \frac{1}{d} b_i \cdot d = b_i. \end{aligned}$$

故 $x_j=\dfrac{d_j}{d}, j=1,2,\cdots,n$ 为方程组的解.

其次, 只要证明方程组的任意解都可表示为 $\dfrac{d_j}{d}, j=1,2,\cdots,n$, 即证明了解的唯一性.

设 $x_j, j=1,2,\cdots,n$ 是方程组的任意解, 则对任意 $i=1,2,\cdots,n$, 有

$$\sum_{j=1}^{n} a_{ij}x_j=b_i,$$

两边同乘 A_{ik}, 然后对 i 求和, 有

$$\sum_{i=1}^{n} A_{ik}\sum_{j=1}^{n} a_{ij}x_j=\sum_{i=1}^{n} b_iA_{ik},$$

$$\sum_{j=1}^{n} x_j\sum_{i=1}^{n} a_{ij}A_{ik}=d_k,$$

$$x_k\sum_{i=1}^{n} a_{ik}A_{ik}=d_k,$$

$$x_kd=d_k,$$

$$x_k=\frac{d_k}{d},\ k=1,2,\cdots,n.$$

因此, 方程组有唯一解. □

例 2.7.1 解线性方程组

$$\begin{cases} x_1+2x_2+x_3=5,\\ x_1-x_2+x_3=5,\\ 2x_1+3x_2-x_3=1. \end{cases}$$

解 先计算系数行列式 d:

$$d=\begin{vmatrix} 1 & 2 & 1\\ 1 & -1 & 1\\ 2 & 3 & -1 \end{vmatrix}=\begin{vmatrix} 0 & 2 & 1\\ 0 & -1 & 1\\ 3 & 3 & -1 \end{vmatrix}=3\begin{vmatrix} 2 & 1\\ -1 & 1 \end{vmatrix}=9\neq 0.$$

再计算 d_1,d_2,d_3:

$$d_1=\begin{vmatrix} 5 & 2 & 1\\ 5 & -1 & 1\\ 1 & 3 & -1 \end{vmatrix}=\begin{vmatrix} 0 & 0 & 1\\ 0 & -3 & 1\\ 6 & 5 & -1 \end{vmatrix}=\begin{vmatrix} 0 & -3\\ 6 & 5 \end{vmatrix}=18,$$

$$d_2=\begin{vmatrix} 1 & 5 & 1\\ 1 & 5 & 1\\ 2 & 1 & -1 \end{vmatrix}=0,$$

$$d_3=\begin{vmatrix}1&2&5\\1&-1&5\\2&3&1\end{vmatrix}=\begin{vmatrix}0&3&0\\1&-1&5\\2&3&1\end{vmatrix}=-3\begin{vmatrix}1&5\\2&1\end{vmatrix}=27.$$

于是, 方程组的唯一解为 $x_1=2, x_2=0, x_3=3$. □

我们应该注意到, 克拉默法则讨论的只是方程的个数与未知量的个数相同的线性方程组, 在系数行列式不等于零时的解, 至于对方程组系数行列式等于零的情形, 或者对一般的方程个数与未知量个数不相等的线性方程组, 克拉默法则失效.

下面, 我们讨论常数项全为零的线性方程组, 即齐次线性方程组.

显然, 齐次线性方程组总是有解的, 因为至少有 $(0,0,\cdots,0)$ 为解, 这个解称为零解. 如果齐次方程组除了零解, 还有其他解, 那么一定是非零解, 即解中的数不全为零.

推论 2.7.1 如果齐次线性方程组

$$\begin{cases}a_{11}x_1+a_{12}x_2+\cdots+a_{1n}x_n=0,\\a_{21}x_1+a_{22}x_2+\cdots+a_{2n}x_n=0,\\\cdots\cdots\cdots\cdots\\a_{n1}x_1+a_{n2}x_2+\cdots+a_{nn}x_n=0\end{cases}$$

的系数行列式

$$d=\begin{vmatrix}a_{11}&a_{12}&\cdots&a_{1n}\\a_{21}&a_{22}&\cdots&a_{2n}\\\vdots&\vdots&&\vdots\\a_{n1}&a_{n2}&\cdots&a_{nn}\end{vmatrix}\neq 0,$$

则方程组只有零解, 即若方程组有非零解, 则必有 $d=0$.

证明 对齐次线性方程组, 显然 $d_1=d_2=\cdots=d_n=0$. 故由克拉默法则可得方程组的唯一解为 $x_j=\dfrac{d_j}{d}=0, j=1,2,\cdots,n$. □

例 2.7.2 设 $f(x)=a_{n-1}x^{n-1}+a_{n-2}x^{n-2}+\cdots+a_1x+a_0$ 是 $P[x]$ 中的一个不超过 $n-1$ 次的多项式, 如果 $f(x)$ 在数域 P 中有 n 个互不相同的根 $x_1,x_2,\cdots,x_n$, 则 $f(x)=0$.

证明 由 $x_1,x_2,\cdots,x_n$ 为 $f(x)$ 的根, 则有 $f(x_i)=0, i=1,2,\cdots,n$, 即

$$\begin{cases}a_0+a_1x_1+\cdots+a_{n-2}x_1^{n-2}+a_{n-1}x_1^{n-1}=0,\\a_0+a_1x_2+\cdots+a_{n-2}x_2^{n-2}+a_{n-1}x_2^{n-1}=0,\\\cdots\cdots\cdots\cdots\\a_0+a_1x_n+\cdots+a_{n-2}x_n^{n-2}+a_{n-1}x_n^{n-1}=0.\end{cases}$$

将此视为以 $a_0, a_1, \cdots, a_{n-1}$ 为未知量的齐次线性方程组, 系数行列式恰为范德蒙德行列式, 于是

$$d=\begin{vmatrix} 1 & x_1 & \cdots & x_1^{n-2} & x_1^{n-1} \\ 1 & x_2 & \cdots & x_2^{n-2} & x_2^{n-1} \\ \vdots & \vdots & & \vdots & \vdots \\ 1 & x_n & \cdots & x_n^{n-2} & x_n^{n-1} \end{vmatrix}=\prod_{1\leqslant i<j\leqslant n}(x_j-x_i)\neq 0.$$

故方程组只有零解, 即 $a_0=a_1=\cdots=a_{n-1}=0$, 因此 $f(x)=0$. □

习 题 2

1. 求下列排列的逆序数, 从而判定它们的奇偶性:

(1) 1357246;

(2) 6427531;

(3) 35782146;

(4) 64128753.

2. 写出全部 4 阶奇排列与 4 阶偶排列.

3. 选择 i, j, 使

(1) $1245i6j97$ 为奇排列;

(2) $3972i15j4$ 为偶排列.

4. 判定下列排列的逆序数, 并讨论它们的奇偶性:

(1) $n(n-1)\cdots 21$;

(2) $135\cdots(2n-1)24\cdots(2n)$;

(3) $24\cdots(2n)135\cdots(2n-1)$.

5. 设 $i_1 i_2 \cdots i_n$ 是一个 n 阶排列, 逆序数为 τ, 求排列 $i_n i_{n-1}\cdots i_1$ 的逆序数.

6. 在 6 阶行列式的展开式中, 判定下列各项的符号:

(1) $a_{23}a_{31}a_{42}a_{56}a_{14}a_{65}$;

(2) $a_{32}a_{43}a_{14}a_{51}a_{66}a_{25}$;

(3) $a_{21}a_{13}a_{32}a_{55}a_{64}a_{46}$.

7. 写出 4 阶行列式中所有带正号, 并包含因子 a_{23} 的项.

8. 按照定义计算行列式:

$$(1)\ \begin{vmatrix} 0 & 1 & 0 & \cdots & 0 \\ 0 & 0 & 2 & \cdots & 0 \\ \vdots & \vdots & \vdots & & \vdots \\ 0 & 0 & 0 & \cdots & n-1 \\ n & 0 & 0 & \cdots & 0 \end{vmatrix}; \qquad (2)\ \begin{vmatrix} 0 & \cdots & 0 & 1 & 0 \\ 0 & \cdots & 2 & 0 & 0 \\ \vdots & & \vdots & \vdots & \vdots \\ n-1 & \cdots & 0 & 0 & 0 \\ 0 & \cdots & 0 & 0 & n \end{vmatrix}.$$

9. 由行列式定义证明

$$\begin{vmatrix} a_1 & a_2 & a_3 & a_4 & a_5 \\ b_1 & b_2 & b_3 & b_4 & b_5 \\ c_1 & c_2 & 0 & 0 & 0 \\ d_1 & d_2 & 0 & 0 & 0 \\ e_1 & e_2 & 0 & 0 & 0 \end{vmatrix} = 0.$$

10. 由行列式定义计算

$$f(x) = \begin{vmatrix} 2x & x & 1 & 2 \\ 1 & x & 1 & -1 \\ 3 & 2 & x & 1 \\ 1 & 1 & 1 & x \end{vmatrix}$$

中 x^4 与 x^3 的系数.

11. 计算下列行列式:

(1) $\begin{vmatrix} 246 & 427 & 307 \\ 1014 & 543 & 443 \\ -342 & 721 & 621 \end{vmatrix}$; (2) $\begin{vmatrix} a & b & a+b \\ b & a+b & a \\ a+b & a & b \end{vmatrix}$;

(3) $\begin{vmatrix} 1 & 2 & 3 & 4 \\ 2 & 3 & 4 & 1 \\ 3 & 4 & 1 & 2 \\ 4 & 1 & 2 & 3 \end{vmatrix}$; (4) $\begin{vmatrix} 1 & 1 & 1 & 1 \\ 1 & 2 & 3 & 4 \\ 1 & 3 & 6 & 10 \\ 1 & 4 & 10 & 20 \end{vmatrix}$;

(5) $\begin{vmatrix} 1 & 1 & 1 & 1 \\ -1 & 1 & 1 & 1 \\ -1 & -1 & 1 & 1 \\ -1 & -1 & -1 & 1 \end{vmatrix}$; (6) $\begin{vmatrix} 1+a & 1 & 1 & 1 \\ 1 & 1-a & 1 & 1 \\ 1 & 1 & 1+b & 1 \\ 1 & 1 & 1 & 1-b \end{vmatrix}$;

(7) $\begin{vmatrix} a^2 & (a+1)^2 & (a+2)^2 & (a+3)^2 \\ b^2 & (b+1)^2 & (b+2)^2 & (b+3)^2 \\ c^2 & (c+1)^2 & (c+2)^2 & (c+3)^2 \\ d^2 & (d+1)^2 & (d+2)^2 & (d+3)^2 \end{vmatrix}$;(8) $\begin{vmatrix} 0 & 1 & 2 & -1 & 4 \\ 2 & 0 & 1 & 2 & 1 \\ -1 & 3 & 5 & 1 & 2 \\ 3 & 3 & 1 & 2 & 1 \\ 2 & 1 & 0 & 3 & 5 \end{vmatrix}$.

12. 证明

$$\begin{vmatrix} b+c & c+a & a+b \\ b_1+c_1 & c_1+a_1 & a_1+b_1 \\ b_2+c_2 & c_2+a_2 & a_2+b_2 \end{vmatrix} = 2\begin{vmatrix} a & b & c \\ a_1 & b_1 & c_1 \\ a_2 & b_2 & c_2 \end{vmatrix}.$$

13. 求

$$\sum_{j_1 j_2 \cdots j_n} \begin{vmatrix} a_{1j_1} & a_{1j_2} & \cdots & a_{1j_n} \\ a_{2j_1} & a_{2j_2} & \cdots & a_{2j_n} \\ \vdots & \vdots & & \vdots \\ a_{nj_1} & a_{nj_2} & \cdots & a_{nj_n} \end{vmatrix}.$$

14. 计算下列 n 阶行列式:

(1) $\begin{vmatrix} a_1-b_1 & a_1-b_2 & \cdots & a_1-b_n \\ a_2-b_1 & a_2-b_2 & \cdots & a_2-b_n \\ \vdots & \vdots & & \vdots \\ a_n-b_1 & a_n-b_2 & \cdots & a_n-b_n \end{vmatrix}$; (2) $\begin{vmatrix} 1 & 2 & 2 & \cdots & 2 \\ 2 & 2 & 2 & \cdots & 2 \\ 2 & 2 & 3 & \cdots & 2 \\ \vdots & \vdots & \vdots & & \vdots \\ 2 & 2 & 2 & \cdots & n \end{vmatrix}$;

(3) $\begin{vmatrix} 1 & 2 & 3 & \cdots & n-1 & n \\ 1 & -1 & 0 & \cdots & 0 & 0 \\ 0 & 2 & -2 & \cdots & 0 & 0 \\ \vdots & \vdots & \vdots & & \vdots & \vdots \\ 0 & 0 & 0 & \cdots & n-1 & 1-n \end{vmatrix}$;

(4) $\begin{vmatrix} 1 & 2 & 3 & \cdots & n-1 & n \\ -1 & 0 & 3 & \cdots & n-1 & n \\ -1 & -2 & 0 & \cdots & n-1 & n \\ \vdots & \vdots & \vdots & & \vdots & \vdots \\ -1 & -2 & -3 & \cdots & 0 & n \\ -1 & -2 & -3 & \cdots & -(n-1) & 0 \end{vmatrix}$;

(5) $\begin{vmatrix} x & a & a & \cdots & a & a \\ -a & x & a & \cdots & a & a \\ -a & -a & x & \cdots & a & a \\ \vdots & \vdots & \vdots & & \vdots & \vdots \\ -a & -a & -a & \cdots & -a & x \end{vmatrix}$; (6) $\begin{vmatrix} 1 & 1 & 1 & \cdots & 1 \\ x_1 & x_2 & x_3 & \cdots & x_n \\ x_1^2 & x_2^2 & x_3^2 & \cdots & x_n^2 \\ \vdots & \vdots & \vdots & & \vdots \\ x_1^{n-2} & x_2^{n-2} & x_3^{n-2} & \cdots & x_n^{n-2} \\ x_1^n & x_2^n & x_3^n & \cdots & x_n^n \end{vmatrix}$.

15. 证明:

(1) $\begin{vmatrix} a_0 & 1 & 1 & \cdots & 1 \\ 1 & a_1 & 0 & \cdots & 0 \\ 1 & 0 & a_2 & \cdots & 0 \\ \vdots & \vdots & \vdots & & \vdots \\ 1 & 0 & 0 & \cdots & a_n \end{vmatrix} = a_1a_2\cdots a_n\left(a_0-\sum_{i=1}^{n}\frac{1}{a_i}\right)$;

(2) $\begin{vmatrix} x & 0 & 0 & \cdots & 0 & a_0 \\ -1 & x & 0 & \cdots & 0 & a_1 \\ 0 & -1 & x & \cdots & 0 & a_2 \\ \vdots & \vdots & \vdots & & \vdots & \vdots \\ 0 & 0 & 0 & \cdots & x & a_{n-2} \\ 0 & 0 & 0 & \cdots & -1 & x+a_{n-1} \end{vmatrix} = x^n+a_{n-1}x^{n-1}+\cdots+a_1x+a_0$;

$$(3)\begin{vmatrix} 1+a_1 & 1 & 1 & \cdots & 1 & 1 \\ 1 & 1+a_2 & 1 & \cdots & 1 & 1 \\ 1 & 1 & 1+a_3 & \cdots & 1 & 1 \\ \vdots & \vdots & \vdots & & \vdots & \vdots \\ 1 & 1 & 1 & \cdots & 1 & 1+a_n \end{vmatrix} = a_1a_2\cdots a_n\left(1+\sum_{i=1}^{n}\frac{1}{a_i}\right);$$

$$(4)\begin{vmatrix} a+b & ab & 0 & \cdots & 0 & 0 \\ 1 & a+b & ab & \cdots & 0 & 0 \\ 0 & 1 & a+b & \cdots & 0 & 0 \\ \vdots & \vdots & \vdots & & \vdots & \vdots \\ 0 & 0 & 0 & \cdots & 1 & a+b \end{vmatrix} = \frac{a^{n+1}-b^{n+1}}{a-b};$$

$$(5)\begin{vmatrix} \cos\alpha & 1 & 0 & \cdots & 0 & 0 \\ 1 & 2\cos\alpha & 1 & \cdots & 0 & 0 \\ 0 & 1 & 2\cos\alpha & \cdots & 0 & 0 \\ \vdots & \vdots & \vdots & & \vdots & \vdots \\ 0 & 0 & 0 & \cdots & 1 & 2\cos\alpha \end{vmatrix} = \cos n\alpha.$$

16. 证明:

$$(1)\begin{vmatrix} a_{11}+x & a_{12}+x & \cdots & a_{1n}+x \\ a_{21}+x & a_{22}+x & \cdots & a_{2n}+x \\ \vdots & \vdots & & \vdots \\ a_{n1}+x & a_{n2}+x & \cdots & a_{nn}+x \end{vmatrix} = \begin{vmatrix} a_{11} & a_{12} & \cdots & a_{1n} \\ a_{21} & a_{22} & \cdots & a_{2n} \\ \vdots & \vdots & & \vdots \\ a_{n1} & a_{n2} & \cdots & a_{nn} \end{vmatrix} +$$

$$x\sum_{i=1}^{n}\sum_{j=1}^{n}A_{ij},$$

其中 A_{ij} 为 a_{ij} 的代数余子式;

$$(2)\sum_{i=1}^{n}\sum_{j=1}^{n}A_{ij} = \begin{vmatrix} a_{11}-a_{12} & a_{12}-a_{13} & \cdots & a_{1,n-1}-a_{1n} & 1 \\ a_{21}-a_{22} & a_{22}-a_{23} & \cdots & a_{2,n-1}-a_{2n} & 1 \\ \vdots & \vdots & & \vdots & \vdots \\ a_{n1}-a_{n2} & a_{n2}-a_{n3} & \cdots & a_{n,n-1}-a_{nn} & 1 \end{vmatrix}.$$

17. 已知 n 阶行列式

$$D = \begin{vmatrix} 1 & 3 & 5 & \cdots & 2n-1 \\ 1 & 2 & 0 & \cdots & 0 \\ 1 & 0 & 3 & \cdots & 0 \\ \vdots & \vdots & \vdots & & \vdots \\ 1 & 0 & 0 & \cdots & n \end{vmatrix},$$

求 $A_{11}+A_{12}+\cdots+A_{1n}$, 其中 A_{1j} 为 a_{1j} 的代数余子式.

18. 计算行列式

$$D=\begin{vmatrix} x & a_1 & a_2 & \cdots & a_{n-1} & 1 \\ a_1 & x & a_2 & \cdots & a_{n-1} & 1 \\ a_1 & a_2 & x & \cdots & a_{n-1} & 1 \\ \vdots & \vdots & \vdots & & \vdots & \vdots \\ a_1 & a_2 & a_3 & \cdots & x & 1 \\ a_1 & a_2 & a_3 & \cdots & a_n & 1 \end{vmatrix}.$$

19. 计算 $f(x+1)-f(x)$, 其中

$$f(x)=\begin{vmatrix} 1 & 0 & 0 & 0 & \cdots & 0 & x \\ 1 & 2 & 0 & 0 & \cdots & 0 & x^2 \\ 1 & 3 & 3 & 0 & \cdots & 0 & x^3 \\ \vdots & \vdots & \vdots & \vdots & & \vdots & \vdots \\ 1 & \mathrm{C}_n^1 & \mathrm{C}_n^2 & \mathrm{C}_n^3 & \cdots & \mathrm{C}_n^{n-1} & x^n \\ 1 & \mathrm{C}_{n+1}^1 & \mathrm{C}_{n+1}^2 & \mathrm{C}_{n+1}^3 & \cdots & \mathrm{C}_{n+1}^{n-1} & x^{n+1} \end{vmatrix}.$$

20. 证明

$$\begin{vmatrix} x_1 & y_1 & a_{13} & a_{14} & \cdots & a_{1n} \\ \lambda_1 x_2 & x_2 & y_2 & a_{24} & \cdots & a_{2n} \\ \lambda_1\lambda_2 x_3 & \lambda_2 x_3 & x_3 & y_3 & \cdots & a_{3n} \\ \vdots & \vdots & \vdots & \vdots & & \vdots \\ x_n\prod\limits_{i=1}^{n-1}\lambda_i & x_n\prod\limits_{i=2}^{n-1}\lambda_i & x_n\prod\limits_{i=3}^{n-1}\lambda_i & x_n\prod\limits_{i=4}^{n-1}\lambda_i & \cdots & x_n \end{vmatrix}=x_n\prod_{i=1}^{n-1}(x_i-\lambda_i y_i).$$

21. 用克拉默法则求解下列线性方程组:

(1) $$\begin{cases} x_1-x_2-x_3-x_4=2, \\ x_1-x_2+x_3+x_4=3, \\ x_1+x_2-x_3+x_4=4, \\ x_1+x_2+x_3-x_4=4; \end{cases}$$

(2) $$\begin{cases} 2x_1-x_2+3x_3+2x_4=6, \\ 3x_1-3x_2+3x_3+2x_4=5, \\ 3x_1-x_2-x_3+2x_4=3, \\ 3x_1-x_2+3x_3-x_4=4; \end{cases}$$

(3) $$\begin{cases} 5x_1+6x_2=1, \\ x_1+5x_2+6x_3=0, \\ x_2+5x_3+6x_4=0, \\ x_3+5x_4+6x_5=0, \\ x_4+5x_5=1; \end{cases}$$

(4) $$\begin{cases} x_1+x_2+\cdots+x_n=k, \\ 2x_1+2^2x_2+\cdots+2^nx_n=2k, \\ 3x_1+3^2x_2+\cdots+3^nx_n=3k, \\ \cdots\cdots\cdots\cdots \\ nx_1+n^2x_2+\cdots+n^nx_n=nk. \end{cases}$$

22. 设 $a_1, a_2, \cdots, a_n$ 是数域 P 中互不相同的数, $b_1, b_2, \cdots, b_n$ 是数域 P 中任意给定的 n 个数. 用克拉默法则证明: 存在唯一的数域 P 上的多项式 $f(x) = c_0x^{n-1} + c_1x^{n-2} + \cdots + c_{n-1}$ 使得

$$f(a_i) = b_i,\ i = 1, 2, \cdots, n.$$

23. 设 a, b, c, d 是不全为零的实数, 证明: 齐次线性方程组

$$\begin{cases} ax_1 + bx_2 + cx_3 + dx_4 = 0, \\ bx_1 - ax_2 + dx_3 - cx_4 = 0, \\ cx_1 - dx_2 - ax_3 + bx_4 = 0, \\ dx_1 + cx_2 - bx_3 - ax_4 = 0 \end{cases}$$

只有零解.

24. 已知齐次线性方程组

$$\begin{cases} (a+1)x_1 - 3x_2 + 2x_3 = 0, \\ (a+2)x_1 + 2x_2 - 3x_3 = 0, \\ (a-1)x_1 + x_2 + 2x_3 = 0 \end{cases}$$

有非零解, 求 a.

3

第三章 矩阵

3.1 矩阵的概念

在数域 P 中取 mn 个数, 将它们排成 m 行、n 列的形式 (其中位于第 i 行、第 j 列的元素记为 a_{ij}), 两边再加上括号, 即

$$\begin{pmatrix} a_{11} & a_{12} & \cdots & a_{1n} \\ a_{21} & a_{22} & \cdots & a_{2n} \\ \vdots & \vdots & & \vdots \\ a_{m1} & a_{m2} & \cdots & a_{mn} \end{pmatrix}.$$

我们称它为数域 P 上的 $m \times n$ 矩阵, 通常用大写黑体字母表示, 如

$$\boldsymbol{A} = \begin{pmatrix} a_{11} & a_{12} & \cdots & a_{1n} \\ a_{21} & a_{22} & \cdots & a_{2n} \\ \vdots & \vdots & & \vdots \\ a_{m1} & a_{m2} & \cdots & a_{mn} \end{pmatrix},$$

有时, 也简记为 $\boldsymbol{A} = (a_{ij})_{m\times n}$. 特别地, 当 $m = n$ 时, 称 $\boldsymbol{A}$ 为 n 阶方阵. 特别地, 若 $a_{ij} = 0, i \neq j, i, j = 1, 2, \cdots, n$, 则称 $\boldsymbol{A}$ 为对角矩阵.

设 $\boldsymbol{A} = (a_{ij})_{m\times n}$, $\boldsymbol{B} = (b_{ij})_{k\times l}$, 若 $m = k$, $n = l$, 且 $a_{ij} = b_{ij}$, $i = 1, 2, \cdots, m$, $j = 1, 2, \cdots, n$, 则称 $\boldsymbol{A}$ 与 $\boldsymbol{B}$ 相等, 记为 $\boldsymbol{A} = \boldsymbol{B}$.

矩阵是线性代数中的重要内容. 线性代数中的问题研究常常归结为有关矩阵的某些方面的研究, 线性代数的计算及应用都离不开矩阵. 矩阵在其他数学分支以及经济学、工程技术等领域也有着广泛的应用.

例如平面解析几何中, 将二次曲线的一般方程表示为

$$ax^2 + 2bxy + cy^2 + 2dx + 2ey + f = 0.$$

这个方程的左端可以用表

	x	y	1
x	a	b	d
y	b	c	e
1	d	e	f

来表示. 只要规定了 $x,y,1$ 的次序, 二次曲线方程的左端就可以用一个 3 阶方阵

$$\begin{pmatrix} a & b & d \\ b & c & e \\ d & e & f \end{pmatrix}$$

来表示. 同时, 每给出一个 3 阶方阵, 就可以写出一个二次曲线方程与之对应.

再例如, 讨论经济中的数学问题时, 也常常用到矩阵. 比如考虑某种物资的生产销售问题, 假设有 m 个产地 $\mathrm{A}_1,\mathrm{A}_2,\cdots,\mathrm{A}_m$, n 个销地 $\mathrm{B}_1,\mathrm{B}_2,\cdots,\mathrm{B}_n$, 那么一个调运方案就可以用一个 $m\times n$ 矩阵

$$\begin{pmatrix} a_{11} & a_{12} & \cdots & a_{1n} \\ a_{21} & a_{22} & \cdots & a_{2n} \\ \vdots & \vdots & & \vdots \\ a_{m1} & a_{m2} & \cdots & a_{mn} \end{pmatrix}$$

来表示, 其中 a_{ij} 表示由产地 A_i 运到销地 B_j 的数量.

可见矩阵是数学中一个极其重要而又应用广泛的概念, 因此有必要对矩阵做更深入的研究.

3.2 矩阵的运算

本节我们将介绍矩阵的加法、数与矩阵的乘法 (简称数乘)、矩阵的乘法以及矩阵的转置.

1. 加法

定义 3.2.1 设

$$\boldsymbol{A}=\begin{pmatrix} a_{11} & a_{12} & \cdots & a_{1n} \\ a_{21} & a_{22} & \cdots & a_{2n} \\ \vdots & \vdots & & \vdots \\ a_{m1} & a_{m2} & \cdots & a_{mn} \end{pmatrix}=(a_{ij})_{m\times n},$$

$$\boldsymbol{B}=\begin{pmatrix} b_{11} & b_{12} & \cdots & b_{1n} \\ b_{21} & b_{22} & \cdots & b_{2n} \\ \vdots & \vdots & & \vdots \\ b_{m1} & b_{m2} & \cdots & b_{mn} \end{pmatrix}=(b_{ij})_{m\times n},$$

则矩阵

$$C=\begin{pmatrix} a_{11}+b_{11} & a_{12}+b_{12} & \cdots & a_{1n}+b_{1n} \\ a_{21}+b_{21} & a_{22}+b_{22} & \cdots & a_{2n}+b_{2n} \\ \vdots & \vdots & & \vdots \\ a_{m1}+b_{m1} & a_{m2}+b_{m2} & \cdots & a_{mn}+b_{mn} \end{pmatrix}=(c_{ij})_{m\times n}=(a_{ij}+b_{ij})_{m\times n}$$

称为 $\boldsymbol{A}$ 与 $\boldsymbol{B}$ 的和, 记为 $\boldsymbol{C}=\boldsymbol{A}+\boldsymbol{B}$.

注意两个相加的矩阵必须具有相同的行数和列数, 并使两个矩阵的对应元素相加. 不难验证, 对任意 $m\times n$ 矩阵 $\boldsymbol{A},\boldsymbol{B},\boldsymbol{C}$, 矩阵的加法具有下面的运算规律:

(1) 交换律: $\boldsymbol{A}+\boldsymbol{B}=\boldsymbol{B}+\boldsymbol{A}$;

(2) 结合律: $\boldsymbol{A}+(\boldsymbol{B}+\boldsymbol{C})=(\boldsymbol{A}+\boldsymbol{B})+\boldsymbol{C}$;

(3) $\boldsymbol{A}+\boldsymbol{O}=\boldsymbol{A}$, 这里 $\boldsymbol{O}$ 是所有元素全为零的 $m\times n$ 矩阵, 称为零矩阵;

(4) $\boldsymbol{A}+(-\boldsymbol{A})=\boldsymbol{O}$, 这里 $-\boldsymbol{A}=(-a_{ij})_{m\times n}$, 称为 $\boldsymbol{A}$ 的负矩阵.

由矩阵的加法及负矩阵, 就可以定义矩阵的减法为

$$\boldsymbol{A}-\boldsymbol{B}=\boldsymbol{A}+(-\boldsymbol{B}).$$

2. 数乘

定义 3.2.2 设 k 为数域 P 中的一个数,

$$\boldsymbol{A}=\begin{pmatrix} a_{11} & a_{12} & \cdots & a_{1n} \\ a_{21} & a_{22} & \cdots & a_{2n} \\ \vdots & \vdots & & \vdots \\ a_{m1} & a_{m2} & \cdots & a_{mn} \end{pmatrix}=(a_{ij})_{m\times n},$$

则矩阵

$$k\boldsymbol{A}=\begin{pmatrix} ka_{11} & ka_{12} & \cdots & ka_{1n} \\ ka_{21} & ka_{22} & \cdots & ka_{2n} \\ \vdots & \vdots & & \vdots \\ ka_{m1} & ka_{m2} & \cdots & ka_{mn} \end{pmatrix}=(ka_{ij})_{m\times n}$$

称为 k 与 $\boldsymbol{A}$ 的数量乘积.

不难验证, 对任意 $m\times n$ 矩阵 $\boldsymbol{A},\boldsymbol{B}$ 及任意数 k,l, 数乘具有如下运算规律:

(1) $1\boldsymbol{A}=\boldsymbol{A}$;

(2) $(kl)\boldsymbol{A}=k(l\boldsymbol{A})$;

(3) $(k+l)\boldsymbol{A}=k\boldsymbol{A}+l\boldsymbol{A}$;

(4) $k(\boldsymbol{A}+\boldsymbol{B})=k\boldsymbol{A}+k\boldsymbol{B}$.

例 3.2.1 设

$$
\boldsymbol{A}=\begin{pmatrix}3&2\\4&1\\1&5\end{pmatrix},\quad \boldsymbol{B}=\begin{pmatrix}1&3\\2&4\\3&1\end{pmatrix},
$$

则

$$
\begin{aligned}
3\boldsymbol{A}+2\boldsymbol{B}&=3\begin{pmatrix}3&2\\4&1\\1&5\end{pmatrix}+2\begin{pmatrix}1&3\\2&4\\3&1\end{pmatrix}\\
&=\begin{pmatrix}9&6\\12&3\\3&15\end{pmatrix}+\begin{pmatrix}2&6\\4&8\\6&2\end{pmatrix}=\begin{pmatrix}11&12\\16&11\\9&17\end{pmatrix}.
\end{aligned}
$$

3. 乘法

定义 3.2.3 设

$$
\boldsymbol{A}=\begin{pmatrix}a_{11}&a_{12}&\cdots&a_{1n}\\a_{21}&a_{22}&\cdots&a_{2n}\\\vdots&\vdots&&\vdots\\a_{m1}&a_{m2}&\cdots&a_{mn}\end{pmatrix}=(a_{ij})_{m\times n},
$$

$$
\boldsymbol{B}=\begin{pmatrix}b_{11}&b_{12}&\cdots&b_{1p}\\b_{21}&b_{22}&\cdots&b_{2p}\\\vdots&\vdots&&\vdots\\b_{n1}&b_{n2}&\cdots&b_{np}\end{pmatrix}=(b_{ij})_{n\times p},
$$

令

$$
c_{ij}=\sum_{k=1}^{n}a_{ik}b_{kj},\quad i=1,2,\cdots,m,\quad j=1,2,\cdots,p,
$$

则称矩阵 $\boldsymbol{C}=(c_{ij})_{m\times p}$ 为 $\boldsymbol{A}$ 与 $\boldsymbol{B}$ 的积, 记为 $\boldsymbol{C}=\boldsymbol{A}\boldsymbol{B}$.

注意, 两个矩阵能够相乘, 前一个矩阵的列数必须与后一个矩阵的行数相等.

例 3.2.2 设

$$
\boldsymbol{A}=\begin{pmatrix}1&-1\\3&1\\-2&0\end{pmatrix},\quad \boldsymbol{B}=\begin{pmatrix}2&-1\\1&7\end{pmatrix},
$$

则

$$AB=\begin{pmatrix}1&-1\\3&1\\-2&0\end{pmatrix}\begin{pmatrix}2&-1\\1&7\end{pmatrix}=\begin{pmatrix}1&-8\\7&4\\-4&2\end{pmatrix}.$$

例 3.2.3 设

$$A=\begin{pmatrix}a_1\\a_2\\\vdots\\a_n\end{pmatrix},\quad B=\begin{pmatrix}b_1&b_2&\cdots&b_n\end{pmatrix},$$

则

$$AB=\begin{pmatrix}a_1\\a_2\\\vdots\\a_n\end{pmatrix}\begin{pmatrix}b_1&b_2&\cdots&b_n\end{pmatrix}=\begin{pmatrix}a_1b_1&a_1b_2&\cdots&a_1b_n\\a_2b_1&a_2b_2&\cdots&a_2b_n\\\vdots&\vdots&&\vdots\\a_nb_1&a_nb_2&\cdots&a_nb_n\end{pmatrix},$$

$$BA=\begin{pmatrix}b_1&b_2&\cdots&b_n\end{pmatrix}\begin{pmatrix}a_1\\a_2\\\vdots\\a_n\end{pmatrix}=\sum_{i=1}^{n}a_ib_i.$$

在实际中, 矩阵乘法也有重要的应用. 例如华为倡导的 5G 技术——极化码, 本质上应用的就是矩阵乘法. 比如, 要对一个 4b 的信号 (u_1,u_2,u_3,u_4) 用极化码编码, 得到另一个 4b 的信号 (v_1,v_2,v_3,v_4), 这其实是作了如下的矩阵乘法:

$$\begin{pmatrix}v_1&v_2&v_3&v_4\end{pmatrix}=\begin{pmatrix}u_1&u_2&u_3&u_4\end{pmatrix}\begin{pmatrix}1&0&0&0\\1&0&1&0\\1&1&0&0\\1&1&1&1\end{pmatrix}.$$

矩阵的乘法及与加法、数乘之间, 有以下运算规律:

(1) 结合律: $(AB)C=A(BC)$, 其中 $A=(a_{ij})_{m\times n}$, $B=(b_{ij})_{n\times p}$, $C=(c_{ij})_{p\times q}$;

(2) 分配律: $A_1(B_1+B_2)=A_1B_1+A_1B_2$, $(A_1+A_2)B_1=A_1B_1+A_2B_1$, 其中 A_1,A_2 是 $m\times n$ 矩阵, B_1,B_2 是 $n\times p$ 矩阵;

(3) $k(AB)=(kA)B=A(kB)$, 其中 k 是数域 P 中的数, $A=(a_{ij})_{m\times n}$, $B=(b_{ij})_{n\times p}$.

我们这里只证明 (1), (2) 和 (3) 留给读者完成.

令 $\boldsymbol{U}=\boldsymbol{AB}=(u_{ij})_{m\times p}$, $\boldsymbol{V}=\boldsymbol{BC}=(v_{ij})_{n\times q}$. 记 $(\boldsymbol{AB})\boldsymbol{C}=\boldsymbol{S}$, $\boldsymbol{A}(\boldsymbol{BC})=\boldsymbol{T}$, 则 $\boldsymbol{S}=\boldsymbol{UC}$ 为 $m\times q$ 矩阵, $\boldsymbol{T}=\boldsymbol{AV}$ 也为 $m\times q$ 矩阵, 且对任意 $i=1,2,\cdots,m$, $j=1,2,\cdots,q$,

$$s_{ij}=\sum_{k=1}^{p}u_{ik}c_{kj}=\sum_{k=1}^{p}\left(\sum_{l=1}^{n}a_{il}b_{lk}\right)c_{kj}=\sum_{l=1}^{n}a_{il}\sum_{k=1}^{p}b_{lk}c_{kj}=\sum_{l=1}^{n}a_{il}v_{lj}=t_{ij}.$$

故 $\boldsymbol{S}=\boldsymbol{T}$, 即 $(\boldsymbol{AB})\boldsymbol{C}=\boldsymbol{A}(\boldsymbol{BC})$.

更要注意的是, 矩阵的乘法一般不满足以下运算规律:

(1) 交换律. 一般地, $\boldsymbol{AB}\neq\boldsymbol{BA}$, 有以下几种情形:

(i) $\boldsymbol{AB}$ 有意义, 但 $\boldsymbol{BA}$ 没有意义, 例如

$$\boldsymbol{A}=\begin{pmatrix}1&-1\\3&1\\-2&0\end{pmatrix},\quad \boldsymbol{B}=\begin{pmatrix}2&-1\\1&7\end{pmatrix}.$$

(ii) $\boldsymbol{AB},\boldsymbol{BA}$ 都有意义, 但它们的阶数不同, 例如

$$\boldsymbol{A}=\begin{pmatrix}a_1\\a_2\\\vdots\\a_n\end{pmatrix},\quad \boldsymbol{B}=\begin{pmatrix}b_1&b_2&\cdots&b_n\end{pmatrix}.$$

(iii) $\boldsymbol{AB},\boldsymbol{BA}$ 都有意义且阶数相同, 但 $\boldsymbol{AB}\neq\boldsymbol{BA}$, 例如

$$\boldsymbol{A}=\begin{pmatrix}1&1\\-1&-1\end{pmatrix},\quad \boldsymbol{B}=\begin{pmatrix}1&-1\\-1&1\end{pmatrix},$$

$$\boldsymbol{AB}=\begin{pmatrix}1&1\\-1&-1\end{pmatrix}\begin{pmatrix}1&-1\\-1&1\end{pmatrix}=\begin{pmatrix}0&0\\0&0\end{pmatrix},$$

$$\boldsymbol{BA}=\begin{pmatrix}1&-1\\-1&1\end{pmatrix}\begin{pmatrix}1&1\\-1&-1\end{pmatrix}=\begin{pmatrix}2&2\\-2&-2\end{pmatrix},$$

$$\boldsymbol{AB}\neq\boldsymbol{BA}.$$

正因为矩阵的乘法不满足交换律, 在用一个矩阵 $\boldsymbol{A}$ 去乘另一个矩阵 $\boldsymbol{B}$ 时, 必须指明是 $\boldsymbol{A}$ 左乘 $\boldsymbol{B}$ 还是 $\boldsymbol{A}$ 右乘 $\boldsymbol{B}$.

这里还需要指出, 矩阵乘法不满足交换律是针对一般情况而言, 对有些矩阵会出现 $\boldsymbol{AB}=\boldsymbol{BA}$ 的情况, 例如

$$\boldsymbol{A}=\begin{pmatrix}1&2\\0&3\end{pmatrix},\quad \boldsymbol{B}=\begin{pmatrix}2&0\\0&2\end{pmatrix},$$

则

$$\boldsymbol{AB}=\boldsymbol{BA}=\begin{pmatrix}2&4\\0&6\end{pmatrix}.$$

定义 3.2.4 如果矩阵 $\boldsymbol{A},\boldsymbol{B}$ 满足 $\boldsymbol{AB}=\boldsymbol{BA}$, 则称 $\boldsymbol{A}$ 与 $\boldsymbol{B}$ 是可交换的.

定义 3.2.5 主对角线上元素全为 1, 而其余元素全为零的 n 阶方阵

$$\begin{pmatrix}1&0&\cdots&0\\0&1&\cdots&0\\\vdots&\vdots&&\vdots\\0&0&\cdots&1\end{pmatrix}$$

称为 n 阶单位矩阵, 记为 $\boldsymbol{E}_n$ 或 $\boldsymbol{E}$.

主对角线上元素全为非零数 $k\,(\in P)$ 而其余元素全为零的 n 阶方阵

$$\begin{pmatrix}k&0&\cdots&0\\0&k&\cdots&0\\\vdots&\vdots&&\vdots\\0&0&\cdots&k\end{pmatrix}$$

称为 n 阶数量矩阵, 记为 $k\boldsymbol{E}_n$ 或 $k\boldsymbol{E}$.

显然有

$$(k\boldsymbol{E}_m)\boldsymbol{A}_{m\times n}=k\boldsymbol{A}_{m\times n},\boldsymbol{A}_{m\times n}(k\boldsymbol{E}_n)=k\boldsymbol{A}_{m\times n}.$$

特别地, 如果 $\boldsymbol{A}$ 是 n 阶方阵, 则有

$$(k\boldsymbol{E})\boldsymbol{A}=\boldsymbol{A}(k\boldsymbol{E})=k\boldsymbol{A},$$

即 n 阶数量矩阵与任意 n 阶方阵可交换.

(2) 消去律. 由 $\boldsymbol{AC}=\boldsymbol{BC}$(或 $\boldsymbol{CA}=\boldsymbol{CB}$), 且 $\boldsymbol{C}\neq\boldsymbol{O}$, 不能得出 $\boldsymbol{A}=\boldsymbol{B}$ 的结论.

首先, 由 $\boldsymbol{AB}=\boldsymbol{O}$ 不能得出 $\boldsymbol{A},\boldsymbol{B}$ 至少有一个为零矩阵的结论, 例如

$$\boldsymbol{A}=\begin{pmatrix}1&1\\-1&-1\end{pmatrix}\neq\boldsymbol{O},\boldsymbol{B}=\begin{pmatrix}1&-1\\-1&1\end{pmatrix}\neq\boldsymbol{O},\boldsymbol{AB}=\boldsymbol{O}.$$

于是, 虽然由 $\boldsymbol{AC}=\boldsymbol{BC}$ 知 $(\boldsymbol{A}-\boldsymbol{B})\boldsymbol{C}=\boldsymbol{O}$, 但即使 $\boldsymbol{C}\neq\boldsymbol{O}$, 也不能得出 $\boldsymbol{A}-\boldsymbol{B}=\boldsymbol{O}$, $\boldsymbol{A}=\boldsymbol{B}$.

关于矩阵的乘法, 还有下面一个重要的性质:

定理 3.2.1 设 $\boldsymbol{A},\boldsymbol{B}$ 都是数域 P 中的 n 阶方阵, 则 $\boldsymbol{AB}$ 的行列式等于 $\boldsymbol{A}$ 的行列式与 $\boldsymbol{B}$ 的行列式的乘积, 即

$$|\boldsymbol{AB}|=|\boldsymbol{A}||\boldsymbol{B}|.$$

证明 考虑 $2n$ 级行列式

$$D_{2n}=\begin{vmatrix} a_{11} & \cdots & a_{1n} & 0 & \cdots & 0 \\ \vdots & & \vdots & \vdots & & \vdots \\ a_{n1} & \cdots & a_{nn} & 0 & \cdots & 0 \\ -1 & \cdots & 0 & b_{11} & \cdots & b_{1n} \\ \vdots & & \vdots & \vdots & & \vdots \\ 0 & \cdots & -1 & b_{n1} & \cdots & b_{nn} \end{vmatrix}.$$

由第二章知, $D_{2n}=|\boldsymbol{A}||\boldsymbol{B}|$.

另一方面, 将 D_{2n} 中第 $n+1$ 行的 a_{i1} 倍加到第 i 行, 第 $n+2$ 行的 a_{i2} 倍加到第 i 行 $\cdots\cdots$ 第 $2n$ 行的 a_{in} 倍加到第 i 行, 这里 i 要取遍 $1,2,\cdots,n$. 于是有

$$D_{2n}=\begin{vmatrix} 0 & \cdots & 0 & c_{11} & \cdots & c_{1n} \\ \vdots & & \vdots & \vdots & & \vdots \\ 0 & \cdots & 0 & c_{n1} & \cdots & c_{nn} \\ -1 & \cdots & 0 & b_{11} & \cdots & b_{1n} \\ \vdots & & \vdots & \vdots & & \vdots \\ 0 & \cdots & -1 & b_{n1} & \cdots & b_{nn} \end{vmatrix},$$

其中 $c_{ij}=\sum\limits_{k=1}^{n}a_{ik}b_{kj},\ i,j=1,2,\cdots,n$. 再将后 n 列与前 n 列互换, 则有

$$\begin{aligned} D_{2n}&=(-1)^n\begin{vmatrix} c_{11} & \cdots & c_{1n} & 0 & \cdots & 0 \\ \vdots & & \vdots & \vdots & & \vdots \\ c_{n1} & \cdots & c_{nn} & 0 & \cdots & 0 \\ b_{11} & \cdots & b_{1n} & -1 & \cdots & 0 \\ \vdots & & \vdots & \vdots & & \vdots \\ b_{n1} & \cdots & b_{nn} & 0 & \cdots & -1 \end{vmatrix} \\ &=(-1)^n|\boldsymbol{C}|(-1)^n=|\boldsymbol{C}|=|\boldsymbol{AB}|. \end{aligned}$$

故

$$|\boldsymbol{AB}|=|\boldsymbol{A}||\boldsymbol{B}|.$$ □

此定理可以推广到任意有限个 n 阶方阵的情形, 即有

$$|\boldsymbol{A}_1\boldsymbol{A}_2\cdots\boldsymbol{A}_s| = |\boldsymbol{A}_1|\cdot|\boldsymbol{A}_2|\cdot\cdots\cdot|\boldsymbol{A}_s|.$$

我们还可以利用矩阵的乘法, 来定义 n 阶方阵的方幂.

设 $\boldsymbol{A}$ 为一个 n 阶方阵, 定义

$$\begin{cases} \boldsymbol{A}^1 = \boldsymbol{A}, \\ \boldsymbol{A}^{k+1} = \boldsymbol{A}^k\boldsymbol{A},\ k = 1, 2, \cdots. \end{cases}$$

不难证明

$$\boldsymbol{A}^k\boldsymbol{A}^l = \boldsymbol{A}^{k+l},\ (\boldsymbol{A}^k)^l = \boldsymbol{A}^{kl},$$

这里 k, l 是任意正整数.

因为矩阵的乘法不满足交换律, 一般地 $(\boldsymbol{AB})^k \neq \boldsymbol{A}^k\boldsymbol{B}^k$.

有了 n 阶方阵方幂的定义, 我们又可以给出矩阵多项式的定义.

定义 3.2.6 设 $f(x) = a_mx^m + a_{m-1}x^{m-1} + \cdots + a_1x + a_0$ 是 $P[x]$ 中的一个一元多项式, $\boldsymbol{A}$ 是一个 n 阶方阵. 称 n 阶方阵

$$f(\boldsymbol{A}) = a_m\boldsymbol{A}^m + a_{m-1}\boldsymbol{A}^{m-1} + \cdots + a_1\boldsymbol{A} + a_0\boldsymbol{E}$$

为矩阵 $\boldsymbol{A}$ 的多项式.

矩阵多项式有如下性质:

定理 3.2.2 设 $f(x), g(x)$ 均为 $P[x]$ 中的任一元多项式, $\boldsymbol{A}$ 为 n 阶方阵, 则有

$$f(\boldsymbol{A})g(\boldsymbol{A}) = g(\boldsymbol{A})f(\boldsymbol{A}).$$

证明 由方幂的性质: 对任意正整数 k, l, $\boldsymbol{A}^k\boldsymbol{A}^l = \boldsymbol{A}^{k+l} = \boldsymbol{A}^l\boldsymbol{A}^k$, 可证得此性质. □

4. 转置

定义 3.2.7 设

$$\boldsymbol{A} = \begin{pmatrix} a_{11} & a_{12} & \cdots & a_{1n} \\ a_{21} & a_{22} & \cdots & a_{2n} \\ \vdots & \vdots & & \vdots \\ a_{m1} & a_{m2} & \cdots & a_{mn} \end{pmatrix},$$

则矩阵

$$A^{\mathrm{T}}=\begin{pmatrix} a_{11} & a_{21} & \cdots & a_{m1} \\ a_{12} & a_{22} & \cdots & a_{m2} \\ \vdots & \vdots & & \vdots \\ a_{1n} & a_{2n} & \cdots & a_{mn} \end{pmatrix}$$

称为 $\boldsymbol{A}$ 的转置矩阵.

显然, $m\times n$ 矩阵的转置是 $n\times m$ 矩阵.

矩阵的转置满足以下规律:

(1) $(\boldsymbol{A}^{\mathrm{T}})^{\mathrm{T}}=\boldsymbol{A}$;

(2) $(\boldsymbol{A}+\boldsymbol{B})^{\mathrm{T}}=\boldsymbol{A}^{\mathrm{T}}+\boldsymbol{B}^{\mathrm{T}}$;

(3) $(k\boldsymbol{A})^{\mathrm{T}}=k\boldsymbol{A}^{\mathrm{T}}$;

(4) $(\boldsymbol{AB})^{\mathrm{T}}=\boldsymbol{B}^{\mathrm{T}}\boldsymbol{A}^{\mathrm{T}}$.

(1)—(3) 很容易验证, 下面我们来证明 (4). 设

$$\boldsymbol{A}=\begin{pmatrix} a_{11} & a_{12} & \cdots & a_{1n} \\ a_{21} & a_{22} & \cdots & a_{2n} \\ \vdots & \vdots & & \vdots \\ a_{m1} & a_{m2} & \cdots & a_{mn} \end{pmatrix},\quad \boldsymbol{B}=\begin{pmatrix} b_{11} & b_{12} & \cdots & b_{1p} \\ b_{21} & b_{22} & \cdots & b_{2p} \\ \vdots & \vdots & & \vdots \\ b_{n1} & b_{n2} & \cdots & b_{np} \end{pmatrix}.$$

首先, $\boldsymbol{A}$ 是 $m\times n$ 矩阵, $\boldsymbol{B}$ 是 $n\times p$ 矩阵, 则 $\boldsymbol{A}^{\mathrm{T}}$ 是 $n\times m$ 矩阵, $\boldsymbol{B}^{\mathrm{T}}$ 是 $p\times n$ 矩阵, 从而 $\boldsymbol{AB}$ 是 $m\times p$ 矩阵, $(\boldsymbol{AB})^{\mathrm{T}}$ 是 $p\times m$ 矩阵, 且 $\boldsymbol{B}^{\mathrm{T}}\boldsymbol{A}^{\mathrm{T}}$ 也是 $p\times m$ 矩阵, 也就是 $(\boldsymbol{AB})^{\mathrm{T}}$ 与 $\boldsymbol{B}^{\mathrm{T}}\boldsymbol{A}^{\mathrm{T}}$ 的阶数是相同的. 然后, 考察它们对应位置的元素, 对 $i=1,2,\cdots,p$, $j=1,2,\cdots,m$, $(\boldsymbol{AB})^{\mathrm{T}}$ 的 (i,j) 位置元素为 $\boldsymbol{AB}$ 的 (j,i) 位置元素, 即

$$\sum_{k=1}^{n}a_{jk}b_{ki}.$$

而 $\boldsymbol{B}^{\mathrm{T}}$ 的 (i,k) 位置元素为 $\boldsymbol{B}$ 的 (k,i) 位置元素, 即 b_{ki}; $\boldsymbol{A}^{\mathrm{T}}$ 的 (k,j) 位置元素为 $\boldsymbol{A}$ 的 (j,k) 位置元素, 即 a_{jk}, 因此, $\boldsymbol{B}^{\mathrm{T}}\boldsymbol{A}^{\mathrm{T}}$ 的 (i,j) 位置元素为

$$\sum_{k=1}^{n}b_{ki}a_{jk}=\sum_{k=1}^{n}a_{jk}b_{ki}.$$

故, 综上可得

$$(\boldsymbol{AB})^{\mathrm{T}}=\boldsymbol{B}^{\mathrm{T}}\boldsymbol{A}^{\mathrm{T}}.$$

例如

$$\boldsymbol{A}=\begin{pmatrix} 1 & 0 & 2 \\ 3 & 1 & 1 \end{pmatrix},\quad \boldsymbol{B}=\begin{pmatrix} 2 \\ 1 \\ 1 \end{pmatrix},$$

于是

$$\boldsymbol{AB}=\begin{pmatrix}1&0&2\\3&1&1\end{pmatrix}\begin{pmatrix}2\\1\\1\end{pmatrix}=\begin{pmatrix}4\\8\end{pmatrix},\ (\boldsymbol{AB})^{\mathrm{T}}=\begin{pmatrix}4&8\end{pmatrix};$$

$$\boldsymbol{A}^{\mathrm{T}}=\begin{pmatrix}1&3\\0&1\\2&1\end{pmatrix},\quad \boldsymbol{B}^{\mathrm{T}}=\begin{pmatrix}2&1&1\end{pmatrix},$$

$$\boldsymbol{B}^{\mathrm{T}}\boldsymbol{A}^{\mathrm{T}}=\begin{pmatrix}2&1&1\end{pmatrix}\begin{pmatrix}1&3\\0&1\\2&1\end{pmatrix}=\begin{pmatrix}4&8\end{pmatrix},$$

所以 $(\boldsymbol{AB})^{\mathrm{T}}=\boldsymbol{B}^{\mathrm{T}}\boldsymbol{A}^{\mathrm{T}}$.

例 3.2.4 设 $\boldsymbol{A}$ 为 n 阶实方阵, 证明: 如果 $\boldsymbol{AA}^{\mathrm{T}}=\boldsymbol{O}$, 则 $\boldsymbol{A}=\boldsymbol{O}$.

证明 设

$$\boldsymbol{A}=\begin{pmatrix}a_{11}&a_{12}&\cdots&a_{1n}\\a_{21}&a_{22}&\cdots&a_{2n}\\\vdots&\vdots&&\vdots\\a_{n1}&a_{n2}&\cdots&a_{nn}\end{pmatrix}.$$

$\boldsymbol{A}^{\mathrm{T}}$ 的 (k,i) 位置元素为 $\boldsymbol{A}$ 的 (i,k) 位置元素, 即 a_{ik}, 于是 $\boldsymbol{AA}^{\mathrm{T}}$ 的 (i,i) 位置元素为

$$\sum_{k=1}^{n}a_{ik}^2.$$

由于 $\boldsymbol{AA}^{\mathrm{T}}=\boldsymbol{O}$, 则 $\boldsymbol{AA}^{\mathrm{T}}$ 的所有位置元素全为零, 故

$$\sum_{k=1}^{n}a_{ik}^2=0,$$

又因为 $\boldsymbol{A}$ 的所有元素均为实数, 因此

$$a_{i1}=a_{i2}=\cdots=a_{in}=0,\ i=1,2,\cdots,n,$$

从而 $\boldsymbol{A}=\boldsymbol{O}$. □

3.3 可逆矩阵

这一节, 我们讨论的矩阵都是 n 阶方阵.

我们已经知道, 对于任意的 n 阶方阵 $\boldsymbol{A}$ 都有

$$\boldsymbol{AE}=\boldsymbol{EA}=\boldsymbol{A}.$$

可见 n 阶单位矩阵 $\boldsymbol{E}$ 在 n 阶方阵中的地位类似于 1 在数域 P 中的地位. 一个数域 P 中的非零数 a, 它的倒数 a^{-1} 与 a 满足关系

$$aa^{-1}=a^{-1}a=1.$$

类似地, 我们在 n 阶方阵中, 引入可逆矩阵的概念.

定义 3.3.1 设 $\boldsymbol{A}$ 为 n 阶方阵, 如果存在 n 阶方阵 $\boldsymbol{B}$, 使得

$$\boldsymbol{AB}=\boldsymbol{BA}=\boldsymbol{E},$$

则称 $\boldsymbol{A}$ 为可逆矩阵, 称 $\boldsymbol{B}$ 为 $\boldsymbol{A}$ 的逆矩阵.

如果 n 阶方阵 $\boldsymbol{A}$ 是可逆的, 则其逆矩阵是唯一的. 事实上, 假设 $\boldsymbol{B}_1,\boldsymbol{B}_2$ 都是 $\boldsymbol{A}$ 的逆矩阵, 则有

$$\boldsymbol{AB}_1=\boldsymbol{B}_1\boldsymbol{A}=\boldsymbol{E},\ \boldsymbol{AB}_2=\boldsymbol{B}_2\boldsymbol{A}=\boldsymbol{E}.$$

所以

$$\boldsymbol{B}_2=\boldsymbol{B}_2\boldsymbol{E}=\boldsymbol{B}_2(\boldsymbol{AB}_1)=(\boldsymbol{B}_2\boldsymbol{A})\boldsymbol{B}_1=\boldsymbol{EB}_1=\boldsymbol{B}_1.$$

以后, 我们就把 $\boldsymbol{A}$ 的唯一逆矩阵记为 $\boldsymbol{A}^{-1}$.

下面, 我们考虑 n 阶方阵 $\boldsymbol{A}$ 可逆的条件, 以及在可逆的时候, 如何求出 $\boldsymbol{A}^{-1}$. 为此, 引入伴随矩阵的概念.

定义 3.3.2 设 $\boldsymbol{A}=(a_{ij})_{n\times n}$, A_{ij} 是 $|\boldsymbol{A}|$ 中元素 a_{ij} 的代数余子式, 则矩阵

$$\boldsymbol{A}^*=\begin{pmatrix} A_{11} & A_{21} & \cdots & A_{n1} \\ A_{12} & A_{22} & \cdots & A_{n2} \\ \vdots & \vdots & & \vdots \\ A_{1n} & A_{2n} & \cdots & A_{nn} \end{pmatrix}$$

称为 $\boldsymbol{A}$ 的伴随矩阵.

例 3.3.1 设

$$A = \begin{pmatrix} 1 & 0 & 2 \\ -1 & 1 & 3 \\ 3 & 1 & 0 \end{pmatrix}.$$

$$A_{11} = \begin{vmatrix} 1 & 3 \\ 1 & 0 \end{vmatrix} = -3, \qquad A_{21} = -\begin{vmatrix} 0 & 2 \\ 1 & 0 \end{vmatrix} = 2,$$

$$A_{31} = \begin{vmatrix} 0 & 2 \\ 1 & 3 \end{vmatrix} = -2, \qquad A_{12} = -\begin{vmatrix} -1 & 3 \\ 3 & 0 \end{vmatrix} = 9,$$

$$A_{22} = \begin{vmatrix} 1 & 2 \\ 3 & 0 \end{vmatrix} = -6, \qquad A_{32} = -\begin{vmatrix} 1 & 2 \\ -1 & 3 \end{vmatrix} = -5,$$

$$A_{13} = \begin{vmatrix} -1 & 1 \\ 3 & 1 \end{vmatrix} = -4, \qquad A_{23} = -\begin{vmatrix} 1 & 0 \\ 3 & 1 \end{vmatrix} = -1,$$

$$A_{33} = \begin{vmatrix} 1 & 0 \\ -1 & 1 \end{vmatrix} = 1,$$

所以

$$A^* = \begin{pmatrix} -3 & 2 & -2 \\ 9 & -6 & -5 \\ -4 & -1 & 1 \end{pmatrix}.$$

定义 3.3.3 设 A 为 n 阶方阵, 若 $|A| \neq 0$, 则称 A 为非退化的或非奇异的.

定理 3.3.1 n 阶方阵 A 可逆的充分必要条件为 A 是非退化的. 而且

$$A^{-1} = \frac{1}{|A|}A^*.$$

证明 当 A 可逆时, 则存在 A^{-1}, 使

$$AA^{-1} = E.$$

两边同取行列式, 有

$$|A| \cdot |A^{-1}| = |E| = 1.$$

因而, $|A| \neq 0$, A 是非退化的.

反过来, 当 A 是非退化的时, 即 $|A| \neq 0$, 由行列式按一行 (列) 展开的结

果可得

$$\boldsymbol{A}\boldsymbol{A}^*=\begin{pmatrix}a_{11}&a_{12}&\cdots&a_{1n}\\a_{21}&a_{22}&\cdots&a_{2n}\\\vdots&\vdots&&\vdots\\a_{n1}&a_{n2}&\cdots&a_{nn}\end{pmatrix}\begin{pmatrix}A_{11}&A_{21}&\cdots&A_{n1}\\A_{12}&A_{22}&\cdots&A_{n2}\\\vdots&\vdots&&\vdots\\A_{1n}&A_{2n}&\cdots&A_{nn}\end{pmatrix}$$

$$=\begin{pmatrix}|\boldsymbol{A}|&0&\cdots&0\\0&|\boldsymbol{A}|&\cdots&0\\\vdots&\vdots&&\vdots\\0&0&\cdots&|\boldsymbol{A}|\end{pmatrix}=|\boldsymbol{A}|\boldsymbol{E},$$

$$\boldsymbol{A}^*\boldsymbol{A}=\begin{pmatrix}A_{11}&A_{21}&\cdots&A_{n1}\\A_{12}&A_{22}&\cdots&A_{n2}\\\vdots&\vdots&&\vdots\\A_{1n}&A_{2n}&\cdots&A_{nn}\end{pmatrix}\begin{pmatrix}a_{11}&a_{12}&\cdots&a_{1n}\\a_{21}&a_{22}&\cdots&a_{2n}\\\vdots&\vdots&&\vdots\\a_{n1}&a_{n2}&\cdots&a_{nn}\end{pmatrix}$$

$$=\begin{pmatrix}|\boldsymbol{A}|&0&\cdots&0\\0&|\boldsymbol{A}|&\cdots&0\\\vdots&\vdots&&\vdots\\0&0&\cdots&|\boldsymbol{A}|\end{pmatrix}=|\boldsymbol{A}|\boldsymbol{E},$$

即

$$\boldsymbol{A}\boldsymbol{A}^*=\boldsymbol{A}^*\boldsymbol{A}=|\boldsymbol{A}|\boldsymbol{E}.$$

由于 $|\boldsymbol{A}|\neq 0$, 所以有

$$\boldsymbol{A}\left(\frac{1}{|\boldsymbol{A}|}\boldsymbol{A}^*\right)=\left(\frac{1}{|\boldsymbol{A}|}\boldsymbol{A}^*\right)\boldsymbol{A}=\boldsymbol{E}.$$

于是 $\boldsymbol{A}$ 是可逆的, 并且

$$\boldsymbol{A}^{-1}=\frac{1}{|\boldsymbol{A}|}\boldsymbol{A}^*.$$

□

由定理 3.3.1 可知, 对 n 阶方阵 $\boldsymbol{A},\boldsymbol{B}$, 若有 $\boldsymbol{A}\boldsymbol{B}=\boldsymbol{E}$, 则 $\boldsymbol{A},\boldsymbol{B}$ 均是可逆的, 且 $\boldsymbol{A},\boldsymbol{B}$ 互为逆矩阵, 所以也有 $\boldsymbol{B}\boldsymbol{A}=\boldsymbol{E}$.

定理 3.3.1 不但给出了方阵可逆的条件, 同时也给出了求逆矩阵的一种方法. 如例 3.3.1,

$$\boldsymbol{A}=\begin{pmatrix}1&0&2\\-1&1&3\\3&1&0\end{pmatrix},$$

$|\boldsymbol{A}| = -11$, 则

$$\boldsymbol{A}^{-1} = -\frac{1}{11}\begin{pmatrix} -3 & 2 & -2 \\ 9 & -6 & -5 \\ -4 & -1 & 1 \end{pmatrix}.$$

从定理 3.3.1 我们可以得到可逆矩阵的几个常用性质:

(1) 若 $\boldsymbol{A}$ 可逆, 则 $\boldsymbol{A}^{-1}$ 也可逆, 且 $(\boldsymbol{A}^{-1})^{-1} = \boldsymbol{A}$;

(2) 若 $\boldsymbol{A}$ 可逆, $k \neq 0$, 则 $k\boldsymbol{A}$ 可逆, 且 $(k\boldsymbol{A})^{-1} = \dfrac{1}{k}\boldsymbol{A}^{-1}$;

(3) 若 $\boldsymbol{A}$ 可逆, 则 $\boldsymbol{A}^*$ 也可逆, 且 $(\boldsymbol{A}^*)^{-1} = \dfrac{1}{|\boldsymbol{A}|}\boldsymbol{A}$;

(4) 若 $\boldsymbol{A}$ 可逆, 则 $\boldsymbol{A}^{\mathrm{T}}$ 也可逆, 且 $(\boldsymbol{A}^{\mathrm{T}})^{-1} = (\boldsymbol{A}^{-1})^{\mathrm{T}}$;

(5) 若 n 阶方阵 $\boldsymbol{A}, \boldsymbol{B}$ 均可逆, 则 $\boldsymbol{AB}$ 也可逆, 且 $(\boldsymbol{AB})^{-1} = \boldsymbol{B}^{-1}\boldsymbol{A}^{-1}$.

定理 3.3.2 设 $\boldsymbol{A}$ 为 n 阶可逆矩阵, $\boldsymbol{B}_1$ 是 $n \times p$ 矩阵, $\boldsymbol{B}_2$ 是 $q \times n$ 矩阵, 则有下面的结论:

(1) 存在唯一的 $n \times p$ 矩阵 $\boldsymbol{C}_1$, 使得 $\boldsymbol{AC}_1 = \boldsymbol{B}_1$;

(2) 存在唯一的 $q \times n$ 矩阵 $\boldsymbol{C}_2$, 使得 $\boldsymbol{C}_2\boldsymbol{A} = \boldsymbol{B}_2$;

(3) 若 $\boldsymbol{AC}_1 = \boldsymbol{AB}_1$, 则 $\boldsymbol{C}_1 = \boldsymbol{B}_1$;

(4) 若 $\boldsymbol{C}_2\boldsymbol{A} = \boldsymbol{B}_2\boldsymbol{A}$, 则 $\boldsymbol{C}_2 = \boldsymbol{B}_2$.

证明 (1)、(2) 的证明类似, 只证 (1).

令 $\boldsymbol{C}_1 = \boldsymbol{A}^{-1}\boldsymbol{B}_1$, 于是 $\boldsymbol{AC}_1 = \boldsymbol{A}(\boldsymbol{A}^{-1}\boldsymbol{B}_1) = \boldsymbol{B}_1$.

若还有 $n \times p$ 矩阵 $\boldsymbol{D}_1$, 使 $\boldsymbol{AD}_1 = \boldsymbol{B}_1$, 则 $\boldsymbol{A}^{-1}(\boldsymbol{AD}_1) = \boldsymbol{A}^{-1}\boldsymbol{B}_1$, 即 $\boldsymbol{D}_1 = \boldsymbol{A}^{-1}\boldsymbol{B}_1$. 故存在唯一的 $n \times p$ 矩阵 $\boldsymbol{C}_1 = \boldsymbol{A}^{-1}\boldsymbol{B}_1$, 使 $\boldsymbol{AC}_1 = \boldsymbol{B}_1$.

(3)、(4) 的证明类似, 只证 (3).

对 $\boldsymbol{AC}_1 = \boldsymbol{AB}_1$, 两边同时左乘 $\boldsymbol{A}^{-1}$, 则有 $\boldsymbol{C}_1 = \boldsymbol{B}_1$. □

例 3.3.2 利用逆矩阵, 可以给出克拉默法则的另一种推导方法. 设线性方程组

$$\begin{cases} a_{11}x_1 + a_{12}x_2 + \cdots + a_{1n}x_n = b_1, \\ a_{21}x_1 + a_{22}x_2 + \cdots + a_{2n}x_n = b_2, \\ \cdots\cdots\cdots\cdots \\ a_{n1}x_1 + a_{n2}x_2 + \cdots + a_{nn}x_n = b_n. \end{cases}$$

记

$$\boldsymbol{A} = \begin{pmatrix} a_{11} & a_{12} & \cdots & a_{1n} \\ a_{21} & a_{22} & \cdots & a_{2n} \\ \vdots & \vdots & & \vdots \\ a_{n1} & a_{n2} & \cdots & a_{nn} \end{pmatrix}, \quad \boldsymbol{X} = \begin{pmatrix} x_1 \\ x_2 \\ \vdots \\ x_n \end{pmatrix}, \quad \boldsymbol{B} = \begin{pmatrix} b_1 \\ b_2 \\ \vdots \\ b_n \end{pmatrix},$$

则线性方程组可以写成

$$\boldsymbol{AX}=\boldsymbol{B}.$$

当系数行列式 $d=|\boldsymbol{A}|\neq 0$ 时, $\boldsymbol{A}$ 可逆, 由定理 3.3.2 知, 存在唯一的 $\boldsymbol{X}=\boldsymbol{A}^{-1}\boldsymbol{B}$, 使得 $\boldsymbol{AX}=\boldsymbol{B}$, 即 $\boldsymbol{X}=\boldsymbol{A}^{-1}\boldsymbol{B}$ 是方程组的唯一解. 继续考察此唯一解,

$$\boldsymbol{X}=\frac{1}{|\boldsymbol{A}|}\boldsymbol{A}^*\boldsymbol{B}=\frac{1}{|\boldsymbol{A}|}\begin{pmatrix} A_{11} & A_{21} & \cdots & A_{n1} \\ A_{12} & A_{22} & \cdots & A_{n2} \\ \vdots & \vdots & & \vdots \\ A_{1n} & A_{2n} & \cdots & A_{nn} \end{pmatrix}\begin{pmatrix} b_1 \\ b_2 \\ \vdots \\ b_n \end{pmatrix}=\frac{1}{|\boldsymbol{A}|}\begin{pmatrix} \sum\limits_{i=1}^{n} A_{i1}b_i \\ \sum\limits_{i=1}^{n} A_{i2}b_i \\ \vdots \\ \sum\limits_{i=1}^{n} A_{in}b_i \end{pmatrix}$$

$$=\frac{1}{|\boldsymbol{A}|}\begin{pmatrix} d_1 \\ d_2 \\ \vdots \\ d_n \end{pmatrix}=\begin{pmatrix} \frac{d_1}{d} \\ \frac{d_2}{d} \\ \vdots \\ \frac{d_n}{d} \end{pmatrix}.$$

故 $\boldsymbol{X}=\boldsymbol{A}^{-1}\boldsymbol{B}$ 与克拉默法则得到的解是一致的.

3.4 矩阵的分块

在处理较高阶矩阵时, 有时需要将一个矩阵分割成若干子块, 使原来的矩阵显得结构简单而清晰, 这种处理方法就是矩阵的分块. 例如

$$\boldsymbol{A}=\left(\begin{array}{cc:cccc} 1 & 2 & 1 & 2 & 0 & -1 \\ 2 & 1 & 0 & 3 & -2 & 5 \\ \hdashline 0 & 5 & 3 & 0 & 0 & 0 \\ 1 & 0 & 0 & 3 & 0 & 0 \\ 0 & 0 & 0 & 0 & 3 & 0 \\ 2 & 7 & 0 & 0 & 0 & 3 \end{array}\right),$$

将 $\boldsymbol{A}$ 分成四小块, 记

$$\boldsymbol{A}_{11}=\begin{pmatrix}1&2\\2&1\end{pmatrix},\ \boldsymbol{A}_{12}=\begin{pmatrix}1&2&0&-1\\0&3&-2&5\end{pmatrix},\ \boldsymbol{A}_{21}=\begin{pmatrix}0&5\\1&0\\0&0\\2&7\end{pmatrix},$$

则 $\boldsymbol{A}$ 可写成

$$\boldsymbol{A}=\begin{pmatrix}\boldsymbol{A}_{11}&\boldsymbol{A}_{12}\\\boldsymbol{A}_{21}&3\boldsymbol{E}_4\end{pmatrix}.$$

当然, 一个矩阵的分块方法是不唯一的, 如上面的矩阵 $\boldsymbol{A}$ 还可以分块如下:

$$\boldsymbol{A}=\left(\begin{array}{cc:cc:cc}1&2&1&2&0&-1\\2&1&0&3&-2&5\\\hdashline 0&5&3&0&0&0\\1&0&0&3&0&0\\\hdashline 0&0&0&0&3&0\\2&7&0&0&0&3\end{array}\right).$$

一般地, 将 $m\times n$ 矩阵 $\boldsymbol{A}$ 分块为

$$\boldsymbol{A}=\begin{pmatrix}\boldsymbol{A}_{11}&\boldsymbol{A}_{12}&\cdots&\boldsymbol{A}_{1r}\\\boldsymbol{A}_{21}&\boldsymbol{A}_{22}&\cdots&\boldsymbol{A}_{2r}\\\vdots&\vdots&&\vdots\\\boldsymbol{A}_{s1}&\boldsymbol{A}_{s2}&\cdots&\boldsymbol{A}_{sr}\end{pmatrix},$$

其中 $\boldsymbol{A}_{ij}$ 为 $m_i\times n_j$ 矩阵, $i=1,2,\cdots,s,\ j=1,2,\cdots,r$. 这里

$$m_1+m_2+\cdots+m_s=m,\ n_1+n_2+\cdots+n_r=n.$$

下面, 我们讨论矩阵的分块运算.

1. 分块加法

设 $\boldsymbol{A},\boldsymbol{B}$ 均为 $m\times n$ 矩阵, 且将 $\boldsymbol{A},\boldsymbol{B}$ 按照同样的规则分块, 即

$$\boldsymbol{A}=\begin{pmatrix}\boldsymbol{A}_{11}&\boldsymbol{A}_{12}&\cdots&\boldsymbol{A}_{1r}\\\boldsymbol{A}_{21}&\boldsymbol{A}_{22}&\cdots&\boldsymbol{A}_{2r}\\\vdots&\vdots&&\vdots\\\boldsymbol{A}_{s1}&\boldsymbol{A}_{s2}&\cdots&\boldsymbol{A}_{sr}\end{pmatrix},\quad \boldsymbol{B}=\begin{pmatrix}\boldsymbol{B}_{11}&\boldsymbol{B}_{12}&\cdots&\boldsymbol{B}_{1r}\\\boldsymbol{B}_{21}&\boldsymbol{B}_{22}&\cdots&\boldsymbol{B}_{2r}\\\vdots&\vdots&&\vdots\\\boldsymbol{B}_{s1}&\boldsymbol{B}_{s2}&\cdots&\boldsymbol{B}_{sr}\end{pmatrix},$$

其中 $\boldsymbol{A}_{ij}, \boldsymbol{B}_{ij}$ 均为 $m_i \times n_j$ 矩阵, $i=1,2,\cdots,s,\ j=1,2,\cdots,r$. 则

$$\boldsymbol{A}+\boldsymbol{B}=\begin{pmatrix} \boldsymbol{A}_{11}+\boldsymbol{B}_{11} & \boldsymbol{A}_{12}+\boldsymbol{B}_{12} & \cdots & \boldsymbol{A}_{1r}+\boldsymbol{B}_{1r} \\ \boldsymbol{A}_{21}+\boldsymbol{B}_{21} & \boldsymbol{A}_{22}+\boldsymbol{B}_{22} & \cdots & \boldsymbol{A}_{2r}+\boldsymbol{B}_{2r} \\ \vdots & \vdots & & \vdots \\ \boldsymbol{A}_{s1}+\boldsymbol{B}_{s1} & \boldsymbol{A}_{s2}+\boldsymbol{B}_{s2} & \cdots & \boldsymbol{A}_{sr}+\boldsymbol{B}_{sr} \end{pmatrix},$$

即将每个对应的子块相加.

2. 分块数乘

设 k 为数域 P 中的数, $m \times n$ 矩阵 $\boldsymbol{A}$ 分块为

$$\boldsymbol{A}=\begin{pmatrix} \boldsymbol{A}_{11} & \boldsymbol{A}_{12} & \cdots & \boldsymbol{A}_{1r} \\ \boldsymbol{A}_{21} & \boldsymbol{A}_{22} & \cdots & \boldsymbol{A}_{2r} \\ \vdots & \vdots & & \vdots \\ \boldsymbol{A}_{s1} & \boldsymbol{A}_{s2} & \cdots & \boldsymbol{A}_{sr} \end{pmatrix},$$

则有

$$k\boldsymbol{A}=\begin{pmatrix} k\boldsymbol{A}_{11} & k\boldsymbol{A}_{12} & \cdots & k\boldsymbol{A}_{1r} \\ k\boldsymbol{A}_{21} & k\boldsymbol{A}_{22} & \cdots & k\boldsymbol{A}_{2r} \\ \vdots & \vdots & & \vdots \\ k\boldsymbol{A}_{s1} & k\boldsymbol{A}_{s2} & \cdots & k\boldsymbol{A}_{sr} \end{pmatrix},$$

即将每个子块数乘 k.

3. 分块乘法

设 $\boldsymbol{A}$ 为 $m \times n$ 矩阵, $\boldsymbol{B}$ 为 $n \times p$ 矩阵. 将 $\boldsymbol{A}, \boldsymbol{B}$ 分块时, $\boldsymbol{A}$ 的列的分法与 $\boldsymbol{B}$ 的行的分法一致, 即

$$\boldsymbol{A}=\begin{pmatrix} \boldsymbol{A}_{11} & \boldsymbol{A}_{12} & \cdots & \boldsymbol{A}_{1r} \\ \boldsymbol{A}_{21} & \boldsymbol{A}_{22} & \cdots & \boldsymbol{A}_{2r} \\ \vdots & \vdots & & \vdots \\ \boldsymbol{A}_{s1} & \boldsymbol{A}_{s2} & \cdots & \boldsymbol{A}_{sr} \end{pmatrix}, \quad \boldsymbol{B}=\begin{pmatrix} \boldsymbol{B}_{11} & \boldsymbol{B}_{12} & \cdots & \boldsymbol{B}_{1t} \\ \boldsymbol{B}_{21} & \boldsymbol{B}_{22} & \cdots & \boldsymbol{B}_{2t} \\ \vdots & \vdots & & \vdots \\ \boldsymbol{B}_{r1} & \boldsymbol{B}_{r2} & \cdots & \boldsymbol{B}_{rt} \end{pmatrix},$$

其中 $\boldsymbol{A}_{ik}$ 为 $m_i \times n_k$ 矩阵, $\boldsymbol{B}_{kj}$ 为 $n_k \times p_j$ 矩阵. 则

$$\boldsymbol{AB}=\begin{pmatrix} \boldsymbol{C}_{11} & \boldsymbol{C}_{12} & \cdots & \boldsymbol{C}_{1t} \\ \boldsymbol{C}_{21} & \boldsymbol{C}_{22} & \cdots & \boldsymbol{C}_{2t} \\ \vdots & \vdots & & \vdots \\ \boldsymbol{C}_{s1} & \boldsymbol{C}_{s2} & \cdots & \boldsymbol{C}_{st} \end{pmatrix},$$

其中 $\boldsymbol{C}_{ij}$ 为 $m_i \times p_j$ 矩阵, 且

$$\boldsymbol{C}_{ij}=\sum_{k=1}^{r} \boldsymbol{A}_{ik}\boldsymbol{B}_{kj},\ i=1,2,\cdots,s,\ j=1,2,\cdots,t.$$

这个结果, 由矩阵乘法的定义直接验证即得.

可以看出, 要使两个矩阵能够分块相乘, 必须满足:

(1) 将两个矩阵的子块看成元素时, 两个矩阵能够相乘, 即 $\boldsymbol{A}$ 的列块数与 $\boldsymbol{B}$ 的行块数相等.

(2) 相应的需要作乘法的两个矩阵的子块也能够相乘, 即 $\boldsymbol{A}_{ik}$ 的列数与 $\boldsymbol{B}_{kj}$ 的行数相等.

例如设 $\boldsymbol{A}$ 为 $m\times n$ 矩阵, $\boldsymbol{B}$ 为 $n\times p$ 矩阵, 将 $\boldsymbol{A}$ 按列分块, 将 $\boldsymbol{B}$ 按行分块, 即

$$\boldsymbol{A}=\begin{pmatrix}\boldsymbol{A}_1 & \boldsymbol{A}_2 & \cdots & \boldsymbol{A}_n\end{pmatrix},\quad \boldsymbol{B}=\begin{pmatrix}\boldsymbol{B}_1\\ \boldsymbol{B}_2\\ \vdots\\ \boldsymbol{B}_n\end{pmatrix},$$

则有

$$\begin{aligned}\boldsymbol{AB}&=\begin{pmatrix}\boldsymbol{A}_1 & \boldsymbol{A}_2 & \cdots & \boldsymbol{A}_n\end{pmatrix}\begin{pmatrix}b_{11} & b_{12} & \cdots & b_{1p}\\ b_{21} & b_{22} & \cdots & b_{2p}\\ \vdots & \vdots & & \vdots\\ b_{n1} & b_{n2} & \cdots & b_{np}\end{pmatrix}\\ &=\begin{pmatrix}\sum\limits_{j=1}^{n}b_{j1}\boldsymbol{A}_j & \sum\limits_{j=1}^{n}b_{j2}\boldsymbol{A}_j & \cdots & \sum\limits_{j=1}^{n}b_{jp}\boldsymbol{A}_j\end{pmatrix},\end{aligned}$$

也可以有

$$\boldsymbol{AB}=\begin{pmatrix}a_{11} & a_{12} & \cdots & a_{1n}\\ a_{21} & a_{22} & \cdots & a_{2n}\\ \vdots & \vdots & & \vdots\\ a_{m1} & a_{m2} & \cdots & a_{mn}\end{pmatrix}\begin{pmatrix}\boldsymbol{B}_1\\ \boldsymbol{B}_2\\ \vdots\\ \boldsymbol{B}_n\end{pmatrix}=\begin{pmatrix}\sum\limits_{j=1}^{n}a_{1j}\boldsymbol{B}_j\\ \sum\limits_{j=1}^{n}a_{2j}\boldsymbol{B}_j\\ \vdots\\ \sum\limits_{j=1}^{n}a_{mj}\boldsymbol{B}_j\end{pmatrix}.$$

例 3.4.1 设 $m+n$ 阶方阵 $\boldsymbol{D}$ 为

$$\boldsymbol{D}=\begin{pmatrix}\boldsymbol{A} & \boldsymbol{O}\\ \boldsymbol{C} & \boldsymbol{B}\end{pmatrix},$$

其中 $\boldsymbol{A}$ 为 m 阶可逆矩阵, $\boldsymbol{B}$ 为 n 阶可逆矩阵, 证明 $\boldsymbol{D}$ 可逆, 并求 $\boldsymbol{D}^{-1}$.

解 因 $\boldsymbol{A},\boldsymbol{B}$ 均可逆, 则 $|\boldsymbol{A}|\neq 0$, $|\boldsymbol{B}|\neq 0$, 又

$$|\boldsymbol{D}|=|\boldsymbol{A}|\cdot|\boldsymbol{B}|,$$

故 $|\boldsymbol{D}|\neq 0$, $\boldsymbol{D}$ 可逆.

设

$$\boldsymbol{D}^{-1}=\begin{pmatrix}\boldsymbol{X}_{11} & \boldsymbol{X}_{12}\\ \boldsymbol{X}_{21} & \boldsymbol{X}_{22}\end{pmatrix},$$

则应有 $\boldsymbol{D}\boldsymbol{D}^{-1}=\boldsymbol{E}_{m+n}$, 即

$$\begin{pmatrix}\boldsymbol{A} & \boldsymbol{O}\\ \boldsymbol{C} & \boldsymbol{B}\end{pmatrix}\begin{pmatrix}\boldsymbol{X}_{11} & \boldsymbol{X}_{12}\\ \boldsymbol{X}_{21} & \boldsymbol{X}_{22}\end{pmatrix}=\begin{pmatrix}\boldsymbol{E}_m & \boldsymbol{O}\\ \boldsymbol{O} & \boldsymbol{E}_n\end{pmatrix}.$$

由分块乘法及矩阵相等的定义得

$$\begin{cases}\boldsymbol{A}\boldsymbol{X}_{11}=\boldsymbol{E}_m,\\ \boldsymbol{A}\boldsymbol{X}_{12}=\boldsymbol{O},\\ \boldsymbol{C}\boldsymbol{X}_{11}+\boldsymbol{B}\boldsymbol{X}_{21}=\boldsymbol{O},\\ \boldsymbol{C}\boldsymbol{X}_{12}+\boldsymbol{B}\boldsymbol{X}_{22}=\boldsymbol{E}_n.\end{cases}$$

由第一、二式可得

$$\boldsymbol{X}_{11}=\boldsymbol{A}^{-1},\ \boldsymbol{X}_{12}=\boldsymbol{O},$$

代入第三、四式可得

$$\boldsymbol{X}_{21}=-\boldsymbol{B}^{-1}\boldsymbol{C}\boldsymbol{A}^{-1},\ \boldsymbol{X}_{22}=\boldsymbol{B}^{-1}.$$

故

$$\boldsymbol{D}^{-1}=\begin{pmatrix}\boldsymbol{A}^{-1} & \boldsymbol{O}\\ -\boldsymbol{B}^{-1}\boldsymbol{C}\boldsymbol{A}^{-1} & \boldsymbol{B}^{-1}\end{pmatrix}.$$ □

特别地, 若 $\boldsymbol{C}=\boldsymbol{O}$, 则有

$$\begin{pmatrix}\boldsymbol{A} & \boldsymbol{O}\\ \boldsymbol{O} & \boldsymbol{B}\end{pmatrix}^{-1}=\begin{pmatrix}\boldsymbol{A}^{-1} & \boldsymbol{O}\\ \boldsymbol{O} & \boldsymbol{B}^{-1}\end{pmatrix}.$$

4. 分块转置

设

$$\boldsymbol{A}=\begin{pmatrix}\boldsymbol{A}_{11} & \boldsymbol{A}_{12} & \cdots & \boldsymbol{A}_{1r}\\ \boldsymbol{A}_{21} & \boldsymbol{A}_{22} & \cdots & \boldsymbol{A}_{2r}\\ \vdots & \vdots & & \vdots\\ \boldsymbol{A}_{s1} & \boldsymbol{A}_{s2} & \cdots & \boldsymbol{A}_{sr}\end{pmatrix},$$

则

$$\boldsymbol{A}^{\mathrm{T}}=\begin{pmatrix}\boldsymbol{A}_{11}^{\mathrm{T}} & \boldsymbol{A}_{21}^{\mathrm{T}} & \cdots & \boldsymbol{A}_{s1}^{\mathrm{T}}\\ \boldsymbol{A}_{12}^{\mathrm{T}} & \boldsymbol{A}_{22}^{\mathrm{T}} & \cdots & \boldsymbol{A}_{s2}^{\mathrm{T}}\\ \vdots & \vdots & & \vdots\\ \boldsymbol{A}_{1r}^{\mathrm{T}} & \boldsymbol{A}_{2r}^{\mathrm{T}} & \cdots & \boldsymbol{A}_{sr}^{\mathrm{T}}\end{pmatrix},$$

即先将子块看成元素作整体转置, 再将每个子块转置.

形为

$$\boldsymbol{A}=\begin{pmatrix}a_1 & 0 & \cdots & 0\\ 0 & a_2 & \cdots & 0\\ \vdots & \vdots & & \vdots\\ 0 & 0 & \cdots & a_n\end{pmatrix}$$

的矩阵称为对角矩阵, 而形为

$$\boldsymbol{A}=\begin{pmatrix}\boldsymbol{A}_1 & \boldsymbol{O} & \cdots & \boldsymbol{O}\\ \boldsymbol{O} & \boldsymbol{A}_2 & \cdots & \boldsymbol{O}\\ \vdots & \vdots & & \vdots\\ \boldsymbol{O} & \boldsymbol{O} & \cdots & \boldsymbol{A}_s\end{pmatrix}$$

的矩阵称为准对角矩阵, 其中 $\boldsymbol{A}_i$ 为 n_i 阶方阵, $i=1,2,\cdots,s$, $n_1+n_2+\cdots+n_s=n$.

设 $\boldsymbol{A},\boldsymbol{B}$ 均为 n 阶准对角矩阵, 且

$$\boldsymbol{A}=\begin{pmatrix}\boldsymbol{A}_1 & \boldsymbol{O} & \cdots & \boldsymbol{O}\\ \boldsymbol{O} & \boldsymbol{A}_2 & \cdots & \boldsymbol{O}\\ \vdots & \vdots & & \vdots\\ \boldsymbol{O} & \boldsymbol{O} & \cdots & \boldsymbol{A}_s\end{pmatrix},\quad \boldsymbol{B}=\begin{pmatrix}\boldsymbol{B}_1 & \boldsymbol{O} & \cdots & \boldsymbol{O}\\ \boldsymbol{O} & \boldsymbol{B}_2 & \cdots & \boldsymbol{O}\\ \vdots & \vdots & & \vdots\\ \boldsymbol{O} & \boldsymbol{O} & \cdots & \boldsymbol{B}_s\end{pmatrix},$$

其中 $\boldsymbol{A}_i,\boldsymbol{B}_i$ 均为 n_i 阶方阵, $i=1,2,\cdots,s$, $n_1+n_2+\cdots+n_s=n$, 则有

$$\boldsymbol{A}+\boldsymbol{B}=\begin{pmatrix}\boldsymbol{A}_1+\boldsymbol{B}_1 & \boldsymbol{O} & \cdots & \boldsymbol{O}\\ \boldsymbol{O} & \boldsymbol{A}_2+\boldsymbol{B}_2 & \cdots & \boldsymbol{O}\\ \vdots & \vdots & & \vdots\\ \boldsymbol{O} & \boldsymbol{O} & \cdots & \boldsymbol{A}_s+\boldsymbol{B}_s\end{pmatrix},$$

$$k\boldsymbol{A}=\begin{pmatrix}k\boldsymbol{A}_1 & \boldsymbol{O} & \cdots & \boldsymbol{O}\\ \boldsymbol{O} & k\boldsymbol{A}_2 & \cdots & \boldsymbol{O}\\ \vdots & \vdots & & \vdots\\ \boldsymbol{O} & \boldsymbol{O} & \cdots & k\boldsymbol{A}_s\end{pmatrix},$$

$$AB = \begin{pmatrix} A_1B_1 & O & \cdots & O \\ O & A_2B_2 & \cdots & O \\ \vdots & \vdots & & \vdots \\ O & O & \cdots & A_sB_s \end{pmatrix},$$

$$A^{\mathrm{T}} = \begin{pmatrix} A_1^{\mathrm{T}} & O & \cdots & O \\ O & A_2^{\mathrm{T}} & \cdots & O \\ \vdots & \vdots & & \vdots \\ O & O & \cdots & A_s^{\mathrm{T}} \end{pmatrix},$$

A 可逆, 当且仅当 $A_1, A_2, \cdots, A_s$ 均可逆 (这是因为 $|A| = |A_1||A_2|\cdots|A_s|$), 且

$$A^{-1} = \begin{pmatrix} A_1^{-1} & O & \cdots & O \\ O & A_2^{-1} & \cdots & O \\ \vdots & \vdots & & \vdots \\ O & O & \cdots & A_s^{-1} \end{pmatrix}.$$

3.5 矩阵的初等变换与初等矩阵

这一节, 我们主要介绍矩阵的初等变换, 建立矩阵的初等变换与矩阵乘法的联系, 并在此基础上, 给出求逆矩阵的另一种方法——初等变换法.

定义 3.5.1 矩阵的初等行 (列) 变换是指对矩阵施行下列三种变换:

(1) 互换矩阵的第 i 行 (列) 与第 j 行 (列) 的位置;

(2) 用一个非零的常数 k 去乘矩阵的第 i 行 (列) 的各元素;

(3) 把第 j 行 (列) 各元素乘数 k, 加到第 i 行 (列) 的各对应元素上.

例如先把矩阵

$$\begin{pmatrix} 2 & 1 & 0 & 2 \\ 1 & 0 & 2 & 1 \\ -1 & 2 & -10 & 3 \end{pmatrix}$$

的第 1 行与第 2 行互换, 得到矩阵

$$\begin{pmatrix} 1 & 0 & 2 & 1 \\ 2 & 1 & 0 & 2 \\ -1 & 2 & -10 & 3 \end{pmatrix},$$

再把矩阵的第 1 行的 -2 倍加到第 2 行, 第 1 行加到第 3 行, 得到矩阵

$$\begin{pmatrix} 1 & 0 & 2 & 1 \\ 0 & 1 & -4 & 0 \\ 0 & 2 & -8 & 4 \end{pmatrix},$$

再将第 2 行的 -2 倍加到第 3 行, 得到矩阵

$$\begin{pmatrix} 1 & 0 & 2 & 1 \\ 0 & 1 & -4 & 0 \\ 0 & 0 & 0 & 4 \end{pmatrix}.$$

当矩阵 $\boldsymbol{A}$ 经过初等变换变成矩阵 $\boldsymbol{B}$ 时, 我们写成

$$\boldsymbol{A} \to \boldsymbol{B}.$$

于是, 上面的过程可以写成

$$\begin{pmatrix} 2 & 1 & 0 & 2 \\ 1 & 0 & 2 & 1 \\ -1 & 2 & -10 & 3 \end{pmatrix} \to \begin{pmatrix} 1 & 0 & 2 & 1 \\ 2 & 1 & 0 & 2 \\ -1 & 2 & -10 & 3 \end{pmatrix}$$
$$\to \begin{pmatrix} 1 & 0 & 2 & 1 \\ 0 & 1 & -4 & 0 \\ 0 & 2 & -8 & 4 \end{pmatrix} \to \begin{pmatrix} 1 & 0 & 2 & 1 \\ 0 & 1 & -4 & 0 \\ 0 & 0 & 0 & 4 \end{pmatrix},$$

即矩阵经过一系列的初等行变换, 化为了阶梯形矩阵. 所谓阶梯形矩阵必须满足以下两个条件:

(1) 它的任一行从第 1 个元素起至该行的第 1 个非零元素所在的下方全为零;

(2) 如某一行为零, 则该行下面的行也全为零.

定理 3.5.1 任意一个矩阵, 都可以经过一系列初等行变换化为阶梯形矩阵.

证明 设

$$\boldsymbol{A} = \begin{pmatrix} a_{11} & a_{12} & \cdots & a_{1n} \\ a_{21} & a_{22} & \cdots & a_{2n} \\ \vdots & \vdots & & \vdots \\ a_{m1} & a_{m2} & \cdots & a_{mn} \end{pmatrix}.$$

第 1 列的元素 $a_{11}, a_{21}, \cdots, a_{m1}$, 只要有一个不为零, 就可以通过两行互换的初等变换, 使变换后的矩阵的第 1 列的第 1 个元素不为零, 所以我们不妨设 $a_{11} \neq 0$. 然后将第 1 行的 $-\dfrac{a_{i1}}{a_{11}}$ 倍加到第 i 行, $i = 2, 3, \cdots, m$, 即有

$$\boldsymbol{A} \to \boldsymbol{A}_1 = \begin{pmatrix} a_{11} & a_{12} & \cdots & a_{1n} \\ 0 & a'_{22} & \cdots & a'_{2n} \\ \vdots & \vdots & & \vdots \\ 0 & a'_{m2} & \cdots & a'_{mn} \end{pmatrix}.$$

若 $\boldsymbol{A}_1$ 中除第 1 行外, 其余各行全为零, 则 $\boldsymbol{A}_1$ 即为阶梯形矩阵, 如若不然, 对 $\boldsymbol{A}_1$ 中的右下角矩阵

$$\begin{pmatrix} a'_{22} & \cdots & a'_{2n} \\ \vdots & & \vdots \\ a'_{m2} & \cdots & a'_{mn} \end{pmatrix}$$

重复上述做法, 直到经过有限次的初等行变换化为阶梯形矩阵

$$\begin{pmatrix} c_{11} & c_{12} & \cdots & c_{1r} & c_{1,r+1} & \cdots & c_{1n} \\ 0 & c_{22} & \cdots & c_{2r} & c_{2,r+1} & \cdots & c_{2n} \\ \vdots & \vdots & & \vdots & \vdots & & \vdots \\ 0 & 0 & \cdots & c_{rr} & c_{r,r+1} & \cdots & c_{rn} \\ 0 & 0 & \cdots & 0 & 0 & \cdots & 0 \\ \vdots & \vdots & & \vdots & \vdots & & \vdots \\ 0 & 0 & \cdots & 0 & 0 & \cdots & 0 \end{pmatrix}. \qquad \square$$

其实, 对阶梯形矩阵还可以再经过一系列初等列变换化为更简单的矩阵

$$\begin{pmatrix} 1 & 0 & \cdots & 0 & 0 & \cdots & 0 \\ 0 & 1 & \cdots & 0 & 0 & \cdots & 0 \\ \vdots & \vdots & & \vdots & \vdots & & \vdots \\ 0 & 0 & \cdots & 1 & 0 & \cdots & 0 \\ 0 & 0 & \cdots & 0 & 0 & \cdots & 0 \\ \vdots & \vdots & & \vdots & \vdots & & \vdots \\ 0 & 0 & \cdots & 0 & 0 & \cdots & 0 \end{pmatrix}.$$

定义 3.5.2 对单位矩阵 $\boldsymbol{E}$ 施行一次初等变换后所得到的矩阵称为初等矩阵.

初等矩阵有三种, 分别是

(1) 互换 $\boldsymbol{E}$ 的第 i 行 (列) 和第 j 行 (列) 得到的矩阵

$$
\boldsymbol{P}(i,j)=\begin{pmatrix}1&&&&&&\\&\ddots&&&&&\\&&0&\cdots&1&&\\&&\vdots&&\vdots&&\\&&1&\cdots&0&&\\&&&&&\ddots&\\&&&&&&1\end{pmatrix}\begin{matrix}\\ \\ i\\ \\ j\\ \\ \\ \end{matrix}.
$$

(2) 用非零的数 k 乘 $\boldsymbol{E}$ 的第 i 行 (列) 得到的矩阵

$$
\boldsymbol{P}(i(k))=\begin{pmatrix}1&&&&\\&\ddots&&&\\&&k&&\\&&&\ddots&\\&&&&1\end{pmatrix}\begin{matrix}\\ \\ i\\ \\ \\ \end{matrix}.
$$

(3) 把 $\boldsymbol{E}$ 的第 j 行的 k 倍加到第 i 行上或把 $\boldsymbol{E}$ 的第 i 列的 k 倍加到第 j 列上得到的矩阵

$$
\boldsymbol{P}(i,j(k))=\begin{pmatrix}1&&&&&&\\&\ddots&&&&&\\&&1&\cdots&k&&\\&&&\ddots&\vdots&&\\&&&&1&&\\&&&&&\ddots&\\&&&&&&1\end{pmatrix}\begin{matrix}\\ \\ i\\ \\ j\\ \\ \\ \end{matrix}.
$$

不难看出, 初等矩阵都是可逆矩阵, 且它们的逆矩阵仍为同类的初等矩阵. 事实上,

$$
\boldsymbol{P}(i,j)^{-1}=\boldsymbol{P}(i,j),\ \boldsymbol{P}(i(k))^{-1}=\boldsymbol{P}\left(i\left(\frac{1}{k}\right)\right),\ \boldsymbol{P}(i,j(k))^{-1}=\boldsymbol{P}(i,j(-k)).
$$

定理 3.5.2 *设 $\boldsymbol{A}$ 是一个 $m\times n$ 矩阵, 对 $\boldsymbol{A}$ 施行一次初等行变换就相当于对 $\boldsymbol{A}$ 左乘一个相应的 m 阶初等矩阵; 对 $\boldsymbol{A}$ 施行一次初等列变换就相当于对 $\boldsymbol{A}$ 右乘一个相应的 n 阶初等矩阵.*

证明 由于列变换的证明与行变换的类似, 所以我们只证明行变换的情形.

首先将矩阵 $\boldsymbol{A}$ 按行分块

$$\boldsymbol{A}=\begin{pmatrix}\boldsymbol{A}_1\\ \vdots\\ \boldsymbol{A}_i\\ \vdots\\ \boldsymbol{A}_j\\ \vdots\\ \boldsymbol{A}_m\end{pmatrix}.$$

用 $\boldsymbol{P}(i,j)$ 左乘 $\boldsymbol{A}$, 得

$$\boldsymbol{P}(i,j)\boldsymbol{A}=\begin{pmatrix}1&&&&&\\&\ddots&&&&\\&&0&\cdots&1&&\\&&\vdots&&\vdots&&\\&&1&\cdots&0&&\\&&&&&\ddots&\\&&&&&&1\end{pmatrix}\begin{pmatrix}\boldsymbol{A}_1\\ \vdots\\ \boldsymbol{A}_i\\ \vdots\\ \boldsymbol{A}_j\\ \vdots\\ \boldsymbol{A}_m\end{pmatrix}=\begin{pmatrix}\boldsymbol{A}_1\\ \vdots\\ \boldsymbol{A}_j\\ \vdots\\ \boldsymbol{A}_i\\ \vdots\\ \boldsymbol{A}_m\end{pmatrix},$$

即互换 $\boldsymbol{A}$ 的第 i 行与第 j 行.

用 $\boldsymbol{P}(i(k))$ 左乘 $\boldsymbol{A}$, 得

$$\boldsymbol{P}(i(k))\boldsymbol{A}=\begin{pmatrix}1&&&&\\&\ddots&&&\\&&k&&\\&&&\ddots&\\&&&&1\end{pmatrix}\begin{pmatrix}\boldsymbol{A}_1\\ \vdots\\ \boldsymbol{A}_i\\ \vdots\\ \boldsymbol{A}_m\end{pmatrix}=\begin{pmatrix}\boldsymbol{A}_1\\ \vdots\\ k\boldsymbol{A}_i\\ \vdots\\ \boldsymbol{A}_m\end{pmatrix},$$

即用 k 乘 $\boldsymbol{A}$ 的第 i 行.

用 $\boldsymbol{P}(i,j(k))$ 左乘 $\boldsymbol{A}$, 得

$$\boldsymbol{P}(i,j(k))\boldsymbol{A}=\begin{pmatrix}1&&&&&\\&\ddots&&&&\\&&1&\cdots&k&&\\&&&\ddots&\vdots&&\\&&&&1&&\\&&&&&\ddots&\\&&&&&&1\end{pmatrix}\begin{pmatrix}\boldsymbol{A}_1\\ \vdots\\ \boldsymbol{A}_i\\ \vdots\\ \boldsymbol{A}_j\\ \vdots\\ \boldsymbol{A}_m\end{pmatrix}=\begin{pmatrix}\boldsymbol{A}_1\\ \vdots\\ \boldsymbol{A}_i+k\boldsymbol{A}_j\\ \vdots\\ \boldsymbol{A}_j\\ \vdots\\ \boldsymbol{A}_m\end{pmatrix},$$

即把 $\boldsymbol{A}$ 的第 j 行的 k 倍加到第 i 行上. □

定义 3.5.3 如果 $m \times n$ 矩阵 $\boldsymbol{A}$ 经过一系列初等变换变为 $m \times n$ 矩阵 $\boldsymbol{B}$, 则称 $\boldsymbol{A}$ 与 $\boldsymbol{B}$ 是等价的.

不难看出, 矩阵的等价关系具有三个基本性质:

(1) 反身性: 矩阵 $\boldsymbol{A}$ 与本身总是等价的;

(2) 对称性: 若矩阵 $\boldsymbol{A}$ 与 $\boldsymbol{B}$ 等价, 则 $\boldsymbol{B}$ 与 $\boldsymbol{A}$ 也等价;

(3) 传递性: 若矩阵 $\boldsymbol{A}$ 与 $\boldsymbol{B}$ 等价, $\boldsymbol{B}$ 与 $\boldsymbol{C}$ 等价, 则 $\boldsymbol{A}$ 与 $\boldsymbol{C}$ 等价.

由初等变换与初等矩阵的关系, 可以得到矩阵 $\boldsymbol{A}$ 与 $\boldsymbol{B}$ 等价的充分必要条件为存在一系列的 m 阶初等矩阵 $\boldsymbol{P}_1, \boldsymbol{P}_2, \cdots, \boldsymbol{P}_s$ 和一系列 n 阶初等矩阵 $\boldsymbol{Q}_1, \boldsymbol{Q}_2, \cdots, \boldsymbol{Q}_t$, 使

$$\boldsymbol{P}_s \cdots \boldsymbol{P}_2 \boldsymbol{P}_1 \boldsymbol{A} \boldsymbol{Q}_1 \boldsymbol{Q}_2 \cdots \boldsymbol{Q}_t = \boldsymbol{B}.$$

定理 3.5.3 n 阶方阵 $\boldsymbol{A}$ 可逆的充分必要条件为 $\boldsymbol{A}$ 可经一系列初等行变换化为 $\boldsymbol{E}_n$, 即存在一系列初等矩阵 $\boldsymbol{P}_1, \boldsymbol{P}_2, \cdots, \boldsymbol{P}_k$, 使

$$\boldsymbol{A} = \boldsymbol{P}_1 \boldsymbol{P}_2 \cdots \boldsymbol{P}_k.$$

证明 先设 $\boldsymbol{A}$ 为 n 阶可逆矩阵, 则 $\boldsymbol{A}$ 可经过一系列自上而下的初等行变换化为上三角形矩阵 $\boldsymbol{B}$. 由行列式的性质可知, $\boldsymbol{B}$ 的行列式与 $\boldsymbol{A}$ 的行列式或相等或相差一非零倍数, 即

$$|\boldsymbol{B}| = k|\boldsymbol{A}|,\ k \neq 0.$$

由 $|\boldsymbol{A}| \neq 0$, 知 $|\boldsymbol{B}| \neq 0$, 从而 $\boldsymbol{B}$ 也是可逆矩阵, 即 $\boldsymbol{B}$ 的主对角线元素全都不为零. 于是, 可再经过若干次自下而上的初等行变换, 将 $\boldsymbol{B}$ 化为单位矩阵.

总之, 存在一系列初等矩阵 $\boldsymbol{L}_1, \boldsymbol{L}_2, \cdots, \boldsymbol{L}_k$, 使

$$\boldsymbol{L}_k \cdots \boldsymbol{L}_2 \boldsymbol{L}_1 \boldsymbol{A} = \boldsymbol{E},\ \boldsymbol{A} = \boldsymbol{L}_1^{-1} \boldsymbol{L}_2^{-1} \cdots \boldsymbol{L}_k^{-1}.$$

令

$$\boldsymbol{P}_i = \boldsymbol{L}_i^{-1},\ i = 1, 2, \cdots, k,$$

则 $\boldsymbol{P}_i$ 仍为初等矩阵, 且使

$$\boldsymbol{A} = \boldsymbol{P}_1 \boldsymbol{P}_2 \cdots \boldsymbol{P}_k.$$

反过来, 再设 $\boldsymbol{A}$ 可经过一系列初等行变换化为单位矩阵 $\boldsymbol{E}$, 即存在一系列初等矩阵 $\boldsymbol{P}_1, \boldsymbol{P}_2, \cdots, \boldsymbol{P}_k$, 使

$$\boldsymbol{A} = \boldsymbol{P}_1 \boldsymbol{P}_2 \cdots \boldsymbol{P}_k,$$

则

$$\boldsymbol{P}_k^{-1} \cdots \boldsymbol{P}_2^{-1} \boldsymbol{P}_1^{-1} \boldsymbol{A} = \boldsymbol{E}.$$

故 $\boldsymbol{A}$ 可逆, 且 $\boldsymbol{A}^{-1} = \boldsymbol{P}_k^{-1} \cdots \boldsymbol{P}_2^{-1} \boldsymbol{P}_1^{-1}$. □

注意, 将定理 3.5.3 中的行变换变为列变换, 结论仍成立.

推论 3.5.1 两个 $m\times n$ 矩阵 $\boldsymbol{A},\boldsymbol{B}$ 等价的充分必要条件为存在 m 阶可逆矩阵 $\boldsymbol{P}$ 和 n 阶可逆矩阵 $\boldsymbol{Q}$, 使

$$\boldsymbol{PAQ}=\boldsymbol{B}.$$

利用定理 3.5.3, 我们可以得出利用初等变换求逆矩阵的方法.

已知 $\boldsymbol{A}$ 可以经一系列初等行变换化为单位矩阵 $\boldsymbol{E}$, 即存在一系列初等矩阵 $\boldsymbol{L}_1,\boldsymbol{L}_2,\cdots,\boldsymbol{L}_k$, 使

$$\boldsymbol{L}_k\cdots\boldsymbol{L}_2\boldsymbol{L}_1\boldsymbol{A}=\boldsymbol{E},$$

则

$$\boldsymbol{A}^{-1}=\boldsymbol{L}_k\cdots\boldsymbol{L}_2\boldsymbol{L}_1=\boldsymbol{L}_k\cdots\boldsymbol{L}_2\boldsymbol{L}_1\boldsymbol{E}.$$

对比上面两个式子, 可以看到如果用一系列初等行变换把可逆矩阵 $\boldsymbol{A}$ 化为单位矩阵, 则同样地对 $\boldsymbol{E}$ 施行这一系列初等行变换, 就得到了 $\boldsymbol{A}^{-1}$. 把 $\boldsymbol{A},\boldsymbol{E}$ 两个矩阵合在一起构成一个 $n\times 2n$ 矩阵 $(\boldsymbol{A}\ \vdots\ \boldsymbol{E})$, 则有

$$\boldsymbol{L}_k\cdots\boldsymbol{L}_2\boldsymbol{L}_1(\boldsymbol{A}\ \vdots\ \boldsymbol{E})=(\boldsymbol{L}_k\cdots\boldsymbol{L}_2\boldsymbol{L}_1\boldsymbol{A}\ \vdots\ \boldsymbol{L}_k\cdots\boldsymbol{L}_2\boldsymbol{L}_1\boldsymbol{E})=(\boldsymbol{E}\ \vdots\ \boldsymbol{A}^{-1}),$$

即对 $(\boldsymbol{A}\ \vdots\ \boldsymbol{E})$ 施行一系列初等行变换, $\boldsymbol{A}$ 化成 $\boldsymbol{E}$, 同时 $\boldsymbol{E}$ 化成 $\boldsymbol{A}^{-1}$. 简示为

$$(\boldsymbol{A}\ \vdots\ \boldsymbol{E})\xrightarrow{\text{一系列初等行变换}}(\boldsymbol{E}\ \vdots\ \boldsymbol{A}^{-1}).$$

这就是求逆矩阵的初等行变换法.

类似地, 也有求逆矩阵的初等列变换法:

$$\begin{pmatrix}\boldsymbol{A}\\ \cdots\\ \boldsymbol{E}\end{pmatrix}\xrightarrow{\text{一系列初等列变换}}\begin{pmatrix}\boldsymbol{E}\\ \cdots\\ \boldsymbol{A}^{-1}\end{pmatrix}.$$

例 3.5.1 求

$$\begin{pmatrix}2&3&-1\\-1&3&-3\\3&0&3\end{pmatrix}^{-1}.$$

解

$$\left(\begin{array}{ccc:ccc}2&3&-1&1&0&0\\-1&3&-3&0&1&0\\3&0&3&0&0&1\end{array}\right)\rightarrow\left(\begin{array}{ccc:ccc}3&0&3&0&0&1\\-1&3&-3&0&1&0\\2&3&-1&1&0&0\end{array}\right)$$

$$
\to \begin{pmatrix} 1 & 0 & 1 & 0 & 0 & \frac{1}{3} \\ -1 & 3 & -3 & 0 & 1 & 0 \\ 2 & 3 & -1 & 1 & 0 & 0 \end{pmatrix} \to \begin{pmatrix} 1 & 0 & 1 & 0 & 0 & \frac{1}{3} \\ 0 & 3 & -2 & 0 & 1 & \frac{1}{3} \\ 0 & 3 & -3 & 1 & 0 & -\frac{2}{3} \end{pmatrix}
$$

$$
\to \begin{pmatrix} 1 & 0 & 1 & 0 & 0 & \frac{1}{3} \\ 0 & 3 & -2 & 0 & 1 & \frac{1}{3} \\ 0 & 0 & -1 & 1 & -1 & -1 \end{pmatrix} \to \begin{pmatrix} 1 & 0 & 0 & 1 & -1 & -\frac{2}{3} \\ 0 & 3 & 0 & -2 & 3 & \frac{7}{3} \\ 0 & 0 & -1 & 1 & -1 & -1 \end{pmatrix}
$$

$$
\to \begin{pmatrix} 1 & 0 & 0 & 1 & -1 & -\frac{2}{3} \\ 0 & 1 & 0 & -\frac{2}{3} & 1 & \frac{7}{9} \\ 0 & 0 & 1 & -1 & 1 & 1 \end{pmatrix}.
$$

于是

$$
\begin{pmatrix} 2 & 3 & -1 \\ -1 & 3 & -3 \\ 3 & 0 & 3 \end{pmatrix}^{-1} = \begin{pmatrix} 1 & -1 & -\frac{2}{3} \\ -\frac{2}{3} & 1 & \frac{7}{9} \\ -1 & 1 & 1 \end{pmatrix}. \qquad \square
$$

已知 $\boldsymbol{A}$ 为 n 阶方阵, $\boldsymbol{B}$ 为 $n \times s$ 矩阵, $\boldsymbol{C}$ 为 $t \times n$ 矩阵, 未知的 $n \times s$ 矩阵 $\boldsymbol{X}$ 及 $t \times n$ 矩阵 $\boldsymbol{Y}$, 满足

$$
\boldsymbol{AX} = \boldsymbol{B}, \ \boldsymbol{YA} = \boldsymbol{C}.
$$

我们称上述两个等式为矩阵方程. 如果 $\boldsymbol{A}$ 为可逆矩阵, 则矩阵方程是唯一可解的, 即

$$
\boldsymbol{X} = \boldsymbol{A}^{-1}\boldsymbol{B}, \ \boldsymbol{Y} = \boldsymbol{C}\boldsymbol{A}^{-1}.
$$

与求逆矩阵类似地, 我们可以得出求解矩阵方程的初等变换法.

因为 $\boldsymbol{A}$ 可逆, 所以存在一系列初等矩阵 $\boldsymbol{L}_1, \boldsymbol{L}_2, \cdots, \boldsymbol{L}_k$, 及一系列初等矩阵 $\boldsymbol{R}_1, \boldsymbol{R}_2, \cdots, \boldsymbol{R}_l$, 使

$$
\boldsymbol{L}_k \cdots \boldsymbol{L}_2 \boldsymbol{L}_1 \boldsymbol{A} = \boldsymbol{E}, \ \boldsymbol{A}\boldsymbol{R}_1 \boldsymbol{R}_2 \cdots \boldsymbol{R}_l = \boldsymbol{E},
$$

则

$$
\boldsymbol{A}^{-1} = \boldsymbol{L}_k \cdots \boldsymbol{L}_2 \boldsymbol{L}_1 = \boldsymbol{R}_1 \boldsymbol{R}_2 \cdots \boldsymbol{R}_l.
$$

因此,

$$\boldsymbol{L}_k\cdots\boldsymbol{L}_2\boldsymbol{L}_1\left(\begin{array}{c:c}\boldsymbol{A} & \boldsymbol{B}\end{array}\right)=\left(\begin{array}{c:c}\boldsymbol{L}_k\cdots\boldsymbol{L}_2\boldsymbol{L}_1\boldsymbol{A} & \boldsymbol{L}_k\cdots\boldsymbol{L}_2\boldsymbol{L}_1\boldsymbol{B}\end{array}\right)=\left(\begin{array}{c:c}\boldsymbol{E} & \boldsymbol{A}^{-1}\boldsymbol{B}\end{array}\right),$$

$$\left(\begin{array}{c}\boldsymbol{A}\\ \hdashline \boldsymbol{C}\end{array}\right)\boldsymbol{R}_1\boldsymbol{R}_2\cdots\boldsymbol{R}_l=\left(\begin{array}{c}\boldsymbol{A}\boldsymbol{R}_1\boldsymbol{R}_2\cdots\boldsymbol{R}_l\\ \hdashline \boldsymbol{C}\boldsymbol{R}_1\boldsymbol{R}_2\cdots\boldsymbol{R}_l\end{array}\right)=\left(\begin{array}{c}\boldsymbol{E}\\ \hdashline \boldsymbol{C}\boldsymbol{A}^{-1}\end{array}\right),$$

即

$$\left(\begin{array}{c:c}\boldsymbol{A} & \boldsymbol{B}\end{array}\right)\xrightarrow{\text{一系列初等行变换}}\left(\begin{array}{c:c}\boldsymbol{E} & \boldsymbol{A}^{-1}\boldsymbol{B}\end{array}\right),$$

$$\left(\begin{array}{c}\boldsymbol{A}\\ \hdashline \boldsymbol{C}\end{array}\right)\xrightarrow{\text{一系列初等列变换}}\left(\begin{array}{c}\boldsymbol{E}\\ \hdashline \boldsymbol{C}\boldsymbol{A}^{-1}\end{array}\right).$$

例 3.5.2 求解矩阵方程 $\boldsymbol{AX}=\boldsymbol{B}$, 其中

$$\boldsymbol{A}=\begin{pmatrix}1 & 2 & -3\\ 3 & 2 & -4\\ 2 & -1 & 0\end{pmatrix},\quad \boldsymbol{B}=\begin{pmatrix}1 & 0\\ 10 & 7\\ 10 & 8\end{pmatrix}.$$

解

$$|\boldsymbol{A}|=\begin{vmatrix}1 & 2 & -3\\ 3 & 2 & -4\\ 2 & -1 & 0\end{vmatrix}=1\neq 0,$$

所以 $\boldsymbol{A}$ 可逆, 因而 $\boldsymbol{X}=\boldsymbol{A}^{-1}\boldsymbol{B}$.

$$\left(\begin{array}{ccc:cc}1 & 2 & -3 & 1 & 0\\ 3 & 2 & -4 & 10 & 7\\ 2 & -1 & 0 & 10 & 8\end{array}\right)\to\left(\begin{array}{ccc:cc}1 & 2 & -3 & 1 & 0\\ 0 & -4 & 5 & 7 & 7\\ 0 & -5 & 6 & 8 & 8\end{array}\right)$$

$$\to\left(\begin{array}{ccc:cc}1 & 2 & -3 & 1 & 0\\ 0 & 1 & -1 & -1 & -1\\ 0 & -5 & 6 & 8 & 8\end{array}\right)\to\left(\begin{array}{ccc:cc}1 & 2 & -3 & 1 & 0\\ 0 & 1 & -1 & -1 & -1\\ 0 & 0 & 1 & 3 & 3\end{array}\right)$$

$$\to\left(\begin{array}{ccc:cc}1 & 2 & 0 & 10 & 9\\ 0 & 1 & 0 & 2 & 2\\ 0 & 0 & 1 & 3 & 3\end{array}\right)\to\left(\begin{array}{ccc:cc}1 & 0 & 0 & 6 & 5\\ 0 & 1 & 0 & 2 & 2\\ 0 & 0 & 1 & 3 & 3\end{array}\right).$$

故

$$\boldsymbol{X}=\begin{pmatrix}6 & 5\\ 2 & 2\\ 3 & 3\end{pmatrix}.$$

□

例 3.5.3 求解矩阵方程 $\boldsymbol{YA}=\boldsymbol{B}$, 其中

$$\boldsymbol{A}=\begin{pmatrix}3&-1&2\\1&0&-1\\-2&1&-4\end{pmatrix},\quad \boldsymbol{B}=\begin{pmatrix}3&0&-2\\-1&4&1\end{pmatrix}.$$

解

$$|\boldsymbol{A}|=\begin{vmatrix}3&-1&2\\1&0&-1\\-2&1&-4\end{vmatrix}=-1\neq 0,$$

所以 $\boldsymbol{A}$ 可逆, 故 $\boldsymbol{Y}=\boldsymbol{BA}^{-1}$.

$$\begin{pmatrix}3&-1&2\\1&0&-1\\-2&1&-4\\\hdashline 3&0&-2\\-1&4&1\end{pmatrix}\to\begin{pmatrix}-1&3&2\\0&1&-1\\1&-2&-4\\\hdashline 0&3&-2\\4&-1&1\end{pmatrix}$$

$$\to\begin{pmatrix}-1&0&0\\0&1&-1\\1&1&-2\\\hdashline 0&3&-2\\4&11&9\end{pmatrix}\to\begin{pmatrix}-1&0&0\\0&1&0\\1&1&-1\\\hdashline 0&3&1\\4&11&20\end{pmatrix}$$

$$\to\begin{pmatrix}-1&0&0\\0&1&0\\0&0&-1\\\hdashline 1&4&1\\24&31&20\end{pmatrix}\to\begin{pmatrix}1&0&0\\0&1&0\\0&0&1\\\hdashline -1&4&-1\\-24&31&-20\end{pmatrix}.$$

故

$$\boldsymbol{Y}=\begin{pmatrix}-1&4&-1\\-24&31&-20\end{pmatrix}.$$

□

3.6 分块矩阵的初等变换及应用

将分块乘法与初等变换相结合, 是矩阵运算中重要而又富有技巧的方法. 本节只讨论分四块的矩阵, 即

$$\begin{pmatrix} \boldsymbol{A} & \boldsymbol{B} \\ \boldsymbol{C} & \boldsymbol{D} \end{pmatrix},$$

其中, $\boldsymbol{A}$ 为 m 阶方阵, $\boldsymbol{D}$ 为 n 阶方阵, $\boldsymbol{B}$ 为 $m\times n$ 矩阵, $\boldsymbol{C}$ 为 $n\times m$ 矩阵.

将 $m+n$ 阶单位矩阵分块如下:

$$\begin{pmatrix} \boldsymbol{E}_m & \boldsymbol{O} \\ \boldsymbol{O} & \boldsymbol{E}_n \end{pmatrix}.$$

将它的前 m 行称为第 1 大行, 前 m 列称为第 1 大列; 后 n 行称为第 2 大行, 后 n 列称为第 2 大列. 对它进行三种变换:

(1) 互换两大行 (列),

(2) 某一大行 (列) 左 (右) 乘矩阵 $\boldsymbol{P}$,

(3) 某一大行 (列) 左 (右) 乘矩阵 $\boldsymbol{Q}$, 加到另一大行 (列) 上,

就可以得到如下类型的一些矩阵:

$$\begin{pmatrix} \boldsymbol{O} & \boldsymbol{E}_n \\ \boldsymbol{E}_m & \boldsymbol{O} \end{pmatrix}, \begin{pmatrix} \boldsymbol{P} & \boldsymbol{O} \\ \boldsymbol{O} & \boldsymbol{E}_n \end{pmatrix}, \begin{pmatrix} \boldsymbol{E}_m & \boldsymbol{O} \\ \boldsymbol{O} & \boldsymbol{P} \end{pmatrix}, \begin{pmatrix} \boldsymbol{E}_m & \boldsymbol{Q} \\ \boldsymbol{O} & \boldsymbol{E}_n \end{pmatrix}, \begin{pmatrix} \boldsymbol{E}_m & \boldsymbol{O} \\ \boldsymbol{Q} & \boldsymbol{E}_n \end{pmatrix}.$$

和初等矩阵与初等变换的关系一样, 用上面这些矩阵左乘分块矩阵

$$\begin{pmatrix} \boldsymbol{A} & \boldsymbol{B} \\ \boldsymbol{C} & \boldsymbol{D} \end{pmatrix},$$

其结果就相当于对分块矩阵施行了大行的初等行变换:

$$\begin{pmatrix} \boldsymbol{O} & \boldsymbol{E}_n \\ \boldsymbol{E}_m & \boldsymbol{O} \end{pmatrix}\begin{pmatrix} \boldsymbol{A} & \boldsymbol{B} \\ \boldsymbol{C} & \boldsymbol{D} \end{pmatrix}=\begin{pmatrix} \boldsymbol{C} & \boldsymbol{D} \\ \boldsymbol{A} & \boldsymbol{B} \end{pmatrix},$$

$$\begin{pmatrix} \boldsymbol{P} & \boldsymbol{O} \\ \boldsymbol{O} & \boldsymbol{E}_n \end{pmatrix}\begin{pmatrix} \boldsymbol{A} & \boldsymbol{B} \\ \boldsymbol{C} & \boldsymbol{D} \end{pmatrix}=\begin{pmatrix} \boldsymbol{PA} & \boldsymbol{PB} \\ \boldsymbol{C} & \boldsymbol{D} \end{pmatrix},$$

$$\begin{pmatrix} \boldsymbol{E}_m & \boldsymbol{O} \\ \boldsymbol{O} & \boldsymbol{P} \end{pmatrix}\begin{pmatrix} \boldsymbol{A} & \boldsymbol{B} \\ \boldsymbol{C} & \boldsymbol{D} \end{pmatrix}=\begin{pmatrix} \boldsymbol{A} & \boldsymbol{B} \\ \boldsymbol{PC} & \boldsymbol{PD} \end{pmatrix},$$

$$\begin{pmatrix} E_m & Q \\ O & E_n \end{pmatrix}\begin{pmatrix} A & B \\ C & D \end{pmatrix}=\begin{pmatrix} A+QC & B+QD \\ C & D \end{pmatrix},$$

$$\begin{pmatrix} E_m & O \\ Q & E_n \end{pmatrix}\begin{pmatrix} A & B \\ C & D \end{pmatrix}=\begin{pmatrix} A & B \\ C+QA & D+QB \end{pmatrix}.$$

同样, 用它们右乘分块矩阵

$$\begin{pmatrix} A & B \\ C & D \end{pmatrix},$$

其结果就相当于对分块矩阵施行了大列的初等列变换, 我们就不占用篇幅了, 请读者自行验证.

若 A 可逆, 可取 $Q=-CA^{-1}$, 使得

$$\begin{pmatrix} E_m & O \\ -CA^{-1} & E_n \end{pmatrix}\begin{pmatrix} A & B \\ C & D \end{pmatrix}=\begin{pmatrix} A & B \\ O & D-CA^{-1}B \end{pmatrix};$$

也可取 $Q=-A^{-1}B$, 使得

$$\begin{pmatrix} A & B \\ C & D \end{pmatrix}\begin{pmatrix} E_m & -A^{-1}B \\ O & E_n \end{pmatrix}=\begin{pmatrix} A & O \\ C & D-CA^{-1}B \end{pmatrix}.$$

若 D 可逆, 可取 $Q=-BD^{-1}$, 使得

$$\begin{pmatrix} E_m & -BD^{-1} \\ O & E_n \end{pmatrix}\begin{pmatrix} A & B \\ C & D \end{pmatrix}=\begin{pmatrix} A-BD^{-1}C & O \\ C & D \end{pmatrix};$$

也可取 $Q=-D^{-1}C$, 使得

$$\begin{pmatrix} A & B \\ C & D \end{pmatrix}\begin{pmatrix} E_m & O \\ -D^{-1}C & E_n \end{pmatrix}=\begin{pmatrix} A-BD^{-1}C & B \\ O & D \end{pmatrix}.$$

以上四种变换公式, 俗称"打洞"技巧, 而对准上 (下) 三角形矩阵的行列式及逆矩阵的求解我们都已经有了结果, 所以该方法在求分四块矩阵的行列式、逆矩阵及解决其他问题时有着非常好的应用.

例 3.6.1 设 A 为 $m\times n$ 矩阵, B 为 $n\times m$ 矩阵, 证明

$$\begin{vmatrix} E_m & A \\ B & E_n \end{vmatrix}=|E_m-AB|=|E_n-BA|.$$

证明

$$\begin{pmatrix} E_m & O \\ -B & E_n \end{pmatrix}\begin{pmatrix} E_m & A \\ B & E_n \end{pmatrix}=\begin{pmatrix} E_m & A \\ O & E_n-BA \end{pmatrix},$$

两边同取行列式, 得到

$$\begin{vmatrix} \boldsymbol{E}_m & \boldsymbol{A} \\ \boldsymbol{B} & \boldsymbol{E}_n \end{vmatrix} = |\boldsymbol{E}_n - \boldsymbol{BA}|.$$

$$\begin{pmatrix} \boldsymbol{E}_m & -\boldsymbol{A} \\ \boldsymbol{O} & \boldsymbol{E}_n \end{pmatrix}\begin{pmatrix} \boldsymbol{E}_m & \boldsymbol{A} \\ \boldsymbol{B} & \boldsymbol{E}_n \end{pmatrix} = \begin{pmatrix} \boldsymbol{E}_m - \boldsymbol{AB} & \boldsymbol{O} \\ \boldsymbol{B} & \boldsymbol{E}_n \end{pmatrix},$$

两边同取行列式, 又得到

$$\begin{vmatrix} \boldsymbol{E}_m & \boldsymbol{A} \\ \boldsymbol{B} & \boldsymbol{E}_n \end{vmatrix} = |\boldsymbol{E}_m - \boldsymbol{AB}|.$$

因此

$$\begin{vmatrix} \boldsymbol{E}_m & \boldsymbol{A} \\ \boldsymbol{B} & \boldsymbol{E}_n \end{vmatrix} = |\boldsymbol{E}_m - \boldsymbol{AB}| = |\boldsymbol{E}_n - \boldsymbol{BA}|.$$ □

利用这一结果, 我们很容易求得一类行列式的值, 例如

$$\begin{aligned}\begin{vmatrix} 1-x_1^2 & -x_1x_2 & \cdots & -x_1x_n \\ -x_2x_1 & 1-x_2^2 & \cdots & -x_2x_n \\ \vdots & \vdots & & \vdots \\ -x_nx_1 & -x_nx_2 & \cdots & 1-x_n^2 \end{vmatrix} &= \left| \boldsymbol{E}_n - \begin{pmatrix} x_1 \\ x_2 \\ \vdots \\ x_n \end{pmatrix} \begin{pmatrix} x_1 & x_2 & \cdots & x_n \end{pmatrix} \right| \\ &= 1 - \begin{pmatrix} x_1 & x_2 & \cdots & x_n \end{pmatrix} \begin{pmatrix} x_1 \\ x_2 \\ \vdots \\ x_n \end{pmatrix} \\ &= 1 - \sum_{i=1}^n x_i^2.\end{aligned}$$

例 3.6.2 设

$$\boldsymbol{T} = \begin{pmatrix} \boldsymbol{A} & \boldsymbol{B} \\ \boldsymbol{C} & \boldsymbol{D} \end{pmatrix},$$

证明: 若 $\boldsymbol{D}$ 和 $\boldsymbol{A} - \boldsymbol{BD}^{-1}\boldsymbol{C}$ 均可逆, 则 $\boldsymbol{T}$ 可逆, 并求 $\boldsymbol{T}^{-1}$.

证明

$$\begin{pmatrix} \boldsymbol{E} & -\boldsymbol{BD}^{-1} \\ \boldsymbol{O} & \boldsymbol{E} \end{pmatrix}\begin{pmatrix} \boldsymbol{A} & \boldsymbol{B} \\ \boldsymbol{C} & \boldsymbol{D} \end{pmatrix} = \begin{pmatrix} \boldsymbol{A} - \boldsymbol{BD}^{-1}\boldsymbol{C} & \boldsymbol{O} \\ \boldsymbol{C} & \boldsymbol{D} \end{pmatrix}.$$

两边同取行列式, 有

$$|\boldsymbol{T}| = \begin{vmatrix} \boldsymbol{A} & \boldsymbol{B} \\ \boldsymbol{C} & \boldsymbol{D} \end{vmatrix} = |\boldsymbol{A} - \boldsymbol{BD}^{-1}\boldsymbol{C}| \cdot |\boldsymbol{D}|.$$

由 $\boldsymbol{D}$ 和 $\boldsymbol{A}-\boldsymbol{B}\boldsymbol{D}^{-1}\boldsymbol{C}$ 可逆知: $|\boldsymbol{D}|\neq 0$, $|\boldsymbol{A}-\boldsymbol{B}\boldsymbol{D}^{-1}\boldsymbol{C}|\neq 0$, 故 $|\boldsymbol{T}|\neq 0$, $\boldsymbol{T}$ 可逆.

两边同取逆, 有

$$\begin{pmatrix}\boldsymbol{A} & \boldsymbol{B}\\ \boldsymbol{C} & \boldsymbol{D}\end{pmatrix}^{-1}\begin{pmatrix}\boldsymbol{E} & -\boldsymbol{B}\boldsymbol{D}^{-1}\\ \boldsymbol{O} & \boldsymbol{E}\end{pmatrix}^{-1}=\begin{pmatrix}\boldsymbol{A}-\boldsymbol{B}\boldsymbol{D}^{-1}\boldsymbol{C} & \boldsymbol{O}\\ \boldsymbol{C} & \boldsymbol{D}\end{pmatrix}^{-1},$$

$$\begin{aligned}\boldsymbol{T}^{-1}&=\begin{pmatrix}\boldsymbol{A} & \boldsymbol{B}\\ \boldsymbol{C} & \boldsymbol{D}\end{pmatrix}^{-1}=\begin{pmatrix}\boldsymbol{A}-\boldsymbol{B}\boldsymbol{D}^{-1}\boldsymbol{C} & \boldsymbol{O}\\ \boldsymbol{C} & \boldsymbol{D}\end{pmatrix}^{-1}\begin{pmatrix}\boldsymbol{E} & -\boldsymbol{B}\boldsymbol{D}^{-1}\\ \boldsymbol{O} & \boldsymbol{E}\end{pmatrix}\\
&=\begin{pmatrix}(\boldsymbol{A}-\boldsymbol{B}\boldsymbol{D}^{-1}\boldsymbol{C})^{-1} & \boldsymbol{O}\\ -\boldsymbol{D}^{-1}\boldsymbol{C}(\boldsymbol{A}-\boldsymbol{B}\boldsymbol{D}^{-1}\boldsymbol{C})^{-1} & \boldsymbol{D}^{-1}\end{pmatrix}\begin{pmatrix}\boldsymbol{E} & -\boldsymbol{B}\boldsymbol{D}^{-1}\\ \boldsymbol{O} & \boldsymbol{E}\end{pmatrix}\\
&=\begin{pmatrix}(\boldsymbol{A}-\boldsymbol{B}\boldsymbol{D}^{-1}\boldsymbol{C})^{-1} & -(\boldsymbol{A}-\boldsymbol{B}\boldsymbol{D}^{-1}\boldsymbol{C})^{-1}\boldsymbol{B}\boldsymbol{D}^{-1}\\ -\boldsymbol{D}^{-1}\boldsymbol{C}(\boldsymbol{A}-\boldsymbol{B}\boldsymbol{D}^{-1}\boldsymbol{C})^{-1} & \boldsymbol{D}^{-1}+\boldsymbol{D}^{-1}\boldsymbol{C}(\boldsymbol{A}-\boldsymbol{B}\boldsymbol{D}^{-1}\boldsymbol{C})^{-1}\boldsymbol{B}\boldsymbol{D}^{-1}\end{pmatrix}.\end{aligned}$$

□

3.7 矩阵的秩

这一节, 我们讨论关于矩阵的一个重要的概念——矩阵的秩. 为此, 我们先给出矩阵子式的概念.

定义 3.7.1 在 $m\times n$ 矩阵 $\boldsymbol{A}$ 中任取 k 行和 k 列, 位于这些行、列的交点处的 k^2 个元素按原来的次序构成一个 k 阶行列式, 称为 $\boldsymbol{A}$ 的一个 k 阶子式. 这里 $k\leqslant\min\{m,n\}$.

一个 $m\times n$ 矩阵的 k 阶子式共有 $\mathrm{C}_m^k\mathrm{C}_n^k$ 个.

例如在矩阵

$$\boldsymbol{A}=\begin{pmatrix}1 & 2 & 3 & -4\\ 5 & 3 & 2 & 0\\ 7 & 4 & 0 & 1\end{pmatrix}$$

中选取第 1, 3 行和第 2, 4 列, 它们交点上的元素所形成的 2 阶行列式

$$\begin{vmatrix}2 & -4\\ 4 & 1\end{vmatrix}=18$$

就是一个 2 阶子式. 又选取第 1, 2, 3 行和第 1, 2, 4 列, 相应的 3 阶行列式

$$\begin{vmatrix} 1 & 2 & -4 \\ 5 & 3 & 0 \\ 7 & 4 & 1 \end{vmatrix} = -3$$

就是一个 3 阶子式.

定义 3.7.2 设 $\boldsymbol{A}$ 为 $m \times n$ 非零矩阵, 如果 $\boldsymbol{A}$ 中至少有一个 r 阶子式不为零, 而所有的 $r+1$ 阶子式全为零, 即 $\boldsymbol{A}$ 中不为零的子式的最高阶数为 r, 则称矩阵 $\boldsymbol{A}$ 的秩为 r, 记为

$$R(\boldsymbol{A}) = r.$$

当 $\boldsymbol{A} = \boldsymbol{O}$ 时, 规定 $R(\boldsymbol{A}) = 0$.

对于任意一个 $m \times n$ 矩阵 $\boldsymbol{A}$, 都有 $0 \leqslant R(\boldsymbol{A}) \leqslant \min\{m, n\}$. 当 $m < n$ 且 $R(\boldsymbol{A}) = m$ 时, 称 $\boldsymbol{A}$ 为行满秩矩阵; 当 $n < m$ 且 $R(\boldsymbol{A}) = n$ 时, 称 $\boldsymbol{A}$ 为列满秩矩阵; 当 $m = n$ 且 $R(\boldsymbol{A}) = n$ 时, 称 $\boldsymbol{A}$ 为满秩矩阵.

对非零矩阵 $\boldsymbol{A}$, 我们可以按阶数递增的顺序逐阶考察不为零的子式, 直到 $\boldsymbol{A}$ 中有 r 阶子式不为零, 而再没有比 r 更高阶的子式不为零. 这就是利用定义求矩阵的秩的思路. 但对于一个行数、列数都很大的矩阵, 用定义求矩阵的秩显然是不方便的. 为此, 我们寻求用初等变换求矩阵秩的方法.

定理 3.7.1 初等变换不改变矩阵的秩.

证明 仅考察一次初等行变换的情形. 设 $\boldsymbol{A}$ 经一次初等行变换变为 $\boldsymbol{B}$, 并设

$$R(\boldsymbol{A}) = r_1,\ R(\boldsymbol{B}) = r_2.$$

当对 $\boldsymbol{A}$ 施行互换第 i 行、第 j 行的初等变换时, 则 $\boldsymbol{B}$ 的任意一个 r_1+1 阶子式等于 $\boldsymbol{A}$ 的某个 r_1+1 阶子式的 ± 1 倍; 当对 $\boldsymbol{A}$ 施行用非零数 k 乘第 i 行的初等变换时, 则 $\boldsymbol{B}$ 的任意一个 r_1+1 阶子式等于 $\boldsymbol{A}$ 的某个 r_1+1 阶子式的 c 倍, $c=1$ 或 k; 当对 $\boldsymbol{A}$ 施行第 j 行的 k 倍加到第 i 行的初等变换时, 考察 $\boldsymbol{B}$ 的任意一个 r_1+1 阶子式, 如果它不含第 i 行或它同时含第 i 行、第 j 行, 则它等于 $\boldsymbol{A}$ 的某个 r_1+1 阶子式, 如果它含第 i 行但不含第 j 行, 则它等于 $\boldsymbol{A}$ 的某个 r_1+1 阶子式加上另一个 r_1+1 阶子式的 k 倍.

由于 $\boldsymbol{A}$ 的所有 r_1+1 阶子式全为零, 则 $\boldsymbol{B}$ 的任意一个 r_1+1 阶子式也全为零, 所以 $r_2 < r_1+1$, 即 $r_2 \leqslant r_1$. 同理 $r_1 \leqslant r_2$. 故 $r_1 = r_2$. □

推论 3.7.1 设 $\boldsymbol{A}$ 为 $m \times n$ 矩阵, 如果 $\boldsymbol{P}$ 是 m 阶可逆矩阵, $\boldsymbol{Q}$ 是 n 阶可逆矩阵, 则

$$R(\boldsymbol{A}) = R(\boldsymbol{PA}) = R(\boldsymbol{AQ}) = R(\boldsymbol{PAQ}).$$

证明 因为可逆矩阵可以表示成一系列初等矩阵的乘积, 可逆矩阵 $\boldsymbol{P}$ 左乘 $\boldsymbol{A}$ 表示对 $\boldsymbol{A}$ 施行了一系列的初等行变换, 而可逆矩阵 $\boldsymbol{Q}$ 右乘 $\boldsymbol{A}$, 则表示对 $\boldsymbol{A}$ 施行了一系列的初等列变换, 从而秩不变. □

其实, 上面的定理和推论可以描述为: 等价的矩阵具有相同的秩.

由定理 3.7.1 的结论可知, 对矩阵 $\boldsymbol{A}$ 施行一系列初等变换, 化为阶梯形矩阵, 则阶梯形矩阵的非零行数即为矩阵 $\boldsymbol{A}$ 的秩.

例 3.7.1 求矩阵

$$\boldsymbol{A}=\begin{pmatrix}1&0&0&1\\1&2&0&-1\\3&-1&0&4\\1&4&5&1\end{pmatrix}$$

的秩.

解

$$\boldsymbol{A}\to\begin{pmatrix}1&0&0&1\\0&2&0&-2\\0&-1&0&1\\0&4&5&0\end{pmatrix}\to\begin{pmatrix}1&0&0&1\\0&1&0&-1\\0&0&0&0\\0&0&5&4\end{pmatrix}\to\begin{pmatrix}1&0&0&1\\0&1&0&-1\\0&0&5&4\\0&0&0&0\end{pmatrix}.$$

可得 $R(\boldsymbol{A})=3$. □

设 $m\times n$ 矩阵 $\boldsymbol{A}$ 的秩为 r, 对 $\boldsymbol{A}$ 施行一系列初等行变换, 将 $\boldsymbol{A}$ 化为阶梯形矩阵

$$\begin{pmatrix}c_{11}&\cdots&c_{1r}&c_{1,r+1}&\cdots&c_{1n}\\\vdots&&\vdots&\vdots&&\vdots\\0&\cdots&c_{rr}&c_{r,r+1}&\cdots&c_{rn}\\0&\cdots&0&0&\cdots&0\\\vdots&&\vdots&\vdots&&\vdots\\0&\cdots&0&0&\cdots&0\end{pmatrix},$$

再经一系列初等列变换, 又可将阶梯形矩阵化为更为简单的矩阵

$$\begin{pmatrix}1&\cdots&0&0&\cdots&0\\\vdots&&\vdots&\vdots&&\vdots\\0&\cdots&1&0&\cdots&0\\0&\cdots&0&0&\cdots&0\\\vdots&&\vdots&\vdots&&\vdots\\0&\cdots&0&0&\cdots&0\end{pmatrix}=\begin{pmatrix}\boldsymbol{E}_r&\boldsymbol{O}\\\boldsymbol{O}&\boldsymbol{O}\end{pmatrix}.$$

定理 3.7.2 任意一个 $m\times n$ 矩阵 $\boldsymbol{A}$ 都与一个形如

$$\begin{pmatrix} \boldsymbol{E}_r & \boldsymbol{O} \\ \boldsymbol{O} & \boldsymbol{O} \end{pmatrix}$$

的 $m\times n$ 矩阵等价, 其中 r 为 $\boldsymbol{A}$ 的秩. 这个矩阵称为 $\boldsymbol{A}$ 的秩标准形. 也就是存在 m 阶可逆矩阵 $\boldsymbol{P}$ 和 n 阶可逆矩阵 $\boldsymbol{Q}$, 使

$$\boldsymbol{PAQ} = \begin{pmatrix} \boldsymbol{E}_r & \boldsymbol{O} \\ \boldsymbol{O} & \boldsymbol{O} \end{pmatrix}.$$

如例 3.7.1, 矩阵 $\boldsymbol{A}$ 等价于

$$\begin{pmatrix} 1 & 0 & 0 & 0 \\ 0 & 1 & 0 & 0 \\ 0 & 0 & 1 & 0 \\ 0 & 0 & 0 & 0 \end{pmatrix}.$$

因为所有秩为 r 的 $m\times n$ 矩阵均等价于

$$\begin{pmatrix} \boldsymbol{E}_r & \boldsymbol{O} \\ \boldsymbol{O} & \boldsymbol{O} \end{pmatrix},$$

又由于等价具有传递性, 所以所有秩为 r 的 $m\times n$ 矩阵都是等价的.

特别地, 对于 n 阶可逆矩阵 $\boldsymbol{A}$, 我们已经知道它可经初等变换化为 $\boldsymbol{E}_n$, 于是 $R(\boldsymbol{A}) = n$, 即 $\boldsymbol{A}$ 是满秩的.

推论 3.7.2 n 阶方阵 $\boldsymbol{A}$ 可逆的充分必要条件为 $\boldsymbol{A}$ 是满秩的.

习 题 3

1. 计算:

(1) $\begin{pmatrix} 2 & 3 & -1 \end{pmatrix}\begin{pmatrix} 1 \\ -1 \\ -1 \end{pmatrix}$;　　(2) $\begin{pmatrix} 1 \\ -1 \\ -1 \end{pmatrix}\begin{pmatrix} 2 & 3 & -1 \end{pmatrix}$;

(3) $\begin{pmatrix} 1 & 2 & 3 \\ 2 & 1 & 0 \end{pmatrix}\begin{pmatrix} 2 \\ 1 \\ 3 \end{pmatrix}\begin{pmatrix} 3 & 1 \end{pmatrix}$;

(4) $\begin{pmatrix} 2 & 1 & 0 \\ 3 & 0 & 1 \end{pmatrix}\begin{pmatrix} 3 & 1 \\ 2 & 1 \\ 1 & 0 \end{pmatrix} - \begin{pmatrix} -3 & 1 \\ 0 & 5 \end{pmatrix}$.

2. 设 $\boldsymbol{A}=\begin{pmatrix} 1 & 1 & -2 & 3 \\ -2 & 1 & 5 & 2 \end{pmatrix}$, 求 $\boldsymbol{A}\boldsymbol{A}^{\mathrm{T}}$ 及 $\boldsymbol{A}^{\mathrm{T}}\boldsymbol{A}$.

3. 求 $\boldsymbol{AB}-\boldsymbol{BA}$:

(1) $\boldsymbol{A}=\begin{pmatrix} 3 & 1 & 1 \\ 2 & 1 & 2 \\ 1 & 2 & 3 \end{pmatrix}, \quad \boldsymbol{B}=\begin{pmatrix} 1 & 1 & -1 \\ 2 & -1 & 0 \\ 1 & 0 & 1 \end{pmatrix}$;

(2) $\boldsymbol{A}=\begin{pmatrix} a & b & c \\ c & b & a \\ 1 & 1 & 1 \end{pmatrix}, \quad \boldsymbol{B}=\begin{pmatrix} 1 & a & c \\ 1 & b & b \\ 1 & c & a \end{pmatrix}$.

4. 计算:

(1) $\begin{pmatrix} 1 & 1 \\ 0 & 1 \end{pmatrix}^n$;

(2) $\begin{pmatrix} \cos\theta & -\sin\theta \\ \sin\theta & \cos\theta \end{pmatrix}^n$;

(3) $\begin{pmatrix} 1 & -1 & -1 & -1 \\ -1 & 1 & -1 & -1 \\ -1 & -1 & 1 & -1 \\ -1 & -1 & -1 & 1 \end{pmatrix}^n$;

(4) $\begin{pmatrix} \lambda & 1 & 0 \\ 0 & \lambda & 1 \\ 0 & 0 & \lambda \end{pmatrix}^n$;

(5) $\begin{pmatrix} 1 & a & b \\ 0 & 1 & a \\ 0 & 0 & 1 \end{pmatrix}^n$.

5. 设 $f(x)=x^2-5x+3$, $\boldsymbol{A}=\begin{pmatrix} 2 & 1 & 1 \\ 3 & 1 & 2 \\ 1 & -1 & 0 \end{pmatrix}$, 求 $f(\boldsymbol{A})$.

6. 求所有与 $\boldsymbol{A}$ 可交换的矩阵 $\boldsymbol{B}$:

(1) $\boldsymbol{A}=\begin{pmatrix} 1 & 1 \\ 0 & 1 \end{pmatrix}$;

(2) $\boldsymbol{A}=\begin{pmatrix} 0 & 1 & 0 \\ 0 & 0 & 1 \\ 0 & 0 & 0 \end{pmatrix}$;

(3) $\boldsymbol{A}=\begin{pmatrix} 0 & 1 & 0 \\ 0 & 0 & 1 \\ 1 & 0 & 0 \end{pmatrix}$;

(4) $\boldsymbol{A}=\begin{pmatrix} 1 & 0 & 0 \\ 0 & 2 & 0 \\ 0 & 0 & 3 \end{pmatrix}$;

(5) $\boldsymbol{A}=\begin{pmatrix} 1 & 0 & 0 \\ 0 & 1 & 2 \\ 3 & 1 & 2 \end{pmatrix}$.

7. 设 $a_1, a_2, \cdots, a_n$ 是 n 个互不相同的数, 证明: 与

$$\boldsymbol{A}=\begin{pmatrix} a_1 & & & \\ & a_2 & & \\ & & \ddots & \\ & & & a_n \end{pmatrix}$$

可交换的矩阵只能是对角矩阵.

8. 证明: 若矩阵 $\boldsymbol{A}$ 与所有 n 阶方阵可交换, 则 $\boldsymbol{A}$ 一定是数量矩阵.

9. 证明: 若矩阵 $\boldsymbol{B}, \boldsymbol{C}$ 都与 $\boldsymbol{A}$ 可交换, 则 $\boldsymbol{B}+\boldsymbol{C}$, $\boldsymbol{BC}$ 也与 $\boldsymbol{A}$ 可交换.

10. 设 $\boldsymbol{A}=\dfrac{1}{2}(\boldsymbol{B}+\boldsymbol{E})$, 证明: $\boldsymbol{A}^2=\boldsymbol{A}$ 当且仅当 $\boldsymbol{B}^2=\boldsymbol{E}$.

11. 若 $\boldsymbol{A}^{\mathrm{T}}=\boldsymbol{A}$, 则称 $\boldsymbol{A}$ 为对称矩阵. 证明:

(1) 设 $\boldsymbol{A},\boldsymbol{B}$ 都是 n 阶对称矩阵, 则 $\boldsymbol{AB}$ 也对称的充分必要条件是 $\boldsymbol{A}$ 与 $\boldsymbol{B}$ 可交换;

(2) 设 $\boldsymbol{A}$ 是 n 阶实对称矩阵, 则 $\boldsymbol{A}^2=\boldsymbol{O}$ 当且仅当 $\boldsymbol{A}=\boldsymbol{O}$.

12. 若 $\boldsymbol{A}^{\mathrm{T}}=-\boldsymbol{A}$, 则称 $\boldsymbol{A}$ 为反称矩阵, 证明: 任一 n 阶方阵都可以唯一地表示为一个对称矩阵与一个反称矩阵之和.

13. 设 $S_k=x_1^k+x_2^k+\cdots+x_n^k$, $k=0,1,2,\cdots$. 证明:

$$\begin{vmatrix} S_0 & S_1 & \cdots & S_{n-1} \\ S_1 & S_2 & \cdots & S_n \\ \vdots & \vdots & & \vdots \\ S_{n-1} & S_n & \cdots & S_{2n-2} \end{vmatrix}=\prod_{1\leqslant j<i\leqslant n}(x_i-x_j)^2.$$

14. 设 $\boldsymbol{A}$ 为 n 阶方阵, 证明: 存在非零矩阵 $\boldsymbol{B}$, 使 $\boldsymbol{AB}=\boldsymbol{O}$ 的充分必要条件为 $|\boldsymbol{A}|=0$.

15. 设 $\boldsymbol{B}$ 为一个 n 阶方阵, $\boldsymbol{C}$ 为一个 $n\times m$ 矩阵, 且 $R(\boldsymbol{C})=n$. 证明:

(1) 若 $\boldsymbol{BC}=\boldsymbol{O}$, 则 $\boldsymbol{B}=\boldsymbol{O}$;

(2) 若 $\boldsymbol{BC}=\boldsymbol{C}$, 则 $\boldsymbol{B}=\boldsymbol{E}$.

16. 设 $\boldsymbol{A}$ 为一个 n 阶方阵, 且 $R(\boldsymbol{A})=1$. 证明:

(1) $\boldsymbol{A}=\begin{pmatrix} a_1 \\ a_2 \\ \vdots \\ a_n \end{pmatrix}\begin{pmatrix} b_1 & b_2 & \cdots & b_n \end{pmatrix}$; (2) $\boldsymbol{A}^2=k\boldsymbol{A}$.

17. 设 $\boldsymbol{A}$ 为 n 阶方阵, 证明: 若 $\boldsymbol{A}^2=\boldsymbol{E}$, 则 $R(\boldsymbol{A}+\boldsymbol{E})+R(\boldsymbol{A}-\boldsymbol{E})=n$.

18. 证明: 若 $\boldsymbol{A}^k=\boldsymbol{O}$, 则 $(\boldsymbol{E}-\boldsymbol{A})^{-1}=\boldsymbol{E}+\boldsymbol{A}+\boldsymbol{A}^2+\cdots+\boldsymbol{A}^{k-1}$.

19. 设 $\boldsymbol{A}$ 为 n 阶方阵 $(n\geqslant 2)$, 证明: $|\boldsymbol{A}^*|=|\boldsymbol{A}|^{n-1}$.

20. 设 $\boldsymbol{A}$ 为 n 阶方阵 $(n\geqslant 2)$, 试推导 $R(\boldsymbol{A})$ 与 $R(\boldsymbol{A}^*)$ 的关系.

21. 设 $\boldsymbol{A}$ 为 n 阶方阵 $(n\geqslant 2)$, 试推导 $\boldsymbol{A}$ 与 $(\boldsymbol{A}^*)^*$ 的关系.

22. 下列矩阵 $\boldsymbol{A}$ 是否可逆? 若可逆, 求 $\boldsymbol{A}^{-1}$:

(1) $\boldsymbol{A}=\begin{pmatrix} a & b \\ c & d \end{pmatrix}$, 其中 $ad-bc=1$; (2) $\boldsymbol{A}=\begin{pmatrix} 1 & 5 & 2 \\ 0 & 3 & 10 \\ 1 & 2 & 1 \end{pmatrix}$;

(3) $\boldsymbol{A}=\begin{pmatrix} 2 & 2 & 3 \\ 1 & -1 & 0 \\ -1 & 2 & 1 \end{pmatrix}$; (4) $\boldsymbol{A}=\begin{pmatrix} 1 & 3 & -5 & 7 \\ 0 & 1 & 2 & -3 \\ 0 & 0 & 1 & 2 \\ 0 & 0 & 0 & 1 \end{pmatrix}$;

(5) $\boldsymbol{A}=\begin{pmatrix} 1 & 1 & 1 & 1 \\ 1 & 1 & -1 & -1 \\ 1 & -1 & 1 & -1 \\ 1 & -1 & -1 & 1 \end{pmatrix}$; (6) $\boldsymbol{A}=\begin{pmatrix} 2 & 1 & 0 & 0 & 0 \\ 1 & 2 & 1 & 0 & 0 \\ 0 & 1 & 2 & 1 & 0 \\ 0 & 0 & 1 & 2 & 1 \\ 0 & 0 & 0 & 1 & 2 \end{pmatrix}$.

23. 求矩阵 $\boldsymbol{X}$, 使

(1) $\begin{pmatrix} 1 & -5 \\ -1 & 4 \end{pmatrix}\boldsymbol{X}=\begin{pmatrix} 3 & 2 \\ 1 & 4 \end{pmatrix}$;

(2) $\begin{pmatrix} 1 & 1 & -1 \\ 0 & 2 & 2 \\ 1 & -1 & 0 \end{pmatrix}\boldsymbol{X}=\begin{pmatrix} 1 & -1 & 1 \\ 1 & 1 & 0 \\ 2 & 1 & 1 \end{pmatrix}$;

(3) $\boldsymbol{X}\begin{pmatrix} 1 & -1 & 1 \\ 1 & 1 & 0 \\ 2 & 1 & 1 \end{pmatrix}=\begin{pmatrix} 1 & 2 & -3 \\ 2 & 0 & 4 \\ 0 & -1 & 5 \end{pmatrix}$;

(4) $\begin{pmatrix} 1 & -1 & 1 \\ 1 & 1 & 0 \\ 3 & 2 & 1 \end{pmatrix}\boldsymbol{X}\begin{pmatrix} 1 & -1 & 1 \\ 1 & 1 & 0 \\ 3 & 2 & 1 \end{pmatrix}=\begin{pmatrix} 4 & 2 & 3 \\ 0 & -1 & 5 \\ 2 & 1 & 1 \end{pmatrix}$.

24. 证明: 若 $\boldsymbol{A}$ 是可逆的对称矩阵 (反称矩阵, 上三角形矩阵), 则 $\boldsymbol{A}^{-1}$ 也是对称矩阵 (反称矩阵, 上三角形矩阵).

25. 证明: 若 $\boldsymbol{A}, \boldsymbol{B}$ 均为可逆的上三角形矩阵, 则 $\boldsymbol{AB}$ 也为可逆的上三角形矩阵.

26. 设

$$\boldsymbol{A}=\begin{pmatrix} 1 & 1 & -1 \\ -1 & 1 & 1 \\ 1 & -1 & 1 \end{pmatrix},$$

已知 $|\boldsymbol{A}|=4$, 求矩阵 $\boldsymbol{X}$, 使 $\boldsymbol{A}^*\boldsymbol{X}=\boldsymbol{A}^{-1}+2\boldsymbol{X}$.

27. 设

$$\boldsymbol{A}=\begin{pmatrix} a_1\boldsymbol{E}_1 & & & \\ & a_2\boldsymbol{E}_2 & & \\ & & \ddots & \\ & & & a_s\boldsymbol{E}_s \end{pmatrix},$$

其中 $a_1, a_2, \cdots, a_s$ 互不相同, $\boldsymbol{E}_i$ 是 n_i 阶单位矩阵, $\sum_{i=1}^{s} n_i = n$. 证明: 与 $\boldsymbol{A}$ 可交换的矩阵只能是准对角矩阵

$$\begin{pmatrix} \boldsymbol{A}_1 & & & \\ & \boldsymbol{A}_2 & & \\ & & \ddots & \\ & & & \boldsymbol{A}_s \end{pmatrix},$$

其中 $\boldsymbol{A}_i$ 是 n_i 阶方阵, $i=1,2,\cdots,s$.

28. (1) 设

$$\boldsymbol{A}=\begin{pmatrix} \boldsymbol{O} & \boldsymbol{A}_1 \\ \boldsymbol{A}_2 & \boldsymbol{O} \end{pmatrix},$$

其中 $\boldsymbol{A}_1, \boldsymbol{A}_2$ 分别为 n_1 阶, n_2 阶可逆矩阵, 求 $\boldsymbol{A}^{-1}$;

(2) 设

$$\boldsymbol{A}=\begin{pmatrix} 0 & 0 & 5 & 2 \\ 0 & 0 & 2 & 1 \\ 2 & 2 & 0 & 0 \\ 3 & 2 & 0 & 0 \end{pmatrix},$$

求 $\boldsymbol{A}^{-1}$.

29. 利用矩阵的分块, 求

$$\boldsymbol{A}=\begin{pmatrix} 1 & 1 & 1 & 1 \\ 1 & -1 & 1 & -1 \\ 1 & 1 & -1 & -1 \\ 1 & -1 & -1 & 1 \end{pmatrix}$$

的逆矩阵.

30. 设 $\boldsymbol{A}, \boldsymbol{B}, \boldsymbol{C}, \boldsymbol{D}$ 均为 n 阶方阵, 且 $|\boldsymbol{A}| \neq 0$, $\boldsymbol{AC}=\boldsymbol{CA}$, 证明:

$$\begin{vmatrix} \boldsymbol{A} & \boldsymbol{B} \\ \boldsymbol{C} & \boldsymbol{D} \end{vmatrix}=|\boldsymbol{AD}-\boldsymbol{CB}|.$$

31. 设 $\boldsymbol{A}, \boldsymbol{B}$ 均为 n 阶方阵, 且 $\boldsymbol{A}+\boldsymbol{B}$ 与 $\boldsymbol{A}-\boldsymbol{B}$ 均可逆, 证明:

$$\boldsymbol{D}=\begin{pmatrix} \boldsymbol{A} & \boldsymbol{B} \\ \boldsymbol{B} & \boldsymbol{A} \end{pmatrix}$$

也可逆, 并求 $\boldsymbol{D}^{-1}$.

32. 设 $\boldsymbol{A}$ 为一 $m \times n$ 矩阵, $R(\boldsymbol{A})=r$. 证明: $\boldsymbol{A}$ 可表示为 r 个秩为 1 的矩阵之和.

33. 设 $\boldsymbol{A}$ 为 $m \times n$ 矩阵, $\boldsymbol{B}$ 为 $n \times p$ 矩阵, 证明:

$$R(\boldsymbol{AB}) \geqslant R(\boldsymbol{A})+R(\boldsymbol{B})-n.$$

34. (1) 设 $\boldsymbol{A}$ 为 $m \times r$ 矩阵, 证明: $\boldsymbol{A}$ 列满秩的充分必要条件是存在 m 阶可逆矩阵 $\boldsymbol{P}$, 使

$$\boldsymbol{A}=\boldsymbol{P}\begin{pmatrix} \boldsymbol{E}_r \\ \boldsymbol{O} \end{pmatrix}.$$

(2) 设 $\boldsymbol{A}$ 为 $r \times n$ 矩阵, 证明: $\boldsymbol{A}$ 行满秩的充分必要条件是存在 n 阶可逆矩阵 $\boldsymbol{Q}$, 使

$$\boldsymbol{A}=\begin{pmatrix} \boldsymbol{E}_r & \boldsymbol{O} \end{pmatrix}\boldsymbol{Q}.$$

35. 设 $\boldsymbol{A}$ 为一 $m \times n$ 矩阵, $R(\boldsymbol{A})=r$. 证明: 存在 $m \times r$ 列满秩矩阵 $\boldsymbol{P}$ 及 $r \times n$ 行满秩矩阵 $\boldsymbol{Q}$, 使

$$\boldsymbol{A}=\boldsymbol{PQ}.$$

4

第四章 线性方程组

消 元 法

现在, 我们来讨论一般线性方程组

$$\begin{cases} a_{11}x_1 + a_{12}x_2 + \cdots + a_{1n}x_n = b_1, \\ a_{21}x_1 + a_{22}x_2 + \cdots + a_{2n}x_n = b_2, \\ \cdots\cdots\cdots\cdots \\ a_{m1}x_1 + a_{m2}x_2 + \cdots + a_{mn}x_n = b_m, \end{cases} \tag{4.1.1}$$

其中 $x_1, x_2, \cdots, x_n$ 为 n 个未知量, 共有 m 个方程, m 可以不等于 n. a_{ij} $(i = 1, 2, \cdots, m,\ j = 1, 2, \cdots, n)$ 为系数, b_i $(i = 1, 2, \cdots, m)$ 为常数项. 当 $b_1, b_2, \cdots, b_m$ 不全为零时, 方程组称为非齐次线性方程组, 当 $b_1, b_2, \cdots, b_m$ 全为零时, 方程组称为齐次线性方程组.

所谓方程组的解, 是指由满足

$$\begin{cases} a_{11}k_1 + a_{12}k_2 + \cdots + a_{1n}k_n = b_1, \\ a_{21}k_1 + a_{22}k_2 + \cdots + a_{2n}k_n = b_2, \\ \cdots\cdots\cdots\cdots \\ a_{m1}k_1 + a_{m2}k_2 + \cdots + a_{mn}k_n = b_m \end{cases}$$

的 n 个数 $k_1, k_2, \cdots, k_n$ 组成的有序数组 $(k_1, k_2, \cdots, k_n)$.

讨论一个线性方程组, 我们必须考虑以下 3 个问题:

(1) 方程组有没有解?

(2) 如果方程组有解, 有多少个解?

(3) 当方程组有解时, 如何求出全部的解?

为了寻求求解一般线性方程组的方法, 我们先看一个例子.

例 4.1.1 求解线性方程组

$$\begin{cases} 2x_1 - x_2 + 3x_3 = 1, \\ 4x_1 + 2x_2 + 5x_3 = 4, \\ 2x_1 + x_2 + 2x_3 = 5. \end{cases}$$

解　将第 1 个方程的 -2 倍加到第 2 个方程上, 第 1 个方程的 -1 倍加到第 3 个方程上, 得到

$$\begin{cases} 2x_1 - x_2 + 3x_3 = 1, \\ 4x_2 - x_3 = 2, \\ 2x_2 - x_3 = 4, \end{cases}$$

将此方程组的第 2 个方程与第 3 个方程互换位置, 得到

$$\begin{cases} 2x_1 - x_2 + 3x_3 = 1, \\ 2x_2 - x_3 = 4, \\ 4x_2 - x_3 = 2, \end{cases}$$

再将上述方程组的第 2 个方程的 -2 倍加到第 3 个方程上, 得到

$$\begin{cases} 2x_1 - x_2 + 3x_3 = 1, \\ 2x_2 - x_3 = 4, \\ x_3 = -6, \end{cases}$$

将 $x_3 = -6$ 代入第 2 个方程, 得 $x_2 = -1$, 再将 $x_2 = -1$, $x_3 = -6$ 代入第 1 个方程, 得 $x_1 = 9$.

这样, 我们就求得方程组的解为 $(9, -1, -6)$. □

上面的过程中, 我们先消去了后两个方程的 x_1, 又消去了第 3 个方程的 x_2. 其实, 这个过程就称为消元.

对一般线性方程组, 消元的过程实际上就是反复对方程组施行如下变换:

(1) 互换两个方程的位置;

(2) 用非零的数去乘某一个方程;

(3) 把某一个方程的倍数加到另一个方程上.

这三种变换称为线性方程组的初等变换.

初等变换后的方程组与原方程组是同解的.

比如我们对方程组 (4.1.1) 施行第三种初等变换, 为简便起见, 不妨把第 2 个方程的 l 倍加到第 1 个方程上, 得到新方程组

$$\begin{cases} (a_{11} + la_{21})x_1 + (a_{12} + la_{22})x_2 + \cdots + (a_{1n} + la_{2n})x_n = b_1 + lb_2, \\ a_{21}x_1 + a_{22}x_2 + \cdots + a_{2n}x_n = b_2, \\ \cdots\cdots\cdots\cdots \\ a_{m1}x_1 + a_{m2}x_2 + \cdots + a_{mn}x_n = b_m. \end{cases} \tag{4.1.2}$$

设 $(k_1, k_2, \cdots, k_n)$ 是方程组 (4.1.1) 的任一解, 则它满足 (4.1.2) 的后 $m-1$ 个方程, 且满足

$$\begin{cases} a_{11}k_1 + a_{12}k_2 + \cdots + a_{1n}k_n = b_1, \\ a_{21}k_1 + a_{22}k_2 + \cdots + a_{2n}k_n = b_2, \end{cases}$$

于是

$$\begin{aligned}
&(a_{11}+la_{21})k_1+(a_{12}+la_{22})k_2+\cdots+(a_{1n}+la_{2n})k_n\\
=&(a_{11}k_1+a_{12}k_2+\cdots+a_{1n}k_n)+l(a_{21}k_1+a_{22}k_2+\cdots+a_{2n}k_n)\\
=&b_1+lb_2,
\end{aligned}$$

即它也满足 (4.1.2) 的第一个方程, 故它是 (4.1.2) 的解. 同样, 任取 (4.1.2) 的一个解, 也可以证明它是 (4.1.1) 的解. 因此 (4.1.1) 与 (4.1.2) 是同解的.

对于另外两种方程组的初等变换, 证明比较简单, 请读者自行完成.

对于线性方程组, 采用什么样的文字来代表未知量不是实质性的问题, 我们完全可以用 $y_1,y_2,\cdots,y_n$ 来代替 $x_1,x_2,\cdots,x_n$, 只要所有的系数和常数项不变, 它们就是同一个方程组. 也就是说, 除去代表未知量的文字外, 一个线性方程组的全部系数和常数项唯一地确定了这个方程组. 这样, 线性方程组 (4.1.1) 就可以用矩阵

$$\begin{pmatrix}
a_{11} & a_{12} & \cdots & a_{1n} & b_1\\
a_{21} & a_{22} & \cdots & a_{2n} & b_2\\
\vdots & \vdots & & \vdots & \vdots\\
a_{m1} & a_{m2} & \cdots & a_{mn} & b_m
\end{pmatrix}$$

来表示, 这个矩阵称为线性方程组 (4.1.1) 的增广矩阵, 记为 $\overline{\boldsymbol{A}}$. 增广矩阵和线性方程组是一一对应的. 方程组的系数矩阵, 我们习惯上记为 $\boldsymbol{A}$, 即

$$\boldsymbol{A}=\begin{pmatrix}
a_{11} & a_{12} & \cdots & a_{1n}\\
a_{21} & a_{22} & \cdots & a_{2n}\\
\vdots & \vdots & & \vdots\\
a_{m1} & a_{m2} & \cdots & a_{mn}
\end{pmatrix}.$$

求解例 4.1.1的消元过程, 我们可以用对增广矩阵 $\overline{\boldsymbol{A}}$ 作初等行变换来表示.

$$\overline{\boldsymbol{A}}=\begin{pmatrix}2&-1&3&1\\4&2&5&4\\2&1&2&5\end{pmatrix}\to\begin{pmatrix}2&-1&3&1\\0&4&-1&2\\0&2&-1&4\end{pmatrix}\to\begin{pmatrix}2&-1&3&1\\0&2&-1&4\\0&4&-1&2\end{pmatrix}$$

$$\to\begin{pmatrix}2&-1&3&1\\0&2&-1&4\\0&0&1&-6\end{pmatrix}.$$

此矩阵所代表的方程组为

$$\begin{cases}
2x_1-x_2+3x_3=1,\\
\qquad 2x_2-x_3=4,\\
\qquad\qquad x_3=-6,
\end{cases}$$

于是解得 $x_3=-6$, $x_2=-1$, $x_1=9$.

例 4.1.2 求解线性方程组

$$\begin{cases} x_1 + 3x_2 - 5x_3 = -1, \\ 2x_1 + 6x_2 - 3x_3 = 5, \\ 3x_1 + 9x_2 - 10x_3 = 2. \end{cases}$$

解

$$\overline{\boldsymbol{A}} = \begin{pmatrix} 1 & 3 & -5 & -1 \\ 2 & 6 & -3 & 5 \\ 3 & 9 & -10 & 2 \end{pmatrix} \to \begin{pmatrix} 1 & 3 & -5 & -1 \\ 0 & 0 & 7 & 7 \\ 0 & 0 & 5 & 5 \end{pmatrix} \to \begin{pmatrix} 1 & 3 & -5 & -1 \\ 0 & 0 & 1 & 1 \\ 0 & 0 & 0 & 0 \end{pmatrix}.$$

这个矩阵所代表的与原方程组同解的方程组为

$$\begin{cases} x_1 + 3x_2 - 5x_3 = -1, \\ x_3 = 1, \end{cases}$$

即

$$\begin{cases} x_1 = 4 - 3x_2, \\ x_3 = 1. \end{cases}$$

可取 $x_2 = C$ 为任意数, 称 x_2 为自由未知量. 则方程组的解为

$$x_1 = 4 - 3C,\ x_2 = C,\ x_3 = 1.$$

由 C 的任意性可知, 方程组有无穷多解. 由此例可知, 当增广矩阵的秩与系数矩阵的秩相等且小于未知量的个数时, 方程组必会出现自由未知量, 从而方程组有无穷多解. □

例 4.1.3 求解线性方程组

$$\begin{cases} x_1 + 3x_2 - 5x_3 = -1, \\ 2x_1 + 6x_2 - 3x_3 = 5, \\ 3x_1 + 9x_2 - 10x_3 = 0. \end{cases}$$

解

$$\overline{\boldsymbol{A}} = \begin{pmatrix} 1 & 3 & -5 & -1 \\ 2 & 6 & -3 & 5 \\ 3 & 9 & -10 & 0 \end{pmatrix} \to \begin{pmatrix} 1 & 3 & -5 & -1 \\ 0 & 0 & 7 & 7 \\ 0 & 0 & 5 & 3 \end{pmatrix} \to \begin{pmatrix} 1 & 3 & -5 & -1 \\ 0 & 0 & 1 & 1 \\ 0 & 0 & 0 & -2 \end{pmatrix}.$$

此矩阵代表的与原方程组同解的方程组为

$$\begin{cases} x_1 + 3x_2 - 5x_3 = -1, \\ x_3 = 1, \\ 0 = -2. \end{cases}$$

上述方程组的第 3 个方程为矛盾方程, 所以方程组无解. 由此例可见, $R(\overline{\boldsymbol{A}}) = 3$ 而 $R(\boldsymbol{A}) = 2$, 方程组出现 $0 = -2$ 的矛盾方程, 从而方程组无解. □

由例 4.1.1—例 4.1.3 看到, 线性方程组的解的情形可以有三种: 有唯一解, 有无穷多解或无解.

下面, 我们归纳求解一般线性方程组 (4.1.1) 的消元法的过程:

对方程组 (4.1.1) 的增广矩阵 $\overline{\boldsymbol{A}}$ 施行一系列初等行变换 (因为与方程的初等变换相对应, 所以一定是行变换, 必要时可对系数部分作列交换), 化成阶梯形矩阵

$$\begin{pmatrix} c_{11} & c_{12} & \cdots & c_{1r} & c_{1,r+1} & \cdots & c_{1n} & d_1 \\ 0 & c_{22} & \cdots & c_{2r} & c_{2,r+1} & \cdots & c_{2n} & d_2 \\ \vdots & \vdots & & \vdots & \vdots & & \vdots & \vdots \\ 0 & 0 & \cdots & c_{rr} & c_{r,r+1} & \cdots & c_{rn} & d_r \\ 0 & 0 & \cdots & 0 & 0 & \cdots & 0 & d_{r+1} \\ \vdots & \vdots & & \vdots & \vdots & & \vdots & \vdots \\ 0 & 0 & \cdots & 0 & 0 & \cdots & 0 & 0 \end{pmatrix}.$$

这个阶梯形矩阵所代表的方程组与原方程组同解. 显然这个方程组的解可以有以下三种情形:

(1) 若 $d_{r+1} \neq 0$, $R(\overline{\boldsymbol{A}}) = r+1$, $R(\boldsymbol{A}) = r$, 即 $R(\overline{\boldsymbol{A}}) \neq R(\boldsymbol{A})$, 则方程组无解, 因为第 $r+1$ 个方程为矛盾方程.

(2) 若 $d_{r+1} = 0$, 且 $r = n$, 即 $R(\overline{\boldsymbol{A}}) = R(\boldsymbol{A}) = n$, 则方程组有唯一解. 先由最后一个方程求出 x_n, 然后逐步回代, 可求出 $x_{n-1}, \cdots, x_1$.

(3) 若 $d_{r+1} = 0$, 且 $r < n$, 即 $R(\overline{\boldsymbol{A}}) = R(\boldsymbol{A}) = r < n$, 则方程组中有 $n-r$ 个自由未知量, 可取 $x_{r+1}, \cdots, x_n$ 为自由未知量, 于是方程组变为

$$\begin{cases} c_{11}x_1 + c_{12}x_2 + \cdots + c_{1r}x_r = d_1 - c_{1,r+1}x_{r+1} - \cdots - c_{1n}x_n, \\ \qquad c_{22}x_2 + \cdots + c_{2r}x_r = d_2 - c_{2,r+1}x_{r+1} - \cdots - c_{2n}x_n, \\ \qquad\qquad \cdots\cdots\cdots\cdots \\ \qquad\qquad c_{rr}x_r = d_r - c_{r,r+1}x_{r+1} - \cdots - c_{rn}x_n, \end{cases}$$

同样可回代求解, 解出 $x_r, x_{r-1}, \cdots, x_1$, 只不过 $x_1, x_2, \cdots, x_r$ 是通过 $x_{r+1}, \cdots, x_n$ 表示出来的. 每给一组 $x_{r+1}, \cdots, x_n$ 的值, 都可以唯一地确定出 $x_1, x_2, \cdots, x_r$ 的值.

注意, $r > n$ 的情况不可能出现.

综上所述, 可见线性方程组系数矩阵与增广矩阵的秩决定了方程组解的状况, 即可有如下定理.

定理 4.1.1 线性方程组 (4.1.1) 有解的充分必要条件为阶梯形矩阵中 $d_{r+1} = 0$, $R(\overline{\boldsymbol{A}}) = R(\boldsymbol{A})$. 且当 $R(\overline{\boldsymbol{A}}) = R(\boldsymbol{A}) = n$ 时, 方程组有唯一解, 当 $R(\overline{\boldsymbol{A}}) = R(\boldsymbol{A}) < n$ 时, 方程组有无穷多解.

例 4.1.4 讨论 λ 取何值时, 方程组

$$\begin{cases} \lambda x_1 + x_2 + x_3 = 1, \\ x_1 + \lambda x_2 + x_3 = \lambda, \\ x_1 + x_2 + \lambda x_3 = \lambda^2 \end{cases}$$

有解, 并求解.

解

$$\overline{\boldsymbol{A}} = \begin{pmatrix} \lambda & 1 & 1 & 1 \\ 1 & \lambda & 1 & \lambda \\ 1 & 1 & \lambda & \lambda^2 \end{pmatrix} \to \begin{pmatrix} 1 & 1 & \lambda & \lambda^2 \\ 1 & \lambda & 1 & \lambda \\ \lambda & 1 & 1 & 1 \end{pmatrix}$$

$$\to \begin{pmatrix} 1 & 1 & \lambda & \lambda^2 \\ 0 & \lambda-1 & 1-\lambda & \lambda-\lambda^2 \\ 0 & 1-\lambda & 1-\lambda^2 & 1-\lambda^3 \end{pmatrix}$$

$$\to \begin{pmatrix} 1 & 1 & \lambda & \lambda^2 \\ 0 & \lambda-1 & 1-\lambda & \lambda(1-\lambda) \\ 0 & 0 & (1-\lambda)(2+\lambda) & (1-\lambda)(1+\lambda)^2 \end{pmatrix}.$$

(1) 当 $\lambda \neq 1$ 且 $\lambda \neq -2$ 时, $R(\overline{\boldsymbol{A}}) = R(\boldsymbol{A}) = 3$, 方程组有唯一解

$$x_1 = -\frac{1+\lambda}{2+\lambda},\ x_2 = \frac{1}{2+\lambda},\ x_3 = \frac{(1+\lambda)^2}{2+\lambda}.$$

(2) 当 $\lambda = 1$ 时, $R(\overline{\boldsymbol{A}}) = R(\boldsymbol{A}) = 1$, 方程组有无穷多解, 取 x_2, x_3 为自由未知量,

$$x_1 = 1 - x_2 - x_3,$$

则方程组的一般解为

$$x_1 = 1 - C_2 - C_3,\ x_2 = C_2,\ x_3 = C_3,$$

其中 C_2, C_3 为任意数.

(3) 当 $\lambda = -2$ 时, $R(\overline{\boldsymbol{A}}) = 3$, $R(\boldsymbol{A}) = 2$, 则方程组无解. □

对于齐次线性方程组

$$\begin{cases} a_{11}x_1 + a_{12}x_2 + \cdots + a_{1n}x_n = 0, \\ a_{21}x_1 + a_{22}x_2 + \cdots + a_{2n}x_n = 0, \\ \cdots\cdots\cdots\cdots \\ a_{m1}x_1 + a_{m2}x_2 + \cdots + a_{mn}x_n = 0, \end{cases} \tag{4.1.3}$$

它恒有解, 因为它至少有零解. 由定理 4.1.1 知, 当 $R(\boldsymbol{A}) = n$ 时, 它只有零解, 当 $R(\boldsymbol{A}) < n$ 时, 它有无穷多解, 即必有非零解. 于是有以下定理.

定理 4.1.2 齐次线性方程组 (4.1.3) 有非零解的充分必要条件为 $R(\boldsymbol{A}) < n$.

推论 4.1.1 若齐次线性方程组 (4.1.3) 中 $m < n$, 则它必有非零解.

例 4.1.5 求解齐次线性方程组

$$\begin{cases} x_1 - x_2 + 5x_3 - x_4 = 0, \\ x_1 + x_2 - 2x_3 + 3x_4 = 0, \\ 3x_1 - x_2 + 8x_3 + x_4 = 0, \\ x_1 + 3x_2 - 9x_3 + 7x_4 = 0. \end{cases}$$

解

$$\boldsymbol{A} = \begin{pmatrix} 1 & -1 & 5 & -1 \\ 1 & 1 & -2 & 3 \\ 3 & -1 & 8 & 1 \\ 1 & 3 & -9 & 7 \end{pmatrix} \to \begin{pmatrix} 1 & -1 & 5 & -1 \\ 0 & 2 & -7 & 4 \\ 0 & 2 & -7 & 4 \\ 0 & 4 & -14 & 8 \end{pmatrix}$$

$$\to \begin{pmatrix} 1 & -1 & 5 & -1 \\ 0 & 2 & -7 & 4 \\ 0 & 0 & 0 & 0 \\ 0 & 0 & 0 & 0 \end{pmatrix}.$$

与原方程组同解的方程组为

$$\begin{cases} x_1 - x_2 + 5x_3 - x_4 = 0, \\ 2x_2 - 7x_3 + 4x_4 = 0. \end{cases}$$

取 x_3, x_4 为自由未知量, 可得

$$\begin{cases} x_1 - x_2 = -5x_3 + x_4, \\ 2x_2 = 7x_3 - 4x_4, \end{cases}$$

解得

$$x_1 = -\frac{3}{2}x_3 - x_4,\ x_2 = \frac{7}{2}x_3 - 2x_4.$$

则方程组的一般解为

$$x_1 = -\frac{3}{2}C_3 - C_4,\ x_2 = \frac{7}{2}C_3 - 2C_4,\ x_3 = C_3,\ x_4 = C_4,$$

其中 C_3, C_4 为任意数. □

4.2 n 维向量空间

上一节, 我们讨论了求解线性方程组的消元法, 通过消元法, 我们得知了方程组是否有解, 在有解的情况下是有唯一解还是有无穷多解, 并且可以求出方程组的解. 事实上, 关于方程组解的这些结论是不依赖于消元法的, 方程组一经给出, 它是否有解, 解有多少也就已经确定, 初等变换只是揭露方程之间关系的一种方法, 而解反映了系数列及常数列的关系. 因此, 为了直接从原来的线性方程组来讨论它的解的情况, 我们有必要研究线性方程组的增广矩阵或系数矩阵的行和列.

定义 4.2.1 由数域 P 中的 n 个数 $a_1, a_2, \cdots, a_n$ 组成的一个有序数组称为 n 维向量, 记为

$$\begin{pmatrix} a_1, a_2, \cdots, a_n \end{pmatrix} \text{ 或 } \begin{pmatrix} a_1 \\ a_2 \\ \vdots \\ a_n \end{pmatrix},$$

$a_i,\ i = 1, 2, \cdots, n$ 称为向量的分量, 前者称为 n 维行向量, 后者称为 n 维列向量, 它们的区别只是写法上的不同.

以后, 我们常用希腊字母 $\boldsymbol{\alpha}, \boldsymbol{\beta}, \boldsymbol{\gamma}, \cdots$ 来表示向量.

一个 $m \times n$ 矩阵的每一行都是 n 维行向量, 每一列都是 m 维列向量.

定义 4.2.2 若两个 n 维向量

$$\boldsymbol{\alpha} = (a_1, a_2, \cdots, a_n),\ \boldsymbol{\beta} = (b_1, b_2, \cdots, b_n)$$

的各个对应分量全相等, 即

$$a_i = b_i,\ i = 1, 2, \cdots, n,$$

则称这两个向量相等, 记为 $\boldsymbol{\alpha} = \boldsymbol{\beta}$.

定义 4.2.3 设两个 n 维向量为

$$\boldsymbol{\alpha}=(a_1,a_2,\cdots,a_n),\ \boldsymbol{\beta}=(b_1,b_2,\cdots,b_n),$$

则称向量

$$(a_1+b_1,a_2+b_2,\cdots,a_n+b_n)$$

为 $\boldsymbol{\alpha}$ 与 $\boldsymbol{\beta}$ 的和, 记为

$$\boldsymbol{\alpha}+\boldsymbol{\beta}=(a_1+b_1,a_2+b_2,\cdots,a_n+b_n).$$

定义 4.2.4 设 n 维向量为

$$\boldsymbol{\alpha}=(a_1,a_2,\cdots,a_n),$$

k 为数域 P 中的数, 称向量

$$(ka_1,ka_2,\cdots,ka_n)$$

为 k 与 $\boldsymbol{\alpha}$ 的数量乘积, 记为

$$k\boldsymbol{\alpha}=(ka_1,ka_2,\cdots,ka_n).$$

分量全为零的向量 $(0,0,\cdots,0)$ 称为零向量, 记为

$$\mathbf{0}=(0,0,\cdots,0).$$

向量 $(-a_1,-a_2,\cdots,-a_n)$ 称为向量 $\boldsymbol{\alpha}$ 的负向量, 记为

$$-\boldsymbol{\alpha}=(-a_1,-a_2,\cdots,-a_n).$$

向量的加法与数量乘法两种运算满足以下八条基本运算规则:

设 $\boldsymbol{\alpha},\boldsymbol{\beta},\boldsymbol{\gamma}$ 为任意 n 维向量, k,l 为数域 P 中任意数, 则有

(1) $\boldsymbol{\alpha}+\boldsymbol{\beta}=\boldsymbol{\beta}+\boldsymbol{\alpha}$;

(2) $\boldsymbol{\alpha}+(\boldsymbol{\beta}+\boldsymbol{\gamma})=(\boldsymbol{\alpha}+\boldsymbol{\beta})+\boldsymbol{\gamma}$;

(3) $\boldsymbol{\alpha}+\mathbf{0}=\boldsymbol{\alpha}$;

(4) $\boldsymbol{\alpha}+(-\boldsymbol{\alpha})=\mathbf{0}$;

(5) $1\cdot\boldsymbol{\alpha}=\boldsymbol{\alpha}$;

(6) $k(l\cdot\boldsymbol{\alpha})=(kl)\boldsymbol{\alpha}$;

(7) $(k+l)\boldsymbol{\alpha}=k\boldsymbol{\alpha}+l\boldsymbol{\alpha}$;

(8) $k(\boldsymbol{\alpha}+\boldsymbol{\beta})=k\boldsymbol{\alpha}+k\boldsymbol{\beta}$.

通过以上基本运算规则, 我们不难得到:

$$0\boldsymbol{\alpha}=\mathbf{0},\ k\mathbf{0}=\mathbf{0},$$

若 $k\boldsymbol{\alpha}=\mathbf{0}$, 则一定有 $k=0$ 或 $\boldsymbol{\alpha}=\mathbf{0}$.

定义 4.2.5 记 P^n 为数域 P 上全体 n 维向量构成的集合, P^n 关于向量的加法和数量乘法两种运算满足以上八条运算规则, 称 P^n 为数域 P 上的 n 维向量空间.

例如 $\mathbf{R}^2$ 是几何平面中全体向量所构成的 2 维向量空间, 而 $\mathbf{R}^3$ 是几何空间中全体向量构成的 3 维向量空间.

4.3 向量的线性关系

这一节, 我们进一步来研究 P^n 中向量之间的线性关系. 向量的线性关系是线性方程组理论的基础, 因而是线性代数中最重要的部分之一. 两个向量最简单的线性关系是成比例, 即存在 $k \in P$, 使得

$$\boldsymbol{\beta} = k\boldsymbol{\alpha}.$$

对于 P^n 中的多个向量, 类似两个向量成比例的线性相关关系, 表现为线性组合.

定义 4.3.1 对于 P^n 中的向量 $\boldsymbol{\alpha}_1, \boldsymbol{\alpha}_2, \cdots, \boldsymbol{\alpha}_s$ 及 $\boldsymbol{\beta}$, 若存在数域 P 中的数 $k_1, k_2, \cdots, k_s$, 使

$$\boldsymbol{\beta} = k_1\boldsymbol{\alpha}_1 + k_2\boldsymbol{\alpha}_2 + \cdots + k_s\boldsymbol{\alpha}_s,$$

则称向量 $\boldsymbol{\beta}$ 是向量组 $\boldsymbol{\alpha}_1, \boldsymbol{\alpha}_2, \cdots, \boldsymbol{\alpha}_s$ 的线性组合, 或称 $\boldsymbol{\beta}$ 可由 $\boldsymbol{\alpha}_1, \boldsymbol{\alpha}_2, \cdots, \boldsymbol{\alpha}_s$ 线性表出.

例如 $\boldsymbol{\alpha}_1 = (2, -1, 3, 1)$, $\boldsymbol{\alpha}_2 = (4, -2, 5, 4)$, $\boldsymbol{\beta} = (2, -1, 4, -1)$, 由于 $\boldsymbol{\beta} = 3\boldsymbol{\alpha}_1 - \boldsymbol{\alpha}_2$, 所以, $\boldsymbol{\beta}$ 是 $\boldsymbol{\alpha}_1, \boldsymbol{\alpha}_2$ 的线性组合, 即 $\boldsymbol{\beta}$ 可由 $\boldsymbol{\alpha}_1, \boldsymbol{\alpha}_2$ 线性表出.

又如, 任意一个 n 维向量 $\boldsymbol{\alpha} = (a_1, a_2, \cdots, a_n)$ 都是向量组

$$\begin{cases} \boldsymbol{\varepsilon}_1 = (1, 0, \cdots, 0), \\ \boldsymbol{\varepsilon}_2 = (0, 1, \cdots, 0), \\ \cdots\cdots\cdots\cdots \\ \boldsymbol{\varepsilon}_n = (0, 0, \cdots, 1) \end{cases}$$

的线性组合, 即 $\boldsymbol{\alpha} = a_1\boldsymbol{\varepsilon}_1 + a_2\boldsymbol{\varepsilon}_2 + \cdots + a_n\boldsymbol{\varepsilon}_n$. 称 $\boldsymbol{\varepsilon}_1, \boldsymbol{\varepsilon}_2, \cdots, \boldsymbol{\varepsilon}_n$ 为 n 个 n 维单位向量.

由定义可以立即看出: 零向量是任意向量组的线性组合.

对给定的向量 $\boldsymbol{\beta}$ 及一组向量 $\boldsymbol{\alpha}_1,\boldsymbol{\alpha}_2,\cdots,\boldsymbol{\alpha}_s$, 如何判断 $\boldsymbol{\beta}$ 可否为 $\boldsymbol{\alpha}_1,\boldsymbol{\alpha}_2,\cdots,\boldsymbol{\alpha}_s$ 的线性组合呢?

设

$$\boldsymbol{\alpha}_j=(a_{1j},a_{2j},\cdots,a_{nj}),\ j=1,2,\cdots,s,\ \boldsymbol{\beta}=(b_1,b_2,\cdots,b_n),$$

根据定义, 只要找到 $k_1,k_2,\cdots,k_s$, 使得

$$\boldsymbol{\beta}=k_1\boldsymbol{\alpha}_1+k_2\boldsymbol{\alpha}_2+\cdots+k_s\boldsymbol{\alpha}_s$$

即可, 也就是

$$(b_1,b_2,\cdots,b_n)=\sum_{j=1}^{s}k_j(a_{1j},a_{2j},\cdots,a_{nj}).$$

根据向量相等的定义, 则有

$$b_i=\sum_{j=1}^{s}a_{ij}k_j,\ i=1,2,\cdots,n.$$

于是, 我们得到下面结论:

定理 4.3.1 设

$$\boldsymbol{\alpha}_j=(a_{1j},a_{2j},\cdots,a_{nj}),\ j=1,2,\cdots,s,\ \boldsymbol{\beta}=(b_1,b_2,\cdots,b_n),$$

则向量 $\boldsymbol{\beta}$ 可由 $\boldsymbol{\alpha}_1,\boldsymbol{\alpha}_2,\cdots,\boldsymbol{\alpha}_s$ 线性表出的充分必要条件为线性方程组

$$\begin{cases}a_{11}x_1+a_{12}x_2+\cdots+a_{1s}x_s=b_1,\\a_{21}x_1+a_{22}x_2+\cdots+a_{2s}x_s=b_2,\\\cdots\cdots\cdots\cdots\\a_{n1}x_1+a_{n2}x_2+\cdots+a_{ns}x_s=b_n\end{cases}$$

有解, 即

$$R\begin{pmatrix}a_{11}&a_{12}&\cdots&a_{1s}&b_1\\a_{21}&a_{22}&\cdots&a_{2s}&b_2\\\vdots&\vdots&&\vdots&\vdots\\a_{n1}&a_{n2}&\cdots&a_{ns}&b_n\end{pmatrix}=R\begin{pmatrix}a_{11}&a_{12}&\cdots&a_{1s}\\a_{21}&a_{22}&\cdots&a_{2s}\\\vdots&\vdots&&\vdots\\a_{n1}&a_{n2}&\cdots&a_{ns}\end{pmatrix}.$$

并且, 方程组的解即为 $\boldsymbol{\beta}$ 表示成 $\boldsymbol{\alpha}_1,\boldsymbol{\alpha}_2,\cdots,\boldsymbol{\alpha}_s$ 的线性组合的系数.

例 4.3.1 设 $\boldsymbol{\alpha}_1=(1,2,3,1)$, $\boldsymbol{\alpha}_2=(2,3,1,2)$, $\boldsymbol{\alpha}_3=(3,1,2,-2)$, $\boldsymbol{\beta}=(0,4,2,5)$, 问 $\boldsymbol{\beta}$ 能否表示成 $\boldsymbol{\alpha}_1,\boldsymbol{\alpha}_2,\boldsymbol{\alpha}_3$ 的线性组合?

解 设 $\boldsymbol{\beta}=x_1\boldsymbol{\alpha}_1+x_2\boldsymbol{\alpha}_2+x_3\boldsymbol{\alpha}_3$, 则有方程组

$$\begin{cases} x_1+2x_2+3x_3=0,\\ 2x_1+3x_2+x_3=4,\\ 3x_1+x_2+2x_3=2,\\ x_1+2x_2-2x_3=5. \end{cases}$$

$$\begin{pmatrix}1&2&3&0\\2&3&1&4\\3&1&2&2\\1&2&-2&5\end{pmatrix}\to\begin{pmatrix}1&2&3&0\\0&-1&-5&4\\0&-5&-7&2\\0&0&-5&5\end{pmatrix}\to\begin{pmatrix}1&2&3&0\\0&-1&0&-1\\0&0&-7&7\\0&0&-5&5\end{pmatrix}$$

$$\to\begin{pmatrix}1&2&3&0\\0&1&0&1\\0&0&1&-1\\0&0&0&0\end{pmatrix}\to\begin{pmatrix}1&0&3&-2\\0&1&0&1\\0&0&1&-1\\0&0&0&0\end{pmatrix}\to\begin{pmatrix}1&0&0&1\\0&1&0&1\\0&0&1&-1\\0&0&0&0\end{pmatrix},$$

即方程组的解为 $x_1=1,\ x_2=1,\ x_3=-1$.

故 $\boldsymbol{\beta}$ 可以表示成 $\boldsymbol{\alpha}_1,\boldsymbol{\alpha}_2,\boldsymbol{\alpha}_3$ 的线性组合, 即

$$\boldsymbol{\beta}=\boldsymbol{\alpha}_1+\boldsymbol{\alpha}_2-\boldsymbol{\alpha}_3.$$

□

定义 4.3.2 如果向量组 $\boldsymbol{\beta}_1,\boldsymbol{\beta}_2,\cdots,\boldsymbol{\beta}_t$ 中的每个向量 $\boldsymbol{\beta}_i\,(i=1,2,\cdots,t)$ 都可由向量组 $\boldsymbol{\alpha}_1,\boldsymbol{\alpha}_2,\cdots,\boldsymbol{\alpha}_s$ 线性表出, 则称向量组 $\boldsymbol{\beta}_1,\boldsymbol{\beta}_2,\cdots,\boldsymbol{\beta}_t$ 可由向量组 $\boldsymbol{\alpha}_1,\boldsymbol{\alpha}_2,\cdots,\boldsymbol{\alpha}_s$ 线性表出. 如果向量组 $\boldsymbol{\alpha}_1,\boldsymbol{\alpha}_2,\cdots,\boldsymbol{\alpha}_s$ 也能由向量组 $\boldsymbol{\beta}_1,\boldsymbol{\beta}_2,\cdots,\boldsymbol{\beta}_t$ 线性表出, 即两个向量组可以互相线性表出, 则称向量组 $\boldsymbol{\alpha}_1,\boldsymbol{\alpha}_2,\cdots,\boldsymbol{\alpha}_s$ 与向量组 $\boldsymbol{\beta}_1,\boldsymbol{\beta}_2,\cdots,\boldsymbol{\beta}_t$ 是等价的.

例如, 设 $\boldsymbol{\alpha}_1=(1,1,1)$, $\boldsymbol{\alpha}_2=(1,2,0)$, $\boldsymbol{\beta}_1=(1,0,2)$, $\boldsymbol{\beta}_2=(0,1,-1)$, 因为

$$\boldsymbol{\beta}_1=2\boldsymbol{\alpha}_1-\boldsymbol{\alpha}_2,\ \boldsymbol{\beta}_2=-\boldsymbol{\alpha}_1+\boldsymbol{\alpha}_2,$$

$$\boldsymbol{\alpha}_1=\boldsymbol{\beta}_1+\boldsymbol{\beta}_2,\ \boldsymbol{\alpha}_2=\boldsymbol{\beta}_1+2\boldsymbol{\beta}_2,$$

所以, 向量组 $\boldsymbol{\alpha}_1,\boldsymbol{\alpha}_2$ 与向量组 $\boldsymbol{\beta}_1,\boldsymbol{\beta}_2$ 是等价的.

向量组的等价, 具有以下三个基本性质:

(1) 反身性: 每一个向量组都与它自身等价;

(2) 对称性: 若向量组 $\boldsymbol{\alpha}_1,\boldsymbol{\alpha}_2,\cdots,\boldsymbol{\alpha}_s$ 与向量组 $\boldsymbol{\beta}_1,\boldsymbol{\beta}_2,\cdots,\boldsymbol{\beta}_t$ 等价, 则向量组 $\boldsymbol{\beta}_1,\boldsymbol{\beta}_2,\cdots,\boldsymbol{\beta}_t$ 也与向量组 $\boldsymbol{\alpha}_1,\boldsymbol{\alpha}_2,\cdots,\boldsymbol{\alpha}_s$ 等价;

(3) 传递性: 若向量组 $\boldsymbol{\alpha}_1,\boldsymbol{\alpha}_2,\cdots,\boldsymbol{\alpha}_s$ 与向量组 $\boldsymbol{\beta}_1,\boldsymbol{\beta}_2,\cdots,\boldsymbol{\beta}_t$ 等价, 向量组 $\boldsymbol{\beta}_1,\boldsymbol{\beta}_2,\cdots,\boldsymbol{\beta}_t$ 与向量组 $\boldsymbol{\gamma}_1,\boldsymbol{\gamma}_2,\cdots,\boldsymbol{\gamma}_p$ 等价, 则向量组 $\boldsymbol{\alpha}_1,\boldsymbol{\alpha}_2,\cdots,\boldsymbol{\alpha}_s$ 与向量组 $\boldsymbol{\gamma}_1,\boldsymbol{\gamma}_2,\cdots,\boldsymbol{\gamma}_p$ 等价.

这里, 为证明 (3), 我们只须证明: 若向量组 $\boldsymbol{\alpha}_1,\boldsymbol{\alpha}_2,\cdots,\boldsymbol{\alpha}_s$ 可由向量组 $\boldsymbol{\beta}_1,\boldsymbol{\beta}_2,\cdots,\boldsymbol{\beta}_t$ 线性表出, 向量组 $\boldsymbol{\beta}_1,\boldsymbol{\beta}_2,\cdots,\boldsymbol{\beta}_t$ 可由向量组 $\boldsymbol{\gamma}_1,\boldsymbol{\gamma}_2,\cdots,\boldsymbol{\gamma}_p$ 线性表出, 则向量组 $\boldsymbol{\alpha}_1,\boldsymbol{\alpha}_2,\cdots,\boldsymbol{\alpha}_s$ 可由向量组 $\boldsymbol{\gamma}_1,\boldsymbol{\gamma}_2,\cdots,\boldsymbol{\gamma}_p$ 线性表出.

事实上, 如果

$$\boldsymbol{\alpha}_i=\sum_{j=1}^{t}x_{ij}\boldsymbol{\beta}_j,\ i=1,2,\cdots,s,$$

$$\boldsymbol{\beta}_j=\sum_{k=1}^{p}y_{jk}\boldsymbol{\gamma}_k,\ j=1,2,\cdots,t,$$

则有

$$\boldsymbol{\alpha}_i=\sum_{j=1}^{t}x_{ij}\sum_{k=1}^{p}y_{jk}\boldsymbol{\gamma}_k=\sum_{k=1}^{p}(\sum_{j=1}^{t}x_{ij}y_{jk})\boldsymbol{\gamma}_k,\ i=1,2,\cdots,s,$$

即向量组 $\boldsymbol{\alpha}_1,\boldsymbol{\alpha}_2,\cdots,\boldsymbol{\alpha}_s$ 可由向量组 $\boldsymbol{\gamma}_1,\boldsymbol{\gamma}_2,\cdots,\boldsymbol{\gamma}_p$ 线性表出.

定义 4.3.3 若向量组 $\boldsymbol{\alpha}_1,\boldsymbol{\alpha}_2,\cdots,\boldsymbol{\alpha}_s\,(s\geqslant 2)$ 中有一个向量能由其余向量线性表出, 则称向量组 $\boldsymbol{\alpha}_1,\boldsymbol{\alpha}_2,\cdots,\boldsymbol{\alpha}_s$ 是线性相关的.

例如 $\boldsymbol{\alpha}_1=(2,-1,3,1)$, $\boldsymbol{\alpha}_2=(4,-2,5,4)$, $\boldsymbol{\alpha}_3=(2,-1,4,-1)$, 因为

$$\boldsymbol{\alpha}_3=3\boldsymbol{\alpha}_1-\boldsymbol{\alpha}_2,$$

所以, $\boldsymbol{\alpha}_1,\boldsymbol{\alpha}_2,\boldsymbol{\alpha}_3$ 是线性相关的.

由定义可知, 任何一个包含零向量的向量组一定是线性相关的.

定理 4.3.2 向量组 $\boldsymbol{\alpha}_1,\boldsymbol{\alpha}_2,\cdots,\boldsymbol{\alpha}_s$ 线性相关的充分必要条件为: 存在不全为零的数 $k_1,k_2,\cdots,k_s$ 使得

$$k_1\boldsymbol{\alpha}_1+k_2\boldsymbol{\alpha}_2+\cdots+k_s\boldsymbol{\alpha}_s=\mathbf{0}.$$

证明 先设 $\boldsymbol{\alpha}_1,\boldsymbol{\alpha}_2,\cdots,\boldsymbol{\alpha}_s$ 线性相关, 则存在 $\boldsymbol{\alpha}_i\,(1\leqslant i\leqslant s)$ 可由其余向量线性表出, 即

$$\boldsymbol{\alpha}_i=k_1\boldsymbol{\alpha}_1+\cdots+k_{i-1}\boldsymbol{\alpha}_{i-1}+k_{i+1}\boldsymbol{\alpha}_{i+1}+\cdots+k_s\boldsymbol{\alpha}_s,$$

则有

$$k_1\boldsymbol{\alpha}_1+\cdots+k_{i-1}\boldsymbol{\alpha}_{i-1}+(-1)\boldsymbol{\alpha}_i+k_{i+1}\boldsymbol{\alpha}_{i+1}+\cdots+k_s\boldsymbol{\alpha}_s=\mathbf{0},$$

令 $k_i=-1$, 于是有不全为零的 $k_1,k_2,\cdots,k_s$, 使

$$k_1\boldsymbol{\alpha}_1+k_2\boldsymbol{\alpha}_2+\cdots+k_s\boldsymbol{\alpha}_s=\mathbf{0}.$$

再设存在不全为零的数 $k_1, k_2, \cdots, k_s$, 使

$$k_1\boldsymbol{\alpha}_1 + k_2\boldsymbol{\alpha}_2 + \cdots + k_s\boldsymbol{\alpha}_s = \mathbf{0}.$$

不妨设 $k_i \neq 0$, 则有

$$\boldsymbol{\alpha}_i = -\frac{k_1}{k_i}\boldsymbol{\alpha}_1 - \cdots - \frac{k_{i-1}}{k_i}\boldsymbol{\alpha}_{i-1} - \frac{k_{i+1}}{k_i}\boldsymbol{\alpha}_{i+1} - \cdots - \frac{k_s}{k_i}\boldsymbol{\alpha}_s,$$

即 $\boldsymbol{\alpha}_i$ 可由其余向量线性表出, 故 $\boldsymbol{\alpha}_1, \boldsymbol{\alpha}_2, \cdots, \boldsymbol{\alpha}_s$ 线性相关. □

给出一组向量 $\boldsymbol{\alpha}_1, \boldsymbol{\alpha}_2, \cdots, \boldsymbol{\alpha}_s$, 如何判断其是否线性相关呢? 设

$$\boldsymbol{\alpha}_j = (a_{1j}, a_{2j}, \cdots, a_{nj}),\ j = 1, 2, \cdots, s.$$

根据上面的定理, 只要找到不全为零的数 $k_1, k_2, \cdots, k_s$, 使得

$$k_1\boldsymbol{\alpha}_1 + k_2\boldsymbol{\alpha}_2 + \cdots + k_s\boldsymbol{\alpha}_s = \mathbf{0}$$

即可, 也就是说 $k_1, k_2, \cdots, k_s$ 是齐次线性方程组

$$\begin{cases} a_{11}x_1 + a_{12}x_2 + \cdots + a_{1s}x_s = 0, \\ a_{21}x_1 + a_{22}x_2 + \cdots + a_{2s}x_s = 0, \\ \cdots\cdots\cdots\cdots \\ a_{n1}x_1 + a_{n2}x_2 + \cdots + a_{ns}x_s = 0 \end{cases}$$

的非零解. 于是, 可以得到下面的结论.

定理 4.3.3 设

$$\boldsymbol{\alpha}_j = (a_{1j}, a_{2j}, \cdots, a_{nj}),\ j = 1, 2, \cdots, s,$$

则 $\boldsymbol{\alpha}_1, \boldsymbol{\alpha}_2, \cdots, \boldsymbol{\alpha}_s$ 线性相关的充分必要条件为齐次线性方程组

$$\begin{cases} a_{11}x_1 + a_{12}x_2 + \cdots + a_{1s}x_s = 0, \\ a_{21}x_1 + a_{22}x_2 + \cdots + a_{2s}x_s = 0, \\ \cdots\cdots\cdots\cdots \\ a_{n1}x_1 + a_{n2}x_2 + \cdots + a_{ns}x_s = 0 \end{cases}$$

有非零解. 即

$$R\begin{pmatrix} a_{11} & a_{12} & \cdots & a_{1s} \\ a_{21} & a_{22} & \cdots & a_{2s} \\ \vdots & \vdots & & \vdots \\ a_{n1} & a_{n2} & \cdots & a_{ns} \end{pmatrix} < s.$$

例如 $\boldsymbol{\alpha}_1=(2,-1,3,1)$, $\boldsymbol{\alpha}_2=(4,-2,5,4)$, $\boldsymbol{\alpha}_3=(2,-1,4,-1)$. 齐次线性方程组

$$\begin{cases} 2x_1 + 4x_2 + 2x_3 = 0, \\ -x_1 - 2x_2 - x_3 = 0, \\ 3x_1 + 5x_2 + 4x_3 = 0, \\ x_1 + 4x_2 - x_3 = 0 \end{cases}$$

有非零解 $x_1=3$, $x_2=-1$, $x_3=-1$. 故 $\boldsymbol{\alpha}_1,\boldsymbol{\alpha}_2,\boldsymbol{\alpha}_3$ 线性相关.

推论 4.3.1 若一个向量组中所含向量的个数大于向量的维数, 则向量组是线性相关的. 特别地, 任意 $n+1$ 个 n 维向量必线性相关.

推论 4.3.2 n 个 n 维向量 $\boldsymbol{\alpha}_j=(a_{1j},a_{2j},\cdots,a_{nj})$, $j=1,2,\cdots,n$ 线性相关的充分必要条件为

$$\begin{vmatrix} a_{11} & a_{12} & \cdots & a_{1n} \\ a_{21} & a_{22} & \cdots & a_{2n} \\ \vdots & \vdots & & \vdots \\ a_{n1} & a_{n2} & \cdots & a_{nn} \end{vmatrix}=0.$$

由定义及前面的定理, 我们容易得到以下结论:

(1) 任何一个包含零向量的向量组必是线性相关的;

(2) 如果向量组中有一部分线性相关, 则这个向量组必线性相关;

(3) 如果 n 维向量 $\boldsymbol{\alpha}_j=(a_{1j},a_{2j},\cdots,a_{nj})$, $j=1,2,\cdots,s$ 是线性相关的, 则它们的缩短向量 $\boldsymbol{\beta}_j=(a_{1j},a_{2j},\cdots,a_{mj})$ $(m<n)$, $j=1,2,\cdots,s$ 也线性相关.

定义 4.3.4 若一个向量组 $\boldsymbol{\alpha}_1,\boldsymbol{\alpha}_2,\cdots,\boldsymbol{\alpha}_s\,(s\geqslant 1)$ 不是线性相关的, 则称它为线性无关的.

也就是说, 若不存在不全为零的数 $k_1,k_2,\cdots,k_s$, 使得

$$k_1\boldsymbol{\alpha}_1+k_2\boldsymbol{\alpha}_2+\cdots+k_s\boldsymbol{\alpha}_s=\mathbf{0},$$

则称 $\boldsymbol{\alpha}_1,\boldsymbol{\alpha}_2,\cdots,\boldsymbol{\alpha}_s$ 线性无关.

当然, 这也等价于说, 如果由

$$k_1\boldsymbol{\alpha}_1+k_2\boldsymbol{\alpha}_2+\cdots+k_s\boldsymbol{\alpha}_s=\mathbf{0}$$

得出只能 $k_1=k_2=\cdots=k_s=0$, 则 $\boldsymbol{\alpha}_1,\boldsymbol{\alpha}_2,\cdots,\boldsymbol{\alpha}_s$ 线性无关.

显然, 我们有下面的结论.

定理 4.3.4 设

$$\boldsymbol{\alpha}_j=(a_{1j},a_{2j},\cdots,a_{nj}),\ j=1,2,\cdots,s,$$

则 $\boldsymbol{\alpha}_1,\boldsymbol{\alpha}_2,\cdots,\boldsymbol{\alpha}_s$ 线性无关的充分必要条件为齐次线性方程组

$$\begin{cases} a_{11}x_1+a_{12}x_2+\cdots+a_{1s}x_s=0, \\ a_{21}x_1+a_{22}x_2+\cdots+a_{2s}x_s=0, \\ \cdots\cdots\cdots\cdots \\ a_{n1}x_1+a_{n2}x_2+\cdots+a_{ns}x_s=0 \end{cases}$$

只有零解. 即

$$R\begin{pmatrix} a_{11} & a_{12} & \cdots & a_{1s} \\ a_{21} & a_{22} & \cdots & a_{2s} \\ \vdots & \vdots & & \vdots \\ a_{n1} & a_{n2} & \cdots & a_{ns} \end{pmatrix}=s.$$

例如 $\boldsymbol{\alpha}_1=(1,2,-1,5)$, $\boldsymbol{\alpha}_2=(2,-1,1,1)$, $\boldsymbol{\alpha}_3=(4,3,0,11)$, 考虑齐次线性方程组

$$\begin{cases} x_1+2x_2+4x_3=0, \\ 2x_1-x_2+3x_3=0, \\ -x_1+x_2=0, \\ 5x_1+x_2+11x_3=0 \end{cases}$$

的系数矩阵

$$\begin{pmatrix} 1 & 2 & 4 \\ 2 & -1 & 3 \\ -1 & 1 & 0 \\ 5 & 1 & 11 \end{pmatrix} \to \begin{pmatrix} 0 & 3 & 4 \\ 0 & 1 & 3 \\ -1 & 1 & 0 \\ 0 & 6 & 11 \end{pmatrix} \to \begin{pmatrix} 0 & 0 & -5 \\ 0 & 1 & 3 \\ -1 & 1 & 0 \\ 0 & 0 & -7 \end{pmatrix} \to \begin{pmatrix} 1 & 0 & 0 \\ 0 & 1 & 0 \\ 0 & 0 & 1 \\ 0 & 0 & 0 \end{pmatrix},$$

于是方程组只有零解, 故 $\boldsymbol{\alpha}_1,\boldsymbol{\alpha}_2,\boldsymbol{\alpha}_3$ 线性无关.

推论 4.3.3 n 个 n 维向量 $\boldsymbol{\alpha}_j=(a_{1j},a_{2j},\cdots,a_{nj})$, $j=1,2,\cdots,n$ 线性无关的充分必要条件为

$$\begin{vmatrix} a_{11} & a_{12} & \cdots & a_{1n} \\ a_{21} & a_{22} & \cdots & a_{2n} \\ \vdots & \vdots & & \vdots \\ a_{n1} & a_{n2} & \cdots & a_{nn} \end{vmatrix}\neq 0.$$

例如 n 个 n 维单位向量 $\boldsymbol{\varepsilon}_1=(1,0,\cdots,0)$, $\boldsymbol{\varepsilon}_2=(0,1,\cdots,0)$, $\cdots$, $\boldsymbol{\varepsilon}_n=(0,0,\cdots,1)$, 由于

$$\begin{vmatrix} 1 & 0 & \cdots & 0 \\ 0 & 1 & \cdots & 0 \\ \vdots & \vdots & & \vdots \\ 0 & 0 & \cdots & 1 \end{vmatrix}=1,$$

故它们是线性无关的.

由于一个向量组或者是线性相关的, 或者是线性无关的, 两者必居其一, 且仅居其一, 所以由关于线性相关的结论, 可以得到相应的关于线性无关的结论.

(1) 任何一个不等于零的向量是线性无关的, 任何一个线性无关向量组都不包含零向量;

(2) 如果一个向量组线性无关, 则它的任何一个非空部分组必是线性无关的;

(3) 如果 n 维向量 $\boldsymbol{\alpha}_j=(a_{1j},a_{2j},\cdots,a_{nj})$, $j=1,2,\cdots,s$ 是线性无关的, 则它们的延长向量 $\boldsymbol{\beta}_j=(a_{1j},a_{2j},\cdots,a_{mj})$ $(m>n)$, $j=1,2,\cdots,s$ 也是线性无关的.

现在, 我们可以对线性方程组及其解的情况从向量之间的线性关系给予解释.

我们对方程组进行初等变换, 其实是利用了增广矩阵中行向量之间存在的线性相关性, 也就是说, 消元的过程实际上反映的是行向量的线性相关关系. 对非齐次线性方程组 (4.1.1), 若方程组有解, 则表明常数项列向量可以表示为系数列向量组的线性组合, 反之, 若方程组无解, 则表明常数项列向量不能由系数列向量线性表出. 对于齐次线性方程组 (4.1.3), 若方程组有非零解, 则表明系数列向量组是线性相关的, 若方程组只有零解, 则表明系数列向量组是线性无关的. 由于对系数矩阵进行初等行变换后得到的矩阵所代表的方程组与原方程组同解, 所以我们可以知道, 初等行变换不改变列向量组的线性相关关系.

定理 4.3.5 设 $\boldsymbol{\alpha}_1,\boldsymbol{\alpha}_2,\cdots,\boldsymbol{\alpha}_s$ 与 $\boldsymbol{\beta}_1,\boldsymbol{\beta}_2,\cdots,\boldsymbol{\beta}_t$ 是两个向量组, 如果

(1) 向量组 $\boldsymbol{\alpha}_1,\boldsymbol{\alpha}_2,\cdots,\boldsymbol{\alpha}_s$ 可以由向量组 $\boldsymbol{\beta}_1,\boldsymbol{\beta}_2,\cdots,\boldsymbol{\beta}_t$ 线性表出;

(2) $s>t$,

则向量组 $\boldsymbol{\alpha}_1,\boldsymbol{\alpha}_2,\cdots,\boldsymbol{\alpha}_s$ 线性相关.

证明 为了证明 $\boldsymbol{\alpha}_1,\boldsymbol{\alpha}_2,\cdots,\boldsymbol{\alpha}_s$ 线性相关, 只要证明可以找到不全为零的数 $k_1,k_2,\cdots,k_s$, 使得

$$k_1\boldsymbol{\alpha}_1+k_2\boldsymbol{\alpha}_2+\cdots+k_s\boldsymbol{\alpha}_s=\mathbf{0}.$$

由于 $\boldsymbol{\alpha}_1,\boldsymbol{\alpha}_2,\cdots,\boldsymbol{\alpha}_s$ 可由 $\boldsymbol{\beta}_1,\boldsymbol{\beta}_2,\cdots,\boldsymbol{\beta}_t$ 线性表出, 则有

$$\boldsymbol{\alpha}_i=\sum_{j=1}^{t}a_{ji}\boldsymbol{\beta}_j,\ i=1,2,\cdots,s,$$

于是,

$$k_1\boldsymbol{\alpha}_1+k_2\boldsymbol{\alpha}_2+\cdots+k_s\boldsymbol{\alpha}_s=\sum_{i=1}^{s}k_i\boldsymbol{\alpha}_i=\sum_{i=1}^{s}k_i\sum_{j=1}^{t}a_{ji}\boldsymbol{\beta}_j=\sum_{j=1}^{t}\Big(\sum_{i=1}^{s}a_{ji}k_i\Big)\boldsymbol{\beta}_j.$$

如果能找到不全为零的数 $k_1,k_2,\cdots,k_s$, 使得上式每个 $\boldsymbol{\beta}_j(j=1,2,\cdots,t)$ 前面的系数为零, 就是使得 $k_1\boldsymbol{\alpha}_1+k_2\boldsymbol{\alpha}_2+\cdots+k_s\boldsymbol{\alpha}_s=\mathbf{0}$ 了. 为此, 考虑齐次线性方程组

$$\begin{cases}a_{11}k_1+a_{12}k_2+\cdots+a_{1s}k_s=0,\\ a_{21}k_1+a_{22}k_2+\cdots+a_{2s}k_s=0,\\ \cdots\cdots\cdots\cdots\\ a_{t1}k_1+a_{t2}k_2+\cdots+a_{ts}k_s=0,\end{cases}$$

由于 $t<s$, 即齐次方程组中方程的个数小于未知量的个数, 则方程组必有非零解, 因此, 取齐次方程组的一个非零解 $k_1,k_2,\cdots,k_s$, 可以使

$$k_1\boldsymbol{\alpha}_1+k_2\boldsymbol{\alpha}_2+\cdots+k_s\boldsymbol{\alpha}_s=\mathbf{0}.$$

故 $\boldsymbol{\alpha}_1,\boldsymbol{\alpha}_2,\cdots,\boldsymbol{\alpha}_s$ 线性相关. □

将定理 4.3.5 换个等价的说法, 得到: 如果向量组 $\boldsymbol{\alpha}_1,\boldsymbol{\alpha}_2,\cdots,\boldsymbol{\alpha}_s$ 可由向量组 $\boldsymbol{\beta}_1,\boldsymbol{\beta}_2,\cdots,\boldsymbol{\beta}_t$ 线性表出, 且 $\boldsymbol{\alpha}_1,\boldsymbol{\alpha}_2,\cdots,\boldsymbol{\alpha}_s$ 线性无关, 则 $s\leqslant t$.

推论 4.3.4 两个等价的线性无关的向量组, 必含有相同个数的向量.

证明 设 $\boldsymbol{\alpha}_1,\boldsymbol{\alpha}_2,\cdots,\boldsymbol{\alpha}_s$ 与 $\boldsymbol{\beta}_1,\boldsymbol{\beta}_2,\cdots,\boldsymbol{\beta}_t$ 是两个等价的线性无关向量组.

由于 $\boldsymbol{\alpha}_1,\boldsymbol{\alpha}_2,\cdots,\boldsymbol{\alpha}_s$ 可由 $\boldsymbol{\beta}_1,\boldsymbol{\beta}_2,\cdots,\boldsymbol{\beta}_t$ 线性表出, 且 $\boldsymbol{\alpha}_1,\boldsymbol{\alpha}_2,\cdots,\boldsymbol{\alpha}_s$ 线性无关, 则 $s\leqslant t$. 又由于 $\boldsymbol{\beta}_1,\boldsymbol{\beta}_2,\cdots,\boldsymbol{\beta}_t$ 可由 $\boldsymbol{\alpha}_1,\boldsymbol{\alpha}_2,\cdots,\boldsymbol{\alpha}_s$ 线性表出, 且 $\boldsymbol{\beta}_1,\boldsymbol{\beta}_2,\cdots,\boldsymbol{\beta}_t$ 线性无关, 则 $t\leqslant s$. 所以 $s=t$. □

定义 4.3.5 如果向量组的一个部分组满足下列条件:

(1) 这个部分组是线性无关的;

(2) 从向量组中任意添加一个向量进来 (如果还有的话), 所得的部分组都是线性相关的,

则称这个部分组为一个极大线性无关组, 简称极大无关组.

例如 $\boldsymbol{\alpha}_1=(2,-1,3,1)$, $\boldsymbol{\alpha}_2=(4,-2,5,4)$, $\boldsymbol{\alpha}_3=(2,-1,4,-1)$. 由于 $\boldsymbol{\alpha}_1,\boldsymbol{\alpha}_2$ 线性无关, 而 $\boldsymbol{\alpha}_1,\boldsymbol{\alpha}_2,\boldsymbol{\alpha}_3$ 线性相关, 则 $\boldsymbol{\alpha}_1,\boldsymbol{\alpha}_2$ 为 $\boldsymbol{\alpha}_1,\boldsymbol{\alpha}_2,\boldsymbol{\alpha}_3$ 的一个极大无关组. 同理, $\boldsymbol{\alpha}_1,\boldsymbol{\alpha}_3$ 及 $\boldsymbol{\alpha}_2,\boldsymbol{\alpha}_3$ 也都是 $\boldsymbol{\alpha}_1,\boldsymbol{\alpha}_2,\boldsymbol{\alpha}_3$ 的极大无关组.

由定义可知, 一个线性无关的向量组的极大无关组就是这个向量组本身.

设向量组为 $\boldsymbol{\alpha}_1,\boldsymbol{\alpha}_2,\cdots,\boldsymbol{\alpha}_s$, 只要这些向量不全为零向量, 则这个向量组的极大无关组一定存在. 不妨设 $\boldsymbol{\alpha}_1\neq\mathbf{0}$, 则 $\boldsymbol{\alpha}_1$ 就是一个线性无关的部分组, 如果其余向量中存在与 $\boldsymbol{\alpha}_1$ 不成比例的向量, 不妨设为 $\boldsymbol{\alpha}_2$, 则 $\boldsymbol{\alpha}_1,\boldsymbol{\alpha}_2$ 又是一个线性无关部分组, 再考察其余向量, 又得到一个包含三个向量的线性无关部分组. 如此继续下去, 最后, 总能得到一个包含 r 个向量的线性无关部分组, 而再没有 $r+1$ 个线性无关的向量, 这样, 就产生了包含 r 个向量的极大无关组.

引理 4.3.1 如果向量组 $\boldsymbol{\alpha}_1,\boldsymbol{\alpha}_2,\cdots,\boldsymbol{\alpha}_r$ 线性无关, 而 $\boldsymbol{\alpha}_1,\boldsymbol{\alpha}_2,\cdots,\boldsymbol{\alpha}_r,\boldsymbol{\beta}$ 线性相关, 则 $\boldsymbol{\beta}$ 可由 $\boldsymbol{\alpha}_1,\boldsymbol{\alpha}_2,\cdots,\boldsymbol{\alpha}_r$ 线性表出.

证明 由于 $\boldsymbol{\alpha}_1,\boldsymbol{\alpha}_2,\cdots,\boldsymbol{\alpha}_r,\boldsymbol{\beta}$ 线性相关, 则存在不全为零的数 $k_1,k_2,\cdots,k_r$ 和 l, 使得

$$k_1\boldsymbol{\alpha}_1+k_2\boldsymbol{\alpha}_2+\cdots+k_r\boldsymbol{\alpha}_r+l\boldsymbol{\beta}=\mathbf{0}.$$

因为 $\boldsymbol{\alpha}_1,\boldsymbol{\alpha}_2,\cdots,\boldsymbol{\alpha}_r$ 线性无关, 则必须 $l\neq0$. 否则 $l=0$, 则 $k_1,k_2,\cdots,k_r$ 不全为零, 且使

$$k_1\boldsymbol{\alpha}_1+k_2\boldsymbol{\alpha}_2+\cdots+k_r\boldsymbol{\alpha}_r=\mathbf{0},$$

这与 $\boldsymbol{\alpha}_1,\boldsymbol{\alpha}_2,\cdots,\boldsymbol{\alpha}_r$ 线性无关矛盾. 于是

$$\boldsymbol{\beta}=-\frac{k_1}{l}\boldsymbol{\alpha}_1-\frac{k_2}{l}\boldsymbol{\alpha}_2-\cdots-\frac{k_r}{l}\boldsymbol{\alpha}_r,$$

即 $\boldsymbol{\beta}$ 可由 $\boldsymbol{\alpha}_1,\boldsymbol{\alpha}_2,\cdots,\boldsymbol{\alpha}_r$ 线性表出. □

定理 4.3.6 向量组与它的极大无关组等价.

证明 设向量组为 $\boldsymbol{\alpha}_1,\boldsymbol{\alpha}_2,\cdots,\boldsymbol{\alpha}_s$, 它的一个极大无关组为 $\boldsymbol{\alpha}_{i_1},\boldsymbol{\alpha}_{i_2},\cdots,\boldsymbol{\alpha}_{i_r}$.

由于 $\boldsymbol{\alpha}_{i_1},\boldsymbol{\alpha}_{i_2},\cdots,\boldsymbol{\alpha}_{i_r}$ 是 $\boldsymbol{\alpha}_1,\boldsymbol{\alpha}_2,\cdots,\boldsymbol{\alpha}_s$ 中的一部分, 当然可以由 $\boldsymbol{\alpha}_1,\boldsymbol{\alpha}_2,\cdots,\boldsymbol{\alpha}_s$ 线性表出, 即

$$\boldsymbol{\alpha}_{i_j}=0\cdot\boldsymbol{\alpha}_1+\cdots+1\cdot\boldsymbol{\alpha}_{i_j}+\cdots+0\cdot\boldsymbol{\alpha}_s,\ j=1,2,\cdots,r.$$

反过来, $\boldsymbol{\alpha}_1,\boldsymbol{\alpha}_2,\cdots,\boldsymbol{\alpha}_s$ 中的 $\boldsymbol{\alpha}_{i_1},\boldsymbol{\alpha}_{i_2},\cdots,\boldsymbol{\alpha}_{i_r}$ 自然可由 $\boldsymbol{\alpha}_{i_1},\boldsymbol{\alpha}_{i_2},\cdots,\boldsymbol{\alpha}_{i_r}$ 线性表出, 而对其余任一向量 $\boldsymbol{\alpha}_j$, 因为 $\boldsymbol{\alpha}_{i_1},\boldsymbol{\alpha}_{i_2},\cdots,\boldsymbol{\alpha}_{i_r}$ 是极大无关组, 所以 $\boldsymbol{\alpha}_{i_1},\boldsymbol{\alpha}_{i_2},\cdots,\boldsymbol{\alpha}_{i_r},\boldsymbol{\alpha}_j$ 是线性相关的, 由引理 4.3.1 可知 $\boldsymbol{\alpha}_j$ 可由 $\boldsymbol{\alpha}_{i_1},\boldsymbol{\alpha}_{i_2},\cdots,\boldsymbol{\alpha}_{i_r}$ 线性表出. 于是, 向量组 $\boldsymbol{\alpha}_1,\boldsymbol{\alpha}_2,\cdots,\boldsymbol{\alpha}_s$ 与它的极大无关组 $\boldsymbol{\alpha}_{i_1},\boldsymbol{\alpha}_{i_2},\cdots,\boldsymbol{\alpha}_{i_r}$ 等价. □

由前面的例子可以看出, 向量组的极大无关组不是唯一的, 但是每个极大无关组都与向量组本身是等价的, 于是有下面的结论:

定理 4.3.7 向量组的任意两个极大无关组都是等价的, 且含有相同个数的向量.

可见, 极大无关组中所含向量的个数与极大无关组的选取无关, 它直接反映了向量组本身的性质.

定义 4.3.6 向量组 $\boldsymbol{\alpha}_1,\boldsymbol{\alpha}_2,\cdots,\boldsymbol{\alpha}_s$ 的极大无关组所含向量的个数, 称为向量组的秩, 记为

$$R\{\boldsymbol{\alpha}_1,\boldsymbol{\alpha}_2,\cdots,\boldsymbol{\alpha}_s\}.$$

例如向量组 $\boldsymbol{\alpha}_1=(2,-1,3,1)$, $\boldsymbol{\alpha}_2=(4,-2,5,4)$, $\boldsymbol{\alpha}_3=(2,-1,4,-1)$ 的秩为 2.

注意, 全部由零向量组成的向量组不存在极大无关组, 规定它的秩为零.

显然, 一个向量组线性无关的充分必要条件为它的秩等于它所含向量的个数.

定理 4.3.8 如果向量组 $\boldsymbol{\alpha}_1,\boldsymbol{\alpha}_2,\cdots,\boldsymbol{\alpha}_s$ 可由向量组 $\boldsymbol{\beta}_1,\boldsymbol{\beta}_2,\cdots,\boldsymbol{\beta}_t$ 线性表出, 则

$$R\{\boldsymbol{\alpha}_1,\boldsymbol{\alpha}_2,\cdots,\boldsymbol{\alpha}_s\}\leqslant R\{\boldsymbol{\beta}_1,\boldsymbol{\beta}_2,\cdots,\boldsymbol{\beta}_t\}.$$

如果向量组 $\boldsymbol{\alpha}_1,\boldsymbol{\alpha}_2,\cdots,\boldsymbol{\alpha}_s$ 与向量组 $\boldsymbol{\beta}_1,\boldsymbol{\beta}_2,\cdots,\boldsymbol{\beta}_t$ 等价, 则

$$R\{\boldsymbol{\alpha}_1,\boldsymbol{\alpha}_2,\cdots,\boldsymbol{\alpha}_s\}=R\{\boldsymbol{\beta}_1,\boldsymbol{\beta}_2,\cdots,\boldsymbol{\beta}_t\}.$$

证明 设

$$R\{\boldsymbol{\alpha}_1,\boldsymbol{\alpha}_2,\cdots,\boldsymbol{\alpha}_s\}=p,\ R\{\boldsymbol{\beta}_1,\boldsymbol{\beta}_2,\cdots,\boldsymbol{\beta}_t\}=q,$$

并设 $\boldsymbol{\alpha}_{i_1},\boldsymbol{\alpha}_{i_2},\cdots,\boldsymbol{\alpha}_{i_p}$ 为向量组 $\boldsymbol{\alpha}_1,\boldsymbol{\alpha}_2,\cdots,\boldsymbol{\alpha}_s$ 的一个极大无关组, $\boldsymbol{\beta}_{j_1}$, $\boldsymbol{\beta}_{j_2},\cdots,\boldsymbol{\beta}_{j_q}$ 为向量组 $\boldsymbol{\beta}_1,\boldsymbol{\beta}_2,\cdots,\boldsymbol{\beta}_t$ 的一个极大无关组, 则 $\boldsymbol{\alpha}_{i_1},\boldsymbol{\alpha}_{i_2},\cdots,\boldsymbol{\alpha}_{i_p}$ 与 $\boldsymbol{\alpha}_1,\boldsymbol{\alpha}_2,\cdots,\boldsymbol{\alpha}_s$ 等价, $\boldsymbol{\beta}_{j_1},\boldsymbol{\beta}_{j_2},\cdots,\boldsymbol{\beta}_{j_q}$ 与 $\boldsymbol{\beta}_1,\boldsymbol{\beta}_2,\cdots,\boldsymbol{\beta}_t$ 等价. 由于 $\boldsymbol{\alpha}_1,\boldsymbol{\alpha}_2,\cdots,\boldsymbol{\alpha}_s$ 可由 $\boldsymbol{\beta}_1,\boldsymbol{\beta}_2,\cdots,\boldsymbol{\beta}_t$ 线性表出, 从而 $\boldsymbol{\alpha}_{i_1},\boldsymbol{\alpha}_{i_2},\cdots,\boldsymbol{\alpha}_{i_p}$ 可由 $\boldsymbol{\beta}_{j_1}$, $\boldsymbol{\beta}_{j_2},\cdots,\boldsymbol{\beta}_{j_q}$ 线性表出. 故 $p\leqslant q$, 即

$$R\{\boldsymbol{\alpha}_1,\boldsymbol{\alpha}_2,\cdots,\boldsymbol{\alpha}_s\}\leqslant R\{\boldsymbol{\beta}_1,\boldsymbol{\beta}_2,\cdots,\boldsymbol{\beta}_t\}.$$

如果 $\boldsymbol{\alpha}_1,\boldsymbol{\alpha}_2,\cdots,\boldsymbol{\alpha}_s$ 与 $\boldsymbol{\beta}_1,\boldsymbol{\beta}_2,\cdots,\boldsymbol{\beta}_t$ 等价, 则 $\boldsymbol{\alpha}_{i_1},\boldsymbol{\alpha}_{i_2},\cdots,\boldsymbol{\alpha}_{i_p}$ 与 $\boldsymbol{\beta}_{j_1},\boldsymbol{\beta}_{j_2},\cdots,\boldsymbol{\beta}_{j_q}$ 等价, 故 $p=q$, 即

$$R\{\boldsymbol{\alpha}_1,\boldsymbol{\alpha}_2,\cdots,\boldsymbol{\alpha}_s\}=R\{\boldsymbol{\beta}_1,\boldsymbol{\beta}_2,\cdots,\boldsymbol{\beta}_t\}.$$ □

由于初等行变换不改变列向量组的线性相关关系，我们可以利用初等行变换来求一个列向量组的极大无关组，具体做法是：

将向量组中的向量以列向量构成矩阵 $\boldsymbol{A}$，对 $\boldsymbol{A}$ 施行初等行变换化为阶梯形矩阵，此阶梯形矩阵的列向量组的线性相关关系及列向量组中哪几列是极大无关组可以很容易地找出来. 于是就得到 $\boldsymbol{A}$ 对应的列向量组的线性相关关系及 $\boldsymbol{A}$ 对应的哪几列是 $\boldsymbol{A}$ 的列向量组的极大无关组，从而求出向量组的极大无关组与秩.

例如向量组 $\boldsymbol{\alpha}_1=(1,0,2,1)$，$\boldsymbol{\alpha}_2=(1,2,0,1)$，$\boldsymbol{\alpha}_3=(2,1,3,0)$，$\boldsymbol{\alpha}_4=(2,5,-1,4)$，$\boldsymbol{\alpha}_5=(1,-1,3,-1)$，以它们为列构成矩阵，作初等行变换，

$$\boldsymbol{A}=\begin{pmatrix}1&1&2&2&1\\0&2&1&5&-1\\2&0&3&-1&3\\1&1&0&4&-1\end{pmatrix}\to\begin{pmatrix}1&1&2&2&1\\0&2&1&5&-1\\0&-2&-1&-5&1\\0&0&-2&2&-2\end{pmatrix}$$

$$\to\begin{pmatrix}1&1&2&2&1\\0&2&1&5&-1\\0&0&1&-1&1\\0&0&0&0&0\end{pmatrix}\to\begin{pmatrix}1&0&0&1&0\\0&1&0&3&-1\\0&0&1&-1&1\\0&0&0&0&0\end{pmatrix}.$$

可见阶梯形矩阵的第 1，2，3 列线性无关，而第 4，5 列均可由第 1，2，3 列线性表出，即第 1，2，3 列为阶梯形矩阵列向量组的极大无关组. 从而 $\boldsymbol{\alpha}_1,\boldsymbol{\alpha}_2,\boldsymbol{\alpha}_3$ 为向量组 $\boldsymbol{\alpha}_1,\boldsymbol{\alpha}_2,\boldsymbol{\alpha}_3,\boldsymbol{\alpha}_4,\boldsymbol{\alpha}_5$ 的一个极大无关组，向量组的秩为 3.

矩阵既可以看成由它的行向量组构成的，也可以认为是由它的列向量组构成的.

定义 4.3.7 矩阵行向量组的秩称为矩阵的行秩，矩阵列向量组的秩称为矩阵的列秩.

例如矩阵

$$\boldsymbol{A}=\begin{pmatrix}1&0&0&1\\1&2&0&-1\\3&-1&0&4\\1&4&5&1\end{pmatrix},$$

可以验证 $\boldsymbol{A}$ 的行向量组 $\boldsymbol{\alpha}_1=(1,0,0,1)$，$\boldsymbol{\alpha}_2=(1,2,0,-1)$，$\boldsymbol{\alpha}_3=(3,-1,0,4)$，$\boldsymbol{\alpha}_4=(1,4,5,1)$ 的一个极大无关组为 $\boldsymbol{\alpha}_1,\boldsymbol{\alpha}_2,\boldsymbol{\alpha}_4$. 因此

$$R\{\boldsymbol{\alpha}_1,\boldsymbol{\alpha}_2,\boldsymbol{\alpha}_3,\boldsymbol{\alpha}_4\}=3,$$

也就是 $\boldsymbol{A}$ 的行秩为 3.

同样也可以验证 $\boldsymbol{A}$ 的列向量组 $\boldsymbol{\beta}_1=(1,1,3,1)$, $\boldsymbol{\beta}_2=(0,2,-1,4)$, $\boldsymbol{\beta}_3=(0,0,0,5)$, $\boldsymbol{\beta}_4=(1,-1,4,1)$ 的一个极大无关组为 $\boldsymbol{\beta}_1,\boldsymbol{\beta}_2,\boldsymbol{\beta}_3$. 因此

$$R\{\boldsymbol{\beta}_1,\boldsymbol{\beta}_2,\boldsymbol{\beta}_3,\boldsymbol{\beta}_4\}=3,$$

即 $\boldsymbol{A}$ 的列秩也为 3.

$\boldsymbol{A}$ 的行秩与列秩相等, 这一点不是偶然的. 对任意的矩阵, 我们有下面的结论.

定理 4.3.9 矩阵的行秩与列秩相等, 都等于矩阵的秩.

证明 设

$$\boldsymbol{A}=\begin{pmatrix} a_{11} & a_{12} & \cdots & a_{1n} \\ a_{21} & a_{22} & \cdots & a_{2n} \\ \vdots & \vdots & & \vdots \\ a_{m1} & a_{m2} & \cdots & a_{mn} \end{pmatrix},$$

行向量组记为 $\boldsymbol{\alpha}_1,\boldsymbol{\alpha}_2,\cdots,\boldsymbol{\alpha}_m$, 列向量组记为 $\boldsymbol{\beta}_1,\boldsymbol{\beta}_2,\cdots,\boldsymbol{\beta}_n$, 并设

$$R(\boldsymbol{A})=r.$$

则存在 $\boldsymbol{A}$ 的一个 r 阶子式不为零, 不妨设为

$$\begin{vmatrix} a_{11} & a_{12} & \cdots & a_{1r} \\ a_{21} & a_{22} & \cdots & a_{2r} \\ \vdots & \vdots & & \vdots \\ a_{r1} & a_{r2} & \cdots & a_{rr} \end{vmatrix}\neq 0.$$

令

$$\boldsymbol{A}_1=\begin{pmatrix} a_{11} & a_{12} & \cdots & a_{1r} \\ a_{21} & a_{22} & \cdots & a_{2r} \\ \vdots & \vdots & & \vdots \\ a_{r1} & a_{r2} & \cdots & a_{rr} \end{pmatrix},$$

则 $\boldsymbol{A}_1$ 的 r 个列向量是线性无关的, 而 $\boldsymbol{\beta}_1,\boldsymbol{\beta}_2,\cdots,\boldsymbol{\beta}_r$ 分别是它们的延长向量, 所以 $\boldsymbol{\beta}_1,\boldsymbol{\beta}_2,\cdots,\boldsymbol{\beta}_r$ 也是线性无关的. 再从 $\boldsymbol{A}$ 的其余列向量中任取一个向量 $\boldsymbol{\beta}_j\ (r+1\leqslant j\leqslant n)$, 则有 $\boldsymbol{\beta}_1,\boldsymbol{\beta}_2,\cdots,\boldsymbol{\beta}_r,\boldsymbol{\beta}_j$ 线性相关. 否则, 若 $\boldsymbol{\beta}_1,\boldsymbol{\beta}_2,\cdots,\boldsymbol{\beta}_r,\boldsymbol{\beta}_j$ 线性无关, 则

$$x_1\boldsymbol{\beta}_1+\cdots+x_r\boldsymbol{\beta}_r+x_{r+1}\boldsymbol{\beta}_j=\boldsymbol{0}$$

只有零解, 故矩阵

$$\boldsymbol{A}_2 = \begin{pmatrix} a_{11} & a_{12} & \cdots & a_{1r} & a_{1j} \\ a_{21} & a_{22} & \cdots & a_{2r} & a_{2j} \\ \vdots & \vdots & & \vdots & \vdots \\ a_{m1} & a_{m2} & \cdots & a_{mr} & a_{mj} \end{pmatrix}$$

的秩等于 $r+1$, 于是 $\boldsymbol{A}_2$ 存在一个 $r+1$ 阶子式不为零. 因此 $\boldsymbol{A}$ 存在一个 $r+1$ 阶子式不为零, 与 $R(\boldsymbol{A})=r$ 矛盾. 这样, $\boldsymbol{A}$ 的前 r 列 $\boldsymbol{\beta}_1,\boldsymbol{\beta}_2,\cdots,\boldsymbol{\beta}_r$ 就构成了 $\boldsymbol{A}$ 的列向量组的极大无关组, 从而 $\boldsymbol{A}$ 的列秩等于 r.

对 $\boldsymbol{A}_1^{\mathrm{T}}$ 重复上面的讨论过程, 可得 $\boldsymbol{A}$ 的行秩也等于 r.

故矩阵 $\boldsymbol{A}$ 的行秩与列秩相等, 均等于 $\boldsymbol{A}$ 的秩. □

例 4.3.2 设 $\boldsymbol{A},\boldsymbol{B}$ 均为 $m\times n$ 矩阵, 证明: $R(\boldsymbol{A}+\boldsymbol{B})\leqslant R(\boldsymbol{A})+R(\boldsymbol{B})$.

证明 记 $\boldsymbol{A}$ 的列向量组为 $\boldsymbol{\alpha}_1,\boldsymbol{\alpha}_2,\cdots,\boldsymbol{\alpha}_n$, $\boldsymbol{B}$ 的列向量组为 $\boldsymbol{\beta}_1,\boldsymbol{\beta}_2,\cdots,\boldsymbol{\beta}_n$, 即

$$\boldsymbol{A}=\begin{pmatrix}\boldsymbol{\alpha}_1 & \boldsymbol{\alpha}_2 & \cdots & \boldsymbol{\alpha}_n\end{pmatrix},\ \boldsymbol{B}=\begin{pmatrix}\boldsymbol{\beta}_1 & \boldsymbol{\beta}_2 & \cdots & \boldsymbol{\beta}_n\end{pmatrix},$$

则

$$\boldsymbol{A}+\boldsymbol{B}=\begin{pmatrix}\boldsymbol{\alpha}_1+\boldsymbol{\beta}_1 & \boldsymbol{\alpha}_2+\boldsymbol{\beta}_2 & \cdots & \boldsymbol{\alpha}_n+\boldsymbol{\beta}_n\end{pmatrix},$$

即 $\boldsymbol{A}+\boldsymbol{B}$ 的列向量组为 $\boldsymbol{\alpha}_1+\boldsymbol{\beta}_1,\boldsymbol{\alpha}_2+\boldsymbol{\beta}_2,\cdots,\boldsymbol{\alpha}_n+\boldsymbol{\beta}_n$. 设

$$R(\boldsymbol{A})=s,\ R(\boldsymbol{B})=t,$$

并不妨设 $\boldsymbol{\alpha}_1,\boldsymbol{\alpha}_2,\cdots,\boldsymbol{\alpha}_s$ 为 $\boldsymbol{A}$ 的列向量组的极大无关组, $\boldsymbol{\beta}_1,\boldsymbol{\beta}_2,\cdots,\boldsymbol{\beta}_t$ 为 $\boldsymbol{B}$ 的列向量组的极大无关组. 于是, 向量组 $\boldsymbol{\alpha}_1+\boldsymbol{\beta}_1,\boldsymbol{\alpha}_2+\boldsymbol{\beta}_2,\cdots,\boldsymbol{\alpha}_n+\boldsymbol{\beta}_n$ 可由向量组 $\boldsymbol{\alpha}_1,\boldsymbol{\alpha}_2,\cdots,\boldsymbol{\alpha}_s,\boldsymbol{\beta}_1,\boldsymbol{\beta}_2,\cdots,\boldsymbol{\beta}_t$ 线性表出, 则有

$$R\{\boldsymbol{\alpha}_1+\boldsymbol{\beta}_1,\boldsymbol{\alpha}_2+\boldsymbol{\beta}_2,\cdots,\boldsymbol{\alpha}_n+\boldsymbol{\beta}_n\}\leqslant R\{\boldsymbol{\alpha}_1,\boldsymbol{\alpha}_2,\cdots,\boldsymbol{\alpha}_s,\boldsymbol{\beta}_1,\boldsymbol{\beta}_2,\cdots,\boldsymbol{\beta}_t\}\leqslant s+t.$$

因此,

$$R(\boldsymbol{A}+\boldsymbol{B})\leqslant R(\boldsymbol{A})+R(\boldsymbol{B}).$$

□

例 4.3.3 设 $\boldsymbol{A}$ 为 $m\times n$ 矩阵, $\boldsymbol{B}$ 为 $n\times p$ 矩阵, 证明: $R(\boldsymbol{AB})\leqslant \min\{R(\boldsymbol{A}),R(\boldsymbol{B})\}$.

证明 记 $\boldsymbol{A}$ 的列向量组为 $\boldsymbol{\alpha}_1,\boldsymbol{\alpha}_2,\cdots,\boldsymbol{\alpha}_n$, 即

$$\boldsymbol{A}=\begin{pmatrix}\boldsymbol{\alpha}_1 & \boldsymbol{\alpha}_2 & \cdots & \boldsymbol{\alpha}_n\end{pmatrix},$$

则

$$\boldsymbol{AB} = \begin{pmatrix} \boldsymbol{\alpha}_1 & \boldsymbol{\alpha}_2 & \cdots & \boldsymbol{\alpha}_n \end{pmatrix} \begin{pmatrix} b_{11} & b_{12} & \cdots & b_{1p} \\ b_{21} & b_{22} & \cdots & b_{2p} \\ \vdots & \vdots & & \vdots \\ b_{n1} & b_{n2} & \cdots & b_{np} \end{pmatrix}$$

$$= \begin{pmatrix} \sum_{i=1}^{n} b_{i1}\boldsymbol{\alpha}_i & \sum_{i=1}^{n} b_{i2}\boldsymbol{\alpha}_i & \cdots & \sum_{i=1}^{n} b_{ip}\boldsymbol{\alpha}_i \end{pmatrix},$$

即 $\boldsymbol{AB}$ 的列向量组可由 $\boldsymbol{\alpha}_1, \boldsymbol{\alpha}_2, \cdots, \boldsymbol{\alpha}_n$ 线性表出, 于是

$$\boldsymbol{AB}\text{的列秩} \leqslant R\{\boldsymbol{\alpha}_1, \boldsymbol{\alpha}_2, \cdots, \boldsymbol{\alpha}_n\},$$

即

$$R(\boldsymbol{AB}) \leqslant R(\boldsymbol{A}).$$

又记 $\boldsymbol{B}$ 的行向量组为 $\boldsymbol{\beta}_1, \boldsymbol{\beta}_2, \cdots, \boldsymbol{\beta}_n$, 即

$$\boldsymbol{B} = \begin{pmatrix} \boldsymbol{\beta}_1 \\ \boldsymbol{\beta}_2 \\ \vdots \\ \boldsymbol{\beta}_n \end{pmatrix},$$

则

$$\boldsymbol{AB} = \begin{pmatrix} a_{11} & a_{12} & \cdots & a_{1n} \\ a_{21} & a_{22} & \cdots & a_{2n} \\ \vdots & \vdots & & \vdots \\ a_{m1} & a_{m2} & \cdots & a_{mn} \end{pmatrix} \begin{pmatrix} \boldsymbol{\beta}_1 \\ \boldsymbol{\beta}_2 \\ \vdots \\ \boldsymbol{\beta}_n \end{pmatrix} = \begin{pmatrix} a_{11}\boldsymbol{\beta}_1 + a_{12}\boldsymbol{\beta}_2 + \cdots + a_{1n}\boldsymbol{\beta}_n \\ a_{21}\boldsymbol{\beta}_1 + a_{22}\boldsymbol{\beta}_2 + \cdots + a_{2n}\boldsymbol{\beta}_n \\ \vdots \\ a_{m1}\boldsymbol{\beta}_1 + a_{m2}\boldsymbol{\beta}_2 + \cdots + a_{mn}\boldsymbol{\beta}_n \end{pmatrix},$$

即 $\boldsymbol{AB}$ 的行向量组可由 $\boldsymbol{\beta}_1, \boldsymbol{\beta}_2, \cdots, \boldsymbol{\beta}_n$ 线性表出. 于是有

$$R(\boldsymbol{AB}) \leqslant R(\boldsymbol{B}).$$

从而有

$$R(\boldsymbol{AB}) \leqslant \min\{R(\boldsymbol{A}), R(\boldsymbol{B})\}.$$ □

最后, 我们再来考察线性方程组 (4.1.1). 将它的增广矩阵、系数矩阵以列向量表示为

$$\overline{\boldsymbol{A}} = \begin{pmatrix} \boldsymbol{\alpha}_1 & \boldsymbol{\alpha}_2 & \cdots & \boldsymbol{\alpha}_n & \boldsymbol{\beta} \end{pmatrix},\ \boldsymbol{A} = \begin{pmatrix} \boldsymbol{\alpha}_1 & \boldsymbol{\alpha}_2 & \cdots & \boldsymbol{\alpha}_n \end{pmatrix}.$$

我们知道, 线性方程组 (4.1.1) 有解的充分必要条件为 $\boldsymbol{\beta}$ 可由 $\boldsymbol{\alpha}_1,\boldsymbol{\alpha}_2,\cdots,\boldsymbol{\alpha}_n$ 线性表出, 即向量组 $\boldsymbol{\alpha}_1,\boldsymbol{\alpha}_2,\cdots,\boldsymbol{\alpha}_n,\boldsymbol{\beta}$ 与向量组 $\boldsymbol{\alpha}_1,\boldsymbol{\alpha}_2,\cdots,\boldsymbol{\alpha}_n$ 等价, 于是

$$R\{\boldsymbol{\alpha}_1,\boldsymbol{\alpha}_2,\cdots,\boldsymbol{\alpha}_n,\boldsymbol{\beta}\}=R\{\boldsymbol{\alpha}_1,\boldsymbol{\alpha}_2,\cdots,\boldsymbol{\alpha}_n\},$$

即

$$R(\overline{\boldsymbol{A}})=R(\boldsymbol{A}).$$

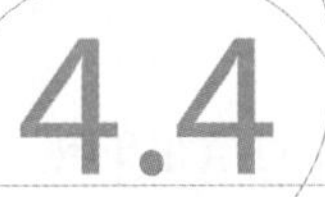

4.4 线性方程组解的结构

在线性方程组有无穷多解的情况下, 我们要讨论解与解之间的关系, 研究能否找到有限多个解, 使得全部的解可用这有限多个解表示出来, 这就是本节要讨论的线性方程组解的结构.

我们先来考察齐次线性方程组 (4.1.3)

$$\begin{cases} a_{11}x_1+a_{12}x_2+\cdots+a_{1n}x_n=0, \\ a_{21}x_1+a_{22}x_2+\cdots+a_{2n}x_n=0, \\ \cdots\cdots\cdots\cdots \\ a_{m1}x_1+a_{m2}x_2+\cdots+a_{mn}x_n=0, \end{cases}$$

它的解具有下面两个重要性质:

(1) 两个解的和还是解;

(2) 一个解的倍数还是解.

事实上, 设 $(k_1,k_2,\cdots,k_n)$ 与 $(l_1,l_2,\cdots,l_n)$ 为齐次线性方程组的两个解, 则有

$$\sum_{j=1}^{n}a_{ij}k_j=0,\ i=1,2,\cdots,m,$$

$$\sum_{j=1}^{n}a_{ij}l_j=0,\ i=1,2,\cdots,m.$$

于是,

$$\sum_{j=1}^{n}a_{ij}(k_j+l_j)=\sum_{j=1}^{n}a_{ij}k_j+\sum_{j=1}^{n}a_{ij}l_j=0,\ i=1,2,\cdots,m,$$

$$\sum_{j=1}^{n}a_{ij}(ck_j)=c\sum_{j=1}^{n}a_{ij}k_j=0,\ i=1,2,\cdots,m,$$

从而 $(k_1+l_1,k_2+l_2,\cdots,k_n+l_n)$ 及 $(ck_1,ck_2,\cdots,ck_n)$ 均为方程组的解.

综合以上两个性质可得, 齐次线性方程组解的线性组合还是方程组的解. 因此, 我们考虑能否通过齐次线性方程组的有限个解的线性组合来表示出全部的解. 为此, 引入下面的定义.

定义 4.4.1 设 $\boldsymbol{\eta}_1,\boldsymbol{\eta}_2,\cdots,\boldsymbol{\eta}_s$ 为齐次线性方程组 (4.1.3) 的 s 个解, 如果它们满足:

(1) $\boldsymbol{\eta}_1,\boldsymbol{\eta}_2,\cdots,\boldsymbol{\eta}_s$ 是线性无关的;

(2) 方程组 (4.1.3) 的任意一个解都可由 $\boldsymbol{\eta}_1,\boldsymbol{\eta}_2,\cdots,\boldsymbol{\eta}_s$ 线性表出, 则称 $\boldsymbol{\eta}_1,\boldsymbol{\eta}_2,\cdots,\boldsymbol{\eta}_s$ 为齐次线性方程组 (4.1.3) 的一个基础解系.

由定义可以看出, 齐次线性方程组的基础解系就是方程组解向量组的极大无关组, 于是有下面结论.

定理 4.4.1 在齐次线性方程组 (4.1.3) 有非零解的情况下, 它一定有基础解系, 并且, 基础解系所含解的个数等于 $n-r$, 这里 r 为方程组系数矩阵的秩.

证明 因为齐次线性方程组 (4.1.3) 有非零解, 故其系数矩阵的秩 $r<n$, 于是可将系数矩阵用初等行变换化为阶梯形矩阵

$$\begin{pmatrix} c_{11} & c_{12} & \cdots & c_{1r} & c_{1,r+1} & \cdots & c_{1n} \\ 0 & c_{22} & \cdots & c_{2r} & c_{2,r+1} & \cdots & c_{2n} \\ \vdots & \vdots & & \vdots & \vdots & & \vdots \\ 0 & 0 & \cdots & c_{rr} & c_{r,r+1} & \cdots & c_{rn} \\ 0 & 0 & \cdots & 0 & 0 & \cdots & 0 \\ \vdots & \vdots & & \vdots & \vdots & & \vdots \\ 0 & 0 & \cdots & 0 & 0 & \cdots & 0 \end{pmatrix}.$$

此阶梯形矩阵所代表的与原方程组同解的方程组为

$$\begin{cases} c_{11}x_1 + c_{12}x_2 + \cdots + c_{1r}x_r + c_{1,r+1}x_{r+1} + \cdots + c_{1n}x_n = 0, \\ \qquad\quad c_{22}x_2 + \cdots + c_{2r}x_r + c_{2,r+1}x_{r+1} + \cdots + c_{2n}x_n = 0, \\ \qquad\qquad\qquad \cdots\cdots\cdots\cdots \\ \qquad\qquad\qquad c_{rr}x_r + c_{r,r+1}x_{r+1} + \cdots + c_{rn}x_n = 0. \end{cases}$$

方程组有 n 个未知量, r 个方程, 于是就有 $n-r$ 个自由未知量. 取 $x_{r+1},x_{r+2},\cdots,x_n$ 为自由未知量, 将每个方程的自由未知量移到等号右边, 得到

$$\begin{cases} c_{11}x_1 + c_{12}x_2 + \cdots + c_{1r}x_r = -c_{1,r+1}x_{r+1} - \cdots - c_{1n}x_n, \\ \qquad\quad c_{22}x_2 + \cdots + c_{2r}x_r = -c_{2,r+1}x_{r+1} - \cdots - c_{2n}x_n, \\ \qquad\qquad\qquad \cdots\cdots\cdots\cdots \\ \qquad\qquad\qquad c_{rr}x_r = -c_{r,r+1}x_{r+1} - \cdots - c_{rn}x_n. \end{cases}$$

对自由未知量 $(x_{r+1}, x_{r+2}, \cdots, x_n)$, 依次取为

$$(1,0,\cdots,0),\ (0,1,\cdots,0),\ \cdots,(0,0,\cdots,1),$$

就得到方程组的 $n-r$ 个解

$$\begin{aligned}
&\boldsymbol{\eta}_1=(k_{11},k_{12},\cdots,k_{1r},1,0,\cdots,0),\\
&\boldsymbol{\eta}_2=(k_{21},k_{22},\cdots,k_{2r},0,1,\cdots,0),\\
&\cdots\\
&\boldsymbol{\eta}_{n-r}=(k_{n-r,1},k_{n-r,2},\cdots,k_{n-r,r},0,0,\cdots,1).
\end{aligned}$$

下面证明 $\boldsymbol{\eta}_1, \boldsymbol{\eta}_2, \cdots, \boldsymbol{\eta}_{n-r}$ 是方程组 (4.1.3) 的一个基础解系.

首先, $\boldsymbol{\eta}_1, \boldsymbol{\eta}_2, \cdots, \boldsymbol{\eta}_{n-r}$ 的后 $n-r$ 个分量形成的向量, 是 $n-r$ 个 $n-r$ 维单位向量, 显然线性无关, 它们的延长向量是 $\boldsymbol{\eta}_1, \boldsymbol{\eta}_2, \cdots, \boldsymbol{\eta}_{n-r}$, 从而 $\boldsymbol{\eta}_1, \boldsymbol{\eta}_2, \cdots, \boldsymbol{\eta}_{n-r}$ 也线性无关.

然后, 我们任取齐次线性方程组 (4.1.3) 的一个解 $\boldsymbol{\eta}=(l_1, l_2, \cdots, l_n)$, $\boldsymbol{\eta}_1$, $\boldsymbol{\eta}_2, \cdots, \boldsymbol{\eta}_{n-r}$ 的线性组合

$$l_{r+1}\boldsymbol{\eta}_1+l_{r+2}\boldsymbol{\eta}_2+\cdots+l_n\boldsymbol{\eta}_{n-r}$$

也是方程组 (4.1.3) 的解. 又这个线性组合的后 $n-r$ 个分量与 $\boldsymbol{\eta}$ 的后 $n-r$ 个分量相同, 即自由未知量的取值一样, 由于解的前 r 个分量是被后 $n-r$ 个自由未知量唯一确定的, 于是这个线性组合与 $\boldsymbol{\eta}$ 完全相同, 即

$$\boldsymbol{\eta}=l_{r+1}\boldsymbol{\eta}_1+l_{r+2}\boldsymbol{\eta}_2+\cdots+l_n\boldsymbol{\eta}_{n-r}.$$

从而方程组 (4.1.3) 的任一解都能表示成 $\boldsymbol{\eta}_1, \boldsymbol{\eta}_2, \cdots, \boldsymbol{\eta}_{n-r}$ 的线性组合.

因此, $\boldsymbol{\eta}_1, \eta_2, \cdots, \boldsymbol{\eta}_{n-r}$ 为齐次线性方程组 (4.1.3) 的一个基础解系. □

此定理的证明, 给我们提供了求齐次线性方程组基础解系的一种方法.

正如一个向量组的极大无关组不是唯一的, 但每个极大无关组所含向量的个数是相同的, 所有极大无关组都是等价的, 齐次线性方程组的基础解系也不是唯一的 (在上面定理的证明过程中, 只要将自由未知量 $(x_{r+1}, x_{r+2}, \cdots, x_n)$ 依次取为 $n-r$ 个线性无关的 $n-r$ 维向量, 所计算出的解都将是方程组的基础解系, 请读者自行证明), 但每个基础解系所含解的个数都是 $n-r$ 个, 所有基础解系都是等价的.

例 4.4.1 求下列齐次线性方程组的一个基础解系, 并用基础解系表示出全部解.

$$\left\{\begin{array}{rcrcrcrcl}
x_1 & - & x_2 & + & 5x_3 & - & x_4 & = & 0,\\
x_1 & + & x_2 & - & 2x_3 & + & 3x_4 & = & 0,\\
3x_1 & - & x_2 & + & 8x_3 & + & x_4 & = & 0,\\
x_1 & + & 3x_2 & - & 9x_3 & + & 7x_4 & = & 0.
\end{array}\right.$$

解 首先对系数矩阵施行初等行变换, 化为阶梯形矩阵:

$$\begin{pmatrix} 1 & -1 & 5 & -1 \\ 1 & 1 & -2 & 3 \\ 3 & -1 & 8 & 1 \\ 1 & 3 & -9 & 7 \end{pmatrix} \to \begin{pmatrix} 1 & -1 & 5 & -1 \\ 0 & 2 & -7 & 4 \\ 0 & 2 & -7 & 4 \\ 0 & 4 & -14 & 8 \end{pmatrix} \to \begin{pmatrix} 1 & -1 & 5 & -1 \\ 0 & 2 & -7 & 4 \\ 0 & 0 & 0 & 0 \\ 0 & 0 & 0 & 0 \end{pmatrix}.$$

则同解方程组为

$$\begin{cases} x_1 - x_2 + 5x_3 - x_4 = 0, \\ 2x_2 - 7x_3 + 4x_4 = 0, \end{cases}$$

$$\begin{cases} x_1 - x_2 = -5x_3 + x_4, \\ 2x_2 = 7x_3 - 4x_4, \end{cases}$$

其中 x_3, x_4 为自由未知量.

分别取 (x_3, x_4) 为 $(1,0)$, $(0,1)$, 得到方程组的解

$$\boldsymbol{\eta}_1 = \left(-\frac{3}{2}, \frac{7}{2}, 1, 0\right), \quad \boldsymbol{\eta}_2 = (-1, -2, 0, 1),$$

则 $\boldsymbol{\eta}_1, \boldsymbol{\eta}_2$ 为方程组的一个基础解系. 方程组的全部解为 $k_1\boldsymbol{\eta}_1 + k_2\boldsymbol{\eta}_2$, 其中 k_1, k_2 为任意数. □

例 4.4.2 设 $\boldsymbol{A}, \boldsymbol{B}$ 均为 n 阶方阵, 如果 $\boldsymbol{AB} = \boldsymbol{O}$, 则 $R(\boldsymbol{A}) + R(\boldsymbol{B}) \leqslant n$.

证明 记 $\boldsymbol{B}$ 的列向量组为 $\boldsymbol{\beta}_1, \boldsymbol{\beta}_2, \cdots, \boldsymbol{\beta}_n$, 即

$$\boldsymbol{B} = \begin{pmatrix} \boldsymbol{\beta}_1 & \boldsymbol{\beta}_2 & \cdots & \boldsymbol{\beta}_n \end{pmatrix},$$

则有

$$\boldsymbol{AB} = \boldsymbol{A}\begin{pmatrix} \boldsymbol{\beta}_1 & \boldsymbol{\beta}_2 & \cdots & \boldsymbol{\beta}_n \end{pmatrix} = \begin{pmatrix} \boldsymbol{A\beta}_1 & \boldsymbol{A\beta}_2 & \cdots & \boldsymbol{A\beta}_n \end{pmatrix}.$$

由于 $\boldsymbol{AB} = \boldsymbol{O}$, 所以

$$\boldsymbol{A\beta}_i = \boldsymbol{0},\ i = 1, 2, \cdots, n,$$

即 $\boldsymbol{\beta}_1, \boldsymbol{\beta}_2, \cdots, \boldsymbol{\beta}_n$ 均为以 $\boldsymbol{A}$ 为系数矩阵的齐次方程组的解, 故 $\boldsymbol{\beta}_1, \boldsymbol{\beta}_2, \cdots, \boldsymbol{\beta}_n$ 可由齐次方程组的基础解系 $\boldsymbol{\eta}_1, \boldsymbol{\eta}_2, \cdots, \boldsymbol{\eta}_{n-r}$ 线性表出, 这里 r 为系数矩阵 $\boldsymbol{A}$ 的秩. 于是有

$$R(\boldsymbol{B}) \leqslant n - r,$$

即

$$R(\boldsymbol{A}) + R(\boldsymbol{B}) \leqslant n.$$

□

下面我们来考察一般的非齐次线性方程组 (4.1.1)

$$\begin{cases} a_{11}x_1 + a_{12}x_2 + \cdots + a_{1n}x_n = b_1, \\ a_{21}x_1 + a_{22}x_2 + \cdots + a_{2n}x_n = b_2, \\ \cdots\cdots\cdots\cdots \\ a_{m1}x_1 + a_{m2}x_2 + \cdots + a_{mn}x_n = b_m. \end{cases}$$

齐次线性方程组 (4.1.3) 称为 (4.1.1) 的导出组. 方程组 (4.1.1) 的解与它的导出组 (4.1.3) 的解之间有密切关系.

(1) 线性方程组 (4.1.1) 的两个解的差是它的导出组 (4.1.3) 的解.

设 $(k_1, k_2, \cdots, k_n)$ 与 $(l_1, l_2, \cdots, l_n)$ 是方程组 (4.1.1) 的两个解, 则有

$$\sum_{j=1}^{n} a_{ij}k_j = b_i,\ \sum_{j=1}^{n} a_{ij}l_j = b_i,\ i = 1, 2, \cdots, m.$$

于是

$$\sum_{j=1}^{n} a_{ij}(k_j - l_j) = \sum_{j=1}^{n} a_{ij}k_j - \sum_{j=1}^{n} a_{ij}l_j = b_i - b_i = 0,\ i = 1, 2, \cdots, m.$$

因此, $(k_1 - l_1, k_2 - l_2, \cdots, k_n - l_n)$ 是导出组 (4.1.3) 的一个解.

(2) 方程组 (4.1.1) 的一个解与它的导出组 (4.1.3) 的一个解的和是方程组 (4.1.1) 的解.

设 $(k_1, k_2, \cdots, k_n)$ 是方程组 (4.1.1) 的一个解, $(l_1, l_2, \cdots, l_n)$ 是它的导出组 (4.1.3) 的一个解, 则有

$$\sum_{j=1}^{n} a_{ij}k_j = b_i,\ \sum_{j=1}^{n} a_{ij}l_j = 0,\ i = 1, 2, \cdots, m.$$

于是

$$\sum_{j=1}^{n} a_{ij}(k_j + l_j) = \sum_{j=1}^{n} a_{ij}k_j + \sum_{j=1}^{n} a_{ij}l_j = b_i + 0 = b_i,\ i = 1, 2, \cdots, m.$$

因此, $(k_1 + l_1, k_2 + l_2, \cdots, k_n + l_n)$ 是方程组 (4.1.1) 的一个解.

由这两个性质, 容易得到下面定理.

定理 4.4.2 如果 γ_0 是非齐次线性方程组 (4.1.1) 的一个解 (称为特解), 则方程组 (4.1.1) 的任一解 γ 可以表示成

$$\boldsymbol{\gamma} = \boldsymbol{\gamma}_0 + \boldsymbol{\eta},$$

其中 $\boldsymbol{\eta}$ 是导出组 (4.1.3) 的一个解.

证明 设 $\boldsymbol{\gamma}$ 为方程组 (4.1.1) 的任一解, $\boldsymbol{\gamma}_0$ 为方程组 (4.1.1) 的一个特解, 令

$$\boldsymbol{\eta}=\boldsymbol{\gamma}-\boldsymbol{\gamma}_0,$$

则 $\boldsymbol{\eta}$ 为导出组 (4.1.3) 的一个解, 且有

$$\boldsymbol{\gamma}=\boldsymbol{\gamma}_0+\boldsymbol{\eta}.$$ □

由性质 (2) 可以看出, 对于方程组 (4.1.1) 的特解 $\boldsymbol{\gamma}_0$, 当 $\boldsymbol{\eta}$ 取遍导出组 (4.1.3) 的全部解的时候, $\boldsymbol{\gamma}=\boldsymbol{\gamma}_0+\boldsymbol{\eta}$ 就给出了方程组 (4.1.1) 的全部解. 如果 $\boldsymbol{\eta}_1,\boldsymbol{\eta}_2,\cdots,\boldsymbol{\eta}_{n-r}$ 是导出组 (4.1.3) 的一个基础解系, 则方程组 (4.1.1) 的任一解 $\boldsymbol{\gamma}$ 都可以表示成

$$\boldsymbol{\gamma}=\boldsymbol{\gamma}_0+k_1\boldsymbol{\eta}_1+k_2\boldsymbol{\eta}_2+\cdots+k_{n-r}\boldsymbol{\eta}_{n-r},$$

其中 $k_1,k_2,\cdots,k_{n-r}$ 是任意数.

推论 4.4.1 *在非齐次线性方程组 (4.1.1) 有解的情况下, 解是唯一的充分必要条件为它的导出组 (4.1.3) 只有零解.*

证明 先证明充分性. 设导出组 (4.1.3) 只有零解.

如果方程组 (4.1.1) 有两个不同的解, 则这两个解的差就是导出组 (4.1.3) 的一个非零解, 这与导出组 (4.1.3) 只有零解矛盾. 因此, 方程组 (4.1.1) 有唯一解.

再证明必要性. 设方程组 (4.1.1) 有唯一解.

如果导出组 (4.1.3) 有非零解, 则它和方程组 (4.1.1) 的这个唯一解之和是方程组 (4.1.1) 的另一个解. 这与方程组 (4.1.1) 有唯一解矛盾. 因此, 导出组 (4.1.3) 只有零解. □

例 4.4.3 *用解的结构形式表示下列线性方程组的全部解:*

$$\begin{cases} x_1+3x_2-x_3+2x_4-x_5=-4,\\ -3x_1+x_2+2x_3-5x_4-4x_5=-1,\\ 2x_1-3x_2-x_3-x_4+x_5=4,\\ -4x_1+16x_2+x_3+3x_4-9x_5=-21. \end{cases}$$

解 首先, 对增广矩阵施行初等行变换, 化为阶梯形矩阵

$$\begin{pmatrix} 1 & 3 & -1 & 2 & -1 & -4\\ -3 & 1 & 2 & -5 & -4 & -1\\ 2 & -3 & -1 & -1 & 1 & 4\\ -4 & 16 & 1 & 3 & -9 & -21 \end{pmatrix} \to \begin{pmatrix} 1 & 3 & -1 & 2 & -1 & -4\\ 0 & 10 & -1 & 1 & -7 & -13\\ 0 & -9 & 1 & -5 & 3 & 12\\ 0 & 28 & -3 & 11 & -13 & -37 \end{pmatrix}$$

$$\to\begin{pmatrix}1&3&-1&2&-1&-4\\0&1&0&-4&-4&-1\\0&0&1&-41&-33&3\\0&0&0&0&0&0\end{pmatrix}\to\begin{pmatrix}1&0&0&-27&-22&2\\0&1&0&-4&-4&-1\\0&0&1&-41&-33&3\\0&0&0&0&0&0\end{pmatrix}.$$

此矩阵代表的与原方程组同解的方程组为

$$\begin{cases}x_1 - 27x_4 - 22x_5 = 2,\\ x_2 - 4x_4 - 4x_5 = -1,\\ x_3 - 41x_4 - 33x_5 = 3,\end{cases}$$

于是有

$$\begin{cases}x_1 = 27x_4 + 22x_5 + 2,\\ x_2 = 4x_4 + 4x_5 - 1,\\ x_3 = 41x_4 + 33x_5 + 3,\end{cases}$$

其中 x_4, x_5 为自由未知量. 取自由未知量 $(x_4, x_5) = (0, 0)$, 得到方程组的一个特解

$$\boldsymbol{\gamma}_0 = (2, -1, 3, 0, 0)^{\mathrm{T}}.$$

原方程组的导出组的同解方程组为

$$\begin{cases}x_1 - 27x_4 - 22x_5 = 0,\\ x_2 - 4x_4 - 4x_5 = 0,\\ x_3 - 41x_4 - 33x_5 = 0,\end{cases}$$

于是有

$$\begin{cases}x_1 = 27x_4 + 22x_5,\\ x_2 = 4x_4 + 4x_5,\\ x_3 = 41x_4 + 33x_5,\end{cases}$$

其中 x_4, x_5 为自由未知量, 分别取自由未知量 (x_4, x_5) 为 $(1, 0)$ 和 $(0, 1)$, 得到导出组的基础解系为

$$\boldsymbol{\eta}_1 = (27, 4, 41, 1, 0)^{\mathrm{T}},\ \boldsymbol{\eta}_2 = (22, 4, 33, 0, 1)^{\mathrm{T}}.$$

因此, 方程组的全部解为

$$\boldsymbol{\gamma} = \boldsymbol{\gamma}_0 + k_1\boldsymbol{\eta}_1 + k_2\boldsymbol{\eta}_2,$$

其中, k_1, k_2 为任意数. □

例 4.4.4 设四元线性方程组为 $\boldsymbol{AX} = \boldsymbol{b}$, $R(\boldsymbol{A}) = 3$. 已知 $\boldsymbol{\gamma}_1, \boldsymbol{\gamma}_2, \boldsymbol{\gamma}_3$ 为方程组的三个解, 其中 $\boldsymbol{\gamma}_1 = (2, 0, 5, -1)^{\mathrm{T}}$, $\boldsymbol{\gamma}_2 + \boldsymbol{\gamma}_3 = (1, 9, 8, 6)^{\mathrm{T}}$, 求方程组的全部解.

解 由于 $\gamma_1,\gamma_2,\gamma_3$ 均为方程组 $\boldsymbol{AX}=\boldsymbol{b}$ 的解, 则有

$$\boldsymbol{A}\gamma_1=\boldsymbol{b},\ \boldsymbol{A}\gamma_2=\boldsymbol{b},\ \boldsymbol{A}\gamma_3=\boldsymbol{b}.$$

于是可得

$$\boldsymbol{A}(2\gamma_1)=2\boldsymbol{b},\ \boldsymbol{A}(\gamma_2+\gamma_3)=2\boldsymbol{b},$$

从而

$$\boldsymbol{A}(2\gamma_1-\gamma_2-\gamma_3)=\boldsymbol{0}.$$

令

$$\boldsymbol{\eta}=2\gamma_1-\gamma_2-\gamma_3=(4,0,10,-2)^{\mathrm{T}}-(1,9,8,6)^{\mathrm{T}}=(3,-9,2,-8)^{\mathrm{T}},$$

则 $\boldsymbol{\eta}$ 为导出组 $\boldsymbol{AX}=\boldsymbol{0}$ 的一个解, 又因为未知量个数为 4, $R(\boldsymbol{A})=3$, 故 $\boldsymbol{AX}=\boldsymbol{0}$ 的基础解系中只含一个非零解, 从而 $\boldsymbol{\eta}$ 为 $\boldsymbol{AX}=\boldsymbol{0}$ 的一个基础解系. 所以, 原方程组的全部解为

$$\gamma=\gamma_1+k\boldsymbol{\eta},$$

其中 k 为任意数. □

我们对线性方程组解的结构再作一小结:

对于齐次线性方程组 (4.1.3), 其解向量组的极大无关组即为方程组的基础解系, 其解向量组的秩等于 $n-r$, 其中 r 为系数矩阵的秩. 齐次线性方程组的任一解可表示为其基础解系的线性组合.

对于非齐次线性方程组 (4.1.1), 其解向量组的极大无关组是什么呢? 其解向量组的秩又等于多少呢? 设方程组 (4.1.1) 的一个特解为 γ_0, 其导出组的基础解系为 $\boldsymbol{\eta}_1,\boldsymbol{\eta}_2,\cdots,\boldsymbol{\eta}_{n-r}$, 则其解向量组的极大无关组为 $\gamma_0,\gamma_0+\boldsymbol{\eta}_1,\cdots,\gamma_0+\boldsymbol{\eta}_{n-r}$, 其解向量组的秩等于 $n-r+1$. 非齐次线性方程组的任一解可表示为 $\gamma_0,\gamma_0+\boldsymbol{\eta}_1,\cdots,\gamma_0+\boldsymbol{\eta}_{n-r}$ 的线性组合. 请读者自行思考并证明.

习 题 4

1. 用消元法求解下列线性方程组:

(1) $\begin{cases} x_1-x_2+x_3-x_4=0,\\ 2x_1-x_2+3x_3-2x_4=-1,\\ 3x_1-2x_2-x_3+2x_4=4; \end{cases}$

$$(2)\begin{cases} x_1+2x_2-3x_4+2x_5=1, \\ x_1-x_2-3x_3+x_4-3x_5=2, \\ 2x_1-3x_2+4x_3-5x_4+2x_5=7, \\ 9x_1-9x_2+6x_3-16x_4+2x_5=25; \end{cases}$$

$$(3)\begin{cases} 2x_1+x_2+x_3=2, \\ x_1+3x_2+x_3=5, \\ x_1+x_2+5x_3=-7, \\ 2x_1+3x_2-3x_3=14; \end{cases}$$

$$(4)\begin{cases} 2x_1-2x_2+x_3-x_4+x_5=2, \\ x_1-4x_2+2x_3-2x_4+3x_5=3, \\ 4x_1-10x_2+3x_3-5x_4+7x_5=8, \\ x_1+2x_2-x_3+x_4-2x_5=-1; \end{cases}$$

$$(5)\begin{cases} x_1+x_2-x_3+x_4=1, \\ 3x_1-2x_2+2x_3-3x_4=2, \\ 5x_1+x_2-x_3+2x_4=-1, \\ 2x_1-x_2+x_3-3x_4=4; \end{cases}$$

$$(6)\begin{cases} x_1-2x_2+3x_3-4x_4=4, \\ x_2-x_3+x_4=-3, \\ x_1+3x_2+x_4=1, \\ -7x_2+3x_3+x_4=-3; \end{cases}$$

$$(7)\begin{cases} x_1-x_2+4x_3-2x_4=0, \\ x_1-x_2-x_3+2x_4=0, \\ 3x_1+x_2+7x_3-2x_4=0, \\ x_1-3x_2-12x_3+6x_4=0; \end{cases}$$

$$(8)\begin{cases} x_1+x_2-3x_4-x_5=0, \\ x_1-x_2+2x_3-x_4=0, \\ 4x_1-2x_2+6x_3+3x_4-4x_5=0, \\ 2x_1+4x_2-2x_3+4x_4-7x_5=0. \end{cases}$$

2. 把向量 $\boldsymbol{\beta}$ 表成向量 $\boldsymbol{\alpha}_1,\boldsymbol{\alpha}_2,\boldsymbol{\alpha}_3$ 的线性组合:

(1) $\boldsymbol{\beta}=(0,4,2,5)$, $\boldsymbol{\alpha}_1=(1,2,3,1)$, $\boldsymbol{\alpha}_2=(2,3,1,2)$, $\boldsymbol{\alpha}_3=(3,1,2,-2)$;

(2) $\boldsymbol{\beta}=(2,-1,3,4,-1)$, $\boldsymbol{\alpha}_1=(1,2,-3,1,2)$, $\boldsymbol{\alpha}_2=(5,-5,12,11,-5)$, $\boldsymbol{\alpha}_3=(1,-3,6,3,-3)$.

3. 判断下列向量组是线性相关还是线性无关:

(1) $\boldsymbol{\alpha}_1=(1,0,-1)$, $\boldsymbol{\alpha}_2=(-2,2,0)$, $\boldsymbol{\alpha}_3=(3,-5,2)$;

(2) $\boldsymbol{\alpha}_1=(1,1,3,1)$, $\boldsymbol{\alpha}_2=(3,-1,2,4)$, $\boldsymbol{\alpha}_3=(2,2,7,1)$.

4. 设 $\boldsymbol{\alpha}_1,\boldsymbol{\alpha}_2,\boldsymbol{\alpha}_3$ 线性无关, 证明: $\boldsymbol{\alpha}_1+\boldsymbol{\alpha}_2$, $\boldsymbol{\alpha}_2+\boldsymbol{\alpha}_3$, $\boldsymbol{\alpha}_3+\boldsymbol{\alpha}_1$ 也线性无关.

5. 设 $t_1,t_2,\cdots,t_r$ 是 r 个互不相同的数, $r\leqslant n$, 证明: $\boldsymbol{\alpha}_i=(1,t_i,\cdots,t_i^{n-1})$, $i=1,2,\cdots,r$ 是线性无关的.

6. 设向量 $\boldsymbol{\beta}$ 可以由向量组 $\boldsymbol{\alpha}_1,\boldsymbol{\alpha}_2,\cdots,\boldsymbol{\alpha}_r$ 线性表出, 证明: 表示法唯一的充分必要条件是 $\boldsymbol{\alpha}_1,\boldsymbol{\alpha}_2,\cdots,\boldsymbol{\alpha}_r$ 线性无关.

7. 证明: $\boldsymbol{\alpha}_1,\boldsymbol{\alpha}_2,\cdots,\boldsymbol{\alpha}_s$ (其中 $\boldsymbol{\alpha}_1\neq\mathbf{0}$) 线性相关的充分必要条件是至少有一个 $\boldsymbol{\alpha}_i$ $(1<i\leqslant s)$ 可由 $\boldsymbol{\alpha}_1,\boldsymbol{\alpha}_2,\cdots,\boldsymbol{\alpha}_{i-1}$ 线性表出.

8. 求下列向量组的秩与一个极大无关组, 并将其余向量用此极大无关组线性表出:

(1) $\boldsymbol{\alpha}_1=(1,1,3,1)$, $\boldsymbol{\alpha}_2=(-1,1,-1,3)$, $\boldsymbol{\alpha}_3=(5,-2,8,-9)$, $\boldsymbol{\alpha}_4=(-1,3,1,7)$;

(2) $\boldsymbol{\alpha}_1=(6,4,-1,-1,2)$, $\boldsymbol{\alpha}_2=(1,0,2,3,-4)$, $\boldsymbol{\alpha}_3=(1,4,-9,-16,22)$, $\boldsymbol{\alpha}_4=(7,1,0,-1,3)$.

9. 已知向量组 $\boldsymbol{\alpha}_1,\boldsymbol{\alpha}_2,\cdots,\boldsymbol{\alpha}_r$ 与 $\boldsymbol{\alpha}_1,\boldsymbol{\alpha}_2,\cdots,\boldsymbol{\alpha}_r,\boldsymbol{\alpha}_{r+1},\cdots,\boldsymbol{\alpha}_s$ 有相同的秩, 证明: 向量组 $\boldsymbol{\alpha}_1,\boldsymbol{\alpha}_2,\cdots,\boldsymbol{\alpha}_r$ 与 $\boldsymbol{\alpha}_1,\boldsymbol{\alpha}_2,\cdots,\boldsymbol{\alpha}_r,\boldsymbol{\alpha}_{r+1},\cdots,\boldsymbol{\alpha}_s$ 等价.

10. 设 $\boldsymbol{\beta}_1=\boldsymbol{\alpha}_2+\boldsymbol{\alpha}_3+\cdots+\boldsymbol{\alpha}_r$, $\boldsymbol{\beta}_2=\boldsymbol{\alpha}_1+\boldsymbol{\alpha}_3+\cdots+\boldsymbol{\alpha}_r$, $\cdots$, $\boldsymbol{\beta}_r=\boldsymbol{\alpha}_1+\boldsymbol{\alpha}_2+\cdots+\boldsymbol{\alpha}_{r-1}$, 证明: $\boldsymbol{\beta}_1,\boldsymbol{\beta}_2,\cdots,\boldsymbol{\beta}_r$ 与 $\boldsymbol{\alpha}_1,\boldsymbol{\alpha}_2,\cdots,\boldsymbol{\alpha}_r$ 有相同的秩.

11. 已知两个向量组有相同的秩, 且其中之一可被另一个线性表出, 证明: 这两个向量组等价.

12. 设向量组 $\boldsymbol{\alpha}_1,\boldsymbol{\alpha}_2,\cdots,\boldsymbol{\alpha}_s$ 的秩为 r, 在其中任取 m 个向量 $\boldsymbol{\alpha}_{i_1},\boldsymbol{\alpha}_{i_2},\cdots,\boldsymbol{\alpha}_{i_m}$, 证明:

$$R\{\boldsymbol{\alpha}_{i_1},\boldsymbol{\alpha}_{i_2},\cdots,\boldsymbol{\alpha}_{i_m}\}\geqslant r+m-s.$$

13. 设三个向量组 $\boldsymbol{\alpha}_1,\boldsymbol{\alpha}_2,\cdots,\boldsymbol{\alpha}_s$; $\boldsymbol{\beta}_1,\boldsymbol{\beta}_2,\cdots,\boldsymbol{\beta}_t$; $\boldsymbol{\alpha}_1,\boldsymbol{\alpha}_2,\cdots,\boldsymbol{\alpha}_s,\boldsymbol{\beta}_1,\boldsymbol{\beta}_2,\cdots,\boldsymbol{\beta}_t$ 的秩分别为 r_1,r_2,r_3, 证明:

$$\max\{r_1,r_2\}\leqslant r_3\leqslant r_1+r_2.$$

14. 求下列矩阵的秩:

(1) $\begin{pmatrix} 2 & 1 & 11 & 2\\ 1 & 0 & 4 & -1\\ 11 & 4 & 56 & 5\\ 2 & -1 & 5 & -6\end{pmatrix}$; (2) $\begin{pmatrix} 1 & -1 & 2 & 3 & 4\\ 2 & 1 & -1 & 2 & 0\\ -1 & 2 & 1 & 1 & 3\\ 3 & -7 & 8 & 9 & 13\\ 1 & 5 & -8 & -5 & -12\end{pmatrix}$;

(3) $\begin{pmatrix} 3 & 2 & -1 & 2 & 0 & 1\\ 4 & 1 & 0 & -3 & 0 & 2\\ 2 & -1 & -2 & 1 & 1 & -3\\ 3 & 1 & 3 & -9 & -1 & 6\\ 3 & -1 & 5 & 7 & 2 & -7\end{pmatrix}$.

15. 设

$$\boldsymbol{A}=\begin{pmatrix} a & 1 & 1\\ 1 & a & 1\\ 1 & 1 & a\end{pmatrix},$$

讨论 $\boldsymbol{A}$ 的秩.

16. 判别下列方程组是否有解, 并在有解时求解:

(1) $\begin{cases} x_1+3x_2+5x_3+7x_4=12,\\ 3x_1+5x_2+7x_3+x_4=0,\\ 5x_1+7x_2+x_3+3x_4=4,\\ 7x_1+x_2+3x_3+5x_4=16;\end{cases}$

(2) $\begin{cases} x_1+x_2+x_3+x_4=1, \\ 3x_1+2x_2+x_3-3x_4=-3, \\ x_2+2x_3+3x_4=6, \\ 5x_1+4x_2+3x_3+2x_4=6; \end{cases}$

(3) $\begin{cases} x_1-2x_2+x_3-x_4+x_5=1, \\ 2x_1+x_2-3x_3+2x_4-3x_5=2, \\ 3x_1-2x_2-x_3+x_4-2x_5=2, \\ 2x_1-5x_2+3x_3-2x_4+2x_5=1. \end{cases}$

17. 讨论 a, b 取何值时下列方程组有解, 并求解:

(1) $\begin{cases} 2x_1-x_2+x_3+x_4=1, \\ x_1+2x_2-x_3+4x_4=2, \\ x_1+7x_2-4x_3+11x_4=a; \end{cases}$

(2) $\begin{cases} ax_1+x_2+x_3=1, \\ x_1+ax_2+x_3=a, \\ x_1+x_2+ax_3=a^2; \end{cases}$

(3) $\begin{cases} (a+3)x_1+x_2+2x_3=a, \\ ax_1+(a-1)x_2+x_3=2a, \\ 3(a+1)x_1+ax_2+(a+3)x_3=3; \end{cases}$

(4) $\begin{cases} ax_1+bx_2+2x_3=1, \\ (b-1)x_2+x_3=0, \\ ax_1+bx_2+(1-b)x_3=3-2b. \end{cases}$

18. 已知行列式

$$\begin{vmatrix} a_1 & a_2 & a_3 & a_4 \\ b_1 & b_2 & b_3 & b_4 \\ c_1 & c_2 & c_3 & c_4 \\ d_1 & d_2 & d_3 & d_4 \end{vmatrix} \neq 0,$$

证明: 方程组

$$\begin{cases} a_1x_1+a_2x_2+a_3x_3=a_4, \\ b_1x_1+b_2x_2+b_3x_3=b_4, \\ c_1x_1+c_2x_2+c_3x_3=c_4, \\ d_1x_1+d_2x_2+d_3x_3=d_4 \end{cases}$$

无解.

19. 求下列齐次线性方程组的一个基础解系, 并用它表示出全部的解:

(1) $\begin{cases} x_1+x_2+2x_3-x_4=0, \\ 2x_1+x_2+x_3-x_4=0, \\ 2x_1+2x_2+x_3+2x_4=0; \end{cases}$

(2) $\begin{cases} 3x_1+4x_2-5x_3+7x_4=0, \\ 2x_1-3x_2+3x_3-2x_4=0, \\ 4x_1+11x_2-13x_3+16x_4=0, \\ 7x_1-2x_2+x_3+3x_4=0; \end{cases}$

(3) $\begin{cases} 2x_1 + x_2 - x_3 - x_4 + x_5 = 0, \\ x_1 - x_2 + x_3 + x_4 - 2x_5 = 0, \\ 3x_1 + 3x_2 - 3x_3 - 3x_4 + 4x_5 = 0, \\ 4x_1 + 5x_2 - 5x_3 - 5x_4 + 7x_5 = 0; \end{cases}$

(4) $\begin{cases} x_1 - 2x_2 + x_3 - x_4 + x_5 = 0, \\ 2x_1 + x_2 - x_3 + 2x_4 - 3x_5 = 0, \\ 3x_1 - 2x_2 - x_3 + x_4 - 2x_5 = 0, \\ 2x_1 - 5x_2 + x_3 - 2x_4 + 2x_5 = 0. \end{cases}$

20. 用导出组的基础解系表示下列线性方程组的全部解:

(1) $\begin{cases} 2x_1 + 7x_2 + 3x_3 + x_4 = 6, \\ 3x_1 + 5x_2 + 2x_3 + 2x_4 = 4, \\ 9x_1 + 4x_2 + x_3 + 7x_4 = 2; \end{cases}$

(2) $\begin{cases} x_1 + x_2 + x_3 + x_4 + x_5 = 7, \\ 3x_1 + 2x_2 + x_3 + x_4 - 3x_5 = -2, \\ x_2 + 2x_3 + 2x_4 + 6x_5 = 23, \\ 5x_1 + 4x_2 - 3x_3 + 3x_4 - x_5 = 12; \end{cases}$

(3) $\begin{cases} x_1 + 3x_2 + 5x_3 - 4x_4 = 1, \\ x_1 + 3x_2 + 2x_3 - 2x_4 + x_5 = -1, \\ x_1 - 2x_2 + x_3 - x_4 - x_5 = 3, \\ x_1 - 4x_2 + x_3 + x_4 - x_5 = 3, \\ x_1 + 2x_2 + x_3 - x_4 + x_5 = -1. \end{cases}$

21. 设线性方程组为

$$\begin{cases} x_1 - x_2 = a_1, \\ x_2 - x_3 = a_2, \\ x_3 - x_4 = a_3, \\ x_4 - x_5 = a_4, \\ x_5 - x_1 = a_5, \end{cases}$$

证明: 这个线性方程组有解的充分必要条件为 $\sum\limits_{i=1}^{5} a_i = 0$, 并在有解时求其通解.

22. 已知下列线性方程组:

$$\begin{cases} x_1 + x_2 - 2x_4 = -6, \\ 4x_1 - x_2 - x_3 - x_4 = 1, \\ 3x_1 - x_2 - x_3 = 3, \end{cases} \qquad \text{(I)}$$

$$\begin{cases} x_1 + mx_2 - x_3 - x_4 = -5, \\ nx_2 - x_3 - 2x_4 = -11, \\ x_3 - 2x_4 = -t + 1. \end{cases} \qquad \text{(II)}$$

(1) 用导出组的基础解系表示方程组 (I) 的全部解;

(2) 方程组 (II) 中的 m, n, t 为何值时, 它与方程组 (I) 同解?

23. 设 $\boldsymbol{\alpha}_i=(a_{i1},a_{i2},\cdots,a_{in})$, $i=1,2,\cdots,s$, $\boldsymbol{\beta}=(b_1,b_2,\cdots,b_n)$. 证明: 如果线性方程组

$$\begin{cases}a_{11}x_1+a_{12}x_2+\cdots+a_{1n}x_n=0,\\a_{21}x_1+a_{22}x_2+\cdots+a_{2n}x_n=0,\\\cdots\cdots\cdots\cdots\\a_{s1}x_1+a_{s2}x_2+\cdots+a_{sn}x_n=0\end{cases}$$

的解全是方程 $b_1x_1+b_2x_2+\cdots+b_nx_n=0$ 的解, 那么 $\boldsymbol{\beta}$ 可由 $\boldsymbol{\alpha}_1,\boldsymbol{\alpha}_2,\cdots,\boldsymbol{\alpha}_s$ 线性表出.

24. 设线性方程组

$$\begin{cases}a_{11}x_1+a_{12}x_2+\cdots+a_{1n}x_n=0,\\a_{21}x_1+a_{22}x_2+\cdots+a_{2n}x_n=0,\\\cdots\cdots\cdots\cdots\\a_{n-1,1}x_1+a_{n-1,2}x_2+\cdots+a_{n-1,n}x_n=0\end{cases}$$

的系数矩阵

$$\boldsymbol{A}=\begin{pmatrix}a_{11}&a_{12}&\cdots&a_{1n}\\a_{21}&a_{22}&\cdots&a_{2n}\\\vdots&\vdots&&\vdots\\a_{n-1,1}&a_{n-1,2}&\cdots&a_{n-1,n}\end{pmatrix}$$

的秩为 $n-1$. 记 M_i 是矩阵 $\boldsymbol{A}$ 中划去第 i 列剩下的元素构成的 $n-1$ 阶行列式, 证明: 方程组的任一解为 $(M_1,-M_2,\cdots,(-1)^{n+1}M_n)$ 的倍数.

25. 设 $\boldsymbol{\eta}_1,\boldsymbol{\eta}_2,\cdots,\boldsymbol{\eta}_t$ 为一个非齐次线性方程组的 t 个解, 问 $\boldsymbol{\eta}_1,\boldsymbol{\eta}_2,\cdots,\boldsymbol{\eta}_t$ 怎样的线性组合仍为此方程组的解?

26. 设 $\boldsymbol{\eta}_0$ 是线性方程组的一个解, $\boldsymbol{\eta}_1,\boldsymbol{\eta}_2,\cdots,\boldsymbol{\eta}_t$ 是它的导出组的一个基础解系, 令

$$\boldsymbol{\gamma}_1=\boldsymbol{\eta}_0,\ \boldsymbol{\gamma}_2=\boldsymbol{\eta}_1+\boldsymbol{\eta}_0,\ \cdots,\ \boldsymbol{\gamma}_{t+1}=\boldsymbol{\eta}_t+\boldsymbol{\eta}_0,$$

证明: $\boldsymbol{\gamma}_1,\boldsymbol{\gamma}_2,\cdots,\boldsymbol{\gamma}_{t+1}$ 为线性方程组解向量组的极大无关组.

27. 设 n 阶实方阵

$$\boldsymbol{A}=\begin{pmatrix}a_{11}&a_{12}&\cdots&a_{1n}\\a_{21}&a_{22}&\cdots&a_{2n}\\\vdots&\vdots&&\vdots\\a_{n1}&a_{n2}&\cdots&a_{nn}\end{pmatrix},$$

证明: 若 $|a_{ii}|>\sum\limits_{j\neq i}|a_{ij}|$, $i=1,2,\cdots,n$, 则 $|\boldsymbol{A}|\neq 0$.

28. 设 $a_1,a_2,\cdots,a_n$ 为 n 个互不相同的数, 证明: 线性方程组

$$\begin{cases}a_1^{n-1}x_1+a_1^{n-2}x_2+\cdots+a_1x_{n-1}+x_n=-a_1^n,\\a_2^{n-1}x_1+a_2^{n-2}x_2+\cdots+a_2x_{n-1}+x_n=-a_2^n,\\\cdots\cdots\cdots\cdots\\a_n^{n-1}x_1+a_n^{n-2}x_2+\cdots+a_nx_{n-1}+x_n=-a_n^n\end{cases}$$

有唯一解, 并求解.

5 第五章 线性空间与线性变换

5.1 映　射

作为本章的预备知识, 我们在这一节先来介绍一个基本概念——映射.

定义 5.1.1 设 M_1 与 M_2 是两个非空集合, 集合 M_1 到 M_2 的一个映射 σ 是指一个法则, 使得对 M_1 中的任意一个元素 a_1, 在 M_2 中都存在唯一一个元素 a_2 与之对应. 即 $\forall a_1 \in M_1$, $\exists! a_2 \in M_2$, s.t. $\sigma(a_1) = a_2$, a_2 称为 a_1 在映射 σ 下的像, a_1 称为 a_2 在映射 σ 下的原像.

注意: M_1 中的每一个元素在映射 σ 下只能有一个像, 但 M_2 中的元素在映射 σ 下, 可以有多个原像.

定义 5.1.2 对集合 M_1 到 M_2 的两个映射 σ, τ, 如果 $\forall a_1 \in M_1$, 都有

$$\sigma(a_1) = \tau(a_1),$$

则称它们相等, 记为 $\sigma = \tau$.

下面, 我们来看几个例子.

例 5.1.1 设 M_1 为全体整数的集合, M_2 为全体偶数的集合, 定义

$$\forall n \in M_1,\ \sigma(n) = 2n,$$

则 σ 为 M_1 到 M_2 的一个映射.

例 5.1.2 设 P 为一个数域, 记 $P^{n\times n}$ 为数域 P 上的全体 n 阶方阵的集合, 定义

$$\forall \boldsymbol{A} \in P^{n\times n},\ \sigma(\boldsymbol{A}) = |\boldsymbol{A}|,$$

则 σ 为 $P^{n\times n}$ 到 P 的一个映射. 又定义

$$\forall a \in P,\ \tau(a) = a\boldsymbol{E},$$

则 τ 为 P 到 $P^{n\times n}$ 的一个映射.

例 5.1.3 对于数域 P 上的全体一元多项式的集合 $P[x]$, 定义:

$$\forall f(x) \in P[x],\ \sigma\big(f(x)\big) = f'(x),$$

则 σ 为 $P[x]$ 到自身的一个映射.

定义 5.1.3 设 M 是任意一个非空集合, σ 是 M 到自身的映射, 如果

$$\forall a \in M,\ \sigma(a)=a,$$

则称 σ 为集合 M 的恒等映射, 记为 I_M.

对于映射, 我们可以定义映射的乘法运算.

定义 5.1.4 设 σ 是集合 M_1 到 M_2 的映射, τ 是集合 M_2 到 M_3 的映射, 定义乘积 $\tau\sigma$ 为:

$$\forall a \in M_1,\ (\tau\sigma)(a)=\tau\big(\sigma(a)\big),$$

则 $\tau\sigma$ 为集合 M_1 到 M_3 的一个映射.

如例 5.1.2 中,

$$\forall \boldsymbol{A} \in P^{n\times n},\ (\tau\sigma)(\boldsymbol{A})=\tau\big(\sigma(\boldsymbol{A})\big)=\tau(|\boldsymbol{A}|)=|\boldsymbol{A}|\cdot\boldsymbol{E}.$$

则 $\tau\sigma$ 是 $P^{n\times n}$ 到自身的一个映射.

$$\forall a \in P,\ (\sigma\tau)(a)=\sigma\big(\tau(a)\big)=\sigma(a\boldsymbol{E})=a^n,$$

则 $\sigma\tau$ 是 P 到自身的一个映射.

从这个例子, 我们可以看到, 映射的乘法不满足交换律. 但是, 对于集合 M_1 到 M_2 的任意一个映射, 都有

$$I_{M_2}\sigma=\sigma I_{M_1}=\sigma.$$

映射的乘法满足结合律. 设 $\sigma,\ \tau,\ \varphi$ 分别是 M_1 到 M_2, M_2 到 M_3, M_3 到 M_4 的映射, 则有

$$(\varphi\tau)\sigma=\varphi(\tau\sigma).$$

事实上, $\forall a \in M_1$, 由映射乘法定义可得

$$(\varphi\tau)\sigma(a)=\varphi\tau\big(\sigma(a)\big)=\varphi\big(\tau\big(\sigma(a)\big)\big),$$

$$\varphi(\tau\sigma)(a)=\varphi\big(\tau\sigma(a)\big)=\varphi\big(\tau\big(\sigma(a)\big)\big),$$

所以 $(\varphi\tau)\sigma=\varphi(\tau\sigma)$.

设 σ 为集合 M_1 到 M_2 的一个映射, 记 $\sigma(M_1)$ 为 M_1 中所有元素在映射 σ 下的像构成的集合, 则显然有

$$\sigma(M_1)\subset M_2.$$

定义 5.1.5 如果 $\forall a_2 \in M_2$，都 $\exists a_1 \in M_1$，使得 $\sigma(a_1) = a_2$，即 $\sigma(M_1) = M_2$，则称 σ 为 M_1 到 M_2 的满射.

例如, 例 5.1.1 中的映射 σ, 例 5.1.2 中的映射 σ, 例 5.1.3 中的映射 σ 都是满射, 但例 5.1.2 中的映射 τ, 当 $n \geqslant 2$ 时, 不是满射.

定义 5.1.6 如果对 M_1 中的两个元素 a, b, 当 $a \neq b$ 时, 有 $\sigma(a) \neq \sigma(b)$, 则称 σ 为 M_1 到 M_2 的单射.

例如, 例 5.1.1 中的映射 σ、例 5.1.2 中的映射 τ 都是单射, 而例 5.1.2 中的映射 σ、例 5.1.3 中的映射 σ 都不是单射.

定义 5.1.7 如果映射 σ 既是单射又是满射, 则称 σ 为双射.

例如, 例 5.1.1 中的映射 σ 就是双射, 显然, 集合 M 的恒等映射也是双射.

对于两个有限集合 M_1, M_2, 存在 M_1 到 M_2 的双射的充分必要条件为它们所含元素的个数相同. 因此, 有限集合不可能与其真子集之间建立双射. 但是无限集合则有可能与它的真子集之间建立双射, 例如例 5.1.1.

定义 5.1.8 设 σ 为集合 M_1 到 M_2 的一个双射, 则 $\forall a_2 \in M_2$, $\exists a_1 \in M_1$, 使 $\sigma(a_1) = a_2$, 定义 σ^{-1} 如下:

$$\sigma^{-1}(a_2) = a_1,$$

则 σ^{-1} 为 M_2 到 M_1 的一个映射, 称为 σ 的逆映射.

容易证明, σ^{-1} 是集合 M_2 到 M_1 的一个双射, 且有

$$\sigma^{-1}\sigma = I_{M_1},\ \sigma\sigma^{-1} = I_{M_2}.$$

同时也不难证明, 如果 σ, τ 分别为集合 M_1 到 M_2, M_2 到 M_3 的双射, 则 $\tau\sigma$ 为集合 M_1 到 M_3 的双射.

5.2 线性空间的定义

回顾我们前面讨论过的一元多项式、矩阵以及向量, 我们都曾定义过它们各自的加法及数乘两种运算, 并且它们对这两种运算都满足八条运算规则, 将这些共同特点提取出来, 就可以建立线性空间的概念.

定义 5.2.1　设 P 是一个数域, V 是一个非空集合, 在集合 V 的元素之间定义一种运算, 称为加法, 记为 $+$, 即 $\forall\boldsymbol{\alpha},\ \boldsymbol{\beta}\in V, \exists!\boldsymbol{\gamma}\in V$, s.t. $\boldsymbol{\alpha}+\boldsymbol{\beta}=\boldsymbol{\gamma}$; 又在集合 V 与数域 P 之间定义一种运算, 称为数乘, 记为 $\cdot$, 即 $\forall\boldsymbol{\alpha}\in V$, $\forall k\in P$, $\exists!\boldsymbol{\delta}\in V$, s.t. $k\cdot\boldsymbol{\alpha}=\boldsymbol{\delta}$. 如果这两种运算满足下面八条规则:

(1) $\forall\boldsymbol{\alpha},\ \boldsymbol{\beta}\in V,\ \boldsymbol{\alpha}+\boldsymbol{\beta}=\boldsymbol{\beta}+\boldsymbol{\alpha}$;

(2) $\forall\boldsymbol{\alpha},\ \boldsymbol{\beta},\ \boldsymbol{\gamma}\in V,\ (\boldsymbol{\alpha}+\boldsymbol{\beta})+\boldsymbol{\gamma}=\boldsymbol{\alpha}+(\boldsymbol{\beta}+\boldsymbol{\gamma})$;

(3) V 中存在一个零元素, 记为 $\mathbf{0}$, 使得 $\forall\boldsymbol{\alpha}\in V,\ \boldsymbol{\alpha}+\mathbf{0}=\boldsymbol{\alpha}$;

(4) $\forall\boldsymbol{\alpha}\in V$, 在 V 中存在一个负元素, 记为 $-\boldsymbol{\alpha}$, 使得 $\boldsymbol{\alpha}+(-\boldsymbol{\alpha})=\mathbf{0}$;

(5) $\forall\boldsymbol{\alpha}\in V,\ 1\cdot\boldsymbol{\alpha}=\boldsymbol{\alpha}$;

(6) $\forall k,l\in P,\ \forall\boldsymbol{\alpha}\in V,\ (kl)\cdot\boldsymbol{\alpha}=k(l\cdot\boldsymbol{\alpha})$;

(7) $\forall k,l\in P,\ \forall\boldsymbol{\alpha}\in V,\ (k+l)\cdot\boldsymbol{\alpha}=k\cdot\boldsymbol{\alpha}+l\cdot\boldsymbol{\alpha}$;

(8) $\forall k\in P,\ \forall\boldsymbol{\alpha},\ \boldsymbol{\beta}\in V,\ k\cdot(\boldsymbol{\alpha}+\boldsymbol{\beta})=k\cdot\boldsymbol{\alpha}+k\cdot\boldsymbol{\beta}$;

则称 V 是数域 P 上的线性空间. V 中的元素也常称为向量.

例如数域 P 上的全体 n 维向量的集合 P^n, 关于向量的加法和数乘构成数域 P 上的线性空间; 数域 P 上的全体 $m\times n$ 矩阵的集合 $P^{m\times n}$, 关于矩阵的加法和数乘, 构成数域 P 上的线性空间; 数域 P 上的全体一元多项式的集合 $P[x]$, 关于多项式的加法和数乘, 也构成数域 P 上的线性空间; 数域 P 关于数的加法与乘法, 也构成其自身上的线性空间.

例 5.2.1　在全体正实数的集合 $\mathbf{R}_+$ 中, 定义加法 $\oplus$ 与数乘 $\circ$ 如下:

$$\forall a,\ b\in\mathbf{R}_+,\ a\oplus b=ab;$$

$$\forall a\in\mathbf{R}_+,\ \forall k\in\mathbf{R},\ k\circ a=a^k.$$

显然, 加法 $\oplus$ 满足交换律、结合律, 又 $1\in\mathbf{R}_+$, 有

$$\forall a\in\mathbf{R}_+,\ a\oplus 1=a,$$

且 $\forall a\in\mathbf{R}_+,\ \dfrac{1}{a}\in\mathbf{R}_+$, 有

$$a\oplus\frac{1}{a}=1.$$

又显然

$$\forall a\in\mathbf{R}_+,\ 1\circ a=a,$$

$$\forall k,l\in\mathbf{R},\ \forall a\in\mathbf{R}_+,\ (kl)\circ a=a^{kl}=(a^l)^k=k\circ(l\circ a),$$

$$\forall k,l\in\mathbf{R},\ \forall a\in\mathbf{R}_+,\ (k+l)\circ a=a^{k+l}=a^ka^l=(k\circ a)\oplus(l\circ a),$$

$$\forall k\in\mathbf{R},\ \forall a,\ b\in\mathbf{R}_+,\ k\circ(a\oplus b)=k\circ(ab)=(ab)^k=a^kb^k=(k\circ a)\oplus(k\circ b),$$

所以, $\mathbf{R}_+$ 关于加法 $\oplus$ 及数乘 $\circ$ 构成 $\mathbf{R}$ 上的线性空间.

由线性空间定义, 我们还可以得到以下一些简单性质:

(1) 零元素是唯一的.

事实上, 若 $\mathbf{0}_1, \ \mathbf{0}_2 \in V$ 都是零元素, 则有

$$\mathbf{0}_2 = \mathbf{0}_1 + \mathbf{0}_2 = \mathbf{0}_1.$$

(2) 任意元素的负元素是唯一的.

事实上, 对 $\boldsymbol{\alpha} \in V$, 若 $\boldsymbol{\beta}_1, \ \boldsymbol{\beta}_2 \in V$ 都是 $\boldsymbol{\alpha}$ 的负元素, 则有

$$\boldsymbol{\beta}_2 = \boldsymbol{\beta}_2 + \mathbf{0} = \boldsymbol{\beta}_2 + (\boldsymbol{\alpha} + \boldsymbol{\beta}_1) = (\boldsymbol{\beta}_2 + \boldsymbol{\alpha}) + \boldsymbol{\beta}_1 = \mathbf{0} + \boldsymbol{\beta}_1 = \boldsymbol{\beta}_1.$$

(3) 加法满足消去律, 即若 $\boldsymbol{\alpha} + \boldsymbol{\beta} = \boldsymbol{\alpha} + \boldsymbol{\gamma}$, 则 $\boldsymbol{\beta} = \boldsymbol{\gamma}$.

事实上, $\boldsymbol{\beta} = \boldsymbol{\beta} + \mathbf{0} = \boldsymbol{\beta} + \boldsymbol{\alpha} + (-\boldsymbol{\alpha}) = \boldsymbol{\gamma} + \boldsymbol{\alpha} + (-\boldsymbol{\alpha}) = \boldsymbol{\gamma}.$

(4) $\forall \boldsymbol{\alpha} \in V, \ 0 \cdot \boldsymbol{\alpha} = \mathbf{0}, \ (-1) \cdot \boldsymbol{\alpha} = -\boldsymbol{\alpha}; \ \forall k \in P, \ k \cdot \mathbf{0} = \mathbf{0}.$

事实上, $\forall \boldsymbol{\alpha} \in V$,

$$0 \cdot \boldsymbol{\alpha} + \boldsymbol{\alpha} = 0 \cdot \boldsymbol{\alpha} + 1 \cdot \boldsymbol{\alpha} = (0 + 1)\boldsymbol{\alpha} = 1 \cdot \boldsymbol{\alpha} = \boldsymbol{\alpha},$$

由零元素的唯一性, 即得

$$0 \cdot \boldsymbol{\alpha} = \mathbf{0}.$$

由此可得

$$\boldsymbol{\alpha} + (-1) \cdot \boldsymbol{\alpha} = (1 + (-1)) \cdot \boldsymbol{\alpha} = 0 \cdot \boldsymbol{\alpha} = \mathbf{0}.$$

由负元素的唯一性, 可得

$$(-1) \cdot \boldsymbol{\alpha} = -\boldsymbol{\alpha}.$$

$\forall k \in P$,

$$k \cdot \mathbf{0} = k \cdot (\mathbf{0} + \mathbf{0}) = k \cdot \mathbf{0} + k \cdot \mathbf{0},$$

同样由零元素的唯一性, 可得

$$k \cdot \mathbf{0} = \mathbf{0}.$$

(5) 若 $k \cdot \boldsymbol{\alpha} = \mathbf{0}$, 则 $k = 0$ 或 $\boldsymbol{\alpha} = \mathbf{0}$.

事实上, 若 $k \neq 0$, 则

$$\boldsymbol{\alpha} = \left(\frac{1}{k} \cdot k\right) \cdot \boldsymbol{\alpha} = \frac{1}{k}(k \cdot \boldsymbol{\alpha}) = \frac{1}{k} \cdot \mathbf{0} = \mathbf{0}.$$

5.3 维数、基与坐标

首先, 同向量空间中向量之间的线性表出、线性相关、线性无关以及极大无关组与秩的定义方式一样, 我们可以定义线性空间中的这些概念. 这样, 向量空间中有关线性相关关系的结论, 在线性空间中同样成立.

例如在实函数空间中, 由于

$$\cos 2t = 2\cos^2 t - 1,$$

故 $1,\ \cos^2 t,\ \cos 2t$ 是线性相关的.

又例如 $1,\ x,\ x^2,\ \cdots,\ x^n$ 是 $P[x]$ 中的线性无关向量组, 而 $\{\boldsymbol{E}_{ij},\ i = 1,2,\ \cdots,\ m,\ j = 1,2,\ \cdots,\ n\}$ 是 $P^{m\times n}$ 中的线性无关向量组, 其中 $\boldsymbol{E}_{ij}$ 为只有 $(i,\ j)$ 位置元素是 1, 其余位置元素全为 0 的 $m \times n$ 矩阵.

定义 5.3.1 将线性空间 V 看作向量组, 它的秩称为 V 的维数, 记为 $\dim V$; 它的极大无关组称为 V 的基.

在向量空间中, 关于向量组的秩与极大无关组成立的结论, 在线性空间中关于维数与基同样成立.

例 5.3.1 n 个 n 维单位向量 $\varepsilon_1, \varepsilon_2, \cdots, \varepsilon_n$ 是线性空间 P^n 的一组基, 因而

$$\dim P^n = n.$$

例 5.3.2 $\boldsymbol{E}_{ij},\ i = 1,\ 2,\ \cdots,\ m,\ j = 1,\ 2,\ \cdots,\ n$ 是线性空间 $P^{m\times n}$ 的一组基, 因而

$$\dim P^{m\times n} = mn.$$

例 5.3.3 $1,\ x,\ x^2,\ \cdots,\ x^n,\ \cdots$ 是线性空间 $P[x]$ 的基, 因而

$$\dim P[x] = +\infty.$$

若记 $P[x]_n$ 为 $P[x]$ 中次数小于 n 的多项式的全体, 则 $P[x]_n$ 也为线性空间, 且 $1, x, x^2, \cdots, x^{n-1}$ 是 $P[x]_n$ 的基, 因而

$$\dim P[x]_n = n.$$

今后, 我们一般讨论有限维线性空间, 也就是说, 不对维数作特别声明时, 总假定维数是有限的.

定义 5.3.2 设 $\varepsilon_1,\varepsilon_2,\cdots,\varepsilon_n$ 是线性空间 V 的一组基, $\boldsymbol{\alpha}$ 是 V 中的任一向量, $\boldsymbol{\alpha}$ 可由 $\varepsilon_1,\varepsilon_2,\cdots,\varepsilon_n$ 线性表出, 即存在 $x_1,x_2,\cdots,x_n\in P$, 使得

$$\boldsymbol{\alpha}=x_1\varepsilon_1+x_2\varepsilon_2+\cdots+x_n\varepsilon_n,$$

则称 P^n 中的向量 $(x_1,x_2,\cdots,x_n)$ 为 $\boldsymbol{\alpha}$ 在基 $\varepsilon_1,\varepsilon_2,\cdots,\varepsilon_n$ 下的坐标.

向量 $\boldsymbol{\alpha}$ 在一组基下的坐标是被基唯一确定的. 事实上, 若还有 P^n 中的向量 $(y_1,y_2,\cdots,y_n)$ 也为 $\boldsymbol{\alpha}$ 在基 $\varepsilon_1,\varepsilon_2,\cdots,\varepsilon_n$ 下的坐标, 则

$$\boldsymbol{\alpha}=y_1\varepsilon_1+y_2\varepsilon_2+\cdots+y_n\varepsilon_n,$$

于是,

$$(x_1-y_1)\varepsilon_1+(x_2-y_2)\varepsilon_2+\cdots+(x_n-y_n)\varepsilon_n=\mathbf{0}.$$

由于 $\varepsilon_1,\varepsilon_2,\cdots,\varepsilon_n$ 线性无关, 从而

$$x_i-y_i=0,\ i=1,\ 2,\ \cdots,\ n,$$

即

$$(x_1,x_2,\cdots,x_n)=(y_1,y_2,\cdots,y_n).$$

例 5.3.4 在线性空间 $P[x]_n$ 中, 1, x, x^2, $\cdots$, x^{n-1} 是一组基, 则多项式

$$f(x)=a_0+a_1x+\cdots+a_{n-1}x^{n-1}$$

在这组基下的坐标为 $(a_0,\ a_1,\ \cdots,\ a_{n-1})$.

例 5.3.5 在线性空间 P^n 中, 向量 $\boldsymbol{\alpha}=(a_1,\ a_2,\ \cdots,\ a_n)$ 在单位向量 $\varepsilon_1,\varepsilon_2,\cdots,\varepsilon_n$ 这组基下的坐标就是 $(a_1,\ a_2,\ \cdots,\ a_n)$. 不难证明:

$$\begin{cases}\boldsymbol{\delta}_1=(1,1,\cdots,1),\\ \boldsymbol{\delta}_2=(0,1,\cdots,1),\\ \cdots\cdots\cdots\cdots\\ \boldsymbol{\delta}_n=(0,0,\cdots,1)\end{cases}$$

是 P^n 中 n 个线性无关的向量, 可以成为 P^n 的另一组基, 由于

$$\boldsymbol{\alpha}=a_1\boldsymbol{\delta}_1+(a_2-a_1)\boldsymbol{\delta}_2+\cdots+(a_n-a_{n-1})\boldsymbol{\delta}_n,$$

所以, $\boldsymbol{\alpha}$ 在基 $\boldsymbol{\delta}_1,\ \boldsymbol{\delta}_2,\ \cdots,\ \boldsymbol{\delta}_n$ 下的坐标为 $(a_1,\ a_2-a_1,\ \cdots,\ a_n-a_{n-1})$.

在线性空间 V 的一组基之下, V 中的向量与其坐标是一一对应的, 表现在以下几个方面:

(1) V 中的向量 $\boldsymbol{\alpha}$ 是零向量当且仅当它的坐标为 P^n 中的零向量;

(2) V 中的两个向量相等当且仅当它们的坐标在 P^n 中相等;

(3) V 中一组向量线性组合的坐标就是这组向量坐标的线性组合;

(4) V 中一组向量线性相关当且仅当它们的坐标在 P^n 中线性相关.

这几个性质很容易证明, 请读者自行完成.

以后, 为了便于书写, 我们引入一种形式上的写法. 取定 V 的一组基 $\boldsymbol{\varepsilon}_1,\boldsymbol{\varepsilon}_2,\cdots,\boldsymbol{\varepsilon}_n$. 对 $\boldsymbol{\alpha}\in V$, 在这组基下的坐标为 $(a_1,\ a_2,\ \cdots,\ a_n)$, 即

$$\boldsymbol{\alpha}=a_1\boldsymbol{\varepsilon}_1+a_2\boldsymbol{\varepsilon}_2+\cdots+a_n\boldsymbol{\varepsilon}_n,$$

我们记为

$$\boldsymbol{\alpha}=(\boldsymbol{\varepsilon}_1,\boldsymbol{\varepsilon}_2,\cdots,\boldsymbol{\varepsilon}_n)\begin{pmatrix}a_1\\a_2\\\vdots\\a_n\end{pmatrix},$$

这里把 $\boldsymbol{\alpha}$ 的坐标记为 n 维列向量. 对 V 中的 s 个向量 $\boldsymbol{\alpha}_i,\ i=1,\ 2,\ \cdots,\ s$, 我们记

$$(\boldsymbol{\alpha}_1,\boldsymbol{\alpha}_2,\cdots,\boldsymbol{\alpha}_s)=(\boldsymbol{\varepsilon}_1,\boldsymbol{\varepsilon}_2,\cdots,\boldsymbol{\varepsilon}_n)\begin{pmatrix}a_{11}&a_{12}&\cdots&a_{1s}\\a_{21}&a_{22}&\cdots&a_{2s}\\\vdots&\vdots&&\vdots\\a_{n1}&a_{n2}&\cdots&a_{ns}\end{pmatrix},$$

上式中 $n\times s$ 矩阵的第 i 列即为 $\boldsymbol{\alpha}_i$ 在基 $\boldsymbol{\varepsilon}_1,\boldsymbol{\varepsilon}_2,\cdots,\boldsymbol{\varepsilon}_n$ 下的坐标, $i=1,2,\cdots,s$.

5.4 基变换与坐标变换

在 n 维线性空间 V 中, 任意 n 个线性无关的向量都可以成为 V 的一组基.

设 $\boldsymbol{\varepsilon}_1, \boldsymbol{\varepsilon}_2, \cdots, \boldsymbol{\varepsilon}_n$ 与 $\boldsymbol{\delta}_1, \boldsymbol{\delta}_2, \cdots, \boldsymbol{\delta}_n$ 是 n 维线性空间 V 的两组基, 则 $\boldsymbol{\delta}_1, \boldsymbol{\delta}_2, \cdots, \boldsymbol{\delta}_n$ 可由 $\boldsymbol{\varepsilon}_1, \boldsymbol{\varepsilon}_2, \cdots, \boldsymbol{\varepsilon}_n$ 线性表出,

$$\begin{cases} \boldsymbol{\delta}_1 = a_{11}\boldsymbol{\varepsilon}_1 + a_{21}\boldsymbol{\varepsilon}_2 + \cdots + a_{n1}\boldsymbol{\varepsilon}_n, \\ \boldsymbol{\delta}_2 = a_{12}\boldsymbol{\varepsilon}_1 + a_{22}\boldsymbol{\varepsilon}_2 + \cdots + a_{n2}\boldsymbol{\varepsilon}_n, \\ \cdots\cdots\cdots\cdots \\ \boldsymbol{\delta}_n = a_{1n}\boldsymbol{\varepsilon}_1 + a_{2n}\boldsymbol{\varepsilon}_2 + \cdots + a_{nn}\boldsymbol{\varepsilon}_n. \end{cases}$$

即 $(a_{1j}, a_{2j}, \cdots, a_{nj})$ 为 $\boldsymbol{\delta}_j$ 在基 $\boldsymbol{\varepsilon}_1, \boldsymbol{\varepsilon}_2, \cdots, \boldsymbol{\varepsilon}_n$ 下的坐标, $j = 1, 2, \cdots, n$.

由于 $\boldsymbol{\delta}_1, \boldsymbol{\delta}_2, \cdots, \boldsymbol{\delta}_n$ 是线性无关的, 所以 $(a_{1j}, a_{2j}, \cdots, a_{nj})$, $j = 1, 2, \cdots, n$ 是 P^n 中 n 个线性无关的向量, 从而以它们为列形成的矩阵

$$\boldsymbol{A} = \begin{pmatrix} a_{11} & a_{12} & \cdots & a_{1n} \\ a_{21} & a_{22} & \cdots & a_{2n} \\ \vdots & \vdots & & \vdots \\ a_{n1} & a_{n2} & \cdots & a_{nn} \end{pmatrix}$$

是 n 阶可逆矩阵.

称矩阵 $\boldsymbol{A}$ 为由基 $\boldsymbol{\varepsilon}_1, \boldsymbol{\varepsilon}_2, \cdots, \boldsymbol{\varepsilon}_n$ 到基 $\boldsymbol{\delta}_1, \boldsymbol{\delta}_2, \cdots, \boldsymbol{\delta}_n$ 的过渡矩阵.

我们用如下形式来表示两组基之间的变换:

$$(\boldsymbol{\delta}_1, \boldsymbol{\delta}_2, \cdots, \boldsymbol{\delta}_n) = (\boldsymbol{\varepsilon}_1, \boldsymbol{\varepsilon}_2, \cdots, \boldsymbol{\varepsilon}_n)\boldsymbol{A}.$$

关于过渡矩阵有下述简单而有用的性质:

(1) 如果由基 $\boldsymbol{\varepsilon}_1, \boldsymbol{\varepsilon}_2, \cdots, \boldsymbol{\varepsilon}_n$ 到基 $\boldsymbol{\delta}_1, \boldsymbol{\delta}_2, \cdots, \boldsymbol{\delta}_n$ 的过渡矩阵为 $\boldsymbol{A}$, 则由基 $\boldsymbol{\delta}_1, \boldsymbol{\delta}_2, \cdots, \boldsymbol{\delta}_n$ 到基 $\boldsymbol{\varepsilon}_1, \boldsymbol{\varepsilon}_2, \cdots, \boldsymbol{\varepsilon}_n$ 的过渡矩阵为 $\boldsymbol{A}^{-1}$. 这是因为

$$(\boldsymbol{\varepsilon}_1, \boldsymbol{\varepsilon}_2, \cdots, \boldsymbol{\varepsilon}_n) = (\boldsymbol{\delta}_1, \boldsymbol{\delta}_2, \cdots, \boldsymbol{\delta}_n)\boldsymbol{A}^{-1}.$$

(2) 如果由基 $\boldsymbol{\varepsilon}_1, \boldsymbol{\varepsilon}_2, \cdots, \boldsymbol{\varepsilon}_n$ 到基 $\boldsymbol{\delta}_1, \boldsymbol{\delta}_2, \cdots, \boldsymbol{\delta}_n$ 的过渡矩阵为 $\boldsymbol{A}$, 由基 $\boldsymbol{\delta}_1, \boldsymbol{\delta}_2, \cdots, \boldsymbol{\delta}_n$ 到基 $\boldsymbol{\eta}_1, \boldsymbol{\eta}_2, \cdots, \boldsymbol{\eta}_n$ 的过渡矩阵为 $\boldsymbol{B}$, 则由基 $\boldsymbol{\varepsilon}_1, \boldsymbol{\varepsilon}_2, \cdots, \boldsymbol{\varepsilon}_n$ 到基 $\boldsymbol{\eta}_1, \boldsymbol{\eta}_2, \cdots, \boldsymbol{\eta}_n$ 的过渡矩阵为 $\boldsymbol{AB}$. 这是因为

$$(\boldsymbol{\eta}_1, \boldsymbol{\eta}_2, \cdots, \boldsymbol{\eta}_n) = (\boldsymbol{\delta}_1, \boldsymbol{\delta}_2, \cdots, \boldsymbol{\delta}_n)\boldsymbol{B} = (\boldsymbol{\varepsilon}_1, \boldsymbol{\varepsilon}_2, \cdots, \boldsymbol{\varepsilon}_n)\boldsymbol{AB}.$$

在线性空间问题的讨论中, 我们常常需要构造线性空间的基. 其实, 只要已知线性空间的一组基, 任给一个可逆矩阵, 我们都可以得到一组新的基. 这是因为, 若设 $\boldsymbol{\varepsilon}_1, \boldsymbol{\varepsilon}_2, \cdots, \boldsymbol{\varepsilon}_n$ 是一组已知的基, 对任意 n 阶可逆矩阵 $\boldsymbol{A}$, 令

$$(\boldsymbol{\delta}_1, \boldsymbol{\delta}_2, \cdots, \boldsymbol{\delta}_n) = (\boldsymbol{\varepsilon}_1, \boldsymbol{\varepsilon}_2, \cdots, \boldsymbol{\varepsilon}_n)\boldsymbol{A},$$

即以 $\boldsymbol{A}$ 的 n 个列向量为坐标, 产生 n 个向量 $\boldsymbol{\delta}_1$, $\boldsymbol{\delta}_2$, $\cdots$, $\boldsymbol{\delta}_n$, 由于 $\boldsymbol{A}$ 可逆, $\boldsymbol{A}$ 的 n 个列向量线性无关, 则 $\boldsymbol{\delta}_1$, $\boldsymbol{\delta}_2$, $\cdots$, $\boldsymbol{\delta}_n$ 为 V 中 n 个线性无关的向量, 从而可构成 V 的一组基.

下面我们再来看, 随着基的改变, 同一个向量在不同基下的坐标是怎么变化的.

设 $\boldsymbol{\xi}$ 是 V 中的向量, 它在基 ε_1, ε_2, $\cdots$, ε_n 下的坐标为 $(x_1, x_2, \cdots, x_n)$, 在基 $\boldsymbol{\delta}_1$, $\boldsymbol{\delta}_2$, $\cdots$, $\boldsymbol{\delta}_n$ 下的坐标为 $(y_1, y_2, \cdots, y_n)$, 即有

$$\boldsymbol{\xi} = (\varepsilon_1, \varepsilon_2, \cdots, \varepsilon_n)\begin{pmatrix} x_1 \\ x_2 \\ \vdots \\ x_n \end{pmatrix}, \quad \boldsymbol{\xi} = (\boldsymbol{\delta}_1, \boldsymbol{\delta}_2, \cdots, \boldsymbol{\delta}_n)\begin{pmatrix} y_1 \\ y_2 \\ \vdots \\ y_n \end{pmatrix}.$$

由于

$$(\boldsymbol{\delta}_1, \boldsymbol{\delta}_2, \cdots, \boldsymbol{\delta}_n) = (\varepsilon_1, \varepsilon_2, \cdots, \varepsilon_n)\boldsymbol{A},$$

则有

$$\boldsymbol{\xi} = (\varepsilon_1, \varepsilon_2, \cdots, \varepsilon_n)\boldsymbol{A}\begin{pmatrix} y_1 \\ y_2 \\ \vdots \\ y_n \end{pmatrix}.$$

因为一个向量在一组基下的坐标是唯一确定的, 所以有

$$\begin{pmatrix} x_1 \\ x_2 \\ \vdots \\ x_n \end{pmatrix} = \boldsymbol{A}\begin{pmatrix} y_1 \\ y_2 \\ \vdots \\ y_n \end{pmatrix},$$

由于 $\boldsymbol{A}$ 是可逆的, 所以也有

$$\begin{pmatrix} y_1 \\ y_2 \\ \vdots \\ y_n \end{pmatrix} = \boldsymbol{A}^{-1}\begin{pmatrix} x_1 \\ x_2 \\ \vdots \\ x_n \end{pmatrix}.$$

这两个等式, 给出了在基变换下的向量坐标变换公式.

例 5.4.1 已知 P^n 中的两组基分别为

$$\begin{cases}\boldsymbol{\varepsilon}_1=(1,\ 0,\ \cdots,\ 0),\\ \boldsymbol{\varepsilon}_2=(0,\ 1,\ \cdots,\ 0),\\ \cdots\cdots\cdots\cdots\\ \boldsymbol{\varepsilon}_n=(0,\ 0,\ \cdots,\ 1),\end{cases}\qquad \begin{cases}\boldsymbol{\delta}_1=(1,\ 0,\ \cdots,\ 0),\\ \boldsymbol{\delta}_2=(1,\ 1,\ \cdots,\ 0),\\ \cdots\cdots\cdots\cdots\\ \boldsymbol{\delta}_n=(1,\ 1,\ \cdots,\ 1),\end{cases}$$

则由基 $\boldsymbol{\varepsilon}_1,\ \boldsymbol{\varepsilon}_2,\ \cdots,\ \boldsymbol{\varepsilon}_n$ 到 $\boldsymbol{\delta}_1,\ \boldsymbol{\delta}_2,\ \cdots,\ \boldsymbol{\delta}_n$ 的过渡矩阵为

$$\boldsymbol{A}=\begin{pmatrix}1&1&\cdots&1\\0&1&\cdots&1\\\vdots&\vdots&&\vdots\\0&0&\cdots&1\end{pmatrix}.$$

如果向量 $\boldsymbol{\xi}$ 在这两组基下的坐标分别为 $(x_1,\ x_2,\ \cdots,\ x_n)$ 和 $(y_1,y_2,\cdots,y_n)$, 则

$$\begin{pmatrix}x_1\\x_2\\\vdots\\x_n\end{pmatrix}=\boldsymbol{A}\begin{pmatrix}y_1\\y_2\\\vdots\\y_n\end{pmatrix}=\begin{pmatrix}y_1+y_2+\cdots+y_n\\y_2+\cdots+y_n\\\vdots\\y_n\end{pmatrix},$$

或

$$\begin{pmatrix}y_1\\y_2\\\vdots\\y_n\end{pmatrix}=\boldsymbol{A}^{-1}\begin{pmatrix}x_1\\x_2\\\vdots\\x_n\end{pmatrix}$$

$$=\begin{pmatrix}1&-1&0&\cdots&0&0\\0&1&-1&\cdots&0&0\\\vdots&\vdots&\vdots&&\vdots&\vdots\\0&0&0&\cdots&1&-1\\0&0&0&\cdots&0&1\end{pmatrix}\begin{pmatrix}x_1\\x_2\\\vdots\\x_{n-1}\\x_n\end{pmatrix}=\begin{pmatrix}x_1-x_2\\x_2-x_3\\\vdots\\x_{n-1}-x_n\\x_n\end{pmatrix}.$$

例 5.4.2 在线性空间 $P[x]_n$ 中, 令

$$\begin{cases}f_1(x)=(x-a_2)(x-a_3)\cdots(x-a_n),\\ f_2(x)=(x-a_1)(x-a_3)\cdots(x-a_n),\\ \cdots\cdots\cdots\cdots\\ f_n(x)=(x-a_1)(x-a_2)\cdots(x-a_{n-1}),\end{cases}$$

其中 $a_1, a_2, \cdots, a_n$ 是 n 个互相不同的数, 则 $f_1(x), f_2(x), \cdots, f_n(x)$ 也是 $P[x]_n$ 的一组基. 这是因为, 设

$$k_1 f_1(x) + k_2 f_2(x) + \cdots + k_n f_n(x) = 0,$$

此式对任意 x 都成立, 于是对 $x = a_i,\ i = 1,\ 2,\ \cdots,\ n$, 由于

$$f_i(a_i) \neq 0,\ i = 1, 2, \cdots, n, \quad f_j(a_i) = 0,\ j = 1, 2, \cdots, n \text{ 且 } j \neq i,$$

于是

$$k_i f_i(a_i) = 0,\ k_i = 0,\ i = 1,\ 2,\ \cdots,\ n.$$

从而 $f_1(x), f_2(x), \cdots, f_n(x)$ 线性无关, 可构成 $P[x]_n$ 的一组基.

当 $a_1, a_2, \cdots, a_n$ 为 n 个 n 次单位根时, 即 $a_i^n = 1,\ i = 1,\ 2,\ \cdots,\ n$, 则有

$$f_i(x) = \frac{x^n - 1}{x - a_i} = x^{n-1} + a_i x^{n-2} + \cdots + a_i^{n-2} x + a_i^{n-1},\ i = 1,\ 2,\ \cdots,\ n.$$

所以, 由基 $1,\ x,\ \cdots,\ x^{n-1}$ 到基 $f_1(x), f_2(x), \cdots, f_n(x)$ 的过渡矩阵为

$$\begin{pmatrix} a_1^{n-1} & a_2^{n-1} & \cdots & a_n^{n-1} \\ a_1^{n-2} & a_2^{n-2} & \cdots & a_n^{n-2} \\ \vdots & \vdots & & \vdots \\ a_1 & a_2 & \cdots & a_n \\ 1 & 1 & \cdots & 1 \end{pmatrix}.$$

5.5 线性子空间

定义 5.5.1 设 V 是数域 P 上的一个线性空间, 如果 V 的一个非空子集 W 对于 V 中的两种运算 (加法和数乘) 也构成一个线性空间, 则称 W 为 V 的一个线性子空间, 简称子空间.

下面来分析一个非空子集 W 满足什么条件时, 才能成为子空间.

由于 W 是 V 的一部分, 对于 V 中的加法和数乘运算, W 中的向量也满足线性空间定义中的第 (1)、(2)、(5)、(6)、(7)、(8) 条, 为了使 W 也构成线性空间, 要求 W 要对 V 中的两种运算封闭, 以及满足线性空间定义中的第 (3)、(4) 条. 不难看出, 如果 W 对 V 中的两种运算封闭, 则 (3)、(4) 自然就满足了. 于是, 我们有如下定理.

定理 5.5.1 如果线性空间 V 的非空子集 W 对于 V 中的两种运算是封闭的, 则 W 是 V 的一个子空间.

既然子空间也是一个线性空间, 那么维数、基、坐标的概念也可以应用到子空间上. 因为子空间中不可能有比整个空间中更多的线性无关的向量, 所以, 任何一个子空间的维数都不可能超过整个空间的维数.

例 5.5.1 设 V 是一个线性空间, 则 V 与 $\{\mathbf{0}\}$ 都是 V 的子空间, 其中 $\{\mathbf{0}\}$ 称为零子空间. 它们叫做平凡子空间, 其他的子空间叫做非平凡子空间.

例 5.5.2 $P[x]_n$ 是 $P[x]$ 的子空间.

例 5.5.3 齐次线性方程组

$$\begin{cases} a_{11}x_1 + a_{12}x_2 + \cdots + a_{1n}x_n = 0, \\ a_{21}x_1 + a_{22}x_2 + \cdots + a_{2n}x_n = 0, \\ \cdots\cdots\cdots\cdots \\ a_{m1}x_1 + a_{m2}x_2 + \cdots + a_{mn}x_n = 0 \end{cases}$$

的全体解向量构成的集合是 P^n 的子空间, 称为齐次线性方程组的解空间. 解空间的基就是方程组的基础解系, 解空间的维数就是 $n-r$, 其中 r 为系数矩阵的秩.

例 5.5.4 设 $\boldsymbol{\alpha}_1, \boldsymbol{\alpha}_2, \cdots, \boldsymbol{\alpha}_s$ 是线性空间 V 中的一组向量, 这些向量的全部的线性组合构成的集合是 V 的子空间, 称为由 $\boldsymbol{\alpha}_1, \boldsymbol{\alpha}_2, \cdots, \boldsymbol{\alpha}_s$ 生成的子空间, 记为

$$L(\boldsymbol{\alpha}_1, \boldsymbol{\alpha}_2, \cdots, \boldsymbol{\alpha}_s) = \left\{ \sum_{i=1}^{s} k_i \boldsymbol{\alpha}_i \,\middle|\, k_i \in P, \ i = 1, 2, \cdots, s \right\}.$$

这个子空间的基就是向量组 $\boldsymbol{\alpha}_1, \boldsymbol{\alpha}_2, \cdots, \boldsymbol{\alpha}_s$ 的极大无关组, 这个子空间的维数就是向量组 $\boldsymbol{\alpha}_1, \boldsymbol{\alpha}_2, \cdots, \boldsymbol{\alpha}_s$ 的秩. 并且不难证明: 两个向量组生成的子空间相同的充分必要条件是这两个向量组等价.

定理 5.5.2 设 W 是 n 维线性空间 V 的一个 r 维子空间, $\boldsymbol{\alpha}_1, \boldsymbol{\alpha}_2, \cdots, \boldsymbol{\alpha}_r$ 是 W 的一组基, 则这组向量可以扩充为整个线性空间 V 的一组基.

证明 在 V 中取一组基 $\boldsymbol{\varepsilon}_1, \boldsymbol{\varepsilon}_2, \cdots, \boldsymbol{\varepsilon}_n$. 对 r 作归纳证明.

$r=1$ 时, 则 $\boldsymbol{\alpha}_1 \neq \mathbf{0}$, $\boldsymbol{\alpha}_1$ 线性无关, 且 $\boldsymbol{\alpha}_1$ 可被 $\boldsymbol{\varepsilon}_1, \boldsymbol{\varepsilon}_2, \cdots, \boldsymbol{\varepsilon}_n$ 线性表出:

$$\boldsymbol{\alpha}_1 = k_1\boldsymbol{\varepsilon}_1 + k_2\boldsymbol{\varepsilon}_2 + \cdots + k_n\boldsymbol{\varepsilon}_n,$$

则 $k_1, k_2, \cdots, k_n$ 不全为零, 不妨设 $k_1 \neq 0$. 于是

$$\boldsymbol{\varepsilon}_1 = \frac{1}{k_1}\boldsymbol{\alpha}_1 - \frac{k_2}{k_1}\boldsymbol{\varepsilon}_2 - \cdots - \frac{k_n}{k_1}\boldsymbol{\varepsilon}_n,$$

因而 $\boldsymbol{\varepsilon}_1, \boldsymbol{\varepsilon}_2, \cdots, \boldsymbol{\varepsilon}_n$ 与 $\boldsymbol{\alpha}_1, \boldsymbol{\varepsilon}_2, \cdots, \boldsymbol{\varepsilon}_n$ 等价. 故 $\boldsymbol{\alpha}_1, \boldsymbol{\varepsilon}_2, \cdots, \boldsymbol{\varepsilon}_n$ 也线性无关, 构成 V 的一组基.

假设定理结论对 $r-1$ 成立, 即 $\boldsymbol{\alpha}_1, \boldsymbol{\alpha}_2, \cdots, \boldsymbol{\alpha}_{r-1}$ 可扩充为 V 的一组基

$$\boldsymbol{\alpha}_1, \boldsymbol{\alpha}_2, \cdots, \boldsymbol{\alpha}_{r-1}, \boldsymbol{\varepsilon}_{j_r}, \boldsymbol{\varepsilon}_{j_{r+1}}, \cdots, \boldsymbol{\varepsilon}_{j_n}.$$

$\boldsymbol{\alpha}_r$ 可由这组基线性表出:

$$\boldsymbol{\alpha}_r = k_1\boldsymbol{\alpha}_1 + k_2\boldsymbol{\alpha}_2 + \cdots + k_{r-1}\boldsymbol{\alpha}_{r-1} + k_r\boldsymbol{\varepsilon}_{j_r} + k_{r+1}\boldsymbol{\varepsilon}_{j_{r+1}} + \cdots + k_n\boldsymbol{\varepsilon}_{j_n}.$$

若 $k_r = k_{r+1} = \cdots = k_n = 0$, 则有

$$\boldsymbol{\alpha}_r = k_1\boldsymbol{\alpha}_1 + k_2\boldsymbol{\alpha}_2 + \cdots + k_{r-1}\boldsymbol{\alpha}_{r-1},$$

与 $\boldsymbol{\alpha}_1, \boldsymbol{\alpha}_2, \cdots, \boldsymbol{\alpha}_r$ 线性无关矛盾. 因而 $k_r, k_{r+1}, \cdots, k_n$ 不全为零. 不妨设 $k_r \neq 0$, 于是

$$\boldsymbol{\varepsilon}_{j_r} = -\frac{k_1}{k_r}\boldsymbol{\alpha}_1 - \frac{k_2}{k_r}\boldsymbol{\alpha}_2 - \cdots - \frac{k_{r-1}}{k_r}\boldsymbol{\alpha}_{r-1} + \frac{1}{k_r}\boldsymbol{\alpha}_r - \frac{k_{r+1}}{k_r}\boldsymbol{\varepsilon}_{j_{r+1}} - \cdots - \frac{k_n}{k_r}\boldsymbol{\varepsilon}_{j_n}.$$

这样, $\boldsymbol{\alpha}_1, \boldsymbol{\alpha}_2, \cdots, \boldsymbol{\alpha}_{r-1}, \boldsymbol{\varepsilon}_{j_r}, \boldsymbol{\varepsilon}_{j_{r+1}}, \cdots, \boldsymbol{\varepsilon}_{j_n}$ 与 $\boldsymbol{\alpha}_1, \boldsymbol{\alpha}_2, \cdots, \boldsymbol{\alpha}_r, \boldsymbol{\varepsilon}_{j_{r+1}}, \cdots, \boldsymbol{\varepsilon}_{j_n}$ 等价, 故 $\boldsymbol{\alpha}_1, \boldsymbol{\alpha}_2, \cdots, \boldsymbol{\alpha}_r, \boldsymbol{\varepsilon}_{j_{r+1}}, \cdots, \boldsymbol{\varepsilon}_{j_n}$ 也线性无关, 从而可以构成 V 的一组基. □

例 5.5.5 设 $\boldsymbol{A} \in P^{m\times n}$, $\boldsymbol{B} \in P^{n\times m}$, $R(\boldsymbol{B}) = r$, $R(\boldsymbol{AB}) = s$, 记

$$W = \left\{\boldsymbol{B\alpha} \middle| \boldsymbol{AB\alpha} = \boldsymbol{0}\right\},$$

则 W 是 P^n 的 $r-s$ 维子空间.

证明 由于 $\boldsymbol{AB\alpha} = \boldsymbol{0}$, 则 $\boldsymbol{\alpha} \in P^m$, 故 $\boldsymbol{B\alpha} \in P^n$.

显然 W 是 P^n 的一个非空子集, $\forall \boldsymbol{B\alpha}_1, \boldsymbol{B\alpha}_2 \in W$, $\forall k \in P$, 有

$$\boldsymbol{AB}(\boldsymbol{\alpha}_1 + \boldsymbol{\alpha}_2) = \boldsymbol{AB\alpha}_1 + \boldsymbol{AB\alpha}_2 = \boldsymbol{0},$$

$$\boldsymbol{AB}(k\boldsymbol{\alpha}_1) = k\boldsymbol{AB\alpha}_1 = \boldsymbol{0},$$

从而

$$\boldsymbol{B\alpha}_1 + \boldsymbol{B\alpha}_2 = \boldsymbol{B}(\boldsymbol{\alpha}_1 + \boldsymbol{\alpha}_2) \in W, \quad k\boldsymbol{B\alpha}_1 = \boldsymbol{B}(k\boldsymbol{\alpha}_1) \in W,$$

故 W 是 P^n 的子空间.

又记 V_1 为齐次方程组 $\boldsymbol{BX}=\mathbf{0}$ 的解空间, V_2 为齐次方程组 $\boldsymbol{ABX}=\mathbf{0}$ 的解空间. 显然, V_1 是 V_2 的子空间. 其中 $\dim V_1=n-r$, $\dim V_2=n-s$.

取 V_1 的一组基 $\boldsymbol{\alpha}_1, \boldsymbol{\alpha}_2, \cdots, \boldsymbol{\alpha}_{n-r}$, 这里 $\boldsymbol{B\alpha}_i=0$, $i=1, 2, \cdots, n-r$, 将其扩充为 V_2 的一组基 $\boldsymbol{\alpha}_1, \boldsymbol{\alpha}_2, \cdots, \boldsymbol{\alpha}_{n-r}, \boldsymbol{\alpha}_{n-r+1}, \cdots, \boldsymbol{\alpha}_{n-s}$, 则

$$\begin{aligned}W&=L(\boldsymbol{B\alpha}_1, \cdots, \boldsymbol{B\alpha}_{n-r}, \boldsymbol{B\alpha}_{n-r+1}, \cdots, \boldsymbol{B\alpha}_{n-s}),\\&=L(\boldsymbol{B\alpha}_{n-r+1}, \cdots, \boldsymbol{B\alpha}_{n-s}).\end{aligned}$$

下证 $\boldsymbol{B\alpha}_{n-r+1}, \cdots, \boldsymbol{B\alpha}_{n-s}$ 线性无关. 设

$$k_{n-r+1}\boldsymbol{B\alpha}_{n-r+1}+\cdots+k_{n-s}\boldsymbol{B\alpha}_{n-s}=\mathbf{0},$$

则

$$\boldsymbol{B}(k_{n-r+1}\boldsymbol{\alpha}_{n-r+1}+\cdots+k_{n-s}\boldsymbol{\alpha}_{n-s})=\mathbf{0},$$

即 $k_{n-r+1}\boldsymbol{\alpha}_{n-r+1}+\cdots+k_{n-s}\boldsymbol{\alpha}_{n-s}\in V_1$, 于是可由 V_1 的基 $\boldsymbol{\alpha}_1, \boldsymbol{\alpha}_2, \cdots, \boldsymbol{\alpha}_{n-r}$ 线性表出

$$k_{n-r+1}\boldsymbol{\alpha}_{n-r+1}+\cdots+k_{n-s}\boldsymbol{\alpha}_{n-s}=k_1\boldsymbol{\alpha}_1+\cdots+k_{n-r}\boldsymbol{\alpha}_{n-r},$$

也就是

$$k_1\boldsymbol{\alpha}_1+\cdots+k_{n-r}\boldsymbol{\alpha}_{n-r}-k_{n-r+1}\boldsymbol{\alpha}_{n-r+1}-\cdots-k_{n-s}\boldsymbol{\alpha}_{n-s}=\mathbf{0}.$$

由于 $\boldsymbol{\alpha}_1, \boldsymbol{\alpha}_2, \cdots, \boldsymbol{\alpha}_{n-s}$ 为 V_2 的基, 故

$$k_1=\cdots=k_{n-r}=k_{n-r+1}=\cdots=k_{n-s}=0.$$

所以 $\boldsymbol{B\alpha}_{n-r+1}, \cdots, \boldsymbol{B\alpha}_{n-s}$ 线性无关, 从而

$$\dim W=(n-s)-(n-r)=r-s.$$ □

下面介绍子空间的交与和.

设 W_1, W_2 为线性空间 V 的两个子空间, 记

$$W_1\cap W_2=\left\{\boldsymbol{\alpha}\,\middle|\,\boldsymbol{\alpha}\in W_1\text{且 }\boldsymbol{\alpha}\in W_2\right\},$$

$$W_1+W_2=\left\{\boldsymbol{\alpha}_1+\boldsymbol{\alpha}_2\,\middle|\,\boldsymbol{\alpha}_1\in W_1, \boldsymbol{\alpha}_2\in W_2\right\}.$$

定理 5.5.3 设 W_1, W_2 为线性空间 V 的两个子空间, 则 $W_1\cap W_2$ 及 W_1+W_2 均为 V 的子空间.

证明　首先, $\mathbf{0} \in W_1 \cap W_2$, 故 $W_1 \cap W_2$ 非空. $\forall \boldsymbol{\alpha}$, $\boldsymbol{\beta} \in W_1 \cap W_2$, $\forall k \in P$, $\boldsymbol{\alpha}+\boldsymbol{\beta} \in W_1$ 且 $\boldsymbol{\alpha}+\boldsymbol{\beta} \in W_2$, $k\boldsymbol{\alpha} \in W_1$ 且 $k\boldsymbol{\alpha} \in W_2$, 于是 $\boldsymbol{\alpha}+\boldsymbol{\beta} \in W_1 \cap W_2$, $k\boldsymbol{\alpha} \in W_1 \cap W_2$, 从而 $W_1 \cap W_2$ 为 V 的子空间.

又 $\mathbf{0} \in W_1$, $\mathbf{0} \in W_2$, 则 $\mathbf{0} = \mathbf{0} + \mathbf{0} \in W_1 + W_2$, 故 $W_1 + W_2$ 非空. $\forall \boldsymbol{\alpha}$, $\boldsymbol{\beta} \in W_1 + W_2$, $\forall k \in P$, 有 $\boldsymbol{\alpha} = \boldsymbol{\alpha}_1 + \boldsymbol{\alpha}_2$, $\boldsymbol{\beta} = \boldsymbol{\beta}_1 + \boldsymbol{\beta}_2$, 其中 $\boldsymbol{\alpha}_1$, $\boldsymbol{\beta}_1 \in W_1$, $\boldsymbol{\alpha}_2$, $\boldsymbol{\beta}_2 \in W_2$, 于是 $\boldsymbol{\alpha}_1 + \boldsymbol{\beta}_1 \in W_1$, $\boldsymbol{\alpha}_2 + \boldsymbol{\beta}_2 \in W_2$, $k\boldsymbol{\alpha}_1 \in W_1$, $k\boldsymbol{\alpha}_2 \in W_2$. 因此,

$$\boldsymbol{\alpha} + \boldsymbol{\beta} = (\boldsymbol{\alpha}_1 + \boldsymbol{\beta}_1) + (\boldsymbol{\alpha}_2 + \boldsymbol{\beta}_2) \in W_1 + W_2,$$

$$k\boldsymbol{\alpha} = k\boldsymbol{\alpha}_1 + k\boldsymbol{\alpha}_2 \in W_1 + W_2,$$

从而 $W_1 + W_2$ 为 V 的子空间. □

不难看出, 子空间的交与和都满足交换律和结合律. 由结合律, 我们可以定义多个子空间的交与和:

$$W_1 \cap W_2 \cap \cdots \cap W_s = \bigcap_{i=1}^{s} W_i,$$

$$W_1 + W_2 + \cdots + W_s = \sum_{i=1}^{s} W_i.$$

多个子空间的交与和仍都是 V 的子空间.

设 W_1, W_2 及 W 都是 V 的子空间, 容易证明:

(1) 若 $W \subset W_1$ 且 $W \subset W_2$, 则 $W \subset W_1 \cap W_2$;

(2) 若 $W_1 \subset W$, 且 $W_2 \subset W$, 则 $W_1 + W_2 \subset W$.

例 5.5.6　记 W_1 与 W_2 分别为齐次线性方程组

$$\begin{cases} a_{11}x_1 + a_{12}x_2 + \cdots + a_{1n}x_n = 0, \\ a_{21}x_1 + a_{22}x_2 + \cdots + a_{2n}x_n = 0, \\ \cdots\cdots\cdots\cdots \\ a_{s1}x_1 + a_{s2}x_2 + \cdots + a_{sn}x_n = 0 \end{cases} \quad \text{与}$$

$$\begin{cases} b_{11}x_1 + b_{12}x_2 + \cdots + b_{1n}x_n = 0, \\ b_{21}x_1 + b_{22}x_2 + \cdots + b_{2n}x_n = 0, \\ \cdots\cdots\cdots\cdots \\ b_{t1}x_1 + b_{t2}x_2 + \cdots + b_{tn}x_n = 0 \end{cases}$$

的解空间, 则 $W_1 \cap W_2$ 是齐次线性方程组

$$\begin{cases} a_{11}x_1 + a_{12}x_2 + \cdots + a_{1n}x_n &= 0, \\ \cdots\cdots\cdots\cdots & \\ a_{s1}x_1 + a_{s2}x_2 + \cdots + a_{sn}x_n &= 0, \\ b_{11}x_1 + b_{12}x_2 + \cdots + b_{1n}x_n &= 0, \\ \cdots\cdots\cdots\cdots & \\ b_{t1}x_1 + b_{t2}x_2 + \cdots + b_{tn}x_n &= 0 \end{cases}$$

的解空间.

例 5.5.7 设 $\boldsymbol{\alpha}_1, \boldsymbol{\alpha}_2, \cdots, \boldsymbol{\alpha}_s$ 与 $\boldsymbol{\beta}_1, \boldsymbol{\beta}_2, \cdots, \boldsymbol{\beta}_t$ 是线性空间 V 中的两组向量, 记

$$W_1 = L(\boldsymbol{\alpha}_1, \boldsymbol{\alpha}_2, \cdots, \boldsymbol{\alpha}_s),\ W_2 = L(\boldsymbol{\beta}_1, \boldsymbol{\beta}_2, \cdots, \boldsymbol{\beta}_t),$$

则

$$W_1 + W_2 = L(\boldsymbol{\alpha}_1, \boldsymbol{\alpha}_2, \cdots, \boldsymbol{\alpha}_s, \boldsymbol{\beta}_1, \boldsymbol{\beta}_2, \cdots, \boldsymbol{\beta}_t).$$

定理 5.5.4 (维数公式) 设 W_1, W_2 都是线性空间 V 的子空间, 则有

$$\dim W_1 + \dim W_2 = \dim(W_1 + W_2) + \dim(W_1 \cap W_2).$$

证明 设 $\dim W_1 = r_1$, $\dim W_2 = r_2$, $\dim(W_1 \cap W_2) = r$.

在 $W_1 \cap W_2$ 中取一组基 $\boldsymbol{\varepsilon}_1, \boldsymbol{\varepsilon}_2, \cdots, \boldsymbol{\varepsilon}_r$, 将其扩充为 W_1 的一组基 $\boldsymbol{\varepsilon}_1, \boldsymbol{\varepsilon}_2, \cdots, \boldsymbol{\varepsilon}_n, \boldsymbol{\delta}_{r+1}, \cdots, \boldsymbol{\delta}_{r_1}$, 又将其扩充为 W_2 的一组基 $\boldsymbol{\varepsilon}_1, \boldsymbol{\varepsilon}_2, \cdots, \boldsymbol{\varepsilon}_r, \boldsymbol{\eta}_{r+1}, \cdots, \boldsymbol{\eta}_{r_2}$, 下面证明 $\boldsymbol{\varepsilon}_1, \cdots, \boldsymbol{\varepsilon}_r, \boldsymbol{\delta}_{r+1}, \cdots, \boldsymbol{\delta}_{r_1}, \boldsymbol{\eta}_{r+1}, \cdots, \boldsymbol{\eta}_{r_2}$ 可构成 $W_1 + W_2$ 的一组基. 由于

$$W_1 = L(\boldsymbol{\varepsilon}_1, \cdots, \boldsymbol{\varepsilon}_r, \boldsymbol{\delta}_{r+1}, \cdots, \boldsymbol{\delta}_{r_1}),$$
$$W_2 = L(\boldsymbol{\varepsilon}_1, \cdots, \boldsymbol{\varepsilon}_r, \boldsymbol{\eta}_{r+1}, \cdots, \boldsymbol{\eta}_{r_2}),$$

故

$$W_1 + W_2 = L(\boldsymbol{\varepsilon}_1, \cdots, \boldsymbol{\varepsilon}_r, \boldsymbol{\delta}_{r+1}, \cdots, \boldsymbol{\delta}_{r_1}, \boldsymbol{\eta}_{r+1}, \cdots, \boldsymbol{\eta}_{r_2}).$$

所以, 只须证明 $\boldsymbol{\varepsilon}_1, \cdots, \boldsymbol{\varepsilon}_r, \boldsymbol{\delta}_{r+1}, \cdots, \boldsymbol{\delta}_{r_1}, \boldsymbol{\eta}_{r+1}, \cdots, \boldsymbol{\eta}_{r_2}$ 线性无关. 设

$$k_1\boldsymbol{\varepsilon}_1 + \cdots + k_r\boldsymbol{\varepsilon}_r + p_{r+1}\boldsymbol{\delta}_{r+1} + \cdots + p_{r_1}\boldsymbol{\delta}_{r_1} + q_{r+1}\boldsymbol{\eta}_{r+1} + \cdots + q_{r_2}\boldsymbol{\eta}_{r_2} = \mathbf{0},$$

令

$$\boldsymbol{\alpha} = k_1\boldsymbol{\varepsilon}_1 + \cdots + k_r\boldsymbol{\varepsilon}_r + p_{r+1}\boldsymbol{\delta}_{r+1} + \cdots + p_{r_1}\boldsymbol{\delta}_{r_1} = -q_{r+1}\boldsymbol{\eta}_{r+1} - \cdots - q_{r_2}\boldsymbol{\eta}_{r_2},$$

从第一个等号看, $\boldsymbol{\alpha} \in W_1$; 从第二个等号看, $\boldsymbol{\alpha} \in W_2$. 因此, $\boldsymbol{\alpha} \in W_1 \cap W_2$, $\boldsymbol{\alpha}$ 可由 $\boldsymbol{\varepsilon}_1, \boldsymbol{\varepsilon}_2, \cdots, \boldsymbol{\varepsilon}_r$ 线性表出, 即

$$\boldsymbol{\alpha} = l_1\boldsymbol{\varepsilon}_1 + l_2\boldsymbol{\varepsilon}_2 + \cdots + l_r\boldsymbol{\varepsilon}_r,$$

于是

$$l_1\boldsymbol{\varepsilon}_1+l_2\boldsymbol{\varepsilon}_2+\cdots+l_r\boldsymbol{\varepsilon}_r=-q_{r+1}\boldsymbol{\eta}_{r+1}-\cdots-q_{r_2}\boldsymbol{\eta}_{r_2},$$

即

$$l_1\boldsymbol{\varepsilon}_1+l_2\boldsymbol{\varepsilon}_2+\cdots+l_r\boldsymbol{\varepsilon}_r+q_{r+1}\boldsymbol{\eta}_{r+1}+\cdots+q_{r_2}\boldsymbol{\eta}_{r_2}=\mathbf{0}.$$

由于 $\boldsymbol{\varepsilon}_1,\boldsymbol{\varepsilon}_2,\cdots,\boldsymbol{\varepsilon}_r$, $\boldsymbol{\eta}_{r+1},\cdots,\boldsymbol{\eta}_{r_2}$ 是 W_2 的基, 即线性无关, 所以

$$l_1=l_2=\cdots=l_r=q_{r+1}=\cdots=q_{r_2}=0,$$

因而有

$$k_1\boldsymbol{\varepsilon}_1+k_2\boldsymbol{\varepsilon}_2+\cdots+k_r\boldsymbol{\varepsilon}_r+p_{r+1}\boldsymbol{\delta}_{r+1}+\cdots+p_{r_1}\boldsymbol{\delta}_{r_1}=\mathbf{0}.$$

又由于 $\boldsymbol{\varepsilon}_1,\boldsymbol{\varepsilon}_2,\cdots,\boldsymbol{\varepsilon}_r$, $\boldsymbol{\delta}_{r+1}$, $\cdots$, $\boldsymbol{\delta}_{r_1}$ 是 W_1 的一组基, 得

$$k_1=k_2=\cdots=k_r=p_{r+1}=\cdots=p_{r_1}=0.$$

这就证明了 $\boldsymbol{\varepsilon}_1$, $\cdots$, $\boldsymbol{\varepsilon}_r$, $\boldsymbol{\delta}_{r+1}$, $\cdots$, $\boldsymbol{\delta}_{r_1}$, $\boldsymbol{\eta}_{r+1}$, $\cdots$, $\boldsymbol{\eta}_{r_2}$ 线性无关, 因此它们可为 W_1+W_2 的一组基, 从而得到

$$\dim(W_1+W_2)=r+(r_1-r)+(r_2-r)=r_1+r_2-r. \qquad \square$$

推论 5.5.1 如果 n 维线性空间 V 的两个子空间 W_1, W_2 的维数之和大于 n, 则 W_1, W_2 一定有非零的公共向量.

证明 由维数公式可得

$$\dim(W_1\cap W_2)=\dim W_1+\dim W_2-\dim(W_1+W_2).$$

由于 $W_1+W_2\subset V$, 则 $\dim(W_1+W_2)\leqslant\dim V=n$, 所以有

$$\dim(W_1\cap W_2)\geqslant\dim W_1+\dim W_2-n>n-n=0,$$

故 $W_1\cap W_2\neq\{\mathbf{0}\}$, 即 W_1, W_2 存在非零的公共向量. $\square$

例 5.5.8 在 $P^{2\times2}$ 中, 令

$$W_1=\left\{\left.\begin{pmatrix}x&-x\\y&z\end{pmatrix}\right|x,\ y,\ z\in P\right\},\quad W_2=\left\{\left.\begin{pmatrix}a&b\\-a&c\end{pmatrix}\right|a,\ b,\ c\in P\right\},$$

则 W_1, W_2 均为 $P^{2\times2}$ 的子空间. W_1 与 W_2 的基分别为

$$\left\{\begin{pmatrix}1&-1\\0&0\end{pmatrix},\begin{pmatrix}0&0\\1&0\end{pmatrix},\begin{pmatrix}0&0\\0&1\end{pmatrix}\right\},$$

$$\left\{\begin{pmatrix} 1 & 0 \\ -1 & 0 \end{pmatrix}, \begin{pmatrix} 0 & 1 \\ 0 & 0 \end{pmatrix}, \begin{pmatrix} 0 & 0 \\ 0 & 1 \end{pmatrix}\right\},$$

即

$$\dim W_1 = 3, \ \dim W_2 = 3.$$

于是, 可得 $W_1 + W_2$ 的基为

$$\left\{\begin{pmatrix} 1 & -1 \\ 0 & 0 \end{pmatrix}, \begin{pmatrix} 0 & 0 \\ 1 & 0 \end{pmatrix}, \begin{pmatrix} 0 & 0 \\ 0 & 1 \end{pmatrix}, \begin{pmatrix} 0 & 1 \\ 0 & 0 \end{pmatrix}\right\},$$

$$\dim(W_1 + W_2) = 4.$$

由维数公式可得

$$\dim(W_1 \cap W_2) = \dim W_1 + \dim W_2 - \dim(W_1 + W_2) = 3 + 3 - 4 = 2.$$

事实上, 任取 $W_1 \cap W_2$ 中的矩阵

$$\begin{pmatrix} x_1 & x_2 \\ x_3 & x_4 \end{pmatrix},$$

则有

$$x_2 = -x_1 = x_3,$$

即 $W_1 \cap W_2$ 中的任一矩阵为

$$\begin{pmatrix} x_1 & -x_1 \\ -x_1 & x_4 \end{pmatrix},$$

其中 x_1, x_4 为任意数, 从而 $W_1 \cap W_2$ 的基为

$$\left\{\begin{pmatrix} 1 & -1 \\ -1 & 0 \end{pmatrix}, \begin{pmatrix} 0 & 0 \\ 0 & 1 \end{pmatrix}\right\}.$$

下面, 我们再介绍子空间的和的一个重要的特殊情形.

定义 5.5.2 设 W_1, W_2 是线性空间 V 的两个子空间, 如果它们的和 $W_1 + W_2$ 中每个向量 $\boldsymbol{\alpha}$ 的分解式

$$\boldsymbol{\alpha} = \boldsymbol{\alpha}_1 + \boldsymbol{\alpha}_2, \text{ 其中} \boldsymbol{\alpha}_1 \in W_1, \ \boldsymbol{\alpha}_2 \in W_2,$$

是唯一的, 则称这个和为直和, 记为 $W_1 \oplus W_2$.

例如, 平面直角坐标系 xOy 表示线性空间 $\mathbf{R}^2$, 而 x 轴、y 轴分别是 $\mathbf{R}^2$ 的两个子空间, 且 x 轴与 y 轴的和为 $\mathbf{R}^2$. 则 $\mathbf{R}^2$ 中的任意向量 $\boldsymbol{\alpha}$, 都能唯一地分解成 x 轴上的一个向量与 y 轴上的一个向量之和. 故, x 轴与 y 轴的和就是直和.

两个子空间的和是不是直和, 有下面一些判定方法.

定理 5.5.5 W_1+W_2 是直和的充分必要条件是

$$W_1\cap W_2=\{\mathbf{0}\}.$$

证明 先设 W_1+W_2 是直和. $\forall\boldsymbol{\alpha}\in W_1\cap W_2$, 则有 $\boldsymbol{\alpha}\in W_1$ 且 $\boldsymbol{\alpha}\in W_2$, $-\boldsymbol{\alpha}\in W_2$,

$$\mathbf{0}=\boldsymbol{\alpha}+(-\boldsymbol{\alpha}).$$

由于零向量是唯一分解的, 所以

$$\boldsymbol{\alpha}=-\boldsymbol{\alpha}=\mathbf{0},$$

即

$$W_1\cap W_2=\{\mathbf{0}\}.$$

再设 $W_1\cap W_2=\{\mathbf{0}\}$. $\forall\boldsymbol{\alpha}\in W_1+W_2$. 假设 $\boldsymbol{\alpha}$ 有两种分解式

$$\boldsymbol{\alpha}=\boldsymbol{\alpha}_1+\boldsymbol{\alpha}_2=\boldsymbol{\beta}_1+\boldsymbol{\beta}_2,\quad \boldsymbol{\alpha}_1,\ \boldsymbol{\beta}_1\in W_1,\ \boldsymbol{\alpha}_2,\ \boldsymbol{\beta}_2\in W_2,$$

则

$$\boldsymbol{\alpha}_1-\boldsymbol{\beta}_1=\boldsymbol{\beta}_2-\boldsymbol{\alpha}_2.$$

等式左边的向量属于 W_1, 等式右边的向量属于 W_2, 所以这个向量属于 $W_1\cap W_2$, 由于 $W_1\cap W_2=\{\mathbf{0}\}$, 所以

$$\boldsymbol{\alpha}_1-\boldsymbol{\beta}_1=\boldsymbol{\beta}_2-\boldsymbol{\alpha}_2=\mathbf{0},$$
$$\boldsymbol{\alpha}_1=\boldsymbol{\beta}_1,\ \boldsymbol{\alpha}_2=\boldsymbol{\beta}_2,$$

即 W_1+W_2 中任一向量的分解是唯一的. 故 W_1+W_2 是直和. □

定理 5.5.6 W_1+W_2 是直和的充分必要条件是

$$\dim W_1+\dim W_2=\dim(W_1+W_2).$$

证明 由维数公式及定理 5.5.5 即可得证. □

例 5.5.9 记 $W_1=\left\{\boldsymbol{A}\in P^{n\times n}\middle|\boldsymbol{A}^{\mathrm{T}}=\boldsymbol{A}\right\}$, $W_2=\left\{\boldsymbol{A}\in P^{n\times n}\middle|\boldsymbol{A}^{\mathrm{T}}=-\boldsymbol{A}\right\}$, W_1 中的矩阵称为对称矩阵, W_2 中的矩阵称为反称矩阵. 显然 W_1, W_2 均为 $P^{n\times n}$ 的子空间. 对于 $P^{n\times n}$ 中的任一矩阵 $\boldsymbol{A}$, 设 $\boldsymbol{A}$ 有分解式

$$\boldsymbol{A}=\boldsymbol{A}_1+\boldsymbol{A}_2,\quad \boldsymbol{A}_1\in W_1,\ \boldsymbol{A}_2\in W_2.$$

由于 $\boldsymbol{A}_1^{\mathrm{T}}=\boldsymbol{A}_1$, $\boldsymbol{A}_2^{\mathrm{T}}=-\boldsymbol{A}_2$, 对上述分解式两边取转置, 则有

$$\boldsymbol{A}^{\mathrm{T}}=\boldsymbol{A}_1-\boldsymbol{A}_2.$$

于是, $\boldsymbol{A}_1$, $\boldsymbol{A}_2$ 唯一可解,

$$\boldsymbol{A}_1 = \frac{\boldsymbol{A} + \boldsymbol{A}^{\mathrm{T}}}{2}, \ \boldsymbol{A}_2 = \frac{\boldsymbol{A} - \boldsymbol{A}^{\mathrm{T}}}{2}.$$

从而

$$W_1 \oplus W_2 = P^{n\times n}.$$

定理 5.5.7 设 W_1 是 n 维线性空间 V 的一个子空间, 则一定存在 V 的一个子空间 W_2, 使

$$W_1 \oplus W_2 = V.$$

证明 设 $\dim W_1 = r$, 取 W_1 的一组基 $\boldsymbol{\varepsilon}_1, \boldsymbol{\varepsilon}_2, \cdots, \boldsymbol{\varepsilon}_r$, 将其扩充为 V 的一组基 $\boldsymbol{\varepsilon}_1, \boldsymbol{\varepsilon}_2, \cdots, \boldsymbol{\varepsilon}_r, \boldsymbol{\varepsilon}_{r+1}, \cdots, \boldsymbol{\varepsilon}_n$, 令

$$W_2 = L(\boldsymbol{\varepsilon}_{r+1}, \ \cdots, \ \boldsymbol{\varepsilon}_n),$$

则 W_2 是 V 的 $n-r$ 维子空间, 且使

$$W_1 \oplus W_2 = V. \qquad \square$$

注意, 这样的 W_2 不是唯一存在的.

子空间直和的概念也可以推广到多个子空间的情形.

定义 5.5.3 设 $W_1, W_2, \cdots, W_s$ 都是 V 的子空间. 如果 $W_1 + W_2 + \cdots + W_s$ 中的每个向量 $\boldsymbol{\alpha}$ 的分解式

$$\boldsymbol{\alpha} = \boldsymbol{\alpha}_1 + \boldsymbol{\alpha}_2 + \cdots + \boldsymbol{\alpha}_s, \ \boldsymbol{\alpha}_i \in W_i, \ i = 1, \ 2, \ \cdots, \ s$$

是唯一的, 则称 $W_1 + W_2 + \cdots + W_s$ 是直和, 记为 $W_1 \oplus W_2 \oplus \cdots \oplus W_s$.

定理 5.5.8 设 $W_1, W_2, \cdots, W_s$ 都是 V 的子空间, 则下面三个条件是等价的:

(1) $W_1 + W_2 + \cdots + W_s$ 是直和;

(2) $W_i \cap \sum\limits_{j\neq i} W_j = \{\boldsymbol{0}\}, \ i = 1, \ 2, \ \cdots, \ s$;

(3) $\dim(W_1 + W_2 + \cdots + W_s) = \dim W_1 + \dim W_2 + \cdots + \dim W_s$.

证明过程与 $s=2$ 的情形类似, 请读者自行完成.

如果 $W_1 \oplus W_2 \oplus \cdots \oplus W_s = W$, 在每个 W_i 中各取一组基 $\boldsymbol{\varepsilon}_1^{(i)}, \boldsymbol{\varepsilon}_2^{(i)}, \cdots, \boldsymbol{\varepsilon}_{r_i}^{(i)}$, $i = 1, \ 2, \ \cdots, \ s$, 则 $\boldsymbol{\varepsilon}_1^{(1)}, \cdots, \boldsymbol{\varepsilon}_{r_1}^{(1)}, \boldsymbol{\varepsilon}_1^{(2)}, \cdots, \boldsymbol{\varepsilon}_{r_2}^{(2)}, \cdots, \boldsymbol{\varepsilon}_1^{(s)}, \cdots, \boldsymbol{\varepsilon}_{r_s}^{(s)}$ 为 W 的基.

5.6 线性空间的同构

在数域 P 上的 n 维线性空间 V 中, 取定一组基, 在这组基下, V 中的每个向量都有确定的坐标, 而向量的坐标是 P^n 中的元素. 这相当于我们建立了一个 V 到 P^n 的映射, 把 V 中的向量映射到 P^n 中的向量. 这个映射是双射, 并且把 V 中向量的和映射到 P^n 中它们坐标的和, 把 V 中向量与数 k 的乘积映射到 P^n 中向量的坐标与数 k 的乘积, V 中向量组的线性相关关系与它们在 P^n 中的坐标的线性相关关系是一致的. 因而对线性空间 V 的讨论就可以归结为对 P^n 的讨论. 我们先引入下列定义.

定义 5.6.1 设 V_1, V_2 为数域 P 上两个线性空间, 如果存在 V_1 到 V_2 的一个双射 σ, 满足

(1) $\forall \boldsymbol{\alpha},\ \boldsymbol{\beta} \in V_1,\ \sigma(\boldsymbol{\alpha}+\boldsymbol{\beta}) = \sigma(\boldsymbol{\alpha}) + \sigma(\boldsymbol{\beta})$;

(2) $\forall \boldsymbol{\alpha} \in V_1,\ \forall k \in P,\ \sigma(k\boldsymbol{\alpha}) = k\sigma(\boldsymbol{\alpha})$,

则称 σ 为 V_1 到 V_2 的同构映射, 此时称 V_1 与 V_2 同构.

例如, 数域 P 上的 n 维线性空间 V 就与 P^n 是同构的.

又例如, 定义 $P^{m\times n}$ 到 $P^{n\times m}$ 的映射 σ 为:

$$\forall \boldsymbol{A} \in P^{m\times n},\ \sigma(\boldsymbol{A}) = \boldsymbol{A}^{\mathrm{T}}.$$

则容易得知 σ 为 $P^{m\times n}$ 到 $P^{n\times m}$ 的同构映射, 故 $P^{m\times n}$ 与 $P^{n\times m}$ 是同构的.

同构映射 σ 具有以下常用性质:

(1) $\sigma(\mathbf{0}) = \mathbf{0},\ \sigma(-\boldsymbol{\alpha}) = -\sigma(\boldsymbol{\alpha})$.

(2) $\sigma(k_1\boldsymbol{\alpha}_1 + k_2\boldsymbol{\alpha}_2 + \cdots + k_s\boldsymbol{\alpha}_s) = k_1\sigma(\boldsymbol{\alpha}_1) + k_2\sigma(\boldsymbol{\alpha}_2) + \cdots + k_s\sigma(\boldsymbol{\alpha}_s)$.

(3) $\sigma(\boldsymbol{\alpha}_1),\ \sigma(\boldsymbol{\alpha}_2),\ \cdots,\ \sigma(\boldsymbol{\alpha}_s)$ 线性相关当且仅当 $\boldsymbol{\alpha}_1,\ \boldsymbol{\alpha}_2,\ \cdots,\ \boldsymbol{\alpha}_s$ 线性相关.

(4) 若 V_1 是 V 的子空间, 则 $\sigma(V_1)$ 是 $\sigma(V)$ 的子空间, 且 $\dim V_1 = \dim \sigma(V_1)$.

这是因为, 若取 V_1 的基为 $\boldsymbol{\varepsilon}_1,\ \boldsymbol{\varepsilon}_2,\ \cdots,\ \boldsymbol{\varepsilon}_r$, 则 $\sigma(\boldsymbol{\varepsilon}_1),\ \sigma(\boldsymbol{\varepsilon}_2),\ \cdots,\ \sigma(\boldsymbol{\varepsilon}_r)$ 为 $\sigma(V_1)$ 中线性无关的向量. 又对 $\sigma(V)$ 中任意向量 $\sigma(\boldsymbol{\alpha}), \boldsymbol{\alpha} \in V_1$, 由于 $\boldsymbol{\alpha}$ 可由 $\boldsymbol{\varepsilon}_1,\ \boldsymbol{\varepsilon}_2,\ \cdots,\ \boldsymbol{\varepsilon}_r$ 线性表出, 则 $\sigma(\boldsymbol{\alpha})$ 可由 $\sigma(\boldsymbol{\varepsilon}_1), \sigma(\boldsymbol{\varepsilon}_2), \cdots, \sigma(\boldsymbol{\varepsilon}_r)$ 线性表出, 从而 $\sigma(\boldsymbol{\varepsilon}_1), \sigma(\boldsymbol{\varepsilon}_2), \cdots, \sigma(\boldsymbol{\varepsilon}_r)$ 为 $\sigma(V_1)$ 的一组基, $\dim \sigma(V_1) = r = \dim V_1$.

(5) 若 σ 是 V_1 到 V_2 的同构映射, 则 σ^{-1} 是 V_2 到 V_1 的同构映射.

事实上, σ 是双射, 则 σ^{-1} 也是双射. $\forall \boldsymbol{\alpha}', \boldsymbol{\beta}' \in V_2$, $\forall k \in P$, 有

$$\begin{aligned}\sigma\big(\sigma^{-1}(\boldsymbol{\alpha}'+\boldsymbol{\beta}')\big)&=\boldsymbol{\alpha}'+\boldsymbol{\beta}'=\sigma\big(\sigma^{-1}(\boldsymbol{\alpha}')\big)+\sigma\big(\sigma^{-1}(\boldsymbol{\beta}')\big)\\&=\sigma\big(\sigma^{-1}(\boldsymbol{\alpha}')+\sigma^{-1}(\boldsymbol{\beta}')\big),\end{aligned}$$

$$\sigma\big(\sigma^{-1}(k\boldsymbol{\alpha}')\big)=k\boldsymbol{\alpha}'=k\sigma\big(\sigma^{-1}(\boldsymbol{\alpha}')\big)=\sigma\big(k\sigma^{-1}(\boldsymbol{\alpha}')\big).$$

由于 σ 是双射, 故

$$\sigma^{-1}(\boldsymbol{\alpha}'+\boldsymbol{\beta}')=\sigma^{-1}(\boldsymbol{\alpha}')+\sigma^{-1}(\boldsymbol{\beta}'),$$

$$\sigma^{-1}(k\boldsymbol{\alpha}')=k\sigma^{-1}(\boldsymbol{\alpha}'),$$

即 σ^{-1} 为 V_2 到 V_1 的同构映射.

(6) 若 σ 为 V_1 到 V_2 的同构映射, τ 为 V_2 到 V_3 的同构映射, 则 $\tau\sigma$ 为 V_1 到 V_3 的同构映射.

事实上, σ 是双射, τ 是双射, 则 $\tau\sigma$ 是双射. $\forall \boldsymbol{\alpha}, \boldsymbol{\beta} \in V_1$, $\forall k \in P$, 有

$$\begin{aligned}\tau\sigma(\boldsymbol{\alpha}+\boldsymbol{\beta})&=\tau\big(\sigma(\boldsymbol{\alpha}+\boldsymbol{\beta})\big)=\tau\big(\sigma(\boldsymbol{\alpha})+\sigma(\boldsymbol{\beta})\big)\\&=\tau\big(\sigma(\boldsymbol{\alpha})\big)+\tau\big(\sigma(\boldsymbol{\beta})\big)=\tau\sigma(\boldsymbol{\alpha})+\tau\sigma(\boldsymbol{\beta}),\\ \tau\sigma(k\boldsymbol{\alpha})&=\tau\big(\sigma(k\boldsymbol{\alpha})\big)=\tau\big(k\sigma(\boldsymbol{\alpha})\big)=k\tau\big(\sigma(\boldsymbol{\alpha})\big)=k\tau\sigma(\boldsymbol{\alpha}).\end{aligned}$$

所以, $\tau\sigma$ 为 V_1 到 V_3 的同构映射.

显然, 任意线性空间 V 到自身的恒等映射, 是 V 到 V 的同构映射. 这样, 线性空间的同构关系具有反身性、对称性 (性质 (5))、传递性 (性质 (6)).

定理 5.6.1 数域 P 上任意两个有限维线性空间同构的充分必要条件为它们的维数相等.

证明 设 V_1 与 V_2 是两个有限维线性空间, $\dim V_1 = r$.

先设 V_1 与 V_2 同构, σ 是 V_1 到 V_2 的同构映射.

在 V_1 中取一组基 $\boldsymbol{\varepsilon}_1, \boldsymbol{\varepsilon}_2, \cdots, \boldsymbol{\varepsilon}_r$, 如同性质 (4) 的证明可得 $\sigma(\boldsymbol{\varepsilon}_1), \sigma(\boldsymbol{\varepsilon}_2), \cdots, \sigma(\boldsymbol{\varepsilon}_r)$ 为 V_2 的一组基, 故 $\dim V_2 = r$.

再设 $\dim V_1 = \dim V_2$. 分别取 V_1 与 V_2 的基为 $\boldsymbol{\varepsilon}_1, \boldsymbol{\varepsilon}_2, \cdots, \boldsymbol{\varepsilon}_r$ 及 $\boldsymbol{\varepsilon}_1', \boldsymbol{\varepsilon}_2', \cdots, \boldsymbol{\varepsilon}_r'$. 定义 V_1 到 V_2 的映射 σ 为:

$$\forall \boldsymbol{\alpha} \in V_1,\ \boldsymbol{\alpha}=x_1\boldsymbol{\varepsilon}_1+x_2\boldsymbol{\varepsilon}_2+\cdots+x_r\boldsymbol{\varepsilon}_r,$$

$$\sigma(\boldsymbol{\alpha})=x_1\boldsymbol{\varepsilon}_1'+x_2\boldsymbol{\varepsilon}_2'+\cdots+x_r\boldsymbol{\varepsilon}_r'.$$

容易验证 σ 为 V_1 到 V_2 的双射, 且 σ 保持加法运算和数乘运算, 从而 σ 为 V_1 到 V_2 的同构映射, 故 V_1 与 V_2 同构. □

由于数域 P 上的任意 n 维线性空间 V 都与 P^n 同构, 所以只要对 P^n 进行研究, 就可得到 V 中相应的结果.

5.7 线性变换及其运算

线性空间 V 到自身的映射, 通常称为 V 的一个变换. 线性变换是最简单也是最基本的一种变换.

定义 5.7.1 设 V 为数域 P 上的线性空间, $\mathscr{A}$ 是 V 的一个变换, 如果 $\forall \boldsymbol{\alpha}, \boldsymbol{\beta} \in V$, $\forall k \in P$, 都有

$$\mathscr{A}(\boldsymbol{\alpha}+\boldsymbol{\beta})=\mathscr{A}(\boldsymbol{\alpha})+\mathscr{A}(\boldsymbol{\beta}),$$
$$\mathscr{A}(k\boldsymbol{\alpha})=k\mathscr{A}(\boldsymbol{\alpha}),$$

则称 $\mathscr{A}$ 为 V 的一个线性变换.

也就是说, 线性变换保持向量的加法和数乘.

例 5.7.1 设 $\boldsymbol{A} \in P^{n\times n}$, 在 P^n 中定义变换 $\mathscr{A}$:

$$\forall \boldsymbol{\alpha} \in P^n, \ \mathscr{A}(\boldsymbol{\alpha})=\boldsymbol{A}\boldsymbol{\alpha},$$

则 $\mathscr{A}$ 是 P^n 的一个线性变换.

例 5.7.2 在 $P[x]_n$ 中定义变换 $\mathscr{D}$:

$$\forall f(x) \in P[x]_n, \ \mathscr{D}\big(f(x)\big)=f'(x),$$

则 $\mathscr{D}$ 是 $P[x]_n$ 的一个线性变换, 称为微分变换.

例 5.7.3 闭区间 $[a, b]$ 上全体连续函数的集合 $C[a, b]$ 是 $\mathbf{R}$ 上的线性空间, 在 $C[a, b]$ 中定义变换 $\mathscr{G}$:

$$\forall f(x) \in C[a, b], \ \mathscr{G}\big(f(x)\big)=\int_a^x f(t)\mathrm{d}t,$$

则 $\mathscr{G}$ 是 $C[a, b]$ 的一个线性变换.

例 5.7.4 线性空间 V 中的恒等变换 $\mathscr{E}$, 即

$$\forall \boldsymbol{\alpha} \in V, \ \mathscr{E}(\boldsymbol{\alpha})=\boldsymbol{\alpha},$$

及零变换 $\mathscr{O}$，即

$$\forall \boldsymbol{\alpha} \in V,\ \mathscr{O}(\boldsymbol{\alpha}) = \mathbf{0},$$

都是 V 的线性变换. 设 k 为数域 P 中的一个数, 则 V 中的数量变换 $k\mathscr{E}$, 即

$$\forall \boldsymbol{\alpha} \in V,\ k\mathscr{E}(\boldsymbol{\alpha}) = k\boldsymbol{\alpha},$$

是 V 的一个线性变换. 当 $k=1$ 时, 即为恒等变换, 当 $k=0$ 时, 就是零变换.

从定义可以得到线性变换的一些简单而重要的性质:

(1) $\mathscr{A}(\mathbf{0}) = \mathbf{0},\ \mathscr{A}(-\boldsymbol{\alpha}) = -\mathscr{A}(\boldsymbol{\alpha})$.

(2) $\mathscr{A}(k_1\boldsymbol{\alpha}_1 + k_2\boldsymbol{\alpha}_2 + \cdots + k_s\boldsymbol{\alpha}_s) = k_1\mathscr{A}(\boldsymbol{\alpha}_1) + k_2\mathscr{A}(\boldsymbol{\alpha}_2) + \cdots + k_s\mathscr{A}(\boldsymbol{\alpha}_s)$.

(3) 若 $\boldsymbol{\alpha}_1, \boldsymbol{\alpha}_2, \cdots, \boldsymbol{\alpha}_s$ 线性相关, 则$\mathscr{A}(\boldsymbol{\alpha}_1), \mathscr{A}(\boldsymbol{\alpha}_2), \cdots, \mathscr{A}(\boldsymbol{\alpha}_s)$ 也线性相关.

这是因为存在不全为零的数 $k_1, k_2, \cdots, k_s$, 使得

$$k_1\boldsymbol{\alpha}_1 + k_2\boldsymbol{\alpha}_2 + \cdots + k_s\boldsymbol{\alpha}_s = \mathbf{0},$$

则

$$\begin{aligned} k_1\mathscr{A}(\boldsymbol{\alpha}_1) + k_2\mathscr{A}(\boldsymbol{\alpha}_2) + \cdots + k_s\mathscr{A}(\boldsymbol{\alpha}_s) &= \mathscr{A}(k_1\boldsymbol{\alpha}_1 + k_2\boldsymbol{\alpha}_2 + \cdots + k_s\boldsymbol{\alpha}_s) \\ &= \mathscr{A}(\mathbf{0}) = \mathbf{0}, \end{aligned}$$

故$\mathscr{A}(\boldsymbol{\alpha}_1), \mathscr{A}(\boldsymbol{\alpha}_2), \cdots, \mathscr{A}(\boldsymbol{\alpha}_s)$ 也线性相关,

但是, 如果 $\boldsymbol{\alpha}_1, \boldsymbol{\alpha}_2, \cdots, \boldsymbol{\alpha}_s$ 线性无关, $\mathscr{A}(\boldsymbol{\alpha}_1), \mathscr{A}(\boldsymbol{\alpha}_2), \cdots, \mathscr{A}(\boldsymbol{\alpha}_s)$ 有可能变成线性相关的. 例如零变换就是这样.

下面介绍线性变换的运算.

1. 加法

设 $\mathscr{A}, \mathscr{B}$ 是线性空间 V 的两个线性变换, 定义 $\mathscr{A} + \mathscr{B}$ 为:

$$\forall \boldsymbol{\alpha} \in V,\ (\mathscr{A} + \mathscr{B})(\boldsymbol{\alpha}) = \mathscr{A}(\boldsymbol{\alpha}) + \mathscr{B}(\boldsymbol{\alpha}),$$

则 $\mathscr{A} + \mathscr{B}$ 为 V 的一个线性变换, 称为 $\mathscr{A}$ 与 $\mathscr{B}$ 的和.

事实上, $\forall \boldsymbol{\alpha},\ \boldsymbol{\beta} \in V,\ \forall k \in P$, 有

$$\begin{aligned} (\mathscr{A} + \mathscr{B})(\boldsymbol{\alpha} + \boldsymbol{\beta}) &= \mathscr{A}(\boldsymbol{\alpha} + \boldsymbol{\beta}) + \mathscr{B}(\boldsymbol{\alpha} + \boldsymbol{\beta}) \\ &= \mathscr{A}(\boldsymbol{\alpha}) + \mathscr{A}(\boldsymbol{\beta}) + \mathscr{B}(\boldsymbol{\alpha}) + \mathscr{B}(\boldsymbol{\beta}) \\ &= (\mathscr{A} + \mathscr{B})(\boldsymbol{\alpha}) + (\mathscr{A} + \mathscr{B})(\boldsymbol{\beta}), \\ (\mathscr{A} + \mathscr{B})(k\boldsymbol{\alpha}) &= \mathscr{A}(k\boldsymbol{\alpha}) + \mathscr{B}(k\boldsymbol{\alpha}) = k\mathscr{A}(\boldsymbol{\alpha}) + k\mathscr{B}(\boldsymbol{\alpha}) \\ &= k(\mathscr{A} + \mathscr{B})(\boldsymbol{\alpha}). \end{aligned}$$

2. 数乘

设 $\mathscr{A}$ 为线性空间 V 的一个线性变换, $k \in P$, 定义 $k\mathscr{A}$ 为

$$\forall \boldsymbol{\alpha} \in V,\ (k\mathscr{A})(\boldsymbol{\alpha}) = k\mathscr{A}(\boldsymbol{\alpha}),$$

则不难证明 $k\mathscr{A}$ 为 V 的一个线性变换, 称为 k 与 $\mathscr{A}$ 的数量乘积, 简称数乘.

线性变换的加法与数乘两种运算满足下列八条规则:

(1) $\mathscr{A} + \mathscr{B} = \mathscr{B} + \mathscr{A}$;

(2) $(\mathscr{A} + \mathscr{B}) + \mathscr{C} = \mathscr{A} + (\mathscr{B} + \mathscr{C})$;

(3) $\mathscr{A} + \mathscr{O} = \mathscr{A}$;

(4) 对线性变换 $\mathscr{A}$, 定义它的负变换 $-\mathscr{A}$ 为

$$\forall \boldsymbol{\alpha} \in V,\ (-\mathscr{A})(\boldsymbol{\alpha}) = -\mathscr{A}(\boldsymbol{\alpha}),$$

则 $-\mathscr{A}$ 也是 V 的线性变换, 且

$$\mathscr{A} + (-\mathscr{A}) = \mathscr{O};$$

(5) $1\mathscr{A} = \mathscr{A}$;

(6) $(kl)\mathscr{A} = k(l\mathscr{A})$;

(7) $(k+l)\mathscr{A} = k\mathscr{A} + l\mathscr{A}$;

(8) $k(\mathscr{A} + \mathscr{B}) = k\mathscr{A} + k\mathscr{B}$.

由此可知, 线性空间 V 的全体线性变换的集合, 对于加法和数乘, 也构成数域 P 上的线性空间. 将这个线性空间记为 $LT(V)$.

3. 乘法

设 $\mathscr{A}$, $\mathscr{B}$ 是线性空间 V 的两个线性变换, 定义 $\mathscr{A}\mathscr{B}$ 为:

$$\forall \boldsymbol{\alpha} \in V,\ (\mathscr{A}\mathscr{B})(\boldsymbol{\alpha}) = \mathscr{A}\big(\mathscr{B}(\boldsymbol{\alpha})\big),$$

则 $\mathscr{A}\mathscr{B}$ 为 V 的一个线性变换, 称为 $\mathscr{A}$ 与 $\mathscr{B}$ 的乘积.

事实上, $\forall \boldsymbol{\alpha},\ \boldsymbol{\beta} \in V$, $\forall k \in P$, 有

$$\begin{aligned}(\mathscr{A}\mathscr{B})(\boldsymbol{\alpha}+\boldsymbol{\beta}) &= \mathscr{A}\big(\mathscr{B}(\boldsymbol{\alpha}+\boldsymbol{\beta})\big) = \mathscr{A}\big(\mathscr{B}(\boldsymbol{\alpha}) + \mathscr{B}(\boldsymbol{\beta})\big) \\ &= \mathscr{A}\big(\mathscr{B}(\boldsymbol{\alpha})\big) + \mathscr{A}\big(\mathscr{B}(\boldsymbol{\beta})\big) = (\mathscr{A}\mathscr{B})(\boldsymbol{\alpha}) + (\mathscr{A}\mathscr{B})(\boldsymbol{\beta}),\end{aligned}$$

$$(\mathscr{A}\mathscr{B})(k\boldsymbol{\alpha}) = \mathscr{A}\big(\mathscr{B}(k\boldsymbol{\alpha})\big) = \mathscr{A}\big(k\mathscr{B}(\boldsymbol{\alpha})\big) = k\mathscr{A}\big(\mathscr{B}(\boldsymbol{\alpha})\big) = k(\mathscr{A}\mathscr{B})(\boldsymbol{\alpha}).$$

线性变换的乘法运算满足以下规则:

(1) $(\mathscr{A}\mathscr{B})\mathscr{C} = \mathscr{A}(\mathscr{B}\mathscr{C})$;

(2) $(\mathscr{A} + \mathscr{B})\mathscr{C} = \mathscr{A}\mathscr{C} + \mathscr{B}\mathscr{C}$, $\mathscr{A}(\mathscr{B} + \mathscr{C}) = \mathscr{A}\mathscr{B} + \mathscr{A}\mathscr{C}$;

(3) $k(\mathscr{A}\mathscr{B}) = (k\mathscr{A})\mathscr{B} = \mathscr{A}(k\mathscr{B})$.

注意, 线性变换的乘法一般不满足交换律, 即一般地, $\mathscr{A}\mathscr{B} \neq \mathscr{B}\mathscr{A}$. 例如, 在线性空间 $P^{2\times 2}$ 中定义线性变换 $\mathscr{A}$, $\mathscr{B}$ 分别为

$$\forall \boldsymbol{X} \in P^{2\times 2},\ \mathscr{A}(\boldsymbol{X}) = \begin{pmatrix} 1 & 0 \\ 0 & 0 \end{pmatrix}\boldsymbol{X},\ \mathscr{B}(\boldsymbol{X}) = \begin{pmatrix} 1 & 1 \\ 0 & 0 \end{pmatrix}\boldsymbol{X},$$

则

$$\begin{aligned}\mathscr{A}\mathscr{B}(\boldsymbol{X}) &= \mathscr{A}\big(\mathscr{B}(\boldsymbol{X})\big) = \mathscr{A}\left(\begin{pmatrix} 1 & 1 \\ 0 & 0 \end{pmatrix}\boldsymbol{X}\right) = \begin{pmatrix} 1 & 0 \\ 0 & 0 \end{pmatrix}\begin{pmatrix} 1 & 1 \\ 0 & 0 \end{pmatrix}\boldsymbol{X} \\ &= \begin{pmatrix} 1 & 1 \\ 0 & 0 \end{pmatrix}\boldsymbol{X} = \mathscr{B}(\boldsymbol{X}), \\ \mathscr{B}\mathscr{A}(\boldsymbol{X}) &= \mathscr{B}\big(\mathscr{A}(\boldsymbol{X})\big) = \mathscr{B}\left(\begin{pmatrix} 1 & 0 \\ 0 & 0 \end{pmatrix}\boldsymbol{X}\right) = \begin{pmatrix} 1 & 1 \\ 0 & 0 \end{pmatrix}\begin{pmatrix} 1 & 0 \\ 0 & 0 \end{pmatrix}\boldsymbol{X} \\ &= \begin{pmatrix} 1 & 0 \\ 0 & 0 \end{pmatrix}\boldsymbol{X} = \mathscr{A}(\boldsymbol{X}),\end{aligned}$$

即

$$\mathscr{A}\mathscr{B} = \mathscr{B},\ \mathscr{B}\mathscr{A} = \mathscr{A},$$

所以 $\mathscr{A}\mathscr{B} \neq \mathscr{B}\mathscr{A}$.

对于乘法, 数量变换有特殊的地位, 它与任意线性变换 $\mathscr{A}$ 可交换, 即

$$(k\mathscr{E})\mathscr{A} = \mathscr{A}(k\mathscr{E}) = k\mathscr{A}.$$

4. 线性变换多项式

设 $\mathscr{A}$ 是线性空间 V 的一个线性变换, 定义 $\mathscr{A}$ 的方幂:

$$\mathscr{A}^0 = \mathscr{E},\ \mathscr{A}^n = \mathscr{A}^{n-1}\mathscr{A},\ n = 1,\ 2,\ \cdots,$$

则有

$$\mathscr{A}^{m+n} = \mathscr{A}^m\mathscr{A}^n,\ (\mathscr{A}^m)^n = \mathscr{A}^{mn},\ m, n \geqslant 0,$$

但一般来说,

$$(\mathscr{A}\mathscr{B})^n \neq \mathscr{A}^n\mathscr{B}^n.$$

设 $f(x) = a_0 + a_1x + \cdots + a_nx^n \in P[x]$, 定义

$$f(\mathscr{A}) = a_0\mathscr{E} + a_1\mathscr{A} + \cdots + a_n\mathscr{A}^n,$$

则 $f(\mathscr{A})$ 为线性空间 V 的一个线性变换, 称为线性变换 $\mathscr{A}$ 的多项式.

特别有意义的是, $\forall f(x),\ g(x) \in P[x]$, 都有

$$f(\mathscr{A})g(\mathscr{A}) = g(\mathscr{A})f(\mathscr{A}).$$

5. 逆

设 $\mathscr{A}$ 是线性空间 V 的一个线性变换, 如果存在变换 $\mathscr{B}$, 使得

$$\mathscr{A}\mathscr{B}=\mathscr{B}\mathscr{A}=\mathscr{E},$$

则称线性变换 $\mathscr{A}$ 可逆的, 变换 $\mathscr{B}$ 称为 $\mathscr{A}$ 的逆变换, 记为 $\mathscr{A}^{-1}$, 且 $\mathscr{A}^{-1}$ 也是线性空间 V 的线性变换.

事实上, $\forall \boldsymbol{\alpha},\ \boldsymbol{\beta}\in V$, $\forall k\in P$, 有

$$\begin{aligned}\mathscr{A}^{-1}(\boldsymbol{\alpha}+\boldsymbol{\beta})&=\mathscr{A}^{-1}\big(\mathscr{A}\mathscr{A}^{-1}(\boldsymbol{\alpha})+\mathscr{A}\mathscr{A}^{-1}(\boldsymbol{\beta})\big)\\&=\mathscr{A}^{-1}\big(\mathscr{A}\big(\mathscr{A}^{-1}(\boldsymbol{\alpha})+\mathscr{A}^{-1}(\boldsymbol{\beta})\big)\big)\\&=\mathscr{A}^{-1}\mathscr{A}\big(\mathscr{A}^{-1}(\boldsymbol{\alpha})+\mathscr{A}^{-1}(\boldsymbol{\beta})\big)=\mathscr{A}^{-1}(\boldsymbol{\alpha})+\mathscr{A}^{-1}(\boldsymbol{\beta}),\\ \mathscr{A}^{-1}(k\boldsymbol{\alpha})&=\mathscr{A}^{-1}\big(k\mathscr{A}\mathscr{A}^{-1}(\boldsymbol{\alpha})\big)=\mathscr{A}^{-1}\big(\mathscr{A}\big(k\mathscr{A}^{-1}(\boldsymbol{\alpha})\big)\big)\\&=\mathscr{A}^{-1}\mathscr{A}\big(k\mathscr{A}^{-1}(\boldsymbol{\alpha})\big)=k\mathscr{A}^{-1}(\boldsymbol{\alpha}).\end{aligned}$$

定理 5.7.1 线性变换 $\mathscr{A}$ 可逆的充分必要条件为 $\mathscr{A}$ 是双射.

证明 先设 $\mathscr{A}$ 可逆, 即 $\mathscr{A}^{-1}$ 存在. 如果对 $\boldsymbol{\alpha}_1,\ \boldsymbol{\alpha}_2\in V$, 有

$$\mathscr{A}(\boldsymbol{\alpha}_1)=\mathscr{A}(\boldsymbol{\alpha}_2),$$

则

$$\mathscr{A}^{-1}(\mathscr{A}(\boldsymbol{\alpha}_1))=\mathscr{A}^{-1}(\mathscr{A}(\boldsymbol{\alpha}_2)),$$

故

$$\boldsymbol{\alpha}_1=\boldsymbol{\alpha}_2,$$

即 $\mathscr{A}$ 是单射. 又 $\forall\boldsymbol{\beta}\in V$, 则 $\mathscr{A}^{-1}(\boldsymbol{\beta})\in V$, 令

$$\boldsymbol{\alpha}=\mathscr{A}^{-1}(\boldsymbol{\beta}),$$

得到

$$\mathscr{A}(\boldsymbol{\alpha})=\mathscr{A}\big(\mathscr{A}^{-1}(\boldsymbol{\beta})\big)=\mathscr{A}\mathscr{A}^{-1}(\boldsymbol{\beta})=\boldsymbol{\beta},$$

即 $\mathscr{A}$ 是满射, 从而 $\mathscr{A}$ 是双射.

再设 $\mathscr{A}$ 是双射. 则 $\forall\boldsymbol{\beta}\in V$, 存在 $\boldsymbol{\alpha}\in V$, 使得 $\mathscr{A}(\boldsymbol{\alpha})=\boldsymbol{\beta}$, 定义变换 $\mathscr{B}$:

$$\mathscr{B}(\boldsymbol{\beta})=\boldsymbol{\alpha},$$

则有

$$\begin{gathered}\mathscr{A}\mathscr{B}(\boldsymbol{\beta})=\mathscr{A}\big(\mathscr{B}(\boldsymbol{\beta})\big)=\mathscr{A}(\boldsymbol{\alpha})=\boldsymbol{\beta},\\ \mathscr{B}\mathscr{A}(\boldsymbol{\beta})=\mathscr{B}\big(\mathscr{A}(\boldsymbol{\beta})\big)=\boldsymbol{\beta},\\ \mathscr{A}\mathscr{B}=\mathscr{B}\mathscr{A}=\mathscr{E}.\end{gathered}$$

所以 $\mathscr{A}$ 是可逆的, $\mathscr{B}=\mathscr{A}^{-1}$. □

可逆变换有下列简单性质:

(1) 恒等变换 $\mathscr{E}$ 是可逆变换;

(2) 若 $\mathscr{A}$ 是可逆变换, 则 $\mathscr{A}^{-1}$ 也是可逆变换, 且 $(\mathscr{A}^{-1})^{-1}=\mathscr{A}$;

(3) 若 $\mathscr{A}$ 是可逆变换, $k\neq 0$, 则 $k\mathscr{A}$ 也是可逆变换, 且 $(k\mathscr{A})^{-1}=\dfrac{1}{k}\mathscr{A}^{-1}$;

(4) 若 $\mathscr{A}$, $\mathscr{B}$ 都是可逆变换, 则 $\mathscr{A}\mathscr{B}$ 也是可逆变换, 且 $(\mathscr{A}\mathscr{B})^{-1}=\mathscr{B}^{-1}\mathscr{A}^{-1}$.

5.8 线性变换的矩阵

如同我们将线性空间的元素具体化为 P^n 中的向量, 这一节, 我们将线性空间的线性变换具体化为矩阵, 将线性变换的运算对应于矩阵的运算.

设 V 是数域 P 上的 n 维线性空间, $\mathscr{A}$ 是 V 上的线性变换, 在 V 中取定一组基 $\boldsymbol{\varepsilon}_1, \boldsymbol{\varepsilon}_2, \cdots, \boldsymbol{\varepsilon}_n$. $\forall\boldsymbol{\xi}\in V$, 有 $\boldsymbol{\xi}=x_1\boldsymbol{\varepsilon}_1+x_2\boldsymbol{\varepsilon}_2+\cdots+x_n\boldsymbol{\varepsilon}_n$, 于是

$$\mathscr{A}(\boldsymbol{\xi})=x_1\mathscr{A}(\boldsymbol{\varepsilon}_1)+x_2\mathscr{A}(\boldsymbol{\varepsilon}_2)+\cdots+x_n\mathscr{A}(\boldsymbol{\varepsilon}_n).$$

也就是说, 如果知道了基 $\boldsymbol{\varepsilon}_1, \boldsymbol{\varepsilon}_2, \cdots, \boldsymbol{\varepsilon}_n$ 在 $\mathscr{A}$ 下的像$\mathscr{A}(\boldsymbol{\varepsilon}_1), \mathscr{A}(\boldsymbol{\varepsilon}_2), \cdots, \mathscr{A}(\boldsymbol{\varepsilon}_n)$, 就知道了 V 中任意向量 $\boldsymbol{\xi}$ 的像.

定理 5.8.1 设 $\boldsymbol{\varepsilon}_1, \boldsymbol{\varepsilon}_2, \cdots, \boldsymbol{\varepsilon}_n$ 是数域 P 上 n 维线性空间 V 的一组基, 则对于 V 中任意 n 个向量 $\boldsymbol{\xi}_1, \boldsymbol{\xi}_2, \cdots, \boldsymbol{\xi}_n$, 存在唯一的线性变换 $\mathscr{A}$, 使得

$$\mathscr{A}(\boldsymbol{\varepsilon}_i)=\boldsymbol{\xi}_i,\ i=1,\ 2,\ \cdots,\ n.$$

证明 在 V 上定义变换 $\mathscr{A}$:

$$\forall\boldsymbol{\alpha}=x_1\boldsymbol{\varepsilon}_1+x_2\boldsymbol{\varepsilon}_2+\cdots+x_n\boldsymbol{\varepsilon}_n\in V,\ \mathscr{A}(\boldsymbol{\alpha})=x_1\boldsymbol{\xi}_1+x_2\boldsymbol{\xi}_2+\cdots+x_n\boldsymbol{\xi}_n.$$

于是, $\forall\boldsymbol{\alpha}=x_1\boldsymbol{\varepsilon}_1+x_2\boldsymbol{\varepsilon}_2+\cdots+x_n\boldsymbol{\varepsilon}_n$, $\boldsymbol{\beta}=y_1\boldsymbol{\varepsilon}_1+y_2\boldsymbol{\varepsilon}_2+\cdots+y_n\boldsymbol{\varepsilon}_n\in V$, $\forall k\in P$, 有

$$\begin{aligned}
\mathscr{A}(\boldsymbol{\alpha}+\boldsymbol{\beta})&=\mathscr{A}\big((x_1+y_1)\boldsymbol{\varepsilon}_1+(x_2+y_2)\boldsymbol{\varepsilon}_2+\cdots+(x_n+y_n)\boldsymbol{\varepsilon}_n\big)\\
&=(x_1+y_1)\boldsymbol{\xi}_1+(x_2+y_2)\boldsymbol{\xi}_2+\cdots+(x_n+y_n)\boldsymbol{\xi}_n\\
&=(x_1\boldsymbol{\xi}_1+x_2\boldsymbol{\xi}_2+\cdots+x_n\boldsymbol{\xi}_n)+(y_1\boldsymbol{\xi}_1+y_2\boldsymbol{\xi}_2+\cdots+y_n\boldsymbol{\xi}_n)\\
&=\mathscr{A}(\boldsymbol{\alpha})+\mathscr{A}(\boldsymbol{\beta}),\\
\mathscr{A}(k\boldsymbol{\alpha})&=\mathscr{A}(kx_1\boldsymbol{\varepsilon}_1+kx_2\boldsymbol{\varepsilon}_2+\cdots+kx_n\boldsymbol{\varepsilon}_n)\\
&=kx_1\boldsymbol{\xi}_1+kx_2\boldsymbol{\xi}_2+\cdots+kx_n\boldsymbol{\xi}_n
\end{aligned}$$

$$= k(x_1\boldsymbol{\xi}_1 + x_2\boldsymbol{\xi}_2 + \cdots + x_n\boldsymbol{\xi}_n) = k\mathscr{A}(\boldsymbol{\alpha}).$$

故 $\mathscr{A}$ 是 V 上的一个线性变换, 使 $\mathscr{A}(\boldsymbol{\varepsilon}_i) = \boldsymbol{\xi}_i,\ i = 1,\ 2,\ \cdots,\ n.$

假设还有线性变换 $\mathscr{B}$, 使 $\mathscr{B}(\boldsymbol{\varepsilon}_i) = \boldsymbol{\xi}_i,\ i = 1,\ 2,\ \cdots,\ n.$ 则

$$\forall \boldsymbol{\alpha} = x_1\boldsymbol{\varepsilon}_1 + x_2\boldsymbol{\varepsilon}_2 + \cdots + x_n\boldsymbol{\varepsilon}_n \in V,\ \mathscr{B}(\boldsymbol{\alpha}) = x_1\boldsymbol{\xi}_1 + x_2\boldsymbol{\xi}_2 + \cdots + x_n\boldsymbol{\xi}_n,$$

于是

$$\mathscr{A}(\boldsymbol{\alpha}) = \mathscr{B}(\boldsymbol{\alpha}).$$

因此 $\mathscr{A} = \mathscr{B}$. □

由此定理可知, V 上的线性变换 $\mathscr{A}$ 完全由 V 中基的像 $\mathscr{A}(\boldsymbol{\varepsilon}_1), \mathscr{A}(\boldsymbol{\varepsilon}_2), \cdots, \mathscr{A}(\boldsymbol{\varepsilon}_n)$ 决定. 当然, 每个 $\mathscr{A}(\boldsymbol{\varepsilon}_i)$ 又由它的坐标决定, 由此, 我们引出下面定义.

定义 5.8.1 设 $\boldsymbol{\varepsilon}_1,\ \boldsymbol{\varepsilon}_2,\ \cdots,\ \boldsymbol{\varepsilon}_n$ 是 n 维线性空间 V 的一组基, $\mathscr{A}$ 是 V 的线性变换, $\mathscr{A}(\boldsymbol{\varepsilon}_i) \in V,\ i = 1,\ 2,\ \cdots,\ n.$ 每个 $\mathscr{A}(\boldsymbol{\varepsilon}_i)$ 可由 V 的基线性表出:

$$\begin{cases} \mathscr{A}(\boldsymbol{\varepsilon}_1) & = a_{11}\boldsymbol{\varepsilon}_1 + a_{21}\boldsymbol{\varepsilon}_2 + \cdots + a_{n1}\boldsymbol{\varepsilon}_n, \\ \mathscr{A}(\boldsymbol{\varepsilon}_2) & = a_{12}\boldsymbol{\varepsilon}_1 + a_{22}\boldsymbol{\varepsilon}_2 + \cdots + a_{n2}\boldsymbol{\varepsilon}_n, \\ \cdots\cdots\cdots\cdots & \\ \mathscr{A}(\boldsymbol{\varepsilon}_n) & = a_{1n}\boldsymbol{\varepsilon}_1 + a_{2n}\boldsymbol{\varepsilon}_2 + \cdots + a_{nn}\boldsymbol{\varepsilon}_n, \end{cases}$$

也可记为

$$\begin{aligned} \mathscr{A}(\boldsymbol{\varepsilon}_1,\ \boldsymbol{\varepsilon}_2,\ \cdots,\ \boldsymbol{\varepsilon}_n) &= (\mathscr{A}(\boldsymbol{\varepsilon}_1), \mathscr{A}(\boldsymbol{\varepsilon}_2), \cdots, \mathscr{A}(\boldsymbol{\varepsilon}_n)) \\ &= (\boldsymbol{\varepsilon}_1,\ \boldsymbol{\varepsilon}_2,\ \cdots,\ \boldsymbol{\varepsilon}_n) \begin{pmatrix} a_{11} & a_{12} & \cdots & a_{1n} \\ a_{21} & a_{22} & \cdots & a_{2n} \\ \vdots & \vdots & & \vdots \\ a_{n1} & a_{n2} & \cdots & a_{nn} \end{pmatrix}, \end{aligned}$$

则称矩阵

$$\boldsymbol{A} = \begin{pmatrix} a_{11} & a_{12} & \cdots & a_{1n} \\ a_{21} & a_{22} & \cdots & a_{2n} \\ \vdots & \vdots & & \vdots \\ a_{n1} & a_{n2} & \cdots & a_{nn} \end{pmatrix}$$

为线性变换 $\mathscr{A}$ 在基 $\boldsymbol{\varepsilon}_1,\ \boldsymbol{\varepsilon}_2,\ \cdots,\ \boldsymbol{\varepsilon}_n$ 下的矩阵.

由定义可知, 线性变换 $\mathscr{A}$ 在基 $\varepsilon_1, \varepsilon_2, \cdots, \varepsilon_n$ 下的矩阵就是以基的像 $\mathscr{A}(\varepsilon_1), \mathscr{A}(\varepsilon_2), \cdots, \mathscr{A}(\varepsilon_n)$ 的坐标为列排成的矩阵.

显然, V 的恒等变换在任意一组基下的矩阵为单位矩阵, 零变换在任意一组基下的矩阵为零矩阵, 数量变换在任意一组基下的矩阵为数量矩阵.

例 5.8.1 在 $P[x]_n$ 中取一组基 $1, x, x^2, \cdots, x^{n-1}$, 则微分变换

$$\mathscr{D}: \forall f(x) \in P[x]_n,\ \mathscr{D}\big(f(x)\big) = f'(x),$$

在这组基下的矩阵为

$$\boldsymbol{D} = \begin{pmatrix} 0 & 1 & 0 & \cdots & 0 \\ 0 & 0 & 2 & \cdots & 0 \\ \vdots & \vdots & \vdots & & \vdots \\ 0 & 0 & 0 & \cdots & n-1 \\ 0 & 0 & 0 & \cdots & 0 \end{pmatrix}.$$

在 V 中取定一组基之后, 我们就可以在 V 的全体线性变换构成的线性空间 $LT(V)$ 与 $P^{n\times n}$ 之间建立一个映射

$$\sigma: \forall \mathscr{A} \in LT(V),\ \sigma(\mathscr{A}) = \boldsymbol{A},$$

其中 $\boldsymbol{A} \in P^{n\times n}$ 为 $\mathscr{A}$ 在基 $\varepsilon_1, \varepsilon_2, \cdots, \varepsilon_n$ 下的矩阵. 则 σ 为 $LT(V)$ 到 $P^{n\times n}$ 的双射, 并且这个双射具有下列性质:

$\forall \mathscr{A}, \mathscr{B} \in LT(V), \forall k \in P,$ 设 $\mathscr{A}, \mathscr{B}$ 在基 $\varepsilon_1, \varepsilon_2, \cdots, \varepsilon_n$ 下的矩阵为 $\boldsymbol{A}, \boldsymbol{B}$, 则

(1) $\sigma(\mathscr{A}+\mathscr{B}) = \boldsymbol{A}+\boldsymbol{B}$;

(2) $\sigma(k\mathscr{A}) = k\boldsymbol{A}$;

(3) $\sigma(\mathscr{A}\mathscr{B}) = \boldsymbol{A}\boldsymbol{B}$;

(4) 若 $\mathscr{A}$ 可逆, 则 $\boldsymbol{A}$ 可逆, 且 $\sigma(\mathscr{A}^{-1}) = \boldsymbol{A}^{-1}$.

这里, 我们仅证明 (3), 其余留给读者自行完成.

$$\begin{aligned}(\mathscr{A}\mathscr{B})(\varepsilon_1, \varepsilon_2, \cdots, \varepsilon_n) &= \big(\mathscr{A}\mathscr{B}(\varepsilon_1), \mathscr{A}\mathscr{B}(\varepsilon_2), \cdots, \mathscr{A}\mathscr{B}(\varepsilon_n)\big) \\ &= \Big(\mathscr{A}\big(\mathscr{B}(\varepsilon_1)\big), \mathscr{A}\big(\mathscr{B}(\varepsilon_2)\big), \cdots, \mathscr{A}\big(\mathscr{B}(\varepsilon_n)\big)\Big) \\ &= \mathscr{A}\big(\mathscr{B}(\varepsilon_1), \mathscr{B}(\varepsilon_2), \cdots, \mathscr{B}(\varepsilon_n)\big) \\ &= \mathscr{A}\big((\varepsilon_1, \varepsilon_2, \cdots, \varepsilon_n)\boldsymbol{B}\big) \\ &= \big(\mathscr{A}(\varepsilon_1, \varepsilon_2, \cdots, \varepsilon_n)\big)\boldsymbol{B} \\ &= (\varepsilon_1, \varepsilon_2, \cdots, \varepsilon_n)\boldsymbol{A}\boldsymbol{B},\end{aligned}$$

故 $\mathscr{A}\mathscr{B}$ 在基 $\boldsymbol{\varepsilon}_1, \boldsymbol{\varepsilon}_2, \cdots, \boldsymbol{\varepsilon}_n$ 下的矩阵为 $\boldsymbol{AB}$, 即

$$\sigma(\mathscr{A}\mathscr{B}) = \boldsymbol{AB}.$$

由 (1), (2) 及 σ 是双射, 则可知 σ 是 $LT(V)$ 到 $P^{n\times n}$ 的同构映射, 从而 $LT(V)$ 与 $P^{n\times n}$ 是同构的. 所以以后对线性变换的研究就可以归结到对矩阵的研究.

利用线性变换的矩阵, 可以直接计算一个向量的像的坐标.

定理 5.8.2 设线性空间 V 的线性变换 $\mathscr{A}$ 在 V 的一组基 $\boldsymbol{\varepsilon}_1, \boldsymbol{\varepsilon}_2, \cdots, \boldsymbol{\varepsilon}_n$ 下的矩阵为 $\boldsymbol{A}$, V 中向量 $\boldsymbol{\xi}$ 在基 $\boldsymbol{\varepsilon}_1, \boldsymbol{\varepsilon}_2, \cdots, \boldsymbol{\varepsilon}_n$ 下的坐标为 $(x_1, x_2, \cdots, x_n)$, 则 $\mathscr{A}(\boldsymbol{\xi})$ 在基 $\boldsymbol{\varepsilon}_1, \boldsymbol{\varepsilon}_2, \cdots, \boldsymbol{\varepsilon}_n$ 下的坐标 $(y_1, y_2, \cdots, y_n)$ 可按公式

$$\begin{pmatrix} y_1 \\ y_2 \\ \vdots \\ y_n \end{pmatrix} = \boldsymbol{A} \begin{pmatrix} x_1 \\ x_2 \\ \vdots \\ x_n \end{pmatrix}$$

计算.

证明　已知

$$\boldsymbol{\xi} = x_1\boldsymbol{\varepsilon}_1 + x_2\boldsymbol{\varepsilon}_2 + \cdots + x_n\boldsymbol{\varepsilon}_n = (\boldsymbol{\varepsilon}_1, \boldsymbol{\varepsilon}_2, \cdots, \boldsymbol{\varepsilon}_n) \begin{pmatrix} x_1 \\ x_2 \\ \vdots \\ x_n \end{pmatrix}$$

$$\xlongequal{\text{def}} (\boldsymbol{\varepsilon}_1, \boldsymbol{\varepsilon}_2, \cdots, \boldsymbol{\varepsilon}_n)\boldsymbol{X},$$

则有

$$\begin{aligned} \mathscr{A}(\boldsymbol{\xi}) &= \mathscr{A}\big((\boldsymbol{\varepsilon}_1, \boldsymbol{\varepsilon}_2, \cdots, \boldsymbol{\varepsilon}_n)\boldsymbol{X}\big) = \big(\mathscr{A}(\boldsymbol{\varepsilon}_1, \boldsymbol{\varepsilon}_2, \cdots, \boldsymbol{\varepsilon}_n)\big)\boldsymbol{X} \\ &= (\boldsymbol{\varepsilon}_1, \boldsymbol{\varepsilon}_2, \cdots, \boldsymbol{\varepsilon}_n)\boldsymbol{A} \begin{pmatrix} x_1 \\ x_2 \\ \vdots \\ x_n \end{pmatrix}, \end{aligned}$$

所以, $\mathscr{A}(\boldsymbol{\xi})$ 在基 $\boldsymbol{\varepsilon}_1, \boldsymbol{\varepsilon}_2, \cdots, \boldsymbol{\varepsilon}_n$ 下的坐标 $(y_1, y_2, \cdots, y_n)$ 满足

$$\begin{pmatrix} y_1 \\ y_2 \\ \vdots \\ y_n \end{pmatrix} = \boldsymbol{A} \begin{pmatrix} x_1 \\ x_2 \\ \vdots \\ x_n \end{pmatrix}.$$

□

最后, 我们要指出线性变换的矩阵是与一组基联系在一起的, 一般地, 对于不同的基, 同一个线性变换会有不同的矩阵. 那同一个线性变换在不同基下的矩阵之间有什么关系呢? 为此, 我们先引入下面的定义.

定义 5.8.2 设 $\boldsymbol{A}, \boldsymbol{B} \in P^{n\times n}$, 如果存在可逆矩阵 $\boldsymbol{T}$, 使得

$$\boldsymbol{B} = \boldsymbol{T}^{-1}\boldsymbol{A}\boldsymbol{T},$$

则称 $\boldsymbol{A}$ 与 $\boldsymbol{B}$ 相似.

矩阵的相似关系具有下面一些简单性质:

(1) 反身性: $\boldsymbol{A}$ 与自身相似.

(2) 对称性: 若 $\boldsymbol{A}$ 与 $\boldsymbol{B}$ 相似, 则 $\boldsymbol{B}$ 也与 $\boldsymbol{A}$ 相似.

(3) 传递性: 若 $\boldsymbol{A}$ 与 $\boldsymbol{B}$ 相似, $\boldsymbol{B}$ 与 $\boldsymbol{C}$ 相似, 则 $\boldsymbol{A}$ 与 $\boldsymbol{C}$ 相似.

(4) 若 $\boldsymbol{A}$ 与 $\boldsymbol{B}$ 相似, $f(x) \in P[x]$, 则 $f(\boldsymbol{A})$ 与 $f(\boldsymbol{B})$ 相似.

事实上, 由 $\boldsymbol{B} = \boldsymbol{T}^{-1}\boldsymbol{A}\boldsymbol{T}$ 知, $\boldsymbol{B}^k = \boldsymbol{T}^{-1}\boldsymbol{A}^k\boldsymbol{T}$. 又设 $f(x) = a_0 + a_1x + \cdots + a_mx^m$, 则

$$f(\boldsymbol{B}) = \sum_{i=0}^{m} a_i\boldsymbol{B}^i = \sum_{i=0}^{m} a_i\boldsymbol{T}^{-1}\boldsymbol{A}^i\boldsymbol{T} = \boldsymbol{T}^{-1}\left(\sum_{i=0}^{m} a_i\boldsymbol{A}^i\right)\boldsymbol{T} = \boldsymbol{T}^{-1}f(\boldsymbol{A})\boldsymbol{T}.$$

(5) 若 $\boldsymbol{A}$ 与 $\boldsymbol{B}$ 相似, 则 $R(\boldsymbol{A}) = R(\boldsymbol{B})$.

(6) 若 $\boldsymbol{A}$ 与 $\boldsymbol{B}$ 相似, 则 $|\boldsymbol{A}| = |\boldsymbol{B}|$.

定理 5.8.3 设线性空间 V 的线性变换 $\mathscr{A}$ 在 V 的两组基 $\boldsymbol{\varepsilon}_1, \boldsymbol{\varepsilon}_2, \cdots, \boldsymbol{\varepsilon}_n$ 与 $\boldsymbol{\delta}_1, \boldsymbol{\delta}_2, \cdots, \boldsymbol{\delta}_n$ 下的矩阵分别为 $\boldsymbol{A}, \boldsymbol{B}$, 由基 $\boldsymbol{\varepsilon}_1, \boldsymbol{\varepsilon}_2, \cdots, \boldsymbol{\varepsilon}_n$ 到基 $\boldsymbol{\delta}_1, \boldsymbol{\delta}_2, \cdots, \boldsymbol{\delta}_n$ 的过渡矩阵为 $\boldsymbol{T}$, 则

$$\boldsymbol{B} = \boldsymbol{T}^{-1}\boldsymbol{A}\boldsymbol{T},$$

即 $\boldsymbol{A}$ 与 $\boldsymbol{B}$ 是相似的.

证明 已知

$$\mathscr{A}(\boldsymbol{\varepsilon}_1, \boldsymbol{\varepsilon}_2, \cdots, \boldsymbol{\varepsilon}_n) = (\mathscr{A}(\boldsymbol{\varepsilon}_1), \mathscr{A}(\boldsymbol{\varepsilon}_2), \cdots, \mathscr{A}(\boldsymbol{\varepsilon}_n)) = (\boldsymbol{\varepsilon}_1, \boldsymbol{\varepsilon}_2, \cdots, \boldsymbol{\varepsilon}_n)\boldsymbol{A},$$

$$\mathscr{A}(\boldsymbol{\delta}_1, \boldsymbol{\delta}_2, \cdots, \boldsymbol{\delta}_n) = (\mathscr{A}(\boldsymbol{\delta}_1), \mathscr{A}(\boldsymbol{\delta}_2), \cdots, \mathscr{A}(\boldsymbol{\delta}_n)) = (\boldsymbol{\delta}_1, \boldsymbol{\delta}_2, \cdots, \boldsymbol{\delta}_n)\boldsymbol{B},$$

$$(\boldsymbol{\delta}_1, \boldsymbol{\delta}_2, \cdots, \boldsymbol{\delta}_n) = (\boldsymbol{\varepsilon}_1, \boldsymbol{\varepsilon}_2, \cdots, \boldsymbol{\varepsilon}_n)\boldsymbol{T},$$

则有

$$\mathscr{A}(\boldsymbol{\delta}_1, \boldsymbol{\delta}_2, \cdots, \boldsymbol{\delta}_n) = (\boldsymbol{\varepsilon}_1, \boldsymbol{\varepsilon}_2, \cdots, \boldsymbol{\varepsilon}_n)\boldsymbol{T}\boldsymbol{B},$$

又

$$\mathscr{A}(\boldsymbol{\delta}_1, \boldsymbol{\delta}_2, \cdots, \boldsymbol{\delta}_n) = \mathscr{A}\big((\boldsymbol{\varepsilon}_1, \boldsymbol{\varepsilon}_2, \cdots, \boldsymbol{\varepsilon}_n)\boldsymbol{T}\big)$$

$$= \big(\mathscr{A}(\varepsilon_1,\ \varepsilon_2,\ \cdots,\ \varepsilon_n)\big)\boldsymbol{T} = (\varepsilon_1,\ \varepsilon_2,\ \cdots,\ \varepsilon_n)\boldsymbol{AT},$$

于是

$$\boldsymbol{TB} = \boldsymbol{AT},\ \boldsymbol{B} = \boldsymbol{T}^{-1}\boldsymbol{AT}. \qquad \square$$

其实, 如果两个矩阵相似, 则它们可以看作同一线性变换在不同基下的矩阵. 也就是说, 我们可以找到一个 V 的线性变换及 V 的两组基, 使得这个线性变换在这两组基下的矩阵分别为这两个矩阵. 这是因为:

首先在 V 中取一组基 $\varepsilon_1,\ \varepsilon_2,\ \cdots,\ \varepsilon_n$, 对于 $\boldsymbol{A} \in P^{n\times n}$, 则存在唯一的线性变换 $\mathscr{A}$ 使得 $\mathscr{A}$ 在基 $\varepsilon_1,\ \varepsilon_2,\ \cdots,\ \varepsilon_n$ 下的矩阵为 $\boldsymbol{A}$. 又因为 $\boldsymbol{A}$ 与 $\boldsymbol{B}$ 相似, 则存在 n 阶可逆矩阵 $\boldsymbol{T}$, 使 $\boldsymbol{B} = \boldsymbol{T}^{-1}\boldsymbol{AT}$, 令

$$(\boldsymbol{\delta}_1,\ \boldsymbol{\delta}_2,\ \cdots,\ \boldsymbol{\delta}_n) = (\varepsilon_1,\ \varepsilon_2,\ \cdots,\ \varepsilon_n)\boldsymbol{T},$$

则 $\boldsymbol{\delta}_1,\ \boldsymbol{\delta}_2,\ \cdots,\ \boldsymbol{\delta}_n$ 也为 V 的一组基, $\mathscr{A}$ 在基 $\boldsymbol{\delta}_1,\ \boldsymbol{\delta}_2,\ \cdots,\ \boldsymbol{\delta}_n$ 下的矩阵为 $\boldsymbol{T}^{-1}\boldsymbol{AT}$, 即为 $\boldsymbol{B}$.

例 5.8.2 在 $P[x]_n$ 中, 微分变换 $\mathscr{D}$ 在基 $1,\ x,\ x^2,\ \cdots,\ x^{n-1}$ 下的矩阵为

$$\boldsymbol{D}_1 = \begin{pmatrix} 0 & 1 & 0 & \cdots & 0 \\ 0 & 0 & 2 & \cdots & 0 \\ \vdots & \vdots & \vdots & & \vdots \\ 0 & 0 & 0 & \cdots & n-1 \\ 0 & 0 & 0 & \cdots & 0 \end{pmatrix}.$$

取 $P[x]_n$ 的另一组基 $1,\ x,\ \dfrac{x^2}{2!},\ \cdots,\ \dfrac{x^{n-1}}{(n-1)!}$, 则 $\mathscr{D}$ 在这组基下的矩阵为

$$\boldsymbol{D}_2 = \begin{pmatrix} 0 & 1 & 0 & \cdots & 0 \\ 0 & 0 & 1 & \cdots & 0 \\ \vdots & \vdots & \vdots & & \vdots \\ 0 & 0 & 0 & \cdots & 1 \\ 0 & 0 & 0 & \cdots & 0 \end{pmatrix}.$$

由基 $1,\ x,\ x^2,\ \cdots,\ x^{n-1}$ 到 $1,\ x,\ \dfrac{x^2}{2!},\ \cdots,\ \dfrac{x^{n-1}}{(n-1)!}$ 的过渡矩阵为

$$
\boldsymbol{T}=\begin{pmatrix}1&&&&\\&1&&&\\&&\frac{1}{2!}&&\\&&&\ddots&\\&&&&\frac{1}{(n-1)!}\end{pmatrix}.
$$

容易验证

$$
\boldsymbol{D}_2=\boldsymbol{T}^{-1}\boldsymbol{D}_1\boldsymbol{T}.
$$

我们借助线性变换的矩阵来研究线性变换, 由于相似矩阵具有很多相同的性质特点, 所以关于线性变换的很多讨论其实与基的选取无关.

习 题 5

1. 检验以下集合 V 对于所指定的运算是否构成实数域 $\mathbf{R}$ 上的线性空间:

(1) $V=\{f(x)\in\mathbf{R}[x]\mid \deg(f(x))=n\}$ 对于多项式的加法和数乘;

(2) $V=\{\boldsymbol{A}\in\mathbf{R}^{n\times n}\mid \boldsymbol{A}\text{是对称矩阵 (反称矩阵, 上三角形矩阵)}\}$ 对于矩阵的加法和数乘;

(3) $V=\{f(\boldsymbol{A})\mid f(x)\in\mathbf{R}[x]\}$, 其中 $\boldsymbol{A}\in\mathbf{R}^{n\times n}$, 对于矩阵的加法和数乘;

(4) $V=\{\boldsymbol{\alpha}\in\mathbf{R}^2\mid \boldsymbol{\alpha}\neq k\boldsymbol{\alpha}_0,\ k\in\mathbf{R}\}$, 其中 $\boldsymbol{\alpha}_0\in\mathbf{R}^2$, $\boldsymbol{\alpha}_0\neq\mathbf{0}$, 对于向量的加法和数乘;

(5) $V=\mathbf{R}^2$, 对于通常的向量加法和数乘: $k\boldsymbol{\alpha}=\mathbf{0}$;

(6) $V=\mathbf{R}^2$, 对于通常的向量加法和数乘: $k\boldsymbol{\alpha}=\boldsymbol{\alpha}$;

(7) $V=\{(a_1,a_2,\cdots,a_n,\cdots)\mid \lim\limits_{n\to\infty}a_n=a\}$, 其中 a_i, $i=1,2,\cdots,n,\cdots$ 且 a_i 均为实数, 对于数列的加法和数乘;

(8) $V=\mathbf{R}^2$, 对于如下加法和数乘:

$$
(a_1,b_1)\oplus(a_2,b_2)=(a_1+a_2,b_1+b_2+a_1a_2),
$$

$$
k\circ(a,b)=(ka,kb+\frac{1}{2}k(k+1)a^2).
$$

2. 设 V 为数域 P 上的线性空间, 证明: $k(\boldsymbol{\alpha}-\boldsymbol{\beta})=k\boldsymbol{\alpha}-k\boldsymbol{\beta}$, $(-k)(\boldsymbol{\alpha}-\boldsymbol{\beta})=k\boldsymbol{\beta}-k\boldsymbol{\alpha}$, $\forall\boldsymbol{\alpha},\boldsymbol{\beta}\in V$, $\forall k\in P$.

3. 证明: 在实函数空间中, 1, $\sin t$, $\cos t$ 线性无关.

4. 设 $f_1(x),f_2(x),f_3(x)\in P[x]$, 证明: 如果 $(f_1(x),f_2(x),f_3(x))=1$, 但 $(f_i(x),f_j(x))\neq 1$, $i\neq j$, $i,j=1,2,3$, 那么 $f_1(x),f_2(x),f_3(x)$ 线性无关.

5. 在 P^4 中, 求向量 $\boldsymbol{\alpha}$ 在基 $\boldsymbol{\varepsilon}_1,\boldsymbol{\varepsilon}_2,\boldsymbol{\varepsilon}_3,\boldsymbol{\varepsilon}_4$ 下的坐标:

(1) $\boldsymbol{\varepsilon}_1=(1,1,1,1)$, $\boldsymbol{\varepsilon}_2=(1,1,-1,-1)$, $\boldsymbol{\varepsilon}_3=(1,-1,1,-1)$, $\boldsymbol{\varepsilon}_4=(1,-1,-1,1)$,
$\boldsymbol{\alpha}=(1,2,1,1)$;

(2) $\boldsymbol{\varepsilon}_1=(1,1,0,1)$, $\boldsymbol{\varepsilon}_2=(2,1,3,1)$, $\boldsymbol{\varepsilon}_3=(1,1,0,0)$, $\boldsymbol{\varepsilon}_4=(0,1,-1,-1)$,
$\boldsymbol{\alpha}=(0,0,0,1)$.

6. $P^{n\times n}$ 中全体反称矩阵构成 P 上的线性空间, 求此线性空间的维数与一组基.

7. 设矩阵

$$\boldsymbol{A}=\begin{pmatrix}1&0&0\\0&\omega&0\\0&0&\omega^2\end{pmatrix},\text{ 其中 }\omega=\frac{-1+\sqrt{3}\,\mathrm{i}}{2},$$

令 $V=\{f(\boldsymbol{A})\mid f(x)\in\mathbf{R}[x]\}$.

(1) 证明 V 对于矩阵的加法和数乘构成 $\mathbf{R}$ 上的线性空间;

(2) 求 V 的维数与一组基.

8. 在 P^4 中, 求由基 $\boldsymbol{\varepsilon}_1,\boldsymbol{\varepsilon}_2,\boldsymbol{\varepsilon}_3,\boldsymbol{\varepsilon}_4$ 到基 $\boldsymbol{\delta}_1,\boldsymbol{\delta}_2,\boldsymbol{\delta}_3,\boldsymbol{\delta}_4$ 的过渡矩阵, 并求向量 $\boldsymbol{\alpha}$ 在指定基下的坐标:

(1)
$$\begin{cases}\boldsymbol{\varepsilon}_1=(1,0,0,0),\\\boldsymbol{\varepsilon}_2=(0,1,0,0),\\\boldsymbol{\varepsilon}_3=(0,0,1,0),\\\boldsymbol{\varepsilon}_4=(0,0,0,1),\end{cases}\quad\begin{cases}\boldsymbol{\delta}_1=(2,1,0,1),\\\boldsymbol{\delta}_2=(0,1,2,2),\\\boldsymbol{\delta}_3=(-2,1,2,1),\\\boldsymbol{\delta}_4=(1,3,1,2),\end{cases}$$

求 $\boldsymbol{\alpha}=(x_1,x_2,x_3,x_4)$ 在 $\boldsymbol{\delta}_1,\boldsymbol{\delta}_2,\boldsymbol{\delta}_3,\boldsymbol{\delta}_4$ 下的坐标;

(2)
$$\begin{cases}\boldsymbol{\varepsilon}_1=(1,2,-1,0),\\\boldsymbol{\varepsilon}_2=(1,-1,1,1),\\\boldsymbol{\varepsilon}_3=(-1,2,1,1),\\\boldsymbol{\varepsilon}_4=(-1,-1,0,1),\end{cases}\quad\begin{cases}\boldsymbol{\delta}_1=(2,0,1,1),\\\boldsymbol{\delta}_2=(0,1,1,2),\\\boldsymbol{\delta}_3=(1,-1,2,3),\\\boldsymbol{\delta}_4=(1,-3,2,0),\end{cases}$$

求 $\boldsymbol{\alpha}=(1,0,0,0)$ 在 $\boldsymbol{\varepsilon}_1,\boldsymbol{\varepsilon}_2,\boldsymbol{\varepsilon}_3,\boldsymbol{\varepsilon}_4$ 下的坐标;

(3)
$$\begin{cases}\boldsymbol{\varepsilon}_1=(1,1,1,1),\\\boldsymbol{\varepsilon}_2=(1,1,-1,-1),\\\boldsymbol{\varepsilon}_3=(1,-1,1,-1),\\\boldsymbol{\varepsilon}_4=(1,-1,-1,1),\end{cases}\quad\begin{cases}\boldsymbol{\delta}_1=(1,2,3,1),\\\boldsymbol{\delta}_2=(2,1,0,1),\\\boldsymbol{\delta}_3=(1,-1,0,-1),\\\boldsymbol{\delta}_4=(2,1,1,-2),\end{cases}$$

求 $\boldsymbol{\alpha}=(1,-1,0,1)$ 在 $\boldsymbol{\delta}_1,\boldsymbol{\delta}_2,\boldsymbol{\delta}_3,\boldsymbol{\delta}_4$ 下的坐标.

9. 在 P^4 中, 求一非零向量 $\boldsymbol{\alpha}$, 使它在基

$$\begin{cases}\boldsymbol{\varepsilon}_1=(1,0,0,0),\\\boldsymbol{\varepsilon}_2=(0,1,0,0),\\\boldsymbol{\varepsilon}_3=(0,0,1,0),\\\boldsymbol{\varepsilon}_4=(0,0,0,1)\end{cases}\quad\text{与}\quad\begin{cases}\boldsymbol{\delta}_1=(2,1,-1,1),\\\boldsymbol{\delta}_2=(0,3,1,0),\\\boldsymbol{\delta}_3=(5,3,2,1),\\\boldsymbol{\delta}_4=(6,6,1,3)\end{cases}$$

下有相同的坐标.

10. 证明: $\boldsymbol{E}_{11}$, $\boldsymbol{E}_{22}$, $\boldsymbol{E}_{33}$, $\boldsymbol{E}_{12}+\boldsymbol{E}_{21}$, $\boldsymbol{E}_{13}+\boldsymbol{E}_{31}$, $\boldsymbol{E}_{23}+\boldsymbol{E}_{32}$, $\boldsymbol{E}_{12}-\boldsymbol{E}_{21}$, $\boldsymbol{E}_{13}-\boldsymbol{E}_{31}$, $\boldsymbol{E}_{23}-\boldsymbol{E}_{32}$ 是 $P^{3\times 3}$ 的一组基, 并求

$$\boldsymbol{A}=\begin{pmatrix} a_{11} & a_{12} & a_{13} \\ a_{21} & a_{22} & a_{23} \\ a_{31} & a_{32} & a_{33} \end{pmatrix}$$

在这组基下的坐标.

11. 设 V_1 为线性空间 V 的子空间, 证明: 若 $\dim V_1=\dim V$, 则 $V_1=V$.

12. 设 $\boldsymbol{A}\in P^{n\times n}$, $V=\{\boldsymbol{B}\in P^{n\times n}\mid \boldsymbol{AB}=\boldsymbol{BA}\}$.

(1) 证明: V 为 $P^{n\times n}$ 的子空间;

(2) 当 $\boldsymbol{A}=\boldsymbol{E}$ 时, 求 V 的维数与一组基;

(3) 当 $\boldsymbol{A}$ 为对角元互不相同的对角矩阵时, 求 V 的维数与一组基;

(4) 当 $n=3$, 且

$$\boldsymbol{A}=\begin{pmatrix} 0 & 0 & 1 \\ 1 & 0 & 0 \\ 4 & -2 & 1 \end{pmatrix}$$

时, 求 V 的维数与一组基.

13. 如果 $c_1\boldsymbol{\alpha}+c_2\boldsymbol{\beta}+c_3\boldsymbol{\gamma}=\boldsymbol{0}$, 且 $c_1c_3\neq 0$, 证明: $L(\boldsymbol{\alpha},\boldsymbol{\beta})=L(\boldsymbol{\beta},\boldsymbol{\gamma})$.

14. 在 P^4 中, 求向量 $\boldsymbol{\alpha}_1,\boldsymbol{\alpha}_2,\boldsymbol{\alpha}_3,\boldsymbol{\alpha}_4$ 生成的子空间 $L(\boldsymbol{\alpha}_1,\boldsymbol{\alpha}_2,\boldsymbol{\alpha}_3,\boldsymbol{\alpha}_4)$ 的维数与一组基.

(1) $\boldsymbol{\alpha}_1=(2,1,3,1)$, $\boldsymbol{\alpha}_2=(-1,1,2,3)$, $\boldsymbol{\alpha}_3=(0,1,2,1)$, $\boldsymbol{\alpha}_4=(1,1,2,-1)$;

(2) $\boldsymbol{\alpha}_1=(2,1,3,-1)$, $\boldsymbol{\alpha}_2=(1,-1,3,-1)$, $\boldsymbol{\alpha}_3=(4,5,3,-1)$, $\boldsymbol{\alpha}_4=(1,5,-3,1)$.

15. 在 P^4 中, 求齐次线性方程组

$$\begin{cases} 3x_1+2x_2-5x_3+4x_4=0, \\ 3x_1-x_2+3x_3-4x_4=0, \\ 3x_1+5x_2-13x_3+11x_4=0 \end{cases}$$

的解空间的维数与一组基.

16. 设 $\boldsymbol{\varepsilon}_1,\boldsymbol{\varepsilon}_2,\cdots,\boldsymbol{\varepsilon}_n$ 为数域 P 上 n 维线性空间 V 的一组基, $\boldsymbol{\alpha}_1,\boldsymbol{\alpha}_2,\cdots,\boldsymbol{\alpha}_s$ 是 V 中的向量且

$$\begin{cases} \boldsymbol{\alpha}_1=a_{11}\boldsymbol{\varepsilon}_1+a_{12}\boldsymbol{\varepsilon}_2+\cdots+a_{1n}\boldsymbol{\varepsilon}_n, \\ \boldsymbol{\alpha}_2=a_{21}\boldsymbol{\varepsilon}_1+a_{22}\boldsymbol{\varepsilon}_2+\cdots+a_{2n}\boldsymbol{\varepsilon}_n, \\ \cdots\cdots\cdots\cdots \\ \boldsymbol{\alpha}_s=a_{s1}\boldsymbol{\varepsilon}_1+a_{s2}\boldsymbol{\varepsilon}_2+\cdots+a_{sn}\boldsymbol{\varepsilon}_n, \end{cases}$$

记

$$\boldsymbol{A}=\begin{pmatrix} a_{11} & a_{12} & \cdots & a_{1n} \\ a_{21} & a_{22} & \cdots & a_{2n} \\ \vdots & \vdots & & \vdots \\ a_{s1} & a_{s2} & \cdots & a_{sn} \end{pmatrix},$$

证明: $\dim L(\boldsymbol{\alpha}_1,\boldsymbol{\alpha}_2,\cdots,\boldsymbol{\alpha}_s)=R(\boldsymbol{A})$.

17. 求由向量 $\boldsymbol{\alpha}_i$ 生成的子空间与由向量 $\boldsymbol{\beta}_i$ 生成的子空间的交与和的维数与一组基:

(1) $\begin{cases}\boldsymbol{\alpha}_1=(1,1,0,0),\\ \boldsymbol{\alpha}_2=(0,1,1,1),\end{cases}\quad \begin{cases}\boldsymbol{\beta}_1=(0,0,1,1),\\ \boldsymbol{\beta}_2=(1,1,1,0);\end{cases}$

(2) $\begin{cases}\boldsymbol{\alpha}_1=(2,0,1,3,-1),\\ \boldsymbol{\alpha}_2=(0,-2,1,5,-3),\end{cases}\quad \begin{cases}\boldsymbol{\beta}_1=(1,1,0,-1,1),\\ \boldsymbol{\beta}_2=(1,-3,2,9,5);\end{cases}$

(3) $\begin{cases}\boldsymbol{\alpha}_1=(1,2,-1,-2),\\ \boldsymbol{\alpha}_2=(3,1,-1,1),\\ \boldsymbol{\alpha}_3=(-1,0,1,-1),\end{cases}\quad \begin{cases}\boldsymbol{\beta}_1=(2,5,-1,-5),\\ \boldsymbol{\beta}_2=(-1,2,-2,3).\end{cases}$

18. 在 P^4 中, 令

$$V_1=\{(x_1,x_2,x_3,x_4)\,|\,x_1-2x_2+2x_4=0,\ x_1+2x_3=0\},$$

$$V_2=\{(x_1,x_2,x_3,x_4)\,|\,x_1-4x_2-2x_3+4x_4=0\},$$

求 V_1+V_2 及 $V_1\cap V_2$ 的维数与一组基.

19. 设 V_1 与 V_2 分别是齐次方程组 $x_1+x_2+\cdots+x_n=0$ 与 $x_1=x_2=\cdots=x_n$ 的解空间, 证明: $P^n=V_1\oplus V_2$.

20. 设 $\boldsymbol{A}$ 为 n 阶可逆矩阵, 将 $\boldsymbol{A}$ 分块为 $\boldsymbol{A}=\begin{pmatrix}\boldsymbol{A}_1\\ \boldsymbol{A}_2\end{pmatrix}$, 记 V_i 为 $\boldsymbol{A}_i\boldsymbol{X}=\boldsymbol{0}$ 的解空间, $i=1,2$, 证明: $P^n=V_1\oplus V_2$.

21. 设 V 是数域 P 上的 n 维线性空间, V_1,V_2 是 V 的子空间, 且

$$\dim(V_1+V_2)=\dim(V_1\cap V_2)+1.$$

证明: $V_1+V_2=V_1$, $V_1\cap V_2=V_2$, 或 $V_1+V_2=V_2$, $V_1\cap V_2=V_1$.

22. 设 $\boldsymbol{A}$ 为 $m\times n$ 实矩阵, 用 U 表示 $\boldsymbol{A}$ 的列向量生成的子空间, 用 W 表示 $\boldsymbol{A}\boldsymbol{A}^{\mathrm{T}}$ 的列向量生成的子空间, 证明: $U=W$.

23. 设 $W=\left\{\begin{pmatrix}a&-b\\ b&a\end{pmatrix}\,\middle|\,a,b\in\mathbf{R}\right\}$. 证明:

(1) W 是 $\mathbf{R}^2$ 的子空间, 并求 W 的维数与一组基;

(2) 复数域 $\mathbf{C}$ 作为 $\mathbf{R}$ 上的子空间与 W 同构, 并写出同构映射.

24. 下面所定义的变换, 是否线性变换?

(1) 在线性空间 V 中, 定义 $\mathscr{A}(\boldsymbol{\xi})=\boldsymbol{\xi}+\boldsymbol{\alpha}$, 其中 $\boldsymbol{\alpha}\in V$ 是一个固定的向量;

(2) 在线性空间 V 中, 定义 $\mathscr{A}(\boldsymbol{\xi})=\boldsymbol{\alpha}$, 其中 $\boldsymbol{\alpha}\in V$ 是一个固定的向量;

(3) 在 P^3 中, 定义 $\mathscr{A}(x_1,x_2,x_3)=(2x_1-x_2,x_2+x_3,x_3)$;

(4) 在 P^3 中, 定义 $\mathscr{A}(x_1,x_2,x_3)=(x_1^2,x_2+x_3,x_3^2)$;

(5) 把复数域看成复数域上的线性空间, 定义 $\mathscr{A}(\boldsymbol{\xi})=\overline{\boldsymbol{\xi}}$;

(6) 把复数域看成实数域上的线性空间, 定义 $\mathscr{A}(\boldsymbol{\xi})=\overline{\boldsymbol{\xi}}$;

(7) 在 $P^{n\times n}$ 中, 定义 $\mathscr{A}(\boldsymbol{X})=\boldsymbol{B}\boldsymbol{X}\boldsymbol{C}$, 其中 $\boldsymbol{B},\boldsymbol{C}\in P^{n\times n}$ 是两个固定的矩阵;

(8) 在 $P[x]$ 中, 定义 $\mathscr{A}(f(x))=f(x+1)$.

25. 在 $P[x]$ 中, 定义 $\mathscr{A}(f(x))=f'(x)$, $\mathscr{B}(f(x))=xf(x)$, 证明:

$$\mathscr{A}\mathscr{B}-\mathscr{B}\mathscr{A}=\mathscr{E}.$$

26. 在 P^3 中, 定义线性变换 $\mathscr{A}$ 为

$$\mathscr{A}(x_1,x_2,x_3)=(2x_1-x_2,x_2+x_3,x_1).$$

(1) 求 $\mathscr{A}$ 在基 $\boldsymbol{\varepsilon}_1=(1,0,0)$, $\boldsymbol{\varepsilon}_2=(0,1,0)$, $\boldsymbol{\varepsilon}_3=(0,0,1)$ 下的矩阵;

(2) 设 $\boldsymbol{\alpha}=(1,0,-2)$, 求 $\mathscr{A}(\boldsymbol{\alpha})$ 在基 $\boldsymbol{\delta}_1=(2,0,1)$, $\boldsymbol{\delta}_2=(0,-1,1)$, $\boldsymbol{\delta}_3=(-1,0,2)$ 下的坐标;

(3) $\mathscr{A}$ 是否可逆? 若可逆, 求 $\mathscr{A}^{-1}$.

27. 设 P^3 中的两组基分别为

$$\begin{cases}\boldsymbol{\varepsilon}_1=(1,0,0),\\ \boldsymbol{\varepsilon}_2=(0,1,0),\\ \boldsymbol{\varepsilon}_3=(0,0,1),\end{cases}\qquad \begin{cases}\boldsymbol{\delta}_1=(-1,0,2),\\ \boldsymbol{\delta}_2=(0,1,1),\\ \boldsymbol{\delta}_3=(3,-1,0),\end{cases}$$

$\mathscr{A}$ 为 P^3 的一个线性变换, 已知

$$\begin{cases}\mathscr{A}(\boldsymbol{\delta}_1)=(-5,0,3),\\ \mathscr{A}(\boldsymbol{\delta}_2)=(0,-1,6),\\ \mathscr{A}(\boldsymbol{\delta}_3)=(-5,-1,9),\end{cases}$$

求 $\mathscr{A}$ 在这两组基下的矩阵.

28. 设 $\mathscr{A}$ 是三维线性空间 V 的线性变换, $\mathscr{A}$ 在基 $\boldsymbol{\varepsilon}_1,\boldsymbol{\varepsilon}_2,\boldsymbol{\varepsilon}_3$ 下的矩阵为

$$\boldsymbol{A}=\begin{pmatrix}a_{11}&a_{12}&a_{13}\\a_{21}&a_{22}&a_{23}\\a_{31}&a_{32}&a_{33}\end{pmatrix}.$$

(1) 求 $\mathscr{A}$ 在基 $\boldsymbol{\varepsilon}_2,\boldsymbol{\varepsilon}_3,\boldsymbol{\varepsilon}_1$ 下的矩阵;

(2) 求 $\mathscr{A}$ 在基 $\boldsymbol{\varepsilon}_1,\boldsymbol{\varepsilon}_2,k\boldsymbol{\varepsilon}_3$ 下的矩阵;

(3) 求 $\mathscr{A}$ 在基 $\boldsymbol{\varepsilon}_1+\boldsymbol{\varepsilon}_2,\boldsymbol{\varepsilon}_2,\boldsymbol{\varepsilon}_3$ 下的矩阵.

29. 设 $\mathscr{A}$ 是 n 维线性空间 V 的线性变换, 如果 $\mathscr{A}$ 在任意一组基下的矩阵都相同, 证明: $\mathscr{A}$ 是数量变换.

30. 证明:

$$\begin{pmatrix}a_1&&&\\&a_2&&\\&&\ddots&\\&&&a_n\end{pmatrix}\quad 与 \quad\begin{pmatrix}a_{i_1}&&&\\&a_{i_2}&&\\&&\ddots&\\&&&a_{i_n}\end{pmatrix}$$

相似, 其中 $i_1,i_2,\cdots,i_n$ 是 $1,2,\cdots,n$ 的一个排列.

31. 如果 $\boldsymbol{A}$ 可逆, 证明: $\boldsymbol{AB}$ 与 $\boldsymbol{BA}$ 相似.

32. 如果 $\boldsymbol{A}$ 与 $\boldsymbol{B}$ 相似, $\boldsymbol{C}$ 与 $\boldsymbol{D}$ 相似, 证明:

$$\begin{pmatrix} \boldsymbol{A} & \boldsymbol{O} \\ \boldsymbol{O} & \boldsymbol{C} \end{pmatrix} \text{ 与 } \begin{pmatrix} \boldsymbol{B} & \boldsymbol{O} \\ \boldsymbol{O} & \boldsymbol{D} \end{pmatrix}$$

相似.

6

第六章

矩阵的特征值问题

对于一个 n 阶方阵, 如果能把它相似变换到简单的矩阵, 则它的许多性质就很容易得到, 这一章, 我们就是要研究如何将一个矩阵相似到一个简单的矩阵, 为此, 我们要找到矩阵的“特征”.

6.1 特征值与特征向量

定义 6.1.1 设 $\boldsymbol{A} \in P^{n\times n}, \lambda \in P$, 如果存在非零向量 $\boldsymbol{\alpha} \in P^n$, 使得

$$\boldsymbol{A\alpha} = \lambda\boldsymbol{\alpha}, \tag{6.1.1}$$

则称 λ 是 $\boldsymbol{A}$ 的一个特征值, $\boldsymbol{\alpha}$ 是 $\boldsymbol{A}$ 的属于特征值 λ 的特征向量.

将 (6.1.1) 式改写为

$$(\lambda\boldsymbol{E} - \boldsymbol{A})\boldsymbol{\alpha} = \boldsymbol{0}, \tag{6.1.2}$$

这是一个齐次线性方程组, $\boldsymbol{\alpha}$ 是它的非零解, 而此齐次线性方程组有非零解的充分必要条件是

$$|\lambda\boldsymbol{E} - \boldsymbol{A}| = 0.$$

我们称 $\lambda\boldsymbol{E} - \boldsymbol{A}$ 为 $\boldsymbol{A}$ 的特征矩阵, 其行列式 $|\lambda\boldsymbol{E} - \boldsymbol{A}|$ 为 λ 的 n 次多项式, 称为 $\boldsymbol{A}$ 的特征多项式, $|\lambda\boldsymbol{E} - \boldsymbol{A}| = 0$ 称为 $\boldsymbol{A}$ 的特征方程.

矩阵 $\boldsymbol{A}$ 的特征值就是特征方程的根, 只要求出特征方程的所有根, 就得到了矩阵的全部特征值. 由于 n 次多项式在数域 P 中最多有 n 个根 (重根以重数计), 所以 n 阶方阵的特征值连同重数在内最多有 n 个. 如果 λ_0 为 $\boldsymbol{A}$ 的一个特征值, 那么齐次线性方程组 $(\lambda_0\boldsymbol{E} - \boldsymbol{A})\boldsymbol{X} = \boldsymbol{0}$ 的所有非零解, 即为 $\boldsymbol{A}$ 的属于特征值 λ_0 的全部特征向量. 矩阵的特征值、特征向量满足下列性质:

(1) 若 λ_1, λ_2 是 $\boldsymbol{A}$ 的两个不同的特征值, $\boldsymbol{\alpha}_1, \boldsymbol{\alpha}_2$ 分别是 $\boldsymbol{A}$ 的属于 λ_1, λ_2 的特征向量, 则 $\boldsymbol{\alpha}_1 \neq \boldsymbol{\alpha}_2$. 即属于不同特征值的特征向量不相等.

假设 $\boldsymbol{\alpha}_1 = \boldsymbol{\alpha}_2$, 则 $\boldsymbol{A\alpha}_1 = \boldsymbol{A\alpha}_2$, 由于 $\boldsymbol{A\alpha}_1 = \lambda_1\boldsymbol{\alpha}_1$, $\boldsymbol{A\alpha}_2 = \lambda_2\boldsymbol{\alpha}_2$, 所以 $\lambda_1\boldsymbol{\alpha}_1 = \lambda_2\boldsymbol{\alpha}_2 = \lambda_2\boldsymbol{\alpha}_1$, 于是 $(\lambda_1 - \lambda_2)\boldsymbol{\alpha}_1 = \boldsymbol{0}$. 由于 $\lambda_1 \neq \lambda_2$, $(\lambda_1 - \lambda_2) \neq 0$, 所以有 $\boldsymbol{\alpha}_1 = \boldsymbol{0}$, 这与 $\boldsymbol{\alpha}_1$ 是特征向量, 从而一定是非零的矛盾. 因此 $\boldsymbol{\alpha}_1 \neq \boldsymbol{\alpha}_2$.

(2) 若 $\boldsymbol{\alpha}$ 是 $\boldsymbol{A}$ 的属于特征值 λ 的特征向量, 则 $\forall k \neq 0$, $k\boldsymbol{\alpha}$ 还是 $\boldsymbol{A}$ 的属于特征值 λ 的特征向量.

因为 $\boldsymbol{A}(k\boldsymbol{\alpha}) = k\boldsymbol{A\alpha} = k\lambda\boldsymbol{\alpha} = \lambda(k\boldsymbol{\alpha})$, 所以 $k\boldsymbol{\alpha}$ 是 $\boldsymbol{A}$ 的属于特征值 λ 的特征向量.

(3) 若 $\boldsymbol{\alpha}_1, \boldsymbol{\alpha}_2$ 是 $\boldsymbol{A}$ 的属于特征值 λ 的两个特征向量, 则当 $\boldsymbol{\alpha}_1 + \boldsymbol{\alpha}_2 \neq \boldsymbol{0}$ 时, $\boldsymbol{\alpha}_1 + \boldsymbol{\alpha}_2$ 也是 $\boldsymbol{A}$ 的属于特征值 λ 的特征向量. 因为 $\boldsymbol{A}(\boldsymbol{\alpha}_1 + \boldsymbol{\alpha}_2) =$

$\boldsymbol{A}\boldsymbol{\alpha}_1+\boldsymbol{A}\boldsymbol{\alpha}_2=\lambda\boldsymbol{\alpha}_1+\lambda\boldsymbol{\alpha}_2=\lambda(\boldsymbol{\alpha}_1+\boldsymbol{\alpha}_2)$, 所以 $\boldsymbol{\alpha}_1+\boldsymbol{\alpha}_2$ 是 $\boldsymbol{A}$ 的属于特征值 λ 的特征向量.

从性质 (2), (3) 不难看出, 如果 $\boldsymbol{\alpha}_1,\boldsymbol{\alpha}_2,\cdots,\boldsymbol{\alpha}_s$ 是 $\boldsymbol{A}$ 的属于特征值 λ 的特征向量, 则 $\boldsymbol{\alpha}_1,\boldsymbol{\alpha}_2,\cdots,\boldsymbol{\alpha}_s$ 的任意一个非零线性组合 $k_1\boldsymbol{\alpha}_1+k_2\boldsymbol{\alpha}_2+\cdots+k_s\boldsymbol{\alpha}_s$ 一定还是 $\boldsymbol{A}$ 的属于特征值 λ 的特征向量. 因此, 我们只要求出 $\boldsymbol{A}$ 的属于特征值 λ 的特征向量组的一个极大无关组, 就能得到 $\boldsymbol{A}$ 的属于特征值 λ 的全部特征向量, 而这个极大无关组正是齐次线性方程组 $(\lambda\boldsymbol{E}-\boldsymbol{A})\boldsymbol{X}=\boldsymbol{0}$ 的基础解系, 如果 $R(\lambda\boldsymbol{E}-\boldsymbol{A})=r$, 设基础解系为 $\boldsymbol{\alpha}_1,\boldsymbol{\alpha}_2,\cdots,\boldsymbol{\alpha}_{n-r}$, 则 $\boldsymbol{\alpha}_1,\boldsymbol{\alpha}_2,\cdots,\boldsymbol{\alpha}_{n-r}$ 的全部的非零线性组合就是 $\boldsymbol{A}$ 的属于特征值 λ 的全部的特征向量.

记 $\boldsymbol{A}$ 的属于特征值 λ 的全部特征向量再添上零向量组成的集合为 V_λ, 则 V_λ 为 P^n 的一个子空间, 称为 $\boldsymbol{A}$ 的一个特征子空间. $\dim V_\lambda=n-R(\lambda\boldsymbol{E}-\boldsymbol{A})$, 而线性方程组 $(\lambda\boldsymbol{E}-\boldsymbol{A})\boldsymbol{X}=\boldsymbol{0}$ 的基础解系即为 V_λ 的基.

例如数量矩阵 $k\boldsymbol{E}_n$ 的特征值为 $\lambda_1=\lambda_2=\cdots=\lambda_n=k$, 任意非零向量都是属于特征值 k 的特征向量.

例 6.1.1 求下列矩阵的特征值与特征向量:

(1) $\boldsymbol{A}=\begin{pmatrix}2&-2&0\\-2&1&-2\\0&-2&0\end{pmatrix}$; (2) $\boldsymbol{A}=\begin{pmatrix}4&6&0\\-3&-5&0\\-3&-6&1\end{pmatrix}$.

解 (1) 先计算 $\boldsymbol{A}$ 的特征多项式

$$|\lambda\boldsymbol{E}-\boldsymbol{A}|=\begin{vmatrix}\lambda-2&2&0\\2&\lambda-1&2\\0&2&\lambda\end{vmatrix}=(\lambda-4)(\lambda-1)(\lambda+2),$$

$\boldsymbol{A}$ 的特征值即为特征多项式的根 $\lambda_1=4,\ \lambda_2=1,\ \lambda_3=-2$.

再求 $\boldsymbol{A}$ 属于每个特征值的特征向量.

对于 $\lambda_1=4$, 求解齐次线性方程组 $(4\boldsymbol{E}-\boldsymbol{A})\boldsymbol{X}=\boldsymbol{0}$:

$$4\boldsymbol{E}-\boldsymbol{A}=\begin{pmatrix}2&2&0\\2&3&2\\0&2&4\end{pmatrix}\to\begin{pmatrix}1&1&0\\0&1&2\\0&0&0\end{pmatrix},$$

同解方程组为

$$\begin{cases}x_1+x_2=0,\\x_2+2x_3=0,\end{cases}$$

令 $x_2=-2$, 得到基础解系 $\boldsymbol{\eta}_1=(2,-2,1)^{\mathrm{T}}$, 则 $\boldsymbol{A}$ 的属于特征值 $\lambda_1=4$ 的全部特征向量为 $k_1\boldsymbol{\eta}_1$, 其中 k_1 为任意非零数.

对 $\lambda_2=1$, 求解齐次线性方程组 $(\boldsymbol{E}-\boldsymbol{A})\boldsymbol{X}=\mathbf{0}$:

$$\boldsymbol{E}-\boldsymbol{A}=\begin{pmatrix}-1&2&0\\2&0&2\\0&2&1\end{pmatrix}\to\begin{pmatrix}-1&2&0\\0&2&1\\0&0&0\end{pmatrix},$$

同解方程组为

$$\begin{cases}x_1-2x_2=0,\\2x_2+x_3=0,\end{cases}$$

令 $x_2=1$, 得到基础解系 $\boldsymbol{\eta}_2=(2,1,-2)$, 则 $\boldsymbol{A}$ 的属于特征值 $\lambda_2=1$ 的全部特征向量为 $k_2\boldsymbol{\eta}_2$, 其中 k_2 为任意非零数.

对 $\lambda_3=-2$, 求解齐次线性方程组 $(-2\boldsymbol{E}-\boldsymbol{A})\boldsymbol{X}=\mathbf{0}$:

$$-2\boldsymbol{E}-\boldsymbol{A}=\begin{pmatrix}-4&2&0\\2&-3&2\\0&2&-2\end{pmatrix}\to\begin{pmatrix}-2&1&0\\0&1&-1\\0&0&0\end{pmatrix},$$

同解方程组为

$$\begin{cases}2x_1-x_2=0,\\x_2-x_3=0,\end{cases}$$

令 $x_2=2$, 得到基础解系 $\boldsymbol{\eta}_3=(1,2,2)$, 则 $\boldsymbol{A}$ 的属于特征值 $\lambda_3=-2$ 的全部特征向量为 $k_3\boldsymbol{\eta}_3$, 其中 k_3 为任意非零数.

(2) 由于 $\boldsymbol{A}$ 的特征多项式为

$$|\lambda\boldsymbol{E}-\boldsymbol{A}|=\begin{vmatrix}\lambda-4&-6&0\\3&\lambda+5&0\\3&6&\lambda-1\end{vmatrix}=(\lambda-1)^2(\lambda+2),$$

所以, 矩阵 $\boldsymbol{A}$ 的特征值为 $\lambda_1=\lambda_2=1,\ \lambda_3=-2$.

对于 $\lambda_1=\lambda_2=1$, 求解齐次线性方程组 $(\boldsymbol{E}-\boldsymbol{A})\boldsymbol{X}=\mathbf{0}$:

$$\boldsymbol{E}-\boldsymbol{A}=\begin{pmatrix}-3&-6&0\\3&6&0\\3&6&0\end{pmatrix}\to\begin{pmatrix}1&2&0\\0&0&0\\0&0&0\end{pmatrix},$$

求得基础解系为 $\boldsymbol{\eta}_1=(2,-1,0)$, $\boldsymbol{\eta}_2=(0,0,1)$, 则 $\boldsymbol{A}$ 的属于特征值 1 的全部特征向量为 $k_1\boldsymbol{\eta}_1+k_2\boldsymbol{\eta}_2$, 其中 $k_1,\ k_2$ 是不同时为零的任意数.

对于 $\lambda_3=-2$, 求解齐次线性方程组 $(-2\boldsymbol{E}-\boldsymbol{A})\boldsymbol{X}=\mathbf{0}$:

$$-2\boldsymbol{E}-\boldsymbol{A}=\begin{pmatrix}-6&-6&0\\3&3&0\\3&6&-3\end{pmatrix}\to\begin{pmatrix}1&1&0\\0&1&-1\\0&0&0\end{pmatrix},$$

求得基础解系为 $\boldsymbol{\eta}_3=(1,-1,-1)$, 则 $\boldsymbol{A}$ 的属于特征值 -2 的全部特征向量为 $k_3\boldsymbol{\eta}_3$, 其中 k_3 为任意非零数. □

在计算矩阵的特征多项式时, 要计算行列式 $|\lambda\boldsymbol{E}-\boldsymbol{A}|$, 我们在第二章讲过的计算行列式的方法以及利用打洞技巧计算分块矩阵的行列式等方法都可以使用.

例 6.1.2 求实矩阵

$$\boldsymbol{A}=\begin{pmatrix} a_1^2 & a_1a_2+1 & \cdots & a_1a_n+1 \\ a_2a_1+1 & a_2^2 & \cdots & a_2a_n+1 \\ \vdots & \vdots & & \vdots \\ a_na_1+1 & a_na_2+1 & \cdots & a_n^2 \end{pmatrix}$$

的特征值, 其中 $\sum\limits_{i=1}^{n}a_i=\sum\limits_{i=1}^{n}a_i^2=1$.

解 记

$$\boldsymbol{B}=\begin{pmatrix} a_1 & a_2 & \cdots & a_n \\ 1 & 1 & \cdots & 1 \end{pmatrix},$$

我们可以将 $\boldsymbol{A}$ 改写成

$$\boldsymbol{A}=\boldsymbol{B}^{\mathrm{T}}\boldsymbol{B}-\boldsymbol{E}.$$

于是, $\boldsymbol{A}$ 的特征多项式为

$$\begin{aligned}
|\lambda\boldsymbol{E}-\boldsymbol{A}| &= |\lambda\boldsymbol{E}-\boldsymbol{B}^{\mathrm{T}}\boldsymbol{B}+\boldsymbol{E}| = |(\lambda+1)\boldsymbol{E}-\boldsymbol{B}^{\mathrm{T}}\boldsymbol{B}| \\
&= (\lambda+1)^{n-2}|(\lambda+1)\boldsymbol{E}_2-\boldsymbol{B}\boldsymbol{B}^{\mathrm{T}}| \\
&= (\lambda+1)^{n-2}\left|\begin{pmatrix} \lambda+1 & 0 \\ 0 & \lambda+1 \end{pmatrix}-\begin{pmatrix} \sum\limits_{i=1}^{n}a_i^2 & \sum\limits_{i=1}^{n}a_i \\ \sum\limits_{i=1}^{n}a_i & n \end{pmatrix}\right| \\
&= (\lambda+1)^{n-2}\left|\begin{pmatrix} \lambda+1 & 0 \\ 0 & \lambda+1 \end{pmatrix}-\begin{pmatrix} 1 & 1 \\ 1 & n \end{pmatrix}\right| \\
&= (\lambda+1)^{n-2}\begin{vmatrix} \lambda & -1 \\ -1 & \lambda+1-n \end{vmatrix} \\
&= (\lambda+1)^{n-2}(\lambda^2-(n-1)\lambda-1) \\
&= (\lambda+1)^{n-2}\left(\lambda-\frac{n-1+\sqrt{n^2-2n+5}}{2}\right)\times \\
&\quad \left(\lambda-\frac{n-1-\sqrt{n^2-2n+5}}{2}\right).
\end{aligned}$$

所以, 矩阵 $\boldsymbol{A}$ 的特征值为

$$\lambda_1=\lambda_2=\cdots=\lambda_{n-2}=-1,\ \lambda_{n-1}=\frac{n-1+\sqrt{n^2-2n+5}}{2},$$
$$\lambda_n=\frac{n-1-\sqrt{n^2-2n+5}}{2}.$$ □

关于特征值, 有下面几个简单的性质:

(1) 若 λ 是 $\boldsymbol{A}$ 的特征值, 则 $k\lambda$ 是 $k\boldsymbol{A}$ 的特征值, 特别地, $-\lambda$ 是 $-\boldsymbol{A}$ 的特征值.

(2) 若 λ 是 $\boldsymbol{A}$ 的特征值, 则 λ^k 是 $\boldsymbol{A}^k$ 的特征值.

事实上, 设 $\boldsymbol{\alpha}\neq\boldsymbol{0}$ 是 $\boldsymbol{A}$ 的属于 λ 的特征向量, 即 $\boldsymbol{A\alpha}=\lambda\boldsymbol{\alpha}$, 则有

$$\boldsymbol{A}^2\boldsymbol{\alpha}=\boldsymbol{A}(\boldsymbol{A\alpha})=\lambda\boldsymbol{A\alpha}=\lambda^2\boldsymbol{\alpha},\ \cdots,\ \boldsymbol{A}^k\boldsymbol{\alpha}=\lambda^k\boldsymbol{\alpha},$$

即 λ^k 为 $\boldsymbol{A}^k$ 的特征值.

(3) 设 $\boldsymbol{A}$ 为可逆矩阵, 若 λ 是 $\boldsymbol{A}$ 的特征值, 则 $\lambda\neq 0$ 且 $\dfrac{1}{\lambda}$ 是 $\boldsymbol{A}^{-1}$ 的特征值.

事实上, 假设 $\lambda=0$, 则 $|\boldsymbol{A}|=0$ 与 $\boldsymbol{A}$ 可逆矛盾, 所以 $\lambda\neq 0$. 又设有非零向量 $\boldsymbol{\alpha}$, 使 $\boldsymbol{A\alpha}=\lambda\boldsymbol{\alpha}$, 则有

$$\boldsymbol{A}^{-1}(\boldsymbol{A\alpha})=\lambda(\boldsymbol{A}^{-1}\boldsymbol{\alpha}),$$

即

$$\boldsymbol{A}^{-1}\boldsymbol{\alpha}=\frac{1}{\lambda}\boldsymbol{\alpha},$$

从而 $\dfrac{1}{\lambda}$ 为 $\boldsymbol{A}^{-1}$ 的特征值.

(4) 若 λ 是 $\boldsymbol{A}$ 的特征值, 则 λ 也为 $\boldsymbol{A}^{\mathrm{T}}$ 的特征值.

这是因为 $|\lambda\boldsymbol{E}-\boldsymbol{A}^{\mathrm{T}}|=|\lambda\boldsymbol{E}-\boldsymbol{A}|=0$, 从而 λ 也为 $\boldsymbol{A}^{\mathrm{T}}$ 的特征值.

(5) 若 λ 是 $\boldsymbol{A}$ 的特征值, $\boldsymbol{B}$ 与 $\boldsymbol{A}$ 相似, 则 λ 也是 $\boldsymbol{B}$ 的特征值, 即相似矩阵具有相同的特征值.

这是由于存在可逆矩阵 $\boldsymbol{T}$, 使 $\boldsymbol{B}=\boldsymbol{T}^{-1}\boldsymbol{AT}$, 于是有

$$|\lambda\boldsymbol{E}-\boldsymbol{B}|=|\lambda\boldsymbol{E}-\boldsymbol{T}^{-1}\boldsymbol{AT}|=|\boldsymbol{T}^{-1}|\cdot|\lambda\boldsymbol{E}-\boldsymbol{A}|\cdot|\boldsymbol{T}|=|\lambda\boldsymbol{E}-\boldsymbol{A}|=0,$$

从而 $\boldsymbol{B}$ 与 $\boldsymbol{A}$ 有相同的特征值.

下面, 我们再来进一步讨论矩阵 $\boldsymbol{A}$ 的特征多项式.

设 $\boldsymbol{A}\in P^{n\times n}$, 记 $\boldsymbol{A}$ 的特征多项式为

$$f(\lambda)=|\lambda\boldsymbol{E}-\boldsymbol{A}|=\begin{vmatrix}\lambda-a_{11} & -a_{12} & \cdots & -a_{1n}\\ -a_{21} & \lambda-a_{22} & \cdots & -a_{2n}\\ \vdots & \vdots & & \vdots\\ -a_{n1} & -a_{n2} & \cdots & \lambda-a_{nn}\end{vmatrix}.$$

在行列式的展开式中, 有一项是主对角线上元素的乘积 $(\lambda - a_{11})(\lambda - a_{22})\cdots(\lambda - a_{nn})$, 展开式中的其余各项, 至多含有 $(n-2)$ 个主对角线上的元素, λ 的次数最高是 $(n-2)$ 次, 因此, $f(\lambda)$ 中 λ 的 n 次与 $(n-1)$ 次项只能是由主对角线上元素连乘产生的, 它们是

$$\lambda^n - (a_{11} + a_{22} + \cdots + a_{nn})\lambda^{n-1}.$$

又因为 $f(0)$ 等于 $f(\lambda)$ 中的常数项, 于是 $f(\lambda)$ 的常数项为

$$f(0) = |-\boldsymbol{A}| = (-1)^n|\boldsymbol{A}|.$$

从而, $\boldsymbol{A}$ 的特征多项式

$$f(\lambda) = |\lambda\boldsymbol{E} - \boldsymbol{A}| = \lambda^n - (a_{11} + a_{22} + \cdots + a_{nn})\lambda^{n-1} + \cdots + (-1)^n|\boldsymbol{A}|.$$

定义 6.1.2 设 $\boldsymbol{A} \in P^{n\times n}$, 则称 $a_{11} + a_{22} + \cdots + a_{nn}$ 为 $\boldsymbol{A}$ 的迹, 记为 $\mathrm{tr}(\boldsymbol{A})$.

由根与系数的关系可知, 如果 $\lambda_1,\ \lambda_2,\ \cdots,\ \lambda_n$ 为矩阵 $\boldsymbol{A}$ 的特征值, 则有

$$\lambda_1 + \lambda_2 + \cdots + \lambda_n = a_{11} + a_{22} + \cdots + a_{nn} = \mathrm{tr}(\boldsymbol{A}),$$

$$\lambda_1\lambda_2\cdots\lambda_n = |\boldsymbol{A}|.$$

由于相似矩阵具有相同的特征值, 故相似矩阵也具有相同的迹.

关于特征多项式, 我们再给出一个重要性质.

定理 6.1.1 (哈密顿 (Hamilton)-凯莱 (Cayley) 定理) 设 $\boldsymbol{A} \in P^{n\times n}$, $f(\lambda) = |\lambda\boldsymbol{E} - \boldsymbol{A}|$ 是 $\boldsymbol{A}$ 的特征多项式, 则

$$f(\boldsymbol{A}) = \boldsymbol{O}.$$

证明 设 $\boldsymbol{B}(\lambda)$ 是 $(\lambda\boldsymbol{E} - \boldsymbol{A})$ 的伴随矩阵, 则 $\boldsymbol{B}(\lambda)$ 中的每个元素是 $|\lambda\boldsymbol{E} - \boldsymbol{A}|$ 中元素的代数余子式, 都为次数不超过 $(n-1)$ 次的 λ 的多项式, 由矩阵的运算性质可设

$$\boldsymbol{B}(\lambda) = \lambda^{n-1}\boldsymbol{B}_0 + \lambda^{n-2}\boldsymbol{B}_1 + \cdots + \boldsymbol{B}_{n-1},\ \text{其中}\boldsymbol{B}_i \in P^{n\times n},\ i = 0,\ 1,\ \cdots,\ n-1.$$

再设

$$f(\lambda) = |\lambda\boldsymbol{E} - \boldsymbol{A}| = \lambda^n + a_1\lambda^{n-1} + \cdots + a_{n-1}\lambda + a_n.$$

又因为

$$\boldsymbol{B}(\lambda)(\lambda\boldsymbol{E} - \boldsymbol{A}) = |\lambda\boldsymbol{E} - \boldsymbol{A}| \cdot \boldsymbol{E} = f(\lambda)\boldsymbol{E},$$

于是有

$$
\begin{aligned}
&(\lambda^{n-1}\boldsymbol{B}_0+\lambda^{n-2}\boldsymbol{B}_1+\cdots+\boldsymbol{B}_{n-1})(\lambda\boldsymbol{E}-\boldsymbol{A})=f(\lambda)\boldsymbol{E},\\
&\lambda^n\boldsymbol{B}_0+\lambda^{n-1}(\boldsymbol{B}_1-\boldsymbol{B}_0\boldsymbol{A})+\lambda^{n-2}(\boldsymbol{B}_2-\boldsymbol{B}_1\boldsymbol{A})+\cdots+\\
&\lambda(\boldsymbol{B}_{n-1}-\boldsymbol{B}_{n-2}\boldsymbol{A})-\boldsymbol{B}_{n-1}\boldsymbol{A}\\
=&\lambda^n\boldsymbol{E}+\lambda^{n-1}(a_1\boldsymbol{E})+\lambda^{n-2}(a_2\boldsymbol{E})+\cdots+\lambda(a_{n-1}\boldsymbol{E})+a_n\boldsymbol{E}.
\end{aligned}
$$

比较等式两边, 可得

$$
\begin{cases}
\boldsymbol{B}_0=\boldsymbol{E},\\
\boldsymbol{B}_1-\boldsymbol{B}_0\boldsymbol{A}=a_1\boldsymbol{E},\\
\boldsymbol{B}_2-\boldsymbol{B}_1\boldsymbol{A}=a_2\boldsymbol{E},\\
\quad\cdots\cdots\cdots\cdots\\
\boldsymbol{B}_{n-1}-\boldsymbol{B}_{n-2}\boldsymbol{A}=a_{n-1}\boldsymbol{E},\\
-\boldsymbol{B}_{n-1}\boldsymbol{A}=a_n\boldsymbol{E},
\end{cases}
$$

将上述各式依次分别右乘 $\boldsymbol{A}^n$, $\boldsymbol{A}^{n-1}$, $\boldsymbol{A}^{n-2}$, $\cdots$, $\boldsymbol{A}$, $\boldsymbol{E}$, 得

$$
\begin{cases}
\boldsymbol{B}_0\boldsymbol{A}^n=\boldsymbol{A}^n,\\
\boldsymbol{B}_1\boldsymbol{A}^{n-1}-\boldsymbol{B}_0\boldsymbol{A}^n=a_1\boldsymbol{A}^{n-1},\\
\boldsymbol{B}_2\boldsymbol{A}^{n-2}-\boldsymbol{B}_1\boldsymbol{A}^{n-1}=a_2\boldsymbol{A}^{n-2},\\
\quad\cdots\cdots\cdots\cdots\\
\boldsymbol{B}_{n-1}\boldsymbol{A}-\boldsymbol{B}_{n-2}\boldsymbol{A}^2=a_{n-1}\boldsymbol{A},\\
-\boldsymbol{B}_{n-1}\boldsymbol{A}=a_n\boldsymbol{E},
\end{cases}
$$

再将上述所有等式相加, 等号左边为零, 右边即为 $f(\boldsymbol{A})$, 即

$$f(\boldsymbol{A})=\boldsymbol{O}.$$ □

例 6.1.3 设 $\boldsymbol{A}\in P^{n\times n}$, 则 $\boldsymbol{A}$ 为可逆矩阵的充分必要条件是存在一常数项不为零的多项式 $f(x)$, 使得

$$f(\boldsymbol{A})=\boldsymbol{O}.$$

证明 先设 $\boldsymbol{A}$ 是可逆矩阵, 则 $|\boldsymbol{A}|\neq 0$. 取 $f(x)$ 为 $\boldsymbol{A}$ 的特征多项式, 则 $f(x)$ 的常数项等于 $(-1)^n|\boldsymbol{A}|$, 不为零, 且使 $f(\boldsymbol{A})=\boldsymbol{O}$.

再设存在一常数项不为零的多项式 $f(x)$,

$$f(x)=a_mx^m+a_{m-1}x^{m-1}+\cdots+a_1x+a_0,\ a_0\neq 0,$$

使 $f(\boldsymbol{A})=\boldsymbol{O}$, 即

$$a_m\boldsymbol{A}^m+a_{m-1}\boldsymbol{A}^{m-1}+\cdots+a_1\boldsymbol{A}+a_0\boldsymbol{E}=\boldsymbol{O}.$$

于是有

$$\boldsymbol{A}\left(-\frac{a_m}{a_0}\boldsymbol{A}^{m-1}-\frac{a_{m-1}}{a_0}\boldsymbol{A}^{m-2}-\cdots-\frac{a_1}{a_0}\boldsymbol{E}\right)=\boldsymbol{E},$$

故 $\boldsymbol{A}$ 是可逆的, 且

$$\boldsymbol{A}^{-1}=-\frac{a_m}{a_0}\boldsymbol{A}^{m-1}-\frac{a_{m-1}}{a_0}\boldsymbol{A}^{m-2}-\cdots-\frac{a_1}{a_0}\boldsymbol{E}. \qquad \square$$

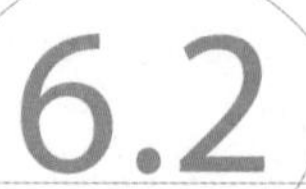

6.2 矩阵的对角化

对角矩阵是矩阵中相对简单的矩阵. 本节将讨论一个矩阵在什么条件下能够相似于对角矩阵.

首先, 我们给出这一节的一个最基本而又最重要的定理.

定理 6.2.1 设 $\boldsymbol{A}\in P^{n\times n}$, 则 $\boldsymbol{A}$ 与对角矩阵相似的充分必要条件为 $\boldsymbol{A}$ 有 n 个线性无关的特征向量.

证明 先设矩阵 $\boldsymbol{A}$ 与对角矩阵

$$\begin{pmatrix}\lambda_1 & & & \\ & \lambda_2 & & \\ & & \ddots & \\ & & & \lambda_n\end{pmatrix}$$

相似, 则存在可逆矩阵 $\boldsymbol{T}$, 使

$$\boldsymbol{T}^{-1}\boldsymbol{A}\boldsymbol{T}=\begin{pmatrix}\lambda_1 & & & \\ & \lambda_2 & & \\ & & \ddots & \\ & & & \lambda_n\end{pmatrix}.$$

上式两边同左乘 $\boldsymbol{T}$, 得

$$\boldsymbol{A}\boldsymbol{T}=\boldsymbol{T}\begin{pmatrix}\lambda_1 & & & \\ & \lambda_2 & & \\ & & \ddots & \\ & & & \lambda_n\end{pmatrix}.$$

记 $\boldsymbol{\alpha}_1,\boldsymbol{\alpha}_2,\cdots,\boldsymbol{\alpha}_n$ 为 $\boldsymbol{T}$ 的列向量组, 即

$$\boldsymbol{T}=(\boldsymbol{\alpha}_1\quad\boldsymbol{\alpha}_2\quad\cdots\quad\boldsymbol{\alpha}_n),$$

则有

$$\boldsymbol{A}(\boldsymbol{\alpha}_1\quad\boldsymbol{\alpha}_2\quad\cdots\quad\boldsymbol{\alpha}_n)=(\boldsymbol{\alpha}_1\quad\boldsymbol{\alpha}_2\quad\cdots\quad\boldsymbol{\alpha}_n)\begin{pmatrix}\lambda_1&&&\\&\lambda_2&&\\&&\ddots&\\&&&\lambda_n\end{pmatrix},$$

$$(\boldsymbol{A}\boldsymbol{\alpha}_1\quad\boldsymbol{A}\boldsymbol{\alpha}_2\quad\cdots\quad\boldsymbol{A}\boldsymbol{\alpha}_n)=(\lambda_1\boldsymbol{\alpha}_1\quad\lambda_2\boldsymbol{\alpha}_2\quad\cdots\quad\lambda_n\boldsymbol{\alpha}_n),$$

于是得到

$$\boldsymbol{A}\boldsymbol{\alpha}_i=\lambda_i\boldsymbol{\alpha}_i\quad,i=1,2,\cdots,n,$$

即 λ_i 是 $\boldsymbol{A}$ 的特征值, $\boldsymbol{\alpha}_i$ 是 $\boldsymbol{A}$ 的属于特征值 λ_i 的特征向量, $i=1,2,\cdots,n$. 又由于 $\boldsymbol{T}$ 是可逆矩阵, 其列向量组 $\boldsymbol{\alpha}_1,\boldsymbol{\alpha}_2,\cdots,\boldsymbol{\alpha}_n$ 线性无关, 从而 $\boldsymbol{A}$ 有 n 个线性无关的特征向量.

再设如果 $\boldsymbol{A}$ 有 n 个线性无关的特征向量 $\boldsymbol{\alpha}_1,\boldsymbol{\alpha}_2,\cdots,\boldsymbol{\alpha}_n$, 设它们所属的 $\boldsymbol{A}$ 的特征值依次为 $\lambda_1,\lambda_2,\cdots,\lambda_n$, 即

$$\boldsymbol{A}\boldsymbol{\alpha}_i=\lambda_i\boldsymbol{\alpha}_i\quad,i=1,2,\cdots,n.$$

以 $\boldsymbol{\alpha}_1,\boldsymbol{\alpha}_2,\cdots,\boldsymbol{\alpha}_n$ 为列向量构成矩阵 $\boldsymbol{T}$, 即

$$\boldsymbol{T}=(\boldsymbol{\alpha}_1\quad\boldsymbol{\alpha}_2\quad\cdots\quad\boldsymbol{\alpha}_n).$$

由于 $\boldsymbol{\alpha}_1,\boldsymbol{\alpha}_2,\cdots,\boldsymbol{\alpha}_n$ 线性无关, 则 $\boldsymbol{T}$ 是可逆的, 并且有

$$\begin{aligned}\boldsymbol{A}\boldsymbol{T}&=\boldsymbol{A}(\boldsymbol{\alpha}_1\quad\boldsymbol{\alpha}_2\quad\cdots\quad\boldsymbol{\alpha}_n)=(\boldsymbol{A}\boldsymbol{\alpha}_1\quad\boldsymbol{A}\boldsymbol{\alpha}_2\quad\cdots\quad\boldsymbol{A}\boldsymbol{\alpha}_n)\\&=(\lambda_1\boldsymbol{\alpha}_1\quad\lambda_2\boldsymbol{\alpha}_2\quad\cdots\quad\lambda_n\boldsymbol{\alpha}_n)\\&=(\boldsymbol{\alpha}_1\quad\boldsymbol{\alpha}_2\quad\cdots\quad\boldsymbol{\alpha}_n)\begin{pmatrix}\lambda_1&&&\\&\lambda_2&&\\&&\ddots&\\&&&\lambda_n\end{pmatrix}\\&=\boldsymbol{T}\begin{pmatrix}\lambda_1&&&\\&\lambda_2&&\\&&\ddots&\\&&&\lambda_n\end{pmatrix},\end{aligned}$$

于是有

$$T^{-1}AT=\begin{pmatrix}\lambda_1&&&\\&\lambda_2&&\\&&\ddots&\\&&&\lambda_n\end{pmatrix},$$

即矩阵 $\boldsymbol{A}$ 与以其特征值为对角元的对角矩阵相似. □

为了再给出一些判别矩阵与对角矩阵相似的条件, 我们先给出下面的一些结论.

引理 6.2.1 设 $\boldsymbol{A}\in P^{n\times n}$, 如果 $\lambda_1,\lambda_2,\cdots,\lambda_s$ 是矩阵 $\boldsymbol{A}$ 的 s 个互不相同的特征值, $\boldsymbol{\alpha}_1,\boldsymbol{\alpha}_2,\cdots,\boldsymbol{\alpha}_s$ 是 $\boldsymbol{A}$ 的分别属于 $\lambda_1,\lambda_2,\cdots,\lambda_s$ 的特征向量, 则 $\boldsymbol{\alpha}_1,\boldsymbol{\alpha}_2,\cdots,\boldsymbol{\alpha}_s$ 线性无关.

证明 用数学归纳法证之.

当 $s=1$ 时, 由于 $\boldsymbol{\alpha}_1$ 是非零向量, 所以结论成立.

假设 $\boldsymbol{A}$ 的 $s-1$ 个互不相同的特征值 $\lambda_1,\lambda_2,\cdots,\lambda_{s-1}$ 对应的特征向量 $\boldsymbol{\alpha}_1,\boldsymbol{\alpha}_2,\cdots,\boldsymbol{\alpha}_{s-1}$ 线性无关.

对 $\boldsymbol{A}$ 的 s 个互不相同的特征值 $\lambda_1,\lambda_2,\cdots,\lambda_{s-1},\lambda_s$ 对应的特征向量 $\boldsymbol{\alpha}_1,\boldsymbol{\alpha}_2,\cdots,\boldsymbol{\alpha}_{s-1},\boldsymbol{\alpha}_s$, 设

$$k_1\boldsymbol{\alpha}_1+k_2\boldsymbol{\alpha}_2+\cdots+k_s\boldsymbol{\alpha}_s=\mathbf{0}.$$

将上式两边左乘矩阵 $\boldsymbol{A}$, 得

$$k_1\boldsymbol{A}\boldsymbol{\alpha}_1+k_2\boldsymbol{A}\boldsymbol{\alpha}_2+\cdots+k_s\boldsymbol{A}\boldsymbol{\alpha}_s=\mathbf{0}.$$

由于 $\boldsymbol{A}\boldsymbol{\alpha}_i=\lambda_i\boldsymbol{\alpha}_i,\ i=1,2,\cdots,s$, 则有

$$k_1\lambda_1\boldsymbol{\alpha}_1+k_2\lambda_2\boldsymbol{\alpha}_2+\cdots+k_s\lambda_s\boldsymbol{\alpha}_s=\mathbf{0}.$$

又有

$$k_1\lambda_s\boldsymbol{\alpha}_1+k_2\lambda_s\boldsymbol{\alpha}_2+\cdots+k_s\lambda_s\boldsymbol{\alpha}_s=\mathbf{0},$$

于是有

$$k_1(\lambda_1-\lambda_s)\boldsymbol{\alpha}_1+k_2(\lambda_2-\lambda_s)\boldsymbol{\alpha}_2+\cdots+k_{s-1}(\lambda_{s-1}-\lambda_s)\boldsymbol{\alpha}_{s-1}=\mathbf{0}.$$

由归纳假设 $\boldsymbol{\alpha}_1,\boldsymbol{\alpha}_2,\cdots,\boldsymbol{\alpha}_{s-1}$ 线性无关, 故

$$k_i(\lambda_i-\lambda_s)=0\quad,i=1,2,\cdots,s-1,$$

由于 $\lambda_i - \lambda_s \neq 0$, 故 $k_i = 0, i = 1, 2, \cdots, s-1$, 从而有

$$k_s \boldsymbol{\alpha}_s = \mathbf{0},$$

又因 $\boldsymbol{\alpha}_s \neq \mathbf{0}$, 所以 $k_s = 0$. 因而 $\boldsymbol{\alpha}_1, \boldsymbol{\alpha}_2, \cdots, \boldsymbol{\alpha}_s$ 线性无关.

由归纳法原理, 引理得证. □

由前面的定理和引理, 很容易得到下列推论.

推论 6.2.1 设 $\boldsymbol{A} \in P^{n\times n}$, 如果 $\boldsymbol{A}$ 有 n 个互不相同的特征值, 则 $\boldsymbol{A}$ 与对角矩阵相似.

注意, $\boldsymbol{A}$ 有 n 个互不相同的特征值只是 $\boldsymbol{A}$ 与对角矩阵相似的充分条件. 例 6.1.1 中的矩阵

$$\boldsymbol{A} = \begin{pmatrix} 2 & -2 & 0 \\ -2 & 1 & -2 \\ 0 & -2 & 0 \end{pmatrix}$$

有 3 个互不相同的特征值 $\lambda_1 = 4$, $\lambda_2 = 1$, $\lambda_3 = -2$, 分别属于它们的特征向量为

$$\boldsymbol{\eta}_1 = (2, -2, 1), \quad \boldsymbol{\eta}_2 = (2, 1, -2), \quad \boldsymbol{\eta}_3 = (1, 2, 2),$$

$\boldsymbol{\eta}_1, \boldsymbol{\eta}_2, \boldsymbol{\eta}_3$ 线性无关, 令可逆矩阵 $\boldsymbol{T}$ 为

$$\boldsymbol{T} = \begin{pmatrix} 2 & 2 & 1 \\ -2 & 1 & 2 \\ 1 & -2 & 2 \end{pmatrix},$$

则

$$\boldsymbol{T}^{-1}\boldsymbol{A}\boldsymbol{T} = \begin{pmatrix} 4 & & \\ & 1 & \\ & & -2 \end{pmatrix}.$$

而矩阵

$$\boldsymbol{A} = \begin{pmatrix} 4 & 6 & 0 \\ -3 & -5 & 0 \\ -3 & -6 & 1 \end{pmatrix},$$

只有两个互不相同的特征值 1 和 -2, 属于 1 的两个线性无关的特征向量为 $\boldsymbol{\eta}_1 = (2, -1, 0)$, $\boldsymbol{\eta}_2 = (0, 0, 1)$, 而属于 -2 的特征向量为 $\boldsymbol{\eta}_3 = (1, -1, -1)$, 可以验证 $\boldsymbol{\eta}_1, \boldsymbol{\eta}_2, \boldsymbol{\eta}_3$ 线性无关, 所以 $\boldsymbol{A}$ 也与对角矩阵相似. 令可逆矩阵 $\boldsymbol{T}$ 为

$$\boldsymbol{T} = \begin{pmatrix} 2 & 0 & 1 \\ -1 & 0 & -1 \\ 0 & 1 & -1 \end{pmatrix},$$

则

$$T^{-1}AT = \begin{pmatrix} 1 & & \\ & 1 & \\ & & -2 \end{pmatrix}.$$

引理 6.2.2 设 $A \in P^{n\times n}$, 如果 A 有 s 个互不相同的特征值, 而 $\alpha_{i1}, \alpha_{i2}, \cdots, \alpha_{ir_i}$ 是 A 的属于特征值 λ_i 的 r_i 个线性无关的特征向量, $i = 1, 2, \cdots, s$, 则 $\alpha_{11}, \cdots, \alpha_{1r_1}, \cdots, \alpha_{s1}, \cdots, \alpha_{sr_s}$ 线性无关.

此引理也可对 s 利用归纳法证明, 与引理 6.2.1 的证明过程类似, 这里不再赘述.

这两个引理的结论意味着, 对于矩阵 A 的 s 个互不相同的特征值, 分别取属于它们的线性无关的特征向量, 即有 s 组特征向量, 每组取出一个向量, 则 s 个向量是线性无关的, 同时, 这 s 组向量合起来还是线性无关的.

定理 6.2.2 设 $A \in P^{n\times n}$, 如果 A 有 s 个互不相同的特征值 $\lambda_1, \lambda_2, \cdots, \lambda_s$, 则 A 与对角矩阵相似的充分必要条件是

$$\dim V_{\lambda_1} + \dim V_{\lambda_2} + \cdots + \dim V_{\lambda_s} = n.$$

证明 设 $\dim V_{\lambda_i} = r_i$, $i = 1, 2, \cdots, s$.

取 V_{λ_i} 的一组基 $\alpha_{i1}, \alpha_{i2}, \cdots, \alpha_{ir_i}$, 即 $\alpha_{i1}, \alpha_{i2}, \cdots, \alpha_{ir_i}$ 为 A 的属于特征值 λ_i 的线性无关的特征向量, $i = 1, 2, \cdots, s$. 由引理 6.2.2 可知 $\alpha_{11}, \cdots, \alpha_{1r_1}, \cdots, \alpha_{s1}, \cdots, \alpha_{sr_s}$ 为 $r_1 + r_2 + \cdots + r_s$ 个线性无关的特征向量, 从而 A 与对角矩阵相似的充分必要条件为 $r_1 + r_2 + \cdots + r_s = n$. □

推论 6.2.2 设 $A \in P^{n\times n}$, 如果 A 有 s 个互不相同的特征值 $\lambda_1, \lambda_2, \cdots, \lambda_s$, 则 A 与对角矩阵相似的充分必要条件是

$$V_{\lambda_1} \oplus V_{\lambda_2} \oplus \cdots \oplus V_{\lambda_s} = P^n.$$

引理 6.2.3 设 $A \in P^{n\times n}$, λ_0 是 A 的一个 r 重特征值, 则

$$\dim V_{\lambda_0} \leqslant r.$$

证明 设 $\dim V_{\lambda_0} = s$, 假设 $s > r$.

取 V_{λ_0} 的一组基 $\alpha_1, \alpha_2, \cdots, \alpha_s$, 则 $\alpha_1, \alpha_2, \cdots, \alpha_s$ 是 A 的属于特征值 λ_0 的特征向量, 即

$$A\alpha_i = \lambda_0\alpha_i, \quad i = 1, 2, \cdots, s.$$

将 $\alpha_1, \alpha_2, \cdots, \alpha_s$ 扩充为 P^n 的一组基 $\alpha_1, \alpha_2, \cdots, \alpha_s, \alpha_{s+1}, \cdots, \alpha_n$. 令矩阵 T 为

$$T = (\alpha_1 \quad \alpha_2 \quad \cdots \quad \alpha_s \quad \alpha_{s+1} \quad \cdots \alpha_n),$$

则 $\boldsymbol{T}$ 为可逆矩阵, 且有

$$\begin{aligned}\boldsymbol{AT}&=(\boldsymbol{A\alpha}_1\quad \boldsymbol{A\alpha}_2\quad \cdots\quad \boldsymbol{A\alpha}_s\quad \boldsymbol{A\alpha}_{s+1}\quad \cdots\quad \boldsymbol{A\alpha}_n)\\&=(\boldsymbol{\alpha}_1\quad \boldsymbol{\alpha}_2\quad \cdots\quad \boldsymbol{\alpha}_s\quad \boldsymbol{\alpha}_{s+1}\quad \cdots\quad \boldsymbol{\alpha}_n)\cdot\\&\quad\begin{pmatrix}\lambda_0 & 0 & \cdots & 0 & b_{1,s+1} & \cdots & b_{1n}\\ 0 & \lambda_0 & \cdots & 0 & b_{2,s+1} & \cdots & b_{2n}\\ \vdots & \vdots & & \vdots & \vdots & & \vdots\\ 0 & 0 & \cdots & \lambda_0 & b_{s,s+1} & \cdots & b_{sn}\\ 0 & 0 & \cdots & 0 & b_{s+1,s+1} & \cdots & b_{s+1,n}\\ \vdots & \vdots & & \vdots & \vdots & & \vdots\\ 0 & 0 & \cdots & 0 & b_{n,s+1} & \cdots & b_{nn}\end{pmatrix},\end{aligned}$$

即

$$\boldsymbol{T}^{-1}\boldsymbol{AT}=\begin{pmatrix}\lambda_0 & 0 & \cdots & 0 & b_{1,s+1} & \cdots & b_{1n}\\ 0 & \lambda_0 & \cdots & 0 & b_{2,s+1} & \cdots & b_{2n}\\ \vdots & \vdots & & \vdots & \vdots & & \vdots\\ 0 & 0 & \cdots & \lambda_0 & b_{s,s+1} & \cdots & b_{sn}\\ 0 & 0 & \cdots & 0 & b_{s+1,s+1} & \cdots & b_{s+1,n}\\ \vdots & \vdots & & \vdots & \vdots & & \vdots\\ 0 & 0 & \cdots & 0 & b_{n,s+1} & \cdots & b_{nn}\end{pmatrix}.$$

所以, $\boldsymbol{A}$ 的特征多项式

$$f(\lambda)=|\lambda\boldsymbol{E}-\boldsymbol{A}|=|\lambda\boldsymbol{E}-\boldsymbol{T}^{-1}\boldsymbol{AT}|$$

的根中至少有 s 个 λ_0, 这与 λ_0 为 $\boldsymbol{A}$ 的 r 重特征值矛盾. 故

$$\dim V_{\lambda_0}\leqslant r.$$

□

定理 6.2.3 设 $\boldsymbol{A}\in P^{n\times n}$, 如果互不相同的 $\lambda_1,\lambda_2,\cdots,\lambda_s$ 分别是 $\boldsymbol{A}$ 的 $r_1,r_2,\cdots,r_s$ 重特征值, 而 $r_1+r_2+\cdots+r_s=n$, 则 $\boldsymbol{A}$ 与对角矩阵相似的充分必要条件是对每个 i 都有

$$\dim V_{\lambda_i}=r_i,\quad i=1,2,\cdots,n.$$

证明 先设 $\dim V_{\lambda_i}=r_i, i=1,2,\cdots,n$.

由于 $r_1+r_2+\cdots+r_s=n$, 则有 $\dim V_{\lambda_1}+\dim V_{\lambda_2}+\cdots+\dim V_{\lambda_s}=n$. 故 $\boldsymbol{A}$ 与对角矩阵相似.

再设 $\boldsymbol{A}$ 与对角矩阵相似, 则有 $\dim V_{\lambda_1}+\dim V_{\lambda_2}+\cdots+\dim V_{\lambda_s}=n$. 假设存在某个 i, 使 $\dim V_{\lambda_i}<r_i$, 则

$$\dim V_{\lambda_1}+\cdots+\dim V_{\lambda_i}+\cdots+\dim V_{\lambda_s}<r_1+\cdots+r_i+\cdots+r_s=n,$$

矛盾. 故对所有 i, 都有

$$\dim V_{\lambda_i}=r_i,\quad i=1,2,\cdots,s.$$ □

也就是说, 对于 $\boldsymbol{A}$ 的某个 r_i 重特征值 λ_i, 如果

$$n-R(\lambda_i\boldsymbol{E}-\boldsymbol{A})<r_i$$

或

$$R(\lambda_i\boldsymbol{E}-\boldsymbol{A})>n-r_i,$$

则矩阵 $\boldsymbol{A}$ 一定不能与对角矩阵相似.

例 6.2.1 设

$$\boldsymbol{A}=\begin{pmatrix}2&3&2\\1&8&2\\-2&-14&-3\end{pmatrix}.$$

则 $\boldsymbol{A}$ 的特征多项式为

$$|\lambda\boldsymbol{E}-\boldsymbol{A}|=\begin{vmatrix}\lambda-2&-3&-2\\-1&\lambda-8&-2\\2&14&\lambda+3\end{vmatrix}=(\lambda-3)^2(\lambda-1).$$

所以, 3 是 $\boldsymbol{A}$ 的 2 重特征值, 1 是 $\boldsymbol{A}$ 的单重特征值. 对于特征值 3,

$$3\boldsymbol{E}-\boldsymbol{A}=\begin{pmatrix}1&-3&-2\\-1&-5&-2\\2&14&6\end{pmatrix}\to\begin{pmatrix}1&-3&-2\\0&2&1\\0&0&0\end{pmatrix},$$

可得

$$R(3\boldsymbol{E}-\boldsymbol{A})=2,\quad 3-R(3\boldsymbol{E}-\boldsymbol{A})=1<2.$$

所以, $\boldsymbol{A}$ 不能与对角矩阵相似.

例 6.2.2 设 $\boldsymbol{A}\in P^{n\times n}$, 且 $\boldsymbol{A}^2-3\boldsymbol{A}+2\boldsymbol{E}=\boldsymbol{O}$, 证明: 存在可逆矩阵 $\boldsymbol{T}$, 使 $\boldsymbol{T}^{-1}\boldsymbol{A}\boldsymbol{T}$ 为对角矩阵.

证明 由 $\boldsymbol{A}^2-3\boldsymbol{A}+2\boldsymbol{E}=\boldsymbol{O}$, 可得

$$(\boldsymbol{E}-\boldsymbol{A})(2\boldsymbol{E}-\boldsymbol{A})=\boldsymbol{O},\quad (2\boldsymbol{E}-\boldsymbol{A})(\boldsymbol{E}-\boldsymbol{A})=\boldsymbol{O}.$$

记 $2\boldsymbol{E}-\boldsymbol{A}$ 的列向量组为 $\boldsymbol{\alpha}_1,\boldsymbol{\alpha}_2,\cdots,\boldsymbol{\alpha}_n$, $\boldsymbol{E}-\boldsymbol{A}$ 的列向量组为 $\boldsymbol{\beta}_1,\boldsymbol{\beta}_2,\cdots,\boldsymbol{\beta}_n$. 则可知 1 是 $\boldsymbol{A}$ 的特征值, $2\boldsymbol{E}-\boldsymbol{A}$ 的列向量均为 $\boldsymbol{A}$ 的属于特征值 1 的特征向量; 2 也是 $\boldsymbol{A}$ 的特征值, $\boldsymbol{E}-\boldsymbol{A}$ 的列向量均为 $\boldsymbol{A}$ 的属于特征值 2 的特征向量.

设

$$R(2\boldsymbol{E}-\boldsymbol{A})=r,\quad R(\boldsymbol{E}-\boldsymbol{A})=s.$$

首先有

$$R(2\boldsymbol{E}-\boldsymbol{A})+R(\boldsymbol{E}-\boldsymbol{A})\leqslant n.$$

又由于

$$(2\boldsymbol{E}-\boldsymbol{A})+(\boldsymbol{A}-\boldsymbol{E})=\boldsymbol{E},$$

则有

$$R(2\boldsymbol{E}-\boldsymbol{A})+R(\boldsymbol{E}-\boldsymbol{A})=R(2\boldsymbol{E}-\boldsymbol{A})+R(\boldsymbol{A}-\boldsymbol{E})\geqslant R(\boldsymbol{E})=n.$$

故

$$R(2\boldsymbol{E}-\boldsymbol{A})+R(\boldsymbol{E}-\boldsymbol{A})=n.$$

不妨设 $\boldsymbol{\alpha}_1,\boldsymbol{\alpha}_2,\cdots,\boldsymbol{\alpha}_r$ 与 $\boldsymbol{\beta}_1,\boldsymbol{\beta}_2,\cdots,\boldsymbol{\beta}_s$ 分别为 $2\boldsymbol{E}-\boldsymbol{A}$ 与 $\boldsymbol{E}-\boldsymbol{A}$ 列向量组的极大无关组, 则 $\boldsymbol{\alpha}_1,\boldsymbol{\alpha}_2,\cdots,\boldsymbol{\alpha}_r,\boldsymbol{\beta}_1,\boldsymbol{\beta}_2,\cdots,\boldsymbol{\beta}_s$ 为 $\boldsymbol{A}$ 的 $n(=r+s)$ 个线性无关的特征向量, 于是, 令

$$\boldsymbol{T}=(\boldsymbol{\alpha}_1\quad\boldsymbol{\alpha}_2\quad\cdots\quad\boldsymbol{\alpha}_r\quad\boldsymbol{\beta}_1\quad\boldsymbol{\beta}_2\quad\cdots\quad\boldsymbol{\beta}_s),$$

则

$$\boldsymbol{T}^{-1}\boldsymbol{A}\boldsymbol{T}=\begin{pmatrix}1&&&&&\\&\ddots&&&&\\&&1&&&\\&&&2&&\\&&&&\ddots&\\&&&&&2\end{pmatrix}\begin{matrix}\left.\vphantom{\begin{matrix}1\\ \ddots\\ 1\end{matrix}}\right\}r\text{个}\\ \left.\vphantom{\begin{matrix}2\\ \ddots\\ 2\end{matrix}}\right\}s\text{个}\end{matrix}.$$

□

6.3 矩阵的若尔当标准形

由上一节的讨论知道, 并不是每个 n 阶方阵都能与对角矩阵相似, 只有当矩阵具有 n 个线性无关的特征向量时, 它才与对角矩阵相似. 如果矩阵不能与对角矩阵相似, 那它能否与一个其他形式的简单矩阵相似呢? 答案是它与一个若尔当 (Jordan) 形矩阵相似. 本节将介绍若尔当形矩阵, 以下的讨论在复数域中进行.

定义 6.3.1 形如

$$\boldsymbol{J}(\lambda,k)=\begin{pmatrix}\lambda & & & & \\ 1 & \lambda & & & \\ & 1 & \ddots & & \\ & & \ddots & \lambda & \\ & & & 1 & \lambda\end{pmatrix}_{k\times k}$$

的 k 阶方阵称为 k 阶若尔当块, 其中 $\lambda\in\mathbf{C}$. 由若干个若尔当块组成的准对角矩阵

$$\boldsymbol{J}=\begin{pmatrix}\boldsymbol{J}_1 & & & \\ & \boldsymbol{J}_2 & & \\ & & \ddots & \\ & & & \boldsymbol{J}_s\end{pmatrix},$$

其中

$$\boldsymbol{J}_i=\begin{pmatrix}\lambda_i & & & & \\ 1 & \lambda_i & & & \\ & 1 & \ddots & & \\ & & \ddots & \lambda_i & \\ & & & 1 & \lambda_i\end{pmatrix}_{k_i\times k_i},\quad i=1,2,\cdots,s,$$

称为若尔当形矩阵.

例如

$$\begin{pmatrix} 1 & 0 & 0 \\ 0 & 2 & 0 \\ 0 & 1 & 2 \end{pmatrix}, \quad \begin{pmatrix} -1 & 0 & 0 & 0 & 0 & 0 \\ 1 & -1 & 0 & 0 & 0 & 0 \\ 0 & 0 & 5 & 0 & 0 & 0 \\ 0 & 0 & 1 & 5 & 0 & 0 \\ 0 & 0 & 0 & 1 & 5 & 0 \\ 0 & 0 & 0 & 0 & 0 & 7 \end{pmatrix}.$$

都是若尔当形矩阵.

因为若尔当形矩阵是三角矩阵, 所以主对角线上的元素就是它的全部的特征值.

定理 6.3.1 任意一个 n 阶复方阵 $\boldsymbol{A}$ 都与一个若尔当形矩阵相似, 这个若尔当形矩阵除去其中若尔当块的排列次序外是由 $\boldsymbol{A}$ 唯一决定的, 它称为 $\boldsymbol{A}$ 的若尔当标准形. 若尔当标准形中主对角线上的元素就是 $\boldsymbol{A}$ 的全部的特征值.

在这里略去定理的复杂证明, 有兴趣的读者可以自行学习.

下面, 我们来讨论, 已知一个 n 阶方阵 $\boldsymbol{A}$, 如何求得它的若尔当标准形. 为此, 我们先来考察矩阵 $\boldsymbol{A}$ 的特征矩阵 $\lambda\boldsymbol{E}-\boldsymbol{A}$.

定义 6.3.2 下面三种变换称为 $\lambda\boldsymbol{E}-\boldsymbol{A}$ 的初等变换:

(1) 互换两行 (列) 的位置;

(2) 用一个非零的数 k 去乘某一行 (列);

(3) 某一行 (列) 的 $\varphi(\lambda)$ 倍加到另一行 (列) 上, 其中 $\varphi(\lambda)\in P[\lambda]$.

和数字矩阵 $\boldsymbol{A}$ 的初等变换一样, 其特征矩阵 $\lambda\boldsymbol{E}-\boldsymbol{A}$ 的初等变换也具有可逆性.

定义 6.3.3 如果 $\lambda\boldsymbol{E}-\boldsymbol{A}$ 可以经过一系列初等变换化为矩阵 $\boldsymbol{B}(\lambda)$, 则称 $\lambda\boldsymbol{E}-\boldsymbol{A}$ 与 $\boldsymbol{B}(\lambda)$ 等价.

定理 6.3.2 设 $\boldsymbol{A}$ 为任意一个 n 阶非对角矩阵, 则 $\lambda\boldsymbol{E}-\boldsymbol{A}$ 一定等价于下列形式的矩阵

$$\begin{pmatrix} 1 & & & \\ & d_2(\lambda) & & \\ & & \ddots & \\ & & & d_n(\lambda) \end{pmatrix},$$

其中 $d_i(\lambda)$ $(i=2,3,\cdots,n)$ 是首项系数为 1 的多项式, 且满足

$$d_i(\lambda) \mid d_{i+1}(\lambda), \quad i=2,3,\cdots,n-1.$$

此矩阵称为 $\lambda\boldsymbol{E}-\boldsymbol{A}$ 的标准形.

证明 因为 $\boldsymbol{A}$ 不为对角矩阵, 则 $\lambda\boldsymbol{E}-\boldsymbol{A}$ 的元素中就有非零的数, 于是进行换行、换列的初等变换, 将这个非零的数换到 $(1,1)$ 位置, 然后将第一行乘这个非零数的倒数, 再进行一系列的第三种初等变换, 就可以得到

$$\lambda\boldsymbol{E}-\boldsymbol{A}=\begin{pmatrix}\lambda-a_{11} & -a_{12} & \cdots & -a_{1n}\\ -a_{21} & \lambda-a_{22} & \cdots & -a_{2n}\\ \vdots & \vdots & & \vdots\\ -a_{n1} & -a_{n2} & \cdots & \lambda-a_{nn}\end{pmatrix}$$

$$\rightarrow\cdots\rightarrow\begin{pmatrix}1 & 0 & \cdots & 0\\ 0 & & & \\ \vdots & & \boldsymbol{A}_1(\lambda) & \\ 0 & & & \end{pmatrix}.$$

其中 $\boldsymbol{A}_1(\lambda)=(a_{ij}^{(1)}(\lambda))_{(n-1)\times(n-1)}, i,j=2,3,\cdots,n$.

如果 $\boldsymbol{A}_1(\lambda)$ 的元素中还有非零的数, 则对 $\boldsymbol{A}_1(\lambda)$ 重复上面的做法. 如果 $\boldsymbol{A}_1(\lambda)$ 的元素中不再有非零的数, 即 $\boldsymbol{A}_1(\lambda)$ 的元素均为 0 或关于 λ 的多项式, 不妨设 $a_{22}^{(1)}(\lambda)\neq 0$. 如果 $a_{22}^{(1)}(\lambda)$ 不能除尽 $\boldsymbol{A}_1(\lambda)$ 的全部元素:

(1) 若 $\boldsymbol{A}_1(\lambda)$ 的第一列中有个元素 $a_{i2}^{(1)}(\lambda)$ 不能被 $a_{22}^{(1)}(\lambda)$ 除尽, 则有

$$a_{i2}^{(1)}(\lambda)=a_{22}^{(1)}(\lambda)q(\lambda)+r(\lambda),$$

其中 $r(\lambda)\neq 0$, 且 $\deg(r(\lambda))<\deg(a_{22}^{(1)}(\lambda))$, 可作初等行变换, 将 $r(\lambda)$ 换到 $(2,2)$ 位置.

(2) 若 $\boldsymbol{A}_1(\lambda)$ 的第一行中某个元素 $a_{2j}^{(1)}(\lambda)$ 不能被 $a_{22}^{(1)}(\lambda)$ 除尽, 则与 (1) 类似, 只是作初等列变换.

(3) 若 $\boldsymbol{A}_1(\lambda)$ 的第一行与第一列元素都可以被 $a_{22}^{(1)}(\lambda)$ 除尽, 而 $a_{ij}^{(1)}(\lambda)$ $(i>2,\ j>2)$ 不能被 $a_{22}^{(1)}(\lambda)$ 除尽, 设

$$a_{i2}^{(1)}(\lambda)=a_{22}^{(1)}(\lambda)\varphi(\lambda),$$

对 $\boldsymbol{A}_1(\lambda)$ 作下述初等行变换:

$$\boldsymbol{A}_1(\lambda)=\begin{pmatrix}a_{22}^{(1)}(\lambda) & \cdots & a_{2j}^{(1)}(\lambda) & \cdots\\ \vdots & & \vdots & \\ a_{i2}^{(1)}(\lambda) & \cdots & a_{ij}^{(1)}(\lambda) & \cdots\\ \vdots & & \vdots & \end{pmatrix}$$

$$\to\begin{pmatrix} a_{22}^{(1)}(\lambda) & \cdots & a_{2j}^{(1)}(\lambda) & \cdots \\ \vdots & & \vdots & \\ 0 & \cdots & a_{ij}^{(1)}(\lambda)-a_{2j}^{(1)}(\lambda)\varphi(\lambda) & \cdots \\ \vdots & & \vdots & \end{pmatrix}$$

$$\to\begin{pmatrix} a_{22}^{(1)}(\lambda) & \cdots & a_{ij}^{(1)}(\lambda)+(1-\varphi(\lambda))a_{2j}^{(1)}(\lambda) & \cdots \\ \vdots & & \vdots & \\ 0 & \cdots & a_{ij}^{(1)}(\lambda)-a_{2j}^{(1)}(\lambda)\varphi(\lambda) & \cdots \\ \vdots & & \vdots & \end{pmatrix},$$

这样就化为了 (2) 的情形.

总之, 我们可以对 $\boldsymbol{A}_1(\lambda)$ 作初等变换, 使得变换后的矩阵 $\boldsymbol{B}_1(\lambda)$ 左上角位置的元素 $r(\lambda)$ 的次数比 $a_{22}^{(1)}(\lambda)$ 低; 如果 $r(\lambda)$ 还不能除尽所有元素, 则重复上面的做法. 如此下去, 将得到一系列与 $\boldsymbol{A}_1(\lambda)$ 等价的矩阵 $\boldsymbol{B}_1(\lambda),\boldsymbol{B}_2(\lambda),\cdots$, 它们的左上角元素皆不为零, 且次数越来越低, 因此, 在有限步后, 将终止于一个与 $\boldsymbol{A}_1(\lambda)$ 等价的矩阵 $\boldsymbol{B}_s(\lambda)$, 它的左上角元素可以除尽 $\boldsymbol{B}_s(\lambda)$ 的所有元素. 再进行行 (列) 的初等变换, 可以得到

$$\boldsymbol{B}_s(\lambda)\to\begin{pmatrix} d_2(\lambda) & 0 & \cdots & 0 \\ 0 & & & \\ \vdots & & \boldsymbol{A}_2(\lambda) & \\ 0 & & & \end{pmatrix},$$

其中 $d_2(\lambda)$ 是首项系数为 1 的多项式, 且除尽 $\boldsymbol{A}_2(\lambda)$ 的所有元素.

对 $\lambda\boldsymbol{E}-\boldsymbol{A}$ 即有

$$\lambda\boldsymbol{E}-\boldsymbol{A}\to\begin{pmatrix} 1 & 0 & \cdots & 0 \\ 0 & & & \\ \vdots & & \boldsymbol{A}_1(\lambda) & \\ 0 & & & \end{pmatrix}\to\begin{pmatrix} 1 & 0 & 0 & \cdots & 0 \\ 0 & d_2(\lambda) & 0 & \cdots & 0 \\ 0 & 0 & & & \\ \vdots & \vdots & & \boldsymbol{A}_2(\lambda) & \\ 0 & 0 & & & \end{pmatrix}.$$

再对 $\boldsymbol{A}_2(\lambda)$ 重复上述过程, 进而把 $\lambda\boldsymbol{E}-\boldsymbol{A}$ 化成

$$\begin{pmatrix} 1 & 0 & 0 & 0 & \cdots & 0 \\ 0 & d_2(\lambda) & 0 & 0 & \cdots & 0 \\ 0 & 0 & d_3(\lambda) & 0 & \cdots & 0 \\ 0 & 0 & 0 & & & \\ \vdots & \vdots & \vdots & & \boldsymbol{A}_3(\lambda) & \\ 0 & 0 & 0 & & & \end{pmatrix},$$

其中 $d_3(\lambda)$ 也是首项系数为 1 的多项式, 且 $d_2(\lambda) \mid d_3(\lambda)$, $d_3(\lambda)$ 能除尽 $\boldsymbol{A}_3(\lambda)$ 的所有元素.

如此重复下去, $\lambda\boldsymbol{E}-\boldsymbol{A}$ 最后就化成了所要求的形式. □

例 6.3.1 已知矩阵

$$\boldsymbol{A}=\begin{pmatrix}-1&-2&6\\-1&0&3\\-1&-1&4\end{pmatrix},$$

$$\lambda\boldsymbol{E}-\boldsymbol{A}=\begin{pmatrix}\lambda+1&2&-6\\1&\lambda&-3\\1&1&\lambda-4\end{pmatrix}\to\begin{pmatrix}1&1&\lambda-4\\1&\lambda&-3\\\lambda+1&2&-6\end{pmatrix}$$
$$\to\begin{pmatrix}1&0&0\\0&\lambda-1&-\lambda+1\\0&-\lambda+1&-\lambda^2+3\lambda-2\end{pmatrix}\to\begin{pmatrix}1&0&0\\0&\lambda-1&0\\0&0&(\lambda-1)^2\end{pmatrix}.$$

定义 6.3.4 $\lambda\boldsymbol{E}-\boldsymbol{A}$ 的标准形的主对角线上的元素 $1,d_2(\lambda),d_3(\lambda),\cdots,d_n(\lambda)$ 称为 $\lambda\boldsymbol{E}-\boldsymbol{A}$ 的不变因子.

定义 6.3.5 对于正整数 k, $1\leqslant k\leqslant n$, $\lambda\boldsymbol{E}-\boldsymbol{A}$ 中全部 k 阶子式的首项系数为 1 的最大公因式 $D_k(\lambda)$ 称为 $\lambda\boldsymbol{E}-\boldsymbol{A}$ 的 k 阶行列式因子.

显然有 $D_1(\lambda)=1, D_n(\lambda)=|\lambda\boldsymbol{E}-\boldsymbol{A}|$.

定理 6.3.3 若 $\lambda\boldsymbol{E}-\boldsymbol{A}$ 与 $\boldsymbol{B}(\lambda)$ 等价, 则它们具有相同的各阶行列式因子.

证明 可对三种初等变换分别加以验证, 这里不再赘述. □

由于 $\lambda\boldsymbol{E}-\boldsymbol{A}$ 的标准形的各阶行列式因子与 $\lambda\boldsymbol{E}-\boldsymbol{A}$ 的各阶行列式因子相同, 则有

$$D_k(\lambda)=d_2(\lambda)d_3(\lambda)\cdots d_k(\lambda),\quad k=2,3,\cdots,n,$$

于是

$$d_2(\lambda)=D_2(\lambda),\ d_3(\lambda)=\frac{D_3(\lambda)}{D_2(\lambda)},\ \cdots,\ d_n(\lambda)=\frac{D_n(\lambda)}{D_{n-1}(\lambda)}.$$

这就是说, 不变因子是由行列式因子唯一确定的, 即 $\lambda\boldsymbol{E}-\boldsymbol{A}$ 的标准形是唯一的.

定理 6.3.4 设 $\boldsymbol{A},\boldsymbol{B}$ 为两个 n 阶方阵, 则 $\lambda\boldsymbol{E}-\boldsymbol{A}$ 与 $\lambda\boldsymbol{E}-\boldsymbol{B}$ 等价的充分必要条件是它们有相同的行列式因子, 或者它们有相同的不变因子.

我们略去证明过程, 给出下列十分有用的结论.

定理 6.3.5 设 $\boldsymbol{A},\boldsymbol{B}$ 为两个 n 阶方阵, 则 $\boldsymbol{A}$ 与 $\boldsymbol{B}$ 相似的充分必要条件是它们的特征矩阵 $\lambda\boldsymbol{E}-\boldsymbol{A}$ 与 $\lambda\boldsymbol{E}-\boldsymbol{B}$ 等价, 也就是它们有相同的不变因子.

定义 6.3.6 将 $\lambda\boldsymbol{E}-\boldsymbol{A}$ 的每个次数大于零的不变因子分解成互不相同的首项系数为 1 的一次因式方幂的乘积, 则所有这些一次因式的方幂 (相同的必须重复计算) 称为 $\boldsymbol{A}$ 的初等因子.

例 6.3.2 设 12 阶方阵 $\boldsymbol{A}$ 的特征矩阵 $\lambda\boldsymbol{E}-\boldsymbol{A}$ 的不变因子为

$$d_1(\lambda)=d_2(\lambda)=\cdots=d_9(\lambda)=1,\ d_{10}(\lambda)=\lambda-1,\ d_{11}(\lambda)=(\lambda-1)^2(\lambda+1),$$
$$d_{12}(\lambda)=(\lambda-1)^2(\lambda+1)^2(\lambda^2+1)^2,$$

则 $\boldsymbol{A}$ 的初等因子为

$$\lambda-1,\quad (\lambda-1)^2,\quad (\lambda-1)^2,\quad \lambda+1,\quad (\lambda+1)^2,\quad (\lambda+\mathrm{i})^2,\quad (\lambda-\mathrm{i})^2.$$

由上例可以看到, 同一个一次因式的方幂作成的初等因子, 次数最高的必定出现在 $d_n(\lambda)$ 中, 次数次高的必定出现在 $d_{n-1}(\lambda)$ 中, 如此顺推下去, 同一个一次因式的方幂所成的初等因子在不变因子的分解式中出现的位置是唯一确定的. 这样, 我们就得到一个由初等因子唯一地确定出不变因子的方法:

在全部的初等因子中, 将同一个一次因式的方幂所成的那些初等因子以列的形式按降幂排列, 个数不足 n 个时, 在后面补上若干 1, 凑成 n 个, 即所有不同的一次因式的方幂的最高次都在第一行, 次高次都在第二行, 以此类推, 于是得到, 第一行的所有一次因式方幂的乘积即为 $d_n(\lambda)$, 第二行所有一次因式方幂的乘积即为 $d_{n-1}(\lambda)\cdots\cdots$, 第 $n-1$ 行所有一次因式方幂的乘积为 $d_2(\lambda)$, 第 n 行乘积为 1.

可见, 不变因子与初等因子是互相唯一确定的. 于是, 我们有以下定理.

定理 6.3.6 设 $\boldsymbol{A},\boldsymbol{B}$ 为两个 n 阶方阵, 则 $\boldsymbol{A}$ 与 $\boldsymbol{B}$ 相似的充分必要条件为它们有相同的初等因子.

下面我们讨论如何用初等因子来求得矩阵的若尔当标准形.

不难算出若尔当块

$$\boldsymbol{J}(\lambda_0,k)=\begin{pmatrix}\lambda_0 & 0 & \cdots & 0 & 0\\ 1 & \lambda_0 & \cdots & 0 & 0\\ 0 & 1 & \cdots & 0 & 0\\ \vdots & \vdots & & \vdots & \vdots\\ 0 & 0 & \cdots & 1 & \lambda_0\end{pmatrix}_{k\times k}$$

的初等因子为 $(\lambda-\lambda_0)^k$, 而对于若尔当形矩阵

$$\boldsymbol{J}=\begin{pmatrix}\boldsymbol{J}_1 & & & \\ & \boldsymbol{J}_2 & & \\ & & \ddots & \\ & & & \boldsymbol{J}_s\end{pmatrix},$$

其中

$$\boldsymbol{J}_i=\begin{pmatrix}\lambda_i & & & & \\ 1 & \lambda_i & & & \\ & 1 & \ddots & & \\ & & \ddots & \lambda_i & \\ & & & 1 & \lambda_i\end{pmatrix}_{k_i\times k_i}, \quad i=1,2,\cdots,s,$$

每个若尔当块 $\boldsymbol{J}_i$ 的初等因子为 $(\lambda-\lambda_i)^{k_i}$, 则 $\lambda\boldsymbol{E}-\boldsymbol{J}_i$ 与

$$\begin{pmatrix}1 & & & & \\ & 1 & & & \\ & & \ddots & & \\ & & & 1 & \\ & & & & (\lambda-\lambda_i)^{k_i}\end{pmatrix}$$

等价, 于是, $\lambda\boldsymbol{E}-\boldsymbol{J}$ 与

$$\begin{pmatrix}1 & & & & & & & & & & & & \\ & \ddots & & & & & & & & & & & \\ & & 1 & & & & & & & & & & \\ & & & (\lambda-\lambda_1)^{k_1} & & & & & & & & & \\ & & & & 1 & & & & & & & & \\ & & & & & \ddots & & & & & & & \\ & & & & & & 1 & & & & & & \\ & & & & & & & (\lambda-\lambda_2)^{k_2} & & & & & \\ & & & & & & & & \ddots & & & & \\ & & & & & & & & & 1 & & & \\ & & & & & & & & & & \ddots & & \\ & & & & & & & & & & & 1 & \\ & & & & & & & & & & & & (\lambda-\lambda_s)^{k_s}\end{pmatrix}$$

等价. 从而这个矩阵与 $\lambda\boldsymbol{E}-\boldsymbol{J}$ 的标准形等价, 不难证明这个矩阵的主对角线上次数大于零的一次因式的方幂就是 $\boldsymbol{J}$ 的全部的初等因子, 即 $\boldsymbol{J}$ 的初等因子

为

$$(\lambda-\lambda_1)^{k_1},\ (\lambda-\lambda_2)^{k_2},\ \cdots,\ (\lambda-\lambda_s)^{k_s}.$$

这就是说, 若尔当形矩阵的初等因子是由它的若尔当块的初等因子构成的. 一个一次因式的方幂作成的初等因子与一个若尔当块之间是互相唯一确定的. 由此可得, 若尔当形矩阵除去其中若尔当块的排列次序外, 是被所有一次因式方幂作成的初等因子唯一确定的.

定理 6.3.7 每一个 n 阶方阵 $\boldsymbol{A}$ 都与一个若尔当形矩阵相似, 这个若尔当形矩阵除去若尔当块的排列次序外, 是被矩阵 $\boldsymbol{A}$(的初等因子) 唯一确定的, 它称为矩阵 $\boldsymbol{A}$ 的若尔当标准形.

证明 设 $\boldsymbol{A}$ 的所有初等因子为

$$(\lambda-\lambda_1)^{k_1},\ (\lambda-\lambda_2)^{k_2},\ \cdots,\ (\lambda-\lambda_s)^{k_s},$$

每一个初等因子 $(\lambda-\lambda_i)^{k_i}$ 对应一个若尔当块

$$\boldsymbol{J}_i=\begin{pmatrix}\lambda_i & & & & \\ 1 & \lambda_i & & & \\ & 1 & \ddots & & \\ & & \ddots & \ddots & \\ & & & 1 & \lambda_i\end{pmatrix}_{k_i\times k_i},\quad i=1,2,\cdots,s,$$

所有若尔当块构成一个若尔当形矩阵

$$\boldsymbol{J}=\begin{pmatrix}\boldsymbol{J}_1 & & & \\ & \boldsymbol{J}_2 & & \\ & & \ddots & \\ & & & \boldsymbol{J}_s\end{pmatrix}.$$

根据前面的计算, $\boldsymbol{J}$ 的初等因子也为

$$(\lambda-\lambda_1)^{k_1},\ (\lambda-\lambda_2)^{k_2},\ \cdots,\ (\lambda-\lambda_s)^{k_s},$$

即 $\boldsymbol{J}$ 与 $\boldsymbol{A}$ 有相同的初等因子, 所以它们相似. □

由于相似矩阵具有相同的特征值, 所以若尔当标准形的主对角线上的元素即为 $\boldsymbol{A}$ 的全部的特征值.

例 6.3.3 求矩阵

$$\boldsymbol{A}=\begin{pmatrix}2 & 3 & 2\\ 1 & 8 & 2\\ -2 & -14 & -3\end{pmatrix}$$

的若尔当标准形.

解

$$\lambda \boldsymbol{E}-\boldsymbol{A}=\begin{pmatrix}\lambda-2 & -3 & -2\\ -1 & \lambda-8 & -2\\ 2 & 14 & \lambda+3\end{pmatrix}\to\begin{pmatrix}1 & 0 & 0\\ 0 & \lambda-1 & 0\\ 0 & 0 & (\lambda-3)^2\end{pmatrix},$$

则行列式因子为 $D_1(\lambda)=1,\ D_2(\lambda)=1,\ D_3(\lambda)=(\lambda-1)(\lambda-3)^2$, 故不变因子为 $d_1(\lambda)=1,\ d_2(\lambda)=1,\ d_3(\lambda)=(\lambda-1)(\lambda-3)^2$, 从而初等因子为 $\lambda-1$, $(\lambda-3)^2$, 所以, $\boldsymbol{A}$ 的若尔当标准形为

$$\boldsymbol{J}=\begin{pmatrix}1 & 0 & 0\\ 0 & 3 & 0\\ 0 & 1 & 3\end{pmatrix}.$$ □

最后, 我们根据矩阵的若尔当标准形, 容易得到下列定理.

定理 6.3.8 n 阶方阵 $\boldsymbol{A}$ 与对角矩阵相似的充分必要条件是 $\boldsymbol{A}$ 的初等因子全是一次的.

习 题 6

1. 求下列矩阵的特征值和特征向量:

(1) $\begin{pmatrix}3 & 4\\ 5 & 2\end{pmatrix}$; (2) $\begin{pmatrix}-3 & 1 & -1\\ -7 & 5 & -1\\ -6 & 6 & 2\end{pmatrix}$; (3) $\begin{pmatrix}0 & 0 & 1\\ 0 & 1 & 0\\ 1 & 0 & 0\end{pmatrix}$;

(4) $\begin{pmatrix}2 & -1 & 2\\ 5 & -3 & 3\\ -1 & 0 & -2\end{pmatrix}$; (5) $\begin{pmatrix}2 & 0 & 0\\ 1 & 1 & 1\\ 1 & -1 & 3\end{pmatrix}$; (6) $\begin{pmatrix}3 & 7 & -3\\ -2 & -5 & 2\\ -4 & -10 & 3\end{pmatrix}$.

2. 已知矩阵

$$\boldsymbol{A}=\begin{pmatrix}7 & 4 & -1\\ 4 & 7 & -1\\ -4 & -4 & x\end{pmatrix}$$

的特征值为 $\lambda_1=\lambda_2=3,\ \lambda_3=12$, 求 x 的值, 并求 $\boldsymbol{A}$ 的特征向量.

3. 设 $\boldsymbol{X}_1,\boldsymbol{X}_2,\boldsymbol{X}_3$ 分别是矩阵 $\boldsymbol{A}$ 的属于特征值 $\lambda_1,\lambda_2,\lambda_3$ 的特征向量, 且 $\lambda_1,\lambda_2,\lambda_3$ 互不相等, 试证: $\boldsymbol{X}_1+\boldsymbol{X}_2+\boldsymbol{X}_3$ 不是 $\boldsymbol{A}$ 的特征向量.

4. 设 λ 是可逆矩阵 $\boldsymbol{A}$ 的一个特征值, 证明: $\dfrac{|\boldsymbol{A}|}{\lambda}$ 为 $\boldsymbol{A}$ 的伴随矩阵 $\boldsymbol{A}^*$ 的一个特征值.

5. 设

$$A=\begin{pmatrix}-1&2&2\\2&-1&-2\\2&-2&-1\end{pmatrix}.$$

(1) 求 A 的特征值;

(2) 求 $E+A^{-1}$ 的特征值.

6. 设 $B=\begin{pmatrix}O&A\\A&O\end{pmatrix}$, A 为 n 阶实对称矩阵, A 的特征值为 $\lambda_1,\lambda_2,\cdots,\lambda_n$, 求 B 的特征值.

7. 设矩阵

$$A=\begin{pmatrix}22&31\\y&x\end{pmatrix} \text{ 与 } B=\begin{pmatrix}1&2\\3&4\end{pmatrix}$$

相似, 求 x,y 的值.

8. 设 $A=\begin{pmatrix}2&0&0\\1&2&-1\\1&0&1\end{pmatrix}$, 求 A^k (k 为正整数).

9. 已知 A,B 两矩阵相似, 其中

$$A=\begin{pmatrix}-2&0&0\\2&x&2\\3&1&1\end{pmatrix},\quad B=\begin{pmatrix}-1&&\\&2&\\&&y\end{pmatrix}.$$

(1) 求 x,y 的值;

(2) 求矩阵 P, 使 $P^{-1}AP=B$.

10. 已知向量 $\alpha=(1,k,1)^{\mathrm{T}}$ 是矩阵

$$A=\begin{pmatrix}2&1&1\\1&2&1\\1&1&2\end{pmatrix}$$

的逆矩阵 A^{-1} 的特征向量, 求 k 的值.

11. 设矩阵

$$A=\begin{pmatrix}0&0&1\\x&1&y\\1&0&0\end{pmatrix}$$

有三个线性无关的特征向量, 求满足条件的 x,y.

12. 设矩阵

$$A=\begin{pmatrix}1&-1&1\\x&4&y\\-3&-3&5\end{pmatrix}$$

有三个线性无关的特征向量, 且 $\lambda=2$ 是 A 的二重特征值, 求可逆矩阵 P, 使 $P^{-1}AP$ 为对角矩阵.

13. 如果 n 阶方阵 $\boldsymbol{A}$ 的任意一行的元素和皆为 a, 证明: a 是 $\boldsymbol{A}$ 的一个特征值, n 维向量 $(1,1,\cdots,1)^{\mathrm{T}}$ 是 $\boldsymbol{A}$ 的属于特征值 a 的特征向量.

14. 设 $\boldsymbol{A}$ 为 n 阶方阵, 且满足 $\boldsymbol{A}^2-3\boldsymbol{A}+2\boldsymbol{E}=\boldsymbol{O}$, 求一可逆矩阵 $\boldsymbol{T}$, 使 $\boldsymbol{T}^{-1}\boldsymbol{A}\boldsymbol{T}$ 为对角矩阵.

15. 设 $\boldsymbol{A}$ 为一个 n 阶上三角形矩阵, 证明:

(1) 如果 $a_{ii}\neq a_{jj}$, $i\neq j$, $i,j=1,2,\cdots,n$, 那么 $\boldsymbol{A}$ 相似于一个对角矩阵;

(2) 如果 $a_{11}=a_{22}=\cdots=a_{nn}$, 但至少有一个 $a_{i_0j_0}\neq 0$ $(i_0<j_0)$, 那么 $\boldsymbol{A}$ 不与对角矩阵相似.

16. 设 $\boldsymbol{\alpha}=(a_1,a_2,\cdots,a_n)\in \boldsymbol{P}^n$, $a_i\neq 0$, $i=1,2,\cdots,n$.

(1) 证明: 若 $\boldsymbol{B}=\boldsymbol{\alpha}^{\mathrm{T}}\boldsymbol{\alpha}$, 则 $\forall m\in \mathbf{N}$, $\exists k\in P$, 使 $\boldsymbol{B}^m=k\boldsymbol{B}$;

(2) 求可逆矩阵 $\boldsymbol{T}$, 使 $\boldsymbol{T}^{-1}\boldsymbol{B}\boldsymbol{T}$ 为对角矩阵.

17. 设

$$\boldsymbol{A}=\begin{pmatrix}1&1&0\\0&0&1\\0&-1&0\end{pmatrix}.$$

(1) 证明: $\boldsymbol{A}^n=-\boldsymbol{A}^{n-2}+\boldsymbol{A}^2+\boldsymbol{E}$ $(n\geqslant 3)$;

(2) 求 $\boldsymbol{A}^{2018}$ 和 $\boldsymbol{A}^{2019}$.

18. 判断下列矩阵是否相似.

(1) $\begin{pmatrix}5&-1\\9&-1\end{pmatrix}$, $\begin{pmatrix}38&-81\\16&-34\end{pmatrix}$; (2) $\begin{pmatrix}2&-2&1\\1&-1&1\\1&-2&2\end{pmatrix}$, $\begin{pmatrix}1&-3&3\\-2&-6&13\\-1&-4&8\end{pmatrix}$.

19. 设 $\boldsymbol{A}$ 为一 n 阶方阵, 证明: $\boldsymbol{A}$ 与 $\boldsymbol{A}^{\mathrm{T}}$ 相似.

20. 求下列矩阵的若尔当标准形:

(1) $\begin{pmatrix}1&2&0\\0&2&0\\-2&-2&-1\end{pmatrix}$; (2) $\begin{pmatrix}3&0&8\\3&-1&6\\-2&0&-5\end{pmatrix}$;

(3) $\begin{pmatrix}1&1&-1\\-3&-3&3\\-2&-2&2\end{pmatrix}$; (4) $\begin{pmatrix}4&5&-2\\-2&-2&1\\-1&-1&1\end{pmatrix}$;

(5) $\begin{pmatrix}1&-3&0&3\\-2&6&0&13\\0&-3&1&3\\-1&2&0&8\end{pmatrix}$; (6) $\begin{pmatrix}0&1&0&\cdots&0&0\\0&0&1&\cdots&0&0\\\vdots&\vdots&\vdots&&\vdots&\vdots\\0&0&0&\cdots&0&1\\1&0&0&\cdots&0&0\end{pmatrix}$.

21. 设 $\boldsymbol{A}$ 为 n 阶复方阵, $\boldsymbol{A}^k=\boldsymbol{O}$ 且 $\boldsymbol{A}^{k-1}\neq\boldsymbol{O}$, $k\in\mathbf{N}$, 称 $\boldsymbol{A}$ 为 k 次幂零矩阵, 证明: 所有 n 阶 $n-1$ 次幂零矩阵都相似.

22. 证明: 任一复方阵 $\boldsymbol{A}$ 均可分解为 $\boldsymbol{A}=\boldsymbol{B}+\boldsymbol{C}$, 其中 $\boldsymbol{B}$ 相似于对角矩阵, $\boldsymbol{C}$ 为幂零矩阵.

23. 设 $\boldsymbol{A} \in \mathbf{C}^{n\times n}$, 证明: $\boldsymbol{A}$ 与对角矩阵相似的充分必要条件是 $\forall\lambda \in \mathbf{C}$, $\lambda\boldsymbol{E} - \boldsymbol{A}$ 与 $(\lambda\boldsymbol{E} - \boldsymbol{A})^2$ 有相同的秩.

7

第七章 二次型

所谓二次型, 简单地说, 就是二次齐次多项式, 这是一类重要的多元函数, 在概率统计、几何等数学分支中常见到, 并且在物理、力学中也常应用到.

7.1 二次型及其矩阵表示

定义 7.1.1 设 P 为一个数域, $x_1, x_2, \cdots, x_n$ 为 n 个文字, 关于 $x_1, x_2, \cdots, x_n$ 的二次齐次多项式

$$f(x_1, x_2, \cdots, x_n) = a_{11}x_1^2 + 2a_{12}x_1x_2 + \cdots + 2a_{1n}x_1x_n + a_{22}x_2^2 + 2a_{23}x_2x_3 + \cdots + 2a_{2n}x_2x_n + \cdots + a_{nn}x_n^2 \tag{7.1.1}$$

(其中$a_{ij} \in P$, $1 \leqslant i \leqslant j \leqslant n$) 称为数域 P 上的一个 n 元二次型, $x_1, x_2, \cdots, x_n$ 称为变量或元, a_{ij} $(1 \leqslant i \leqslant j \leqslant n)$ 称为系数.

如果令

$$a_{ij} = a_{ji},\ i \neq j,$$

则有

$$2a_{ij}x_ix_j = a_{ij}x_ix_j + a_{ji}x_jx_i.$$

这样, 二次型就可以写成

$$f(x_1, x_2, \cdots, x_n) = \sum_{i=1}^{n}\sum_{j=1}^{n} a_{ij}x_ix_j.$$

注意, 在二次型的定义中, $x_1, x_2, \cdots, x_n$ 仅是文字而已, 将其换成另外 n 个文字, 比如 $y_1, y_2, \cdots, y_n$, 只要所有系数不变, 二次型就还与原二次型相同.

令

$$\boldsymbol{X} = \begin{pmatrix} x_1 \\ x_2 \\ \vdots \\ x_n \end{pmatrix},\ \boldsymbol{A} = \begin{pmatrix} a_{11} & a_{12} & \cdots & a_{1n} \\ a_{21} & a_{22} & \cdots & a_{2n} \\ \vdots & \vdots & & \vdots \\ a_{n1} & a_{n2} & \cdots & a_{nn} \end{pmatrix},$$

这里, $a_{ij} = a_{ji}$, $i, j = 1, 2, \cdots, n$, 即 $\boldsymbol{A}^{\mathrm{T}} = \boldsymbol{A}$, $\boldsymbol{A}$ 为 n 阶对称矩阵, 则有

$$f(x_1, x_2, \cdots, x_n) = \boldsymbol{X}^{\mathrm{T}}\boldsymbol{A}\boldsymbol{X}.$$

称 $\boldsymbol{A}$ 为二次型 $f(x_1, x_2, \cdots, x_n)$ 的矩阵.

例 7.1.1 $f(x_1,x_2,x_3)=x_1^2+2x_1x_2+2x_2^2+4x_2x_3+4x_3^2$.

令

$$\boldsymbol{X}=\begin{pmatrix}x_1\\x_2\\x_3\end{pmatrix},\quad \boldsymbol{A}=\begin{pmatrix}1&1&0\\1&2&2\\0&2&4\end{pmatrix},$$

则 $\boldsymbol{A}$ 即为二次型 $f(x_1,x_2,x_3)$ 的矩阵, 且

$$f(x_1,x_2,x_3)=\boldsymbol{X}^{\mathrm{T}}\boldsymbol{A}\boldsymbol{X}.$$

定理 7.1.1 设 $\boldsymbol{A},\boldsymbol{B}$ 为两个 n 阶对称矩阵, 如果对任意 n 维向量 $\boldsymbol{X}$ 都有

$$\boldsymbol{X}^{\mathrm{T}}\boldsymbol{A}\boldsymbol{X}=\boldsymbol{X}^{\mathrm{T}}\boldsymbol{B}\boldsymbol{X},$$

则 $\boldsymbol{A}=\boldsymbol{B}$.

证明 取 $\boldsymbol{X}=\boldsymbol{\varepsilon}_i=(0,\cdots,1,\cdots,0)^{\mathrm{T}}$, 则有

$$\boldsymbol{\varepsilon}_i^{\mathrm{T}}\boldsymbol{A}\boldsymbol{\varepsilon}_i=a_{ii},\quad \boldsymbol{\varepsilon}_i^{\mathrm{T}}\boldsymbol{B}\boldsymbol{\varepsilon}_i=b_{ii}.$$

由 $\boldsymbol{\varepsilon}_i^{\mathrm{T}}\boldsymbol{A}\boldsymbol{\varepsilon}_i=\boldsymbol{\varepsilon}_i^{\mathrm{T}}\boldsymbol{B}\boldsymbol{\varepsilon}_i$ 得

$$a_{ii}=b_{ii},\ i=1,2,\cdots,n.$$

再取 $\boldsymbol{X}=\boldsymbol{\varepsilon}_i+\boldsymbol{\varepsilon}_j,\ i\neq j$, 则有

$$\begin{aligned}(\boldsymbol{\varepsilon}_i+\boldsymbol{\varepsilon}_j)^{\mathrm{T}}\boldsymbol{A}(\boldsymbol{\varepsilon}_i+\boldsymbol{\varepsilon}_j)&=\boldsymbol{\varepsilon}_i^{\mathrm{T}}\boldsymbol{A}\boldsymbol{\varepsilon}_i+\boldsymbol{\varepsilon}_j^{\mathrm{T}}\boldsymbol{A}\boldsymbol{\varepsilon}_i+\boldsymbol{\varepsilon}_i^{\mathrm{T}}\boldsymbol{A}\boldsymbol{\varepsilon}_j+\boldsymbol{\varepsilon}_j^{\mathrm{T}}\boldsymbol{A}\boldsymbol{\varepsilon}_j\\&=a_{ii}+a_{ji}+a_{ij}+a_{jj}\\&=a_{ii}+a_{jj}+2a_{ij},\end{aligned}$$

同理

$$(\boldsymbol{\varepsilon}_i+\boldsymbol{\varepsilon}_j)^{\mathrm{T}}\boldsymbol{B}(\boldsymbol{\varepsilon}_i+\boldsymbol{\varepsilon}_j)=b_{ii}+b_{jj}+2b_{ij}.$$

由 $(\boldsymbol{\varepsilon}_i+\boldsymbol{\varepsilon}_j)^{\mathrm{T}}\boldsymbol{A}(\boldsymbol{\varepsilon}_i+\boldsymbol{\varepsilon}_j)=(\boldsymbol{\varepsilon}_i+\boldsymbol{\varepsilon}_j)^{\mathrm{T}}\boldsymbol{B}(\boldsymbol{\varepsilon}_i+\boldsymbol{\varepsilon}_j)$, 及 $a_{ii}=b_{ii},\ a_{jj}=b_{jj}$ 得

$$a_{ij}=b_{ij},\ i\neq j.$$

所以 $\boldsymbol{A}=\boldsymbol{B}$. □

一个二次型与它的矩阵是相互唯一确定的.

我们讨论二次型, 主要内容就是使用适当的方法来化简二次型.

定义 7.1.2 设 $x_1, x_2, \cdots, x_n$ 与 $y_1, y_2, \cdots, y_n$ 是两组变量, 关系式

$$\begin{cases} x_1 = c_{11}y_1 + c_{12}y_2 + \cdots + c_{1n}y_n, \\ x_2 = c_{21}y_1 + c_{22}y_2 + \cdots + c_{2n}y_n, \\ \cdots\cdots\cdots\cdots \\ x_n = c_{n1}y_1 + c_{n2}y_2 + \cdots + c_{nn}y_n \end{cases} \tag{7.1.2}$$

(其中 $c_{ij} \in P$, $i, j = 1, 2, \cdots, n$) 称为由 $x_1, x_2, \cdots, x_n$ 到 $y_1, y_2, \cdots, y_n$ 的一个线性变换.

如果令

$$\boldsymbol{C} = \begin{pmatrix} c_{11} & c_{12} & \cdots & c_{1n} \\ c_{21} & c_{22} & \cdots & c_{2n} \\ \vdots & \vdots & & \vdots \\ c_{n1} & c_{n2} & \cdots & c_{nn} \end{pmatrix}, \quad \boldsymbol{X} = \begin{pmatrix} x_1 \\ x_2 \\ \vdots \\ x_n \end{pmatrix}, \quad \boldsymbol{Y} = \begin{pmatrix} y_1 \\ y_2 \\ \vdots \\ y_n \end{pmatrix},$$

则线性变换可以写成

$$\boldsymbol{X} = \boldsymbol{C}\boldsymbol{Y}.$$

若 $|\boldsymbol{C}| \neq 0$, 则称线性变换为非退化的线性变换, 即可逆的线性变换. 此时, 也有

$$\boldsymbol{Y} = \boldsymbol{C}^{-1}\boldsymbol{X}.$$

又设由 $y_1, y_2, \cdots, y_n$ 到 $z_1, z_2, \cdots, z_n$ 的线性变换为

$$\boldsymbol{Y} = \boldsymbol{D}\boldsymbol{Z},$$

则有

$$\boldsymbol{X} = \boldsymbol{C}(\boldsymbol{D}\boldsymbol{Z}) = (\boldsymbol{C}\boldsymbol{D})\boldsymbol{Z},$$

即由 $x_1, x_2, \cdots, x_n$ 到 $z_1, z_2, \cdots, z_n$ 的变换仍为一个线性变换, 如果 $\boldsymbol{D}$ 也是可逆的, 则由 $x_1, x_2, \cdots, x_n$ 到 $z_1, z_2, \cdots, z_n$ 的线性变换也是可逆的.

不难看出, 把线性变换代入到二次型中,

$$f(x_1, x_2, \cdots, x_n) = \boldsymbol{X}^{\mathrm{T}}\boldsymbol{A}\boldsymbol{X} = (\boldsymbol{C}\boldsymbol{Y})^{\mathrm{T}}\boldsymbol{A}(\boldsymbol{C}\boldsymbol{Y}) = \boldsymbol{Y}^{\mathrm{T}}(\boldsymbol{C}^{\mathrm{T}}\boldsymbol{A}\boldsymbol{C})\boldsymbol{Y},$$

所得到的关于 $y_1, y_2, \cdots, y_n$ 的多项式仍然是二次型, 此二次型的系数矩阵是 $\boldsymbol{C}^{\mathrm{T}}\boldsymbol{A}\boldsymbol{C}$.

定义 7.1.3 设 $\boldsymbol{A}, \boldsymbol{B}$ 为两个 n 阶方阵, 如果存在 n 阶可逆矩阵 $\boldsymbol{C}$, 使得

$$\boldsymbol{B} = \boldsymbol{C}^{\mathrm{T}}\boldsymbol{A}\boldsymbol{C},$$

则称 $\boldsymbol{A}$ 与 $\boldsymbol{B}$ 是合同的.

由此定义可知, 经过非退化的线性变换后, 新二次型的矩阵与原二次型的矩阵是合同的.

合同是两个矩阵之间的一种关系, 是一种特殊的等价关系. 因此, 合同关系也具有如下基本性质:

(1) 反身性: $\boldsymbol{A}$ 与自身合同;

(2) 对称性: 如果 $\boldsymbol{A}$ 与 $\boldsymbol{B}$ 合同, 则 $\boldsymbol{B}$ 与 $\boldsymbol{A}$ 合同;

(3) 传递性: 如果 $\boldsymbol{A}$ 与 $\boldsymbol{B}_1$ 合同, $\boldsymbol{B}_1$ 与 $\boldsymbol{B}_2$ 合同, 则 $\boldsymbol{A}$ 与 $\boldsymbol{B}_2$ 合同.

今后, 我们在对二次型进行变换时, 总是要作非退化的线性变换, 这是因为在非退化的线性变换 $\boldsymbol{X}=\boldsymbol{C}\boldsymbol{Y}$ 下, 二次型 $\boldsymbol{X}^{\mathrm{T}}\boldsymbol{A}\boldsymbol{X}$ 变为 $\boldsymbol{Y}^{\mathrm{T}}\boldsymbol{B}\boldsymbol{Y}$, 其中 $\boldsymbol{B}=\boldsymbol{C}^{\mathrm{T}}\boldsymbol{A}\boldsymbol{C}$; 同时在非退化的线性变换 $\boldsymbol{Y}=\boldsymbol{C}^{-1}\boldsymbol{X}$ 下, 二次型 $\boldsymbol{Y}^{\mathrm{T}}\boldsymbol{B}\boldsymbol{Y}$ 又能还原为 $\boldsymbol{X}^{\mathrm{T}}\boldsymbol{A}\boldsymbol{X}$, 这样就使我们能从变换后的二次型的性质推出原二次型的性质.

后面几节我们研究二次型在非退化的线性变换下的变化情况.

7.2 二次型的标准形

n 元二次型

$$f(x_1,x_2,\cdots,x_n)=d_1x_1^2+d_2x_2^2+\cdots+d_nx_n^2$$

中只有变量的平方项, 这种二次型具有最简单的形式, 因此对它的研究较为容易. 任意一个二次型能否通过非退化的线性变换, 化成关于新变量只有平方项的二次型呢? 答案是肯定的.

定理 7.2.1 数域 P 上任意一个二次型, 都可以经过适当的非退化的线性变换化成新变量平方和形式的二次型.

证明 这个证明实际上是一个具体将二次型化成平方和形式的过程, 利用了初等代数里的“配方法”.

对变量的个数 n 用归纳法.

当 $n=1$ 时, 二次型为

$$f(x_1)=a_{11}x_1^2,$$

已经只含平方项.

假设对 $n-1$ 元二次型, 定理成立. 下面分三种情况讨论 n 元二次型

$$f(x_1,x_2,\cdots,x_n)=\sum_{i=1}^{n}\sum_{j=1}^{n}a_{ij}x_ix_j\quad(a_{ij}=a_{ji},\ i\neq j).$$

(1) 若有某个 $a_{ii}\neq 0$, 不妨设 $a_{11}\neq 0$, 则有

$$\begin{aligned}f(x_1,x_2,\cdots,x_n)&=a_{11}x_1^2+2x_1\sum_{j=2}^n a_{1j}x_j+\sum_{i=2}^n\sum_{j=2}^n a_{ij}x_ix_j\\&=a_{11}\left(x_1+\sum_{j=2}^n\frac{a_{1j}}{a_{11}}x_j\right)^2-a_{11}\left(\sum_{j=2}^n\frac{a_{1j}}{a_{11}}x_j\right)^2+\sum_{i=2}^n\sum_{j=2}^n a_{ij}x_ix_j\\&=a_{11}\left(x_1+\sum_{j=2}^n\frac{a_{1j}}{a_{11}}x_j\right)^2+\sum_{i=2}^n\sum_{j=2}^n b_{ij}x_ix_j,\end{aligned}$$

其中

$$\sum_{i=2}^n\sum_{j=2}^n b_{ij}x_ix_j=-a_{11}\left(\sum_{j=2}^n\frac{a_{1j}}{a_{11}}x_j\right)^2+\sum_{i=2}^n\sum_{j=2}^n a_{ij}x_ix_j$$

是一个关于 $x_2,x_3,\cdots,x_n$ 的二次型. 令

$$\begin{cases}y_1=x_1+\displaystyle\sum_{j=2}^n\frac{a_{1j}}{a_{11}}x_j,\\ y_2=x_2,\\ \cdots\cdots\cdots\cdots\\ y_n=x_n,\end{cases}\quad \text{即}\quad \boldsymbol{Y}=\begin{pmatrix}1&\dfrac{a_{12}}{a_{11}}&\cdots&\dfrac{a_{1n}}{a_{11}}\\0&1&\cdots&0\\\vdots&\vdots&&\vdots\\0&0&\cdots&1\end{pmatrix}\boldsymbol{X}.$$

这是一个非退化的线性变换, 在这个非退化的线性变换下, $f(x_1,x_2,\cdots,x_n)$ 变为

$$a_{11}y_1^2+\sum_{i=2}^n\sum_{j=2}^n b_{ij}y_iy_j.$$

由归纳假设, 存在非退化的线性变换

$$\begin{cases}y_2=c_{22}z_2+c_{23}z_3+\cdots+c_{2n}z_n,\\y_3=c_{32}z_2+c_{33}z_3+\cdots+c_{3n}z_n,\\\cdots\cdots\cdots\cdots\\y_n=c_{n2}z_2+c_{n3}z_3+\cdots+c_{nn}z_n,\end{cases}$$

将二次型 $\sum\limits_{i=2}^n\sum\limits_{j=2}^n b_{ij}y_iy_j$ 化为平方和

$$d_2z_2^2+d_3z_3^2+\cdots+d_nz_n^2.$$

于是, n 元非退化的线性变换

$$\begin{cases}y_1=z_1,\\y_2=c_{22}z_2+\cdots+c_{2n}z_n,\\\cdots\cdots\cdots\cdots\\y_n=c_{n2}z_2+\cdots+c_{nn}z_n,\end{cases}\quad \text{即}\quad \boldsymbol{Y}=\begin{pmatrix}1&0&\cdots&0\\0&c_{22}&\cdots&c_{2n}\\\vdots&\vdots&&\vdots\\0&c_{n2}&\cdots&c_{nn}\end{pmatrix}\boldsymbol{Z}$$

把原二次型 $f(x_1,x_2,\cdots,x_n)$ 化为

$$a_{11}z_1^2+d_2z_2^2+\cdots+d_nz_n^2.$$

(2) 若所有 $a_{ii}=0$, $i=1,2,\cdots,n$, 但存在某个 $a_{1j}\neq 0$, 不妨设 $a_{12}\neq 0$. 令

$$\begin{cases} x_1=y_1+y_2, \\ x_2=y_1-y_2, \\ x_3=y_3, \\ \cdots\cdots\cdots\cdots \\ x_n=y_n, \end{cases} \quad \text{即} \quad \boldsymbol{X}=\begin{pmatrix} 1 & 1 & 0 & \cdots & 0 \\ 1 & -1 & 0 & \cdots & 0 \\ 0 & 0 & 1 & \cdots & 0 \\ \vdots & \vdots & \vdots & & \vdots \\ 0 & 0 & 0 & \cdots & 1 \end{pmatrix}\boldsymbol{Y}.$$

这是一个非退化的线性变换, 在此变换下, 二次型 $f(x_1,x_2,\cdots,x_n)$ 化为

$$2a_{12}y_1^2-2a_{12}y_2^2+\cdots,$$

上式右端关于 $y_1,y_2,\cdots,y_n$ 的二次型属于情况 (1), 可化成平方和.

(3) 若所有 $a_{ii}=0$, $i=1,2,\cdots,n$, 且所有 $a_{1j}=0$, $j=2,3,\cdots,n$, 此时, 二次型

$$f(x_1,x_2,\cdots,x_n)=\sum_{i=2}^{n}\sum_{j=2}^{n}a_{ij}x_ix_j$$

是一个 $n-1$ 元二次型, 由归纳假设可在非退化线性变换下化为平方和.

综上, 根据归纳法原理, 定理结论对任意 n 成立. □

二次型经过非退化的线性变换化成的平方和形式称为二次型的标准形.

例 7.2.1 用非退化的线性变换化二次型

$$f(x_1,x_2,x_3)=x_1^2+2x_1x_2+2x_1x_3+2x_2^2+6x_2x_3+4x_3^2$$

为标准形.

解

$$\begin{aligned} f(x_1,x_2,x_3)&=(x_1+x_2+x_3)^2-(x_2+x_3)^2+2x_2^2+6x_2x_3+4x_3^2 \\ &=(x_1+x_2+x_3)^2+x_2^2+4x_2x_3+3x_3^2 \\ &=(x_1+x_2+x_3)^2+(x_2+2x_3)^2-4x_3^2+3x_3^2 \\ &=(x_1+x_2+x_3)^2+(x_2+2x_3)^2-x_3^2. \end{aligned}$$

令

$$\begin{cases} y_1=x_1+x_2+x_3, \\ y_2=x_2+2x_3, \\ y_3=x_3, \end{cases} \quad \text{即} \quad \boldsymbol{Y}=\begin{pmatrix} 1 & 1 & 1 \\ 0 & 1 & 2 \\ 0 & 0 & 1 \end{pmatrix}\boldsymbol{X},$$

这是一个非退化的线性变换, 在这个变换下, 二次型化为

$$y_1^2+y_2^2-y_3^2,$$

即将二次型化成了标准形. □

例 7.2.2 用非退化的线性变换, 将二次型

$$f(x_1,x_2,x_3)=x_1x_2+2x_2x_3$$

化为标准形.

解 首先令

$$\begin{cases} x_1=y_1+y_2, \\ x_2=y_1-y_2, \\ x_3=y_3, \end{cases} \quad 即 \quad \boldsymbol{X}=\begin{pmatrix} 1 & 1 & 0 \\ 1 & -1 & 0 \\ 0 & 0 & 1 \end{pmatrix}\boldsymbol{Y},$$

在这个非退化的线性变换下, 二次型变为

$$y_1^2+2y_1y_3-y_2^2-2y_2y_3.$$

又因为

$$(y_1+y_3)^2-y_2^2-2y_2y_3-y_3^2=(y_1+y_3)^2-(y_2+y_3)^2,$$

令

$$\begin{cases} z_1=y_1+y_3, \\ z_2=y_2+y_3, \\ z_3=y_3, \end{cases} \quad 即 \quad \boldsymbol{Z}=\begin{pmatrix} 1 & 0 & 1 \\ 0 & 1 & 1 \\ 0 & 0 & 1 \end{pmatrix}\boldsymbol{Y},$$

在这个非退化的线性变换下, 二次型最终化为标准形

$$z_1^2-z_2^2.$$

上面的两个非退化的线性变换, 合起来, 相当于一个非退化的线性变换

$$\begin{aligned}\boldsymbol{X}=\begin{pmatrix} 1 & 1 & 0 \\ 1 & -1 & 0 \\ 0 & 0 & 1 \end{pmatrix}\boldsymbol{Y}&=\begin{pmatrix} 1 & 1 & 0 \\ 1 & -1 & 0 \\ 0 & 0 & 1 \end{pmatrix}\begin{pmatrix} 1 & 0 & 1 \\ 0 & 1 & 1 \\ 0 & 0 & 1 \end{pmatrix}^{-1}\boldsymbol{Z} \\ &=\begin{pmatrix} 1 & 1 & 0 \\ 1 & -1 & 0 \\ 0 & 0 & 1 \end{pmatrix}\begin{pmatrix} 1 & 0 & -1 \\ 0 & 1 & -1 \\ 0 & 0 & 1 \end{pmatrix}\boldsymbol{Z}\end{aligned}$$

$$
= \begin{pmatrix} 1 & 1 & -2 \\ 1 & -1 & 0 \\ 0 & 0 & 1 \end{pmatrix} \boldsymbol{Z}. \qquad \square
$$

由于对二次型作非退化的线性变换, 变换后的二次型的矩阵与原二次型的矩阵是合同的, 而标准形的矩阵是对角矩阵, 所以关于对称矩阵, 就可以有下面相应的结果.

定理 7.2.2 任意一个对称矩阵都合同于一个对角矩阵. 这个对角矩阵称为对称矩阵的标准形.

其实, 我们还可以利用初等变换来求标准形.

首先, 我们来考察两个对称矩阵的合同关系. 设 $\boldsymbol{A}, \boldsymbol{B}$ 为两个合同的 n 阶对称矩阵, 即存在可逆矩阵 $\boldsymbol{C}$, 使

$$
\boldsymbol{C}^{\mathrm{T}} \boldsymbol{A} \boldsymbol{C} = \boldsymbol{B}.
$$

因为 $\boldsymbol{C}$ 可逆, 所以 $\boldsymbol{C}$ 可以表示成一系列初等矩阵的乘积:

$$
\boldsymbol{C} = \boldsymbol{P}_1 \boldsymbol{P}_2 \cdots \boldsymbol{P}_s.
$$

于是

$$
\begin{aligned}
\boldsymbol{C}^{\mathrm{T}} \boldsymbol{A} \boldsymbol{C} &= \boldsymbol{P}_s^{\mathrm{T}} \cdots \boldsymbol{P}_2^{\mathrm{T}} \boldsymbol{P}_1^{\mathrm{T}} \boldsymbol{A} \boldsymbol{P}_1 \boldsymbol{P}_2 \cdots \boldsymbol{P}_s \\
&= \boldsymbol{P}_s^{\mathrm{T}} \left(\boldsymbol{P}_{s-1}^{\mathrm{T}} \cdots \left(\boldsymbol{P}_2^{\mathrm{T}} \left(\boldsymbol{P}_1^{\mathrm{T}} \boldsymbol{A} \boldsymbol{P}_1 \right) \boldsymbol{P}_2 \right) \cdots \boldsymbol{P}_{s-1} \right) \boldsymbol{P}_s,
\end{aligned}
$$

也就是说, 对 $\boldsymbol{A}$ 作一系列成对的初等行列变换 (每一次对行、列作同样的初等变换), 变为矩阵 $\boldsymbol{B}$, 那么, $\boldsymbol{B}$ 就与 $\boldsymbol{A}$ 合同.

设 $\boldsymbol{A}$ 为一个 n 阶对称矩阵, 分两种情况来对 $\boldsymbol{A}$ 作成对的初等行列变换.

(1) 若有某个 $a_{ii} \neq 0$, 不妨设 $a_{11} \neq 0$ (如果 $a_{11} = 0$, 可将第 1 行与第 i 行互换, 第 1 列与第 i 列互换, 则变换后的矩阵的 $(1,1)$ 元素不为零).

依次将第 1 行的 $-\dfrac{a_{i1}}{a_{11}}$ 倍加到第 i 行, 同时将第 1 列的 $-\dfrac{a_{i1}}{a_{11}}$ 倍加到第 i 列 $(i = 2, 3, \cdots, n)$, 即把 $\boldsymbol{A}$ 化成

$$
\begin{pmatrix} a_{11} & 0 & \cdots & 0 \\ 0 & & & \\ \vdots & & \boldsymbol{A}_1 & \\ 0 & & & \end{pmatrix}.
$$

(2) 若所有 $a_{ii} = 0, i = 1, 2, \cdots, n$, 但有某个 $a_{1j} \neq 0$.

可将第 j 行加到第 1 行, 同时将第 j 列加到第 1 列, 把 $\boldsymbol{A}$ 先化为 (1,1) 元素为 $2a_{ij}$ 的对称矩阵. 这样, 就变为情况 (1).

对 $\boldsymbol{A}_1$ 重复上面的做法, 直至将 $\boldsymbol{A}$ 化为对角矩阵

$$\boldsymbol{D}=\begin{pmatrix} d_1 & & & & & & \\ & d_2 & & & & & \\ & & \ddots & & & & \\ & & & d_r & & & \\ & & & & 0 & & \\ & & & & & \ddots & \\ & & & & & & 0 \end{pmatrix}, \quad d_i\neq 0,\ i=1,2,\cdots,r.$$

由于此对角矩阵与 $\boldsymbol{A}$ 合同, 所以 r 就等于矩阵 $\boldsymbol{A}$ 的秩.

我们可以按下列两种格式将对称矩阵合同变换到对角矩阵.

$$\left(\boldsymbol{A} \mid \boldsymbol{E}\right) \xrightarrow{\text{成对的初等行列变换}} \left(\boldsymbol{D} \mid \boldsymbol{C}^{\mathrm{T}}\right), \text{ 即} \boldsymbol{C}^{\mathrm{T}}\boldsymbol{A}\boldsymbol{C}=\boldsymbol{D},$$

或者

$$\begin{pmatrix} \boldsymbol{A} \\ \hdashline \boldsymbol{E} \end{pmatrix} \xrightarrow{\text{成对的初等行列变换}} \begin{pmatrix} \boldsymbol{D} \\ \hdashline \boldsymbol{C} \end{pmatrix}, \text{ 即} \boldsymbol{C}^{\mathrm{T}}\boldsymbol{A}\boldsymbol{C}=\boldsymbol{D}.$$

例 7.2.3 对例 7.2.1 中二次型的矩阵

$$\boldsymbol{A}=\begin{pmatrix} 1 & 1 & 1 \\ 1 & 2 & 3 \\ 1 & 3 & 4 \end{pmatrix},$$

$$\begin{pmatrix} \boldsymbol{A} \\ \hdashline \boldsymbol{E} \end{pmatrix}=\begin{pmatrix} 1 & 1 & 1 \\ 1 & 2 & 3 \\ 1 & 3 & 4 \\ \hdashline 1 & 0 & 0 \\ 0 & 1 & 0 \\ 0 & 0 & 1 \end{pmatrix} \to \begin{pmatrix} 1 & 0 & 1 \\ 0 & 1 & 2 \\ 1 & 2 & 4 \\ \hdashline 1 & -1 & 0 \\ 0 & 1 & 0 \\ 0 & 0 & 1 \end{pmatrix} \to \begin{pmatrix} 1 & 0 & 0 \\ 0 & 1 & 2 \\ 0 & 2 & 3 \\ \hdashline 1 & -1 & -1 \\ 0 & 1 & 0 \\ 0 & 0 & 1 \end{pmatrix}$$

$$\to \begin{pmatrix} 1 & 0 & 0 \\ 0 & 1 & 0 \\ 0 & 0 & -1 \\ \hdashline 1 & -1 & 1 \\ 0 & 1 & -2 \\ 0 & 0 & 1 \end{pmatrix}.$$

令

$$C=\begin{pmatrix}1&-1&1\\0&1&-2\\0&0&1\end{pmatrix},\quad D=\begin{pmatrix}1&0&0\\0&1&0\\0&0&-1\end{pmatrix},$$

则有

$$C^{\mathrm{T}}AC=D.$$

对例 7.2.1 中的二次型而言, 在非退化的线性变换 $X=CY$ 下, 就化为标准形

$$y_1^2+y_2^2-y_3^2.$$

例 7.2.4 对例 7.2.2 中二次型的矩阵

$$A=\begin{pmatrix}0&\frac{1}{2}&0\\\frac{1}{2}&0&1\\0&1&0\end{pmatrix},$$

$$\left(\begin{array}{c:c}A&E\end{array}\right)=\left(\begin{array}{ccc:ccc}0&\frac{1}{2}&0&1&0&0\\\frac{1}{2}&0&1&0&1&0\\0&1&0&0&0&1\end{array}\right)\to\left(\begin{array}{ccc:ccc}1&\frac{1}{2}&1&1&1&0\\\frac{1}{2}&0&1&0&1&0\\1&1&0&0&0&1\end{array}\right)$$

$$\to\left(\begin{array}{ccc:ccc}1&0&1&1&1&0\\0&-\frac{1}{4}&\frac{1}{2}&-\frac{1}{2}&\frac{1}{2}&0\\1&\frac{1}{2}&0&0&0&1\end{array}\right)$$

$$\to\left(\begin{array}{ccc:ccc}1&0&0&1&1&0\\0&-\frac{1}{4}&\frac{1}{2}&-\frac{1}{2}&\frac{1}{2}&0\\0&\frac{1}{2}&-1&-1&-1&1\end{array}\right)$$

$$\to\left(\begin{array}{ccc:ccc}1&0&0&1&1&0\\0&-\frac{1}{4}&0&-\frac{1}{2}&\frac{1}{2}&0\\0&0&0&-2&0&1\end{array}\right).$$

令

$$C=\begin{pmatrix}1&1&0\\-\frac{1}{2}&\frac{1}{2}&0\\-2&0&1\end{pmatrix}^{\mathrm{T}},\quad D=\begin{pmatrix}1&0&0\\0&-\frac{1}{4}&0\\0&0&0\end{pmatrix},$$

则有

$$C^{\mathrm{T}}AC = D.$$

而对例 7.2.2 中的二次型, 在非退化的线性变换 $X = CY$ 下, 就化为了标准形

$$y_1^2 - \frac{1}{4}y_2^2.$$

由此例可以看到, 一个二次型的标准形不是唯一的, 也就是标准形中的系数不是唯一确定的, 是与所作的非退化的线性变换有关, 但是标准形中不为零的平方项的个数 r 是唯一确定的, 与所作的非退化的线性变换无关, 因为 r 就是二次型矩阵的秩, 也称为二次型的秩.

7.3 二次型的规范形

设数域 P 上的二次型为

$$f(x_1, x_2, \cdots, x_n) = X^{\mathrm{T}}AX,$$

且设 $R(A) = r$. 对于矩阵 A, 存在可逆矩阵 C, 使

$$C^{\mathrm{T}}AC = \begin{pmatrix} d_1 & & & & & & \\ & d_2 & & & & & \\ & & \ddots & & & & \\ & & & d_r & & & \\ & & & & 0 & & \\ & & & & & \ddots & \\ & & & & & & 0 \end{pmatrix},$$

其中 $d_i \neq 0, i = 1, 2, \cdots, r$, 则在非退化的线性变换 $X = CY$ 下, 二次型化为标准形

$$d_1y_1^2 + d_2y_2^2 + \cdots + d_ry_r^2.$$

下面, 我们进一步在复数域和实数域中讨论二次型的标准形.

定理 7.3.1 任意一个复二次型都可以经过非退化的线性变换化为

$$z_1^2 + z_2^2 + \cdots + z_r^2,$$

称它为复二次型 $f(x_1, x_2, \cdots, x_n)$ 的规范形, 规范形是唯一的.

证明 首先, 在非退化的线性变换 $\boldsymbol{X}=\boldsymbol{C}_1\boldsymbol{Y}$ 下, 二次型化为标准形

$$d_1y_1^2+d_2y_2^2+\cdots+d_ry_r^2,\ d_i\neq 0,\ i=1,2,\cdots,r.$$

因为在复数域中, 任何数都可以开方, 故可再作非退化的线性变换

$$\begin{cases} y_1=\dfrac{1}{\sqrt{d_1}}z_1, \\ \cdots\cdots\cdots\cdots \\ y_r=\dfrac{1}{\sqrt{d_r}}z_r, \\ y_{r+1}=z_{r+1}, \\ \cdots\cdots\cdots\cdots \\ y_n=z_n, \end{cases} \text{即 } \boldsymbol{Y}=\begin{pmatrix} \frac{1}{\sqrt{d_1}} & & & & & \\ & \ddots & & & & \\ & & \frac{1}{\sqrt{d_r}} & & & \\ & & & 1 & & \\ & & & & \ddots & \\ & & & & & 1 \end{pmatrix}\boldsymbol{Z},$$

记为 $\boldsymbol{Y}=\boldsymbol{C}_2\boldsymbol{Z}$, 则二次型化为

$$z_1^2+z_2^2+\cdots+z_r^2,$$

也就是在非退化线性变换 $\boldsymbol{X}=(\boldsymbol{C}_1\boldsymbol{C}_2)\boldsymbol{Z}$ 下, 二次型化为规范形.

显然, 复二次型的规范形完全由二次型的秩所决定, 所以复二次型的规范形是唯一的. □

例如前面例 7.2.2 中的二次型作为复二次型, 它的规范形为

$$z_1^2+z_2^2.$$

再来看实数域的情形.

定理 7.3.2 任意一个实二次型都可以经过非退化的线性变换化为

$$z_1^2+\cdots+z_p^2-z_{p+1}^2-\cdots-z_r^2,$$

它称为实二次型的规范形, 规范形是唯一的.

证明 设 $f(x_1,x_2,\cdots,x_n)$ 是一个实二次型, 经过非退化的线性变换化为一般的标准形, 再适当排列变量的顺序 (也就是对标准形的矩阵再适当地作成对的行、列互换), 可使二次型化为如下标准形:

$$d_1y_1^2+\cdots+d_py_p^2-d_{p+1}y_{p+1}^2-\cdots-d_ry_r^2,$$

其中 $d_i>0,\ i=1,2,\cdots,r$. 因为在实数域中, 正数可以开方, 所以再作非退化的线性变换

$$\begin{cases} y_1=\dfrac{1}{\sqrt{d_1}}z_1, \\ \cdots\cdots\cdots\cdots \\ y_r=\dfrac{1}{\sqrt{d_r}}z_r, \\ y_{r+1}=z_{r+1}, \\ \cdots\cdots\cdots\cdots \\ y_n=z_n, \end{cases}$$

二次型就变成了

$$z_1^2+\cdots+z_p^2-z_{p+1}^2-\cdots-z_r^2.$$

显然, 实二次型的规范形是由 r,p 这两个数决定的.

下面证明规范形的唯一性.

设实二次型 $f(x_1,x_2,\cdots,x_n)$ 经过非退化线性变换 $\boldsymbol{X}=\boldsymbol{C}\boldsymbol{Z}$, 化为规范形

$$z_1^2+\cdots+z_p^2-z_{p+1}^2-\cdots-z_r^2,$$

又可经过非退化线性变换 $\boldsymbol{X}=\boldsymbol{D}\boldsymbol{W}$, 化为规范形

$$w_1^2+\cdots+w_q^2-w_{q+1}^2-\cdots-w_r^2,$$

要证明规范形是唯一的, 只需证明 $p=q$.

用反证法, 假设 $p>q$. 由于 $\boldsymbol{X}=\boldsymbol{C}\boldsymbol{Z}$, $\boldsymbol{X}=\boldsymbol{D}\boldsymbol{W}$, 则有 $\boldsymbol{W}=(\boldsymbol{D}^{-1}\boldsymbol{C})\boldsymbol{Z}$. 记 $\boldsymbol{G}=\boldsymbol{D}^{-1}\boldsymbol{C}$, 也就是说, 非退化的线性变换 $\boldsymbol{W}=\boldsymbol{G}\boldsymbol{Z}$, 使

$$w_1^2+\cdots+w_q^2-w_{q+1}^2-\cdots-w_r^2=z_1^2+\cdots+z_p^2-z_{p+1}^2-\cdots-z_r^2.$$

考虑齐次线性方程组

$$\begin{cases} g_{11}z_1+g_{12}z_2+\cdots+g_{1n}z_n=0, \\ \cdots\cdots\cdots\cdots \\ g_{q1}z_1+g_{q2}z_2+\cdots+g_{qn}z_n=0, \\ z_{p+1}=0, \\ \cdots\cdots\cdots\cdots \\ z_n=0. \end{cases}$$

方程组中, 方程的个数为 $q+(n-p)=n-(p-q)$, 小于未知量的个数 n. 方程组有非零解

$$\boldsymbol{Z}_0=(k_1,k_2,\cdots,k_p,0,\cdots,0)^{\mathrm{T}},$$

于是有

$$k_1^2+k_2^2+\cdots+k_p^2>0.$$

另一方面, 令

$$\boldsymbol{W}_0=\boldsymbol{G}\boldsymbol{Z}_0=(0,\cdots,0,l_{q+1},l_{q+2},\cdots,l_n)^{\mathrm{T}}\neq 0,$$

于是又有

$$-l_{q+1}^2-l_{q+2}^2-\cdots-l_r^2\leqslant 0,$$

这与

$$-l_{q+1}^2-l_{q+2}^2-\cdots-l_r^2=k_1^2+k_2^2+\cdots+k_p^2$$

矛盾. 所以 $p \leqslant q$. 同理可得 $q \leqslant p$, 即 $p = q$. 因而实二次型 $f(x_1, x_2, \cdots, x_n)$ 的规范形是唯一的. □

这个定理, 通常称为 "惯性定理". 实二次型的规范形中正项的个数称为正惯性指数, 负项的个数称为负惯性指数, 它们的差称为符号差.

例如前面的例 7.2.2 中的二次型作为实二次型, 它的规范形为

$$z_1^2 - z_2^2,$$

其中正惯性指数为 1, 负惯性指数为 1, 符号差为 0.

前面关于复二次型与实二次型规范形的结论, 换成对复对称矩阵与实对称矩阵而言, 就得到如下的定理.

定理 7.3.3 任意一个复对称矩阵都合同于一个形如

$$\begin{pmatrix} 1 & & & & & \\ & \ddots & & & & \\ & & 1 & & & \\ & & & 0 & & \\ & & & & \ddots & \\ & & & & & 0 \end{pmatrix}$$

的对角矩阵, 其中 1 的个数等于这个矩阵的秩.

推论 7.3.1 两个 n 阶复对称矩阵合同的充分必要条件是它们的秩相等.

定理 7.3.4 任意一个实对称矩阵都合同于一个形如

$$\begin{pmatrix} 1 & & & & & & & & \\ & \ddots & & & & & & & \\ & & 1 & & & & & & \\ & & & -1 & & & & & \\ & & & & \ddots & & & & \\ & & & & & -1 & & & \\ & & & & & & 0 & & \\ & & & & & & & \ddots & \\ & & & & & & & & 0 \end{pmatrix}$$

的对角矩阵, 其中 ±1 的个数和等于这个矩阵的秩, 1 的个数称为矩阵的正惯性指数, -1 的个数称为矩阵的负惯性指数.

7.4 正定二次型

在实二次型中, 有一类二次型有着特殊的地位, 它就是所谓的正定二次型.

定义 7.4.1 实二次型 $f(x_1,x_2,\cdots,x_n)$ 如果对任意一组不全为零的实数 $k_1,k_2,\cdots,k_n$, 都有

$$f(k_1,k_2,\cdots,k_n)>0,$$

则称 $f(x_1,x_2,\cdots,x_n)$ 为正定二次型, 它的矩阵称为正定矩阵.

例如二次型

$$f(x_1,x_2,\cdots,x_n)=x_1^2+x_2^2+\cdots+x_n^2$$

是正定二次型. 如果二次型为

$$f(x_1,x_2,\cdots,x_n)=d_1x_1^2+d_2x_2^2+\cdots+d_nx_n^2,$$

容易看出, $f(x_1,x_2,\cdots,x_n)$ 为正定二次型的充分必要条件是 $d_i>0$, $i=1,2,\cdots,n$.

这样, 我们很容易判断一个实二次型的标准形是否为正定二次型, 那么, 我们能否利用一个实二次型的标准形是否正定来判断这个二次型是否正定呢? 我们先来考察非退化的线性变换是否保持二次型的正定性.

设实二次型 $f(x_1,x_2,\cdots,x_n)$ 在非退化的线性变换下, 变为实二次型 $g(y_1,y_2,\cdots,y_n)$, 即

$$f(x_1,x_2,\cdots,x_n)\xlongequal{\boldsymbol{X}=\boldsymbol{C}\boldsymbol{Y}}g(y_1,y_2,\cdots,y_n).$$

如果 $f(x_1,x_2,\cdots,x_n)$ 是正定二次型, 则对任意一组不全为零的实数 $l_1,l_2,\cdots,l_n$, 令

$$\begin{pmatrix}k_1\\k_2\\\vdots\\k_n\end{pmatrix}=\boldsymbol{C}\begin{pmatrix}l_1\\l_2\\\vdots\\l_n\end{pmatrix},$$

由于 $\boldsymbol{C}$ 是可逆矩阵, 故 $k_1,k_2,\cdots,k_n$ 不全为零, 由 $f(x_1,x_2,\cdots,x_n)$ 是正定的, 则有

$$f(k_1,k_2,\cdots,k_n)>0,$$

又因为

$$g(l_1,l_2,\cdots,l_n)=f(k_1,k_2,\cdots,k_n),$$

所以

$$g(l_1,l_2,\cdots,l_n)>0,$$

即 $g(y_1,y_2,\cdots,y_n)$ 也是正定的. 同理, 若 $g(y_1,y_2,\cdots,y_n)$ 是正定的, 则 $f(x_1,x_2,\cdots,x_n)$ 也是正定的. 因此可知, 非退化的线性变换保持二次型的正定性不变. 于是, 我们就有下面的判别正定性的定理.

定理 7.4.1 实二次型 $f(x_1,x_2,\cdots,x_n)$ 是正定二次型的充分必要条件是它的正惯性指数为 n.

证明 先设二次型 $f(x_1,x_2,\cdots,x_n)$ 的正惯性指数为 n, 即二次型在非退化的线性变换 $\boldsymbol{X}=\boldsymbol{CY}$ 下, 化为规范形

$$f(x_1,x_2,\cdots,x_n)=y_1^2+y_2^2+\cdots+y_n^2.$$

由于 $y_1^2+y_2^2+\cdots+y_n^2$ 是正定的, 由上面的分析, 可知 $f(x_1,x_2,\cdots,x_n)$ 也是正定的.

再设 $f(x_1,x_2,\cdots,x_n)$ 是正定的. 假设它的正惯性指数为 p, $p<n$. 在非退化的线性变换 $\boldsymbol{X}=\boldsymbol{CY}$ 下, 二次型化为标准形

$$f(x_1,x_2,\cdots,x_n)=d_1y_1^2+d_2y_2^2+\cdots+d_ny_n^2.$$

不妨设 $d_n\leqslant 0$. 取

$$l_1=l_2=\cdots=l_{n-1}=0,\ l_n=1.$$

令

$$\begin{pmatrix} k_1 \\ k_2 \\ \vdots \\ k_n \end{pmatrix}=\boldsymbol{C}\begin{pmatrix} 0 \\ \vdots \\ 0 \\ 1 \end{pmatrix},$$

则 $k_1,k_2,\cdots,k_n$ 不全为零, 且

$$f(k_1,k_2,\cdots,k_n)=d_1l_1^2+d_2l_2^2+\cdots+d_nl_n^2=d_n\leqslant 0.$$

这与 $f(x_1,x_2,\cdots,x_n)$ 是正定的矛盾. 所以二次型的正惯性指数等于 n. □

对实对称矩阵, 有与上面定理等价的结论.

定理 7.4.2 实对称矩阵是正定矩阵的充分必要条件是它与单位矩阵合同.

证明 设 $\boldsymbol{A}$ 为 n 阶实对称矩阵. $\boldsymbol{A}$ 是正定矩阵等价于二次型 $\boldsymbol{X}^{\mathrm{T}}\boldsymbol{A}\boldsymbol{X}$ 是正定二次型, 而 $\boldsymbol{X}^{\mathrm{T}}\boldsymbol{A}\boldsymbol{X}$ 是正定二次型的充分必要条件为它的正惯性指数为 n, 即存在非退化的线性变换 $\boldsymbol{X}=\boldsymbol{C}\boldsymbol{Y}$, 使二次型化为规范形

$$\boldsymbol{X}^{\mathrm{T}}\boldsymbol{A}\boldsymbol{X} \xlongequal{\boldsymbol{X}=\boldsymbol{C}\boldsymbol{Y}} y_1^2+y_2^2+\cdots+y_n^2.$$

而规范形的矩阵为 $\boldsymbol{E}$, 故

$$\boldsymbol{C}^{\mathrm{T}}\boldsymbol{A}\boldsymbol{C}=\boldsymbol{E},$$

即 $\boldsymbol{A}$ 与 $\boldsymbol{E}$ 合同. □

将上述定理换一种等价的表达形式, 即为

定理 7.4.3 实对称矩阵 $\boldsymbol{A}$ 为正定矩阵的充分必要条件是存在可逆矩阵 $\boldsymbol{D}$, 使

$$\boldsymbol{A}=\boldsymbol{D}^{\mathrm{T}}\boldsymbol{D}.$$

推论 7.4.1 正定矩阵的行列式大于零.

注意, 行列式大于零的实对称矩阵不一定是正定矩阵.

定义 7.4.2 设 n 阶方阵

$$\boldsymbol{A}=\begin{pmatrix} a_{11} & a_{12} & \cdots & a_{1n} \\ a_{21} & a_{22} & \cdots & a_{2n} \\ \vdots & \vdots & & \vdots \\ a_{n1} & a_{n2} & \cdots & a_{nn} \end{pmatrix}.$$

$\forall\, 1\leqslant k\leqslant n$, 取 $\boldsymbol{A}$ 的 $i_1,i_2,\cdots,i_k$ 行与 $i_1,i_2,\cdots,i_k$ 列, 它们相交位置的元素按原来的排布顺序构成 k 阶方阵

$$\boldsymbol{A}_k=\begin{pmatrix} a_{i_1i_1} & a_{i_1i_2} & \cdots & a_{i_1i_k} \\ a_{i_2i_1} & a_{i_2i_2} & \cdots & a_{i_2i_k} \\ \vdots & \vdots & & \vdots \\ a_{i_ki_1} & a_{i_ki_2} & \cdots & a_{i_ki_k} \end{pmatrix},$$

则称 $\boldsymbol{A}_k$ 为 $\boldsymbol{A}$ 的一个 k 阶主子阵, 称 $|\boldsymbol{A}_k|$ 为 $\boldsymbol{A}$ 的一个 k 阶主子式, 特别地, 取 $i_1,i_2,\cdots,i_k$ 为 $1,2,\cdots,k$, 则称 $\boldsymbol{A}_k$ 为 $\boldsymbol{A}$ 的 k 阶顺序主子阵, 称 $|\boldsymbol{A}_k|$ 为 $\boldsymbol{A}$ 的 k 阶顺序主子式. n 阶方阵的 k 阶主子阵共有 C_n^k 个, 而 k 阶顺序主子阵只有一个.

定理 7.4.4 实二次型 $f(x_1,x_2,\cdots,x_n)=\boldsymbol{X}^{\mathrm{T}}\boldsymbol{A}\boldsymbol{X}$ 是正定二次型 ($\boldsymbol{A}$ 是正定矩阵) 的充分必要条件是 $\boldsymbol{A}$ 的各阶顺序主子式全大于零.

证明 先设二次型 $f(x_1,x_2,\cdots,x_n)=\boldsymbol{X}^{\mathrm{T}}\boldsymbol{A}\boldsymbol{X}$ 是正定的.

$\forall\, 1\leqslant k\leqslant n$, 令

$$f_k(x_1,x_2,\cdots,x_k)=\sum_{i=1}^{k}\sum_{j=1}^{k}a_{ij}x_ix_j,$$

这个 k 元二次型的矩阵为 k 阶顺序主子阵 $\boldsymbol{A}_k$. 对任意一组不全为零的 k 个实数 $l_1,l_2,\cdots,l_k$, 则 $l_1,l_2,\cdots,l_k,0,\cdots,0$ 就是一组不全为零的 n 个实数, 由于 $f(x_1,x_2,\cdots,x_n)$ 是正定的, 则有

$$f(l_1,l_2,\cdots,l_k,0,\cdots,0)>0.$$

而

$$f(l_1,l_2,\cdots,l_k,0,\cdots,0)=\sum_{i=1}^{k}\sum_{j=1}^{k}a_{ij}l_il_j=f_k(l_1,l_2,\cdots,l_k),$$

故

$$f_k(l_1,l_2,\cdots,l_k)>0.$$

所以 $f_k(x_1,x_2,\cdots,x_k)$ 是 k 元正定二次型, 从而 k 阶顺序主子阵 $\boldsymbol{A}_k$ 是 k 阶正定矩阵. 故 k 阶顺序主子式 $|\boldsymbol{A}_k|>0$, $k=1,2,\cdots,n$.

再设 $\boldsymbol{A}$ 的各阶顺序主子式全大于零. 对 n 进行数学归纳法.

当 $n=1$ 时,

$$f(x_1)=a_{11}x_1^2,$$

由于 1 阶顺序主子式即为 a_{11}, 故 $a_{11}>0$, $f(x_1)$ 是正定的.

归纳假设对 $n-1$ 元二次型, 结论成立, 下面讨论 n 元二次型. 记

$$\boldsymbol{\alpha}=\begin{pmatrix} a_{1n}\\ a_{2n}\\ \vdots\\ a_{n-1,n}\end{pmatrix},$$

将 $\boldsymbol{A}$ 分块表示为

$$\boldsymbol{A}=\begin{pmatrix} \boldsymbol{A}_{n-1} & \boldsymbol{\alpha}\\ \boldsymbol{\alpha}^{\mathrm{T}} & a_{nn}\end{pmatrix}.$$

由于 $\boldsymbol{A}$ 的前 $n-1$ 阶顺序主子式就是 $\boldsymbol{A}_{n-1}$ 的全部顺序主子式, 这样, $\boldsymbol{A}_{n-1}$ 的所有顺序主子式全大于零, 由归纳假设得 $\boldsymbol{A}_{n-1}$ 是 $n-1$ 阶正定矩阵. 于是存在 $n-1$ 阶可逆矩阵 $\boldsymbol{D}$, 使

$$\boldsymbol{D}^{\mathrm{T}}\boldsymbol{A}_{n-1}\boldsymbol{D}=\boldsymbol{E}_{n-1}.$$

令

$$C_1 = \begin{pmatrix} D & 0 \\ 0 & 1 \end{pmatrix},$$

则 C_1 为 n 阶可逆矩阵, 且

$$C_1^{\mathrm{T}} A C_1 = \begin{pmatrix} D^{\mathrm{T}} & 0 \\ 0 & 1 \end{pmatrix} \begin{pmatrix} A_{n-1} & \alpha \\ \alpha^{\mathrm{T}} & a_{nn} \end{pmatrix} \begin{pmatrix} D & 0 \\ 0 & 1 \end{pmatrix} = \begin{pmatrix} E_{n-1} & D^{\mathrm{T}}\alpha \\ \alpha^{\mathrm{T}} D & a_{nn} \end{pmatrix}.$$

令

$$C_2 = \begin{pmatrix} E_{n-1} & -D^{\mathrm{T}}\alpha \\ 0 & 1 \end{pmatrix},$$

则 C_2 为 n 阶可逆矩阵, 且

$$\begin{aligned} & C_2^{\mathrm{T}} \begin{pmatrix} E_{n-1} & D^{\mathrm{T}}\alpha \\ \alpha^{\mathrm{T}} D & a_{nn} \end{pmatrix} C_2 \\ = & \begin{pmatrix} E_{n-1} & 0 \\ -\alpha^{\mathrm{T}} D & 1 \end{pmatrix} \begin{pmatrix} E_{n-1} & D^{\mathrm{T}}\alpha \\ \alpha^{\mathrm{T}} D & a_{nn} \end{pmatrix} \begin{pmatrix} E_{n-1} & -D^{\mathrm{T}}\alpha \\ 0 & 1 \end{pmatrix} \\ = & \begin{pmatrix} E_{n-1} & 0 \\ 0 & a_{nn} - \alpha^{\mathrm{T}} D D^{\mathrm{T}} \alpha \end{pmatrix}. \end{aligned}$$

令 $C = C_1 C_2$, $a = a_{nn} - \alpha^{\mathrm{T}} D D^{\mathrm{T}} \alpha$, 则 C 为 n 阶可逆矩阵, 且使

$$C^{\mathrm{T}} A C = \begin{pmatrix} 1 & & & \\ & \ddots & & \\ & & 1 & \\ & & & a \end{pmatrix}.$$

对上式两边同取行列式, 得

$$|C|^2 |A| = a.$$

由于 $|A|$ 为 n 阶顺序主子式, 故 $|A| > 0$, 于是 $a > 0$, 也就是说, A 合同于正定矩阵

$$\begin{pmatrix} 1 & & & \\ & \ddots & & \\ & & 1 & \\ & & & a \end{pmatrix},$$

从而 A 也为正定矩阵.

由归纳法原理知, 定理结论对任意 n 成立. □

例 7.4.1 判别二次型

$$f(x_1,x_2,x_3)=5x_1^2+x_2^2+5x_3^2+4x_1x_2-8x_1x_3-4x_2x_3$$

是否正定.

解 $f(x_1,x_2,x_3)$ 的矩阵为

$$\boldsymbol{A}=\begin{pmatrix}5&2&-4\\2&1&-2\\-4&-2&5\end{pmatrix}.$$

$\boldsymbol{A}$ 的顺序主子式

$$5>0,\quad \begin{vmatrix}5&2\\2&1\end{vmatrix}=1>0,\quad \begin{vmatrix}5&2&-4\\2&1&-2\\-4&-2&5\end{vmatrix}=1>0.$$

因此, $f(x_1,x_2,x_3)$ 是正定的.

如果对 $\boldsymbol{A}$ 作成对的初等行列变换, 则有

$$\begin{pmatrix}5&2&-4\\2&1&-2\\-4&-2&5\end{pmatrix}\to\begin{pmatrix}1&2&-2\\2&5&-4\\-2&-4&5\end{pmatrix}\to$$
$$\begin{pmatrix}1&0&-2\\0&1&0\\-2&0&5\end{pmatrix}\to\begin{pmatrix}1&0&0\\0&1&0\\0&0&1\end{pmatrix},$$

可见, $\boldsymbol{A}$ 合同于 $\boldsymbol{E}$, 也说明 $\boldsymbol{A}$ 是正定的, 从而二次型是正定的. □

其实, 如果矩阵 $\boldsymbol{A}$ 是正定的, 则不仅它的顺序主子式全大于零, 它的所有主子式也全大于零.

设 $|\boldsymbol{A}_k|$ 为 $\boldsymbol{A}$ 的第 $i_1,i_2,\cdots,i_k$ 行和第 $i_1,i_2,\cdots,i_k$ 列构成的一个 k 阶主子式 $(1\leqslant k\leqslant n)$, 对矩阵 $\boldsymbol{A}$, 互换第 1 行与 i_1 行、第 1 列与 i_1 列, 互换第 2 行与 i_2 行、第 2 列与 i_2 列 $\cdots\cdots$ 互换第 k 行与 i_k 行、第 k 列与 i_k 列, 得到矩阵 $\boldsymbol{B}$, 则 $\boldsymbol{B}$ 与 $\boldsymbol{A}$ 合同, 由于 $\boldsymbol{A}$ 正定, 则 $\boldsymbol{B}$ 也正定, 而 $|\boldsymbol{A}_k|$ 恰为 $\boldsymbol{B}$ 的 k 阶顺序主子式, 从而

$$|\boldsymbol{A}_k|>0,\ k=1,2,\cdots,n.$$

定义 7.4.3 实二次型 $f(x_1,x_2,\cdots,x_n)$ 如果对任意一组不全为零的实数 $k_1,k_2,\cdots,k_n$ 都有

$$f(k_1,k_2,\cdots,k_n)\geqslant 0,$$

则称 $f(x_1,x_2,\cdots,x_n)$ 是半正定二次型, 它的矩阵称为半正定矩阵.

例如二次型

$$f(x_1,x_2,x_3)=x_1^2+2x_1x_2+2x_1x_3+x_2^2+2x_2x_3+x_3^2=(x_1+x_2+x_3)^2$$

就是半正定二次型.

在以后的统计学专业课中, 会经常出现半正定矩阵, 比如随机向量的方差——协方差矩阵就是半正定矩阵.

对于半正定, 我们可以得到与正定类似的判别法.

定理 7.4.5 对于实二次型 $f(x_1,x_2,\cdots,x_n)=\boldsymbol{X}^{\mathrm{T}}\boldsymbol{A}\boldsymbol{X}$, 下列条件等价:

(1) $f(x_1,x_2,\cdots,x_n)$ (或 $\boldsymbol{A}$) 是半正定的;

(2) $f(x_1,x_2,\cdots,x_n)$ 的正惯性指数等于它的秩;

(3) 存在可逆实矩阵 $\boldsymbol{C}$, 使

$$\boldsymbol{C}^{\mathrm{T}}\boldsymbol{A}\boldsymbol{C}=\begin{pmatrix} d_1 & & & \\ & d_2 & & \\ & & \ddots & \\ & & & d_n \end{pmatrix},$$

其中 $d_i\geqslant 0,\ i=1,2,\cdots,n$;

(4) 存在实矩阵 $\boldsymbol{D}$, 使

$$\boldsymbol{A}=\boldsymbol{D}^{\mathrm{T}}\boldsymbol{D};$$

(5) $\boldsymbol{A}$ 的所有主子式全大于或等于零.

证明 (1) 至 (4) 的等价性比较容易证明, 留给读者自行完成. 我们这里只证明 (1) 与 (5) 的等价性.

(1)⇒(5):

取 $\boldsymbol{A}$ 的任意一个 k 阶主子阵 $(1\leqslant k\leqslant n)$

$$\boldsymbol{A}_k=\begin{pmatrix} a_{i_1i_1} & a_{i_1i_2} & \cdots & a_{i_1i_k} \\ a_{i_2i_1} & a_{i_2i_2} & \cdots & a_{i_2i_k} \\ \vdots & \vdots & & \vdots \\ a_{i_ki_1} & a_{i_ki_2} & \cdots & a_{i_ki_k} \end{pmatrix},$$

令

$$f_k(x_{i_1},x_{i_2},\cdots,x_{i_k})=\sum_{p=1}^{k}\sum_{q=1}^{k}a_{i_pi_q}x_{i_p}x_{i_q}.$$

对任意一组不全为零的实数 $l_{i_1},l_{i_2},\cdots,l_{i_k}$, 由于 $f(x_1,x_2,\cdots,x_n)$ 是半正定的, 则有

$$f_k(l_{i_1},l_{i_2},\cdots,l_{i_k})=f(0,\cdots,l_{i_1},\cdots,0,\cdots,l_{i_2},0,\cdots,l_{i_k},0,\cdots,0)\geqslant 0.$$

故 $f_k(x_{i_1}, x_{i_2}, \cdots, x_{i_k})$ 是 k 元半正定二次型, 于是, 对它的矩阵 $\boldsymbol{A}_k$, 存在 k 阶可逆实矩阵 $\boldsymbol{C}$, 使

$$\boldsymbol{C}^{\mathrm{T}}\boldsymbol{A}_k\boldsymbol{C} = \begin{pmatrix} d_1 & & & \\ & d_2 & & \\ & & \ddots & \\ & & & d_k \end{pmatrix},$$

其中 $d_i \geqslant 0,\ i = 1, 2, \cdots, k$, 从而

$$|\boldsymbol{C}|^2|\boldsymbol{A}_k| = d_1 d_2 \cdots d_k \geqslant 0,$$

故 $|\boldsymbol{A}_k| \geqslant 0,\ 1 \leqslant k \leqslant n$.

(5)⇒(1):

设 $\boldsymbol{A}$ 的主子式全大于或等于零. 任取 $\boldsymbol{A}$ 的 k 阶顺序主子阵

$$\boldsymbol{A}_k = \begin{pmatrix} a_{11} & a_{12} & \cdots & a_{1k} \\ a_{21} & a_{22} & \cdots & a_{2k} \\ \vdots & \vdots & & \vdots \\ a_{k1} & a_{k2} & \cdots & a_{kk} \end{pmatrix},\ k = 1, 2, \cdots, n.$$

对

$$\lambda\boldsymbol{E}_k + \boldsymbol{A}_k = \begin{pmatrix} \lambda + a_{11} & a_{12} & \cdots & a_{1k} \\ a_{21} & \lambda + a_{22} & \cdots & a_{2k} \\ \vdots & \vdots & & \vdots \\ a_{k1} & a_{k2} & \cdots & \lambda + a_{kk} \end{pmatrix},$$

由行列式的性质可得

$$|\lambda\boldsymbol{E}_k + \boldsymbol{A}_k| = \lambda^k + b_1\lambda^{k-1} + b_2\lambda^{k-2} + \cdots + b_{k-1}\lambda + b_k,$$

其中 b_i 是 $\boldsymbol{A}_k$ 中一切 i 阶主子式之和, 由于 $\boldsymbol{A}$ 的所有主子式全大于或等于零, 所以 $b_i \geqslant 0,\ i = 1, 2, \cdots, k$. 因此, $\forall\ \lambda > 0$, 有

$$|\lambda\boldsymbol{E}_k + \boldsymbol{A}_k| > 0,\ k = 1, 2, \cdots, n,$$

即 $\lambda\boldsymbol{E} + \boldsymbol{A}$ 是正定矩阵. 假设 $\boldsymbol{A}$ 不是半正定的, 则存在不全为零的实数 $l_1, l_2, \cdots, l_n$ 构成的非零向量 $\boldsymbol{X}_0 = (l_1, l_2, \cdots, l_n)^{\mathrm{T}}$ 使得

$$\boldsymbol{X}_0^{\mathrm{T}}\boldsymbol{A}\boldsymbol{X}_0 = -c < 0 \quad (c > 0).$$

令

$$\lambda = \frac{c}{\boldsymbol{X}_0^{\mathrm{T}}\boldsymbol{X}_0} = \frac{c}{l_1^2 + l_2^2 + \cdots + l_n^2},$$

则 $\lambda > 0$, 且

$$\boldsymbol{X}_0^{\mathrm{T}}(\lambda \boldsymbol{E} + \boldsymbol{A})\boldsymbol{X}_0 = \lambda \boldsymbol{X}_0^{\mathrm{T}} \boldsymbol{X}_0 + \boldsymbol{X}_0^{\mathrm{T}} \boldsymbol{A} \boldsymbol{X}_0 = c - c = 0,$$

这与 $\lambda \boldsymbol{E} + \boldsymbol{A}$ 正定矛盾. 故 $\boldsymbol{A}$ 为半正定矩阵.

综上, (1) 与 (5) 等价. □

需要注意的是, 只有顺序主子式全大于或等于零, 不足以说明 $\boldsymbol{A}$ 是半正定的. 例如二次型

$$f(x_1, x_2, x_3) = x_1^2 + 2x_1x_2 + 4x_1x_3 + x_2^2 + 4x_2x_3 + x_3^2,$$

它的矩阵

$$\boldsymbol{A} = \begin{pmatrix} 1 & 1 & 2 \\ 1 & 1 & 2 \\ 2 & 2 & 1 \end{pmatrix}$$

的各阶顺序主子式

$$1 > 0, \quad \begin{vmatrix} 1 & 1 \\ 1 & 1 \end{vmatrix} = 0, \quad \begin{vmatrix} 1 & 1 & 2 \\ 1 & 1 & 2 \\ 2 & 2 & 1 \end{vmatrix} = 0,$$

但是, $f(x_1, x_2, x_3)$ 的标准形为

$$y_1^2 - 3y_2^2,$$

从而二次型 $f(x_1, x_2, x_3)$ 不是半正定的.

与正定、半正定相仿, 还有下述概念.

定义 7.4.4 实二次型 $f(x_1, x_2, \cdots, x_n)$ 如果对任意一组不全为零的实数 $k_1, k_2, \cdots, k_n$ 都有 $f(k_1, k_2, \cdots, k_n) < 0$, 则称 $f(x_1, x_2, \cdots, x_n)$ 是负定二次型, 它的矩阵称为负定矩阵; 如果对任意一组不全为零的实数 $k_1, k_2, \cdots, k_n$, 都有 $f(k_1, k_2, \cdots, k_n) \leqslant 0$, 则称 $f(x_1, x_2, \cdots, x_n)$ 是半负定二次型, 它的矩阵称为半负定矩阵.

当 $f(x_1, x_2, \cdots, x_n)$ 是负定二次型时, $-f(x_1, x_2, \cdots, x_n)$ 就是正定二次型; 当 $f(x_1, x_2, \cdots, x_n)$ 是半负定二次型时, $-f(x_1, x_2, \cdots, x_n)$ 就是半正定二次型, 因此可以利用正定及半正定二次型的判别条件推得负定及半负定二次型相应的判别条件.

定义 7.4.5 如果实二次型 $f(x_1, x_2, \cdots, x_n)$ 既不是正定或半正定的, 也不是负定或半负定的, 则称它为不定二次型.

由定义可知, 不定二次型的正、负惯性指数都要大于零. 例如二次型 $f(x_1, x_2, x_3) = y_1^2 + y_2^2 - y_3^2$ 就是一个不定二次型.

习 题 7

1. 写出下列二次型的矩阵:

(1) $2x_1^2+5x_2^2+4x_3^2-4x_1x_2-8x_2x_3$;

(2) $5\sum\limits_{i=1}^{n}x_i^2-\sum\limits_{i=1}^{n}\sum\limits_{j=1}^{n}x_ix_j$;

(3) $\sum\limits_{i=1}^{n-1}x_ix_{i+1}$.

2. 按下面给出的对称矩阵 $\boldsymbol{A}$, 写出二次型 $\boldsymbol{X}^{\mathrm{T}}\boldsymbol{A}\boldsymbol{X}$ 的展开式:

(1) $\begin{pmatrix} 3 & 2 & -1 \\ 2 & 0 & 5 \\ -1 & 5 & -6 \end{pmatrix}$; (2) $\begin{pmatrix} 0 & 2 & 0 & 0 \\ 2 & 0 & 3 & 0 \\ 0 & 3 & 0 & 4 \\ 0 & 0 & 4 & 0 \end{pmatrix}$.

3. 分别用配方法及初等变换法将下列二次型化为标准形, 并写出相应的非退化的线性变换:

(1) $x_1^2+2x_2^2-x_3^2+4x_1x_2-4x_1x_3-4x_2x_3$;

(2) $x_1^2-x_3^2+2x_1x_2+2x_2x_3$;

(3) $4x_1x_2+4x_1x_3-12x_2x_3$;

(4) $x_1x_2+x_1x_3+x_1x_4+x_2x_3+x_2x_4+x_3x_4$;

(5) $x_1x_{2n}+x_2x_{2n-1}+\cdots+x_nx_{n+1}$;

(6) $x_1x_2+x_2x_3+\cdots+x_{n-1}x_n$.

4. 分复系数和实系数两种情形, 将下列二次型化为规范形, 并写出所作的非退化的线性变换:

(1) $5x_1^2+x_2^2-4x_3^2+2x_1x_2-4x_2x_3$;

(2) $12x_1x_2-8x_1x_3+2x_2x_3$.

5. 证明:

$$\begin{pmatrix} \lambda_1 & & & \\ & \lambda_2 & & \\ & & \ddots & \\ & & & \lambda_n \end{pmatrix} \text{ 与 } \begin{pmatrix} \lambda_{i_1} & & & \\ & \lambda_{i_2} & & \\ & & \ddots & \\ & & & \lambda_{i_n} \end{pmatrix}$$

合同, 其中 $i_1,i_2,\cdots,i_n$ 是 $1,2,\cdots,n$ 的一个排列.

6. 设 $\boldsymbol{A}$ 为 n 阶方阵, 证明:

(1) $\boldsymbol{A}$ 是反称矩阵当且仅当对任意一个 n 维向量 $\boldsymbol{X}$, 都有 $\boldsymbol{X}^{\mathrm{T}}\boldsymbol{A}\boldsymbol{X}=0$;

(2) 若 $\boldsymbol{A}$ 是对称矩阵, 且对任意一个 n 维向量 $\boldsymbol{X}$, 都有 $\boldsymbol{X}^{\mathrm{T}}\boldsymbol{A}\boldsymbol{X}=0$, 则 $\boldsymbol{A}=\boldsymbol{O}$.

7. 如果把 n 阶对称矩阵分别按复矩阵和实矩阵的合同关系分类, 共分几类?

8. 设实二次型 $f(x_1,x_2,\cdots,x_n)$ 的正、负惯性指数分别是 p,q, $a_1,a_2,\cdots,a_p$ 是任意 p 个正数, $b_1,b_2,\cdots,b_q$ 是任意 q 个负数, 证明: $f(x_1,x_2,\cdots,x_n)$ 可经非退化的线性变换化为

$$a_1y_1^2+\cdots+a_py_p^2+b_1y_{p+1}^2+\cdots+b_qy_{p+q}^2.$$

9. 证明: 一个实二次型可以分解成两个实系数的一次齐次多项式的乘积的充分必要条件是它的秩等于 2、符号差等于 0 或秩等于 1.

10. 设 $\boldsymbol{A}$ 是一个实矩阵, 证明: $R(\boldsymbol{A}^{\mathrm{T}}\boldsymbol{A})=R(\boldsymbol{A})$.

11. 设二次型 $f(x_1,x_2,\cdots,x_n)=\sum\limits_{i=1}^{s}(a_{i1}x_1+a_{i2}x_2+\cdots+a_{in}x_n)^2$, 证明: $f(x_1,x_2,\cdots,x_n)$ 的秩等于矩阵

$$\boldsymbol{A}=\begin{pmatrix} a_{11} & a_{12} & \cdots & a_{1n} \\ a_{21} & a_{22} & \cdots & a_{2n} \\ \vdots & \vdots & & \vdots \\ a_{s1} & a_{s2} & \cdots & a_{sn} \end{pmatrix}$$

的秩.

12. 设 $f(x_1,x_2,\cdots,x_n)=l_1^2+l_2^2+\cdots+l_p^2-l_{p+1}^2-\cdots-l_{p+q}^2$, 其中 $l_i\ (i=1,2,\cdots,p+q)$ 均为 $x_1,x_2,\cdots,x_n$ 的一次齐次式. 证明: $f(x_1,x_2,\cdots,x_n)$ 的正惯性指数 $\leqslant p$, 负惯性指数 $\leqslant q$.

13. 设 $f(x_1,x_2,\cdots,x_n)$ 是一个秩为 n, 符号差为 s 的实二次型, 证明: 存在 $\mathbf{R}^n$ 的一个 $\dfrac{1}{2}(n-|s|)$ 维子空间 W, 使对任一 $(x_1,x_2,\cdots,x_n)\in W$, 都有 $f(x_1,x_2,\cdots,x_n)=0$.

14. 设 $\boldsymbol{A}$ 为 n 阶实对称矩阵, 证明: 存在一正实数 c, 使对任意 n 维实向量 $\boldsymbol{X}$, 都有 $|\boldsymbol{X}^{\mathrm{T}}\boldsymbol{A}\boldsymbol{X}|\leqslant c\boldsymbol{X}^{\mathrm{T}}\boldsymbol{X}$.

15. 判断下列二次型是否正定:

(1) $4x_1^2+3x_2^2+5x_3^2-4x_1x_2-4x_1x_3$;

(2) $x_1^2+x_2^2+4x_3^2+7x_4^2+6x_1x_3+4x_1x_4-4x_2x_3+2x_2x_4+4x_3x_4$;

(3) $\sum\limits_{i=1}^{n}x_i^2+\sum\limits_{1\leqslant i<j\leqslant n}x_ix_j$;

(4) $\sum\limits_{i=1}^{n}x_i^2+\sum\limits_{i=1}^{n-1}x_ix_{i+1}$.

16. t 取何值时, 下列二次型是正定的?

(1) $x_1^2+x_2^2+5x_3^2+2tx_1x_2-2x_1x_3+4x_2x_3$;

(2) $x_1^2+2x_2^2+4x_3^2+2x_1x_2+2tx_1x_3$.

17. 证明: 若 $\boldsymbol{A}$ 是正定矩阵, 则 $\boldsymbol{A}^{-1}$ 也是正定矩阵; 若 $\boldsymbol{B}$ 也是正定矩阵, 则 $\boldsymbol{A}+\boldsymbol{B}$ 还是正定矩阵.

18. 设 $\boldsymbol{A}$ 是实对称矩阵, 证明: 当实数 t 充分大之后, $t\boldsymbol{E}+\boldsymbol{A}$ 是正定矩阵.

19. 设 $\boldsymbol{A}$ 是 n 阶对称正定矩阵, $\boldsymbol{E}$ 是 n 阶单位矩阵, 证明: $|\boldsymbol{A}+\boldsymbol{E}|>1$.

20. 设 $\boldsymbol{A}$ 为 m 阶实对称正定矩阵, $\boldsymbol{B}$ 为 $m\times n$ 实矩阵, 证明: $\boldsymbol{B}^{\mathrm{T}}\boldsymbol{A}\boldsymbol{B}$ 是正定矩阵的充分必要条件为 $R(\boldsymbol{B})=n$.

21. 设 $\boldsymbol{A}=(a_{ij})_{n\times n}$, $\boldsymbol{B}=(b_{ij})_{n\times n}$, $\boldsymbol{C}=(c_{ij})_{n\times n}=(a_{ij}b_{ij})_{n\times n}$, $i,j=1,2,\cdots,n$. 证明: 若 $\boldsymbol{A},\boldsymbol{B}$ 均为正定矩阵, 则 $\boldsymbol{C}$ 也为正定矩阵.

22. 证明:

(1) 若 $\sum\limits_{i=1}^{n}\sum\limits_{j=1}^{n}a_{ij}x_ix_j$ $(a_{ij}=a_{ji})$ 是正定二次型, 则

$$f(y_1,y_2,\cdots,y_n)=\begin{vmatrix} a_{11} & a_{12} & \cdots & a_{1n} & y_1 \\ a_{21} & a_{22} & \cdots & a_{2n} & y_2 \\ \vdots & \vdots & & \vdots & \vdots \\ a_{n1} & a_{n2} & \cdots & a_{nn} & y_n \\ y_1 & y_2 & \cdots & y_n & 0 \end{vmatrix}$$

是负定二次型;

(2) 若 $\boldsymbol{A}$ 是正定矩阵, 则 $|\boldsymbol{A}|\leqslant a_{11}a_{22}\cdots a_{nn}$;

(3) 若 $\boldsymbol{A}$ 是可逆矩阵, 则 $|\boldsymbol{A}|^2\leqslant\prod\limits_{i=1}^{n}(a_{1i}^2+a_{2i}^2+\cdots+a_{ni}^2)$.

23. 设 $\boldsymbol{A}=\begin{pmatrix} 1 & 1 & 2 \\ 1 & 2 & 2 \\ 2 & 2 & 4 \end{pmatrix}$, 求矩阵 $\boldsymbol{C}$, 使 $\boldsymbol{C}^{\mathrm{T}}\boldsymbol{C}=\boldsymbol{A}$.

24. 证明: $n\sum\limits_{i=1}^{n}x_i^2-\left(\sum\limits_{i=1}^{n}x_i\right)^2$ 是半正定的.

25. 设 $f(x_1,x_2,\cdots,x_n)=\boldsymbol{X}^{\mathrm{T}}\boldsymbol{A}\boldsymbol{X}$ 是一实二次型, 已知有 n 维实向量 $\boldsymbol{X}_1,\boldsymbol{X}_2$, 使 $\boldsymbol{X}_1^{\mathrm{T}}\boldsymbol{A}\boldsymbol{X}_1>0$, $\boldsymbol{X}_2^{\mathrm{T}}\boldsymbol{A}\boldsymbol{X}_2<0$, 证明: 存在 n 维非零实向量 $\boldsymbol{X}_0$, 使 $\boldsymbol{X}_0^{\mathrm{T}}\boldsymbol{A}\boldsymbol{X}_0=0$.

26. 设 $\boldsymbol{A}$ 为 n 阶实对称矩阵, 已知有两个线性无关的 n 维实向量 $\boldsymbol{X}_1,\boldsymbol{X}_2$, 使 $\boldsymbol{X}_1^{\mathrm{T}}\boldsymbol{A}\boldsymbol{X}_1>0$, $\boldsymbol{X}_2^{\mathrm{T}}\boldsymbol{A}\boldsymbol{X}_2<0$, 证明: 存在两个线性无关的 n 维实向量 $\boldsymbol{X}_3,\boldsymbol{X}_4$, 使 $\boldsymbol{X}_1,\boldsymbol{X}_2,\boldsymbol{X}_3,\boldsymbol{X}_4$ 线性相关, 且 $\boldsymbol{X}_3^{\mathrm{T}}\boldsymbol{A}\boldsymbol{X}_3=\boldsymbol{X}_4^{\mathrm{T}}\boldsymbol{A}\boldsymbol{X}_4=0$.

8 第八章 欧氏空间

这一章, “正交”二字将频繁出现. 之前, 我们在线性空间中, 只定义了向量之间的两种线性运算, 即加法和数量乘法, 这样, 对于向量之间的关系, 就只研究了抽象的线性相关关系, 而具体的向量的度量性质, 如长度、角度、距离等没有得到反映. 而涉及“正交”的一系列相关概念正是基于向量的度量性质, 因此, 有必要先引入度量的概念. 这一章涉及的数域为实数域 $\mathbf{R}$. 以下总是设 V 是实数域 $\mathbf{R}$ 上的线性空间.

8.1 内积的定义及其基本性质

定义 8.1.1 在 V 中定义一个二元实函数, 记作 $(\boldsymbol{\alpha},\boldsymbol{\beta})$, 若 $\forall\boldsymbol{\alpha},\boldsymbol{\beta},\boldsymbol{\gamma}\in V$, $\forall k\in\mathbf{R}$, 有

(1) $(\boldsymbol{\alpha},\boldsymbol{\beta})=(\boldsymbol{\beta},\boldsymbol{\alpha})$;

(2) $(\boldsymbol{\alpha}+\boldsymbol{\beta},\boldsymbol{\gamma})=(\boldsymbol{\alpha},\boldsymbol{\gamma})+(\boldsymbol{\beta},\boldsymbol{\gamma})$;

(3) $(k\boldsymbol{\alpha},\boldsymbol{\beta})=k(\boldsymbol{\alpha},\boldsymbol{\beta})$;

(4) $(\boldsymbol{\alpha},\boldsymbol{\alpha})\geqslant 0$, 当且仅当 $\boldsymbol{\alpha}=\mathbf{0}$ 时, $(\boldsymbol{\alpha},\boldsymbol{\alpha})=0$,

则称 $(\boldsymbol{\alpha},\boldsymbol{\beta})$ 为内积.

在 V 中定义了内积之后, V 就称为欧氏 (欧几里得, Euclid) 空间.

例 8.1.1 在 $\mathbf{R}^n$ 中, 对于任意向量 $\boldsymbol{\alpha}=(a_1,a_2,\cdots,a_n)$, $\boldsymbol{\beta}=(b_1,b_2,\cdots,b_n)$, 定义

$$(\boldsymbol{\alpha},\boldsymbol{\beta})=\sum_{i=1}^{n}a_ib_i.$$

容易验证 $(\boldsymbol{\alpha},\boldsymbol{\beta})$ 满足内积定义中的条件, 从而, $\mathbf{R}^n$ 对这个内积构成欧氏空间.

例 8.1.2 设 $\boldsymbol{A}$ 是一个 n 阶正定矩阵, 对 $\mathbf{R}^n$ 中的任意向量 $\boldsymbol{\alpha}=(a_1,a_2,\cdots,a_n)$, $\boldsymbol{\beta}=(b_1,b_2,\cdots,b_n)$, 定义

$$(\boldsymbol{\alpha},\boldsymbol{\beta})=\begin{pmatrix}a_1 & a_2 & \cdots & a_n\end{pmatrix}\boldsymbol{A}\begin{pmatrix}b_1\\ b_2\\ \vdots\\ b_n\end{pmatrix}.$$

(1)

$$(\boldsymbol{\alpha},\boldsymbol{\beta})=\begin{pmatrix} a_1 & a_2 & \cdots & a_n \end{pmatrix}\boldsymbol{A}\begin{pmatrix} b_1 \\ b_2 \\ \vdots \\ b_n \end{pmatrix}=\begin{pmatrix} b_1 & b_2 & \cdots & b_n \end{pmatrix}\boldsymbol{A}^{\mathrm{T}}\begin{pmatrix} a_1 \\ a_2 \\ \vdots \\ a_n \end{pmatrix}$$

$$=\begin{pmatrix} b_1 & b_2 & \cdots & b_n \end{pmatrix}\boldsymbol{A}\begin{pmatrix} a_1 \\ a_2 \\ \vdots \\ a_n \end{pmatrix}=(\boldsymbol{\beta},\boldsymbol{\alpha}).$$

(2) 再设 $\boldsymbol{\gamma}=(c_1,c_2,\cdots,c_n)$.

$$(\boldsymbol{\alpha}+\boldsymbol{\beta},\boldsymbol{\gamma})=\begin{pmatrix} a_1+b_1 & a_2+b_2 & \cdots & a_n+b_n \end{pmatrix}\boldsymbol{A}\begin{pmatrix} c_1 \\ c_2 \\ \vdots \\ c_n \end{pmatrix}$$

$$=\left[\begin{pmatrix} a_1 & a_2 & \cdots & a_n \end{pmatrix}+\begin{pmatrix} b_1 & b_2 & \cdots & b_n \end{pmatrix}\right]\boldsymbol{A}\begin{pmatrix} c_1 \\ c_2 \\ \vdots \\ c_n \end{pmatrix}$$

$$=\begin{pmatrix} a_1 & a_2 & \cdots & a_n \end{pmatrix}\boldsymbol{A}\begin{pmatrix} c_1 \\ c_2 \\ \vdots \\ c_n \end{pmatrix}+\begin{pmatrix} b_1 & b_2 & \cdots & b_n \end{pmatrix}\boldsymbol{A}\begin{pmatrix} c_1 \\ c_2 \\ \vdots \\ c_n \end{pmatrix}$$

$$=(\boldsymbol{\alpha},\boldsymbol{\gamma})+(\boldsymbol{\beta},\boldsymbol{\gamma}).$$

(3)

$$(k\boldsymbol{\alpha},\boldsymbol{\beta})=\begin{pmatrix} ka_1 & ka_2 & \cdots & ka_n \end{pmatrix}\boldsymbol{A}\begin{pmatrix} b_1 \\ b_2 \\ \vdots \\ b_n \end{pmatrix}$$

$$=k\left[\begin{pmatrix} a_1 & a_2 & \cdots & a_n \end{pmatrix}\boldsymbol{A}\begin{pmatrix} b_1 \\ b_2 \\ \vdots \\ b_n \end{pmatrix}\right]$$

$$= k\,(\boldsymbol{\alpha}, \boldsymbol{\beta}).$$

(4) 由 $\boldsymbol{A}$ 的正定性, 有

$$(\boldsymbol{\alpha}, \boldsymbol{\alpha}) = \begin{pmatrix} a_1 & a_2 & \cdots & a_n \end{pmatrix} \boldsymbol{A} \begin{pmatrix} a_1 \\ a_2 \\ \vdots \\ a_n \end{pmatrix} \geqslant 0,$$

且 $(\boldsymbol{\alpha}, \boldsymbol{\alpha}) = 0$ 当且仅当 $\boldsymbol{\alpha} = \mathbf{0}$.

所以, $(\boldsymbol{\alpha}, \boldsymbol{\beta})$ 为内积, $\mathbf{R}^n$ 对于此内积也构成欧氏空间.

内积定义中的条件 (1) 说明内积具有对称性, 因此与 (2)、(3) 相应地有

(2′) $(\boldsymbol{\alpha}, \boldsymbol{\beta} + \boldsymbol{\gamma}) = (\boldsymbol{\alpha}, \boldsymbol{\beta}) + (\boldsymbol{\alpha}, \boldsymbol{\gamma})$;

(3′) $(\boldsymbol{\alpha}, k\boldsymbol{\beta}) = k\,(\boldsymbol{\alpha}, \boldsymbol{\beta})$.

一般地, 设 $\boldsymbol{\alpha}_1, \boldsymbol{\alpha}_2, \cdots, \boldsymbol{\alpha}_s, \boldsymbol{\beta}_1, \boldsymbol{\beta}_2, \cdots, \boldsymbol{\beta}_t$ 是 V 中的任意向量, $k_1, k_2, \cdots, k_s, l_1, l_2, \cdots, l_t$ 是任意实数, 则有

$$\left(\sum_{i=1}^{s} k_i \boldsymbol{\alpha}_i,\ \sum_{j=1}^{t} l_j \boldsymbol{\beta}_j\right) = \sum_{i=1}^{s} \sum_{j=1}^{t} k_i l_j \,(\boldsymbol{\alpha}_i, \boldsymbol{\beta}_j).$$

定义 8.1.2 非负实数 $\sqrt{(\boldsymbol{\alpha}, \boldsymbol{\alpha})}$ 称为向量 $\boldsymbol{\alpha}$ 的长度, 记为 $|\boldsymbol{\alpha}|$.

向量的长度具有以下性质: $\forall \boldsymbol{\alpha}, \boldsymbol{\beta} \in V$, $\forall k \in \mathbf{R}$,

(1) $|\boldsymbol{\alpha}| \geqslant 0$, 当且仅当 $\boldsymbol{\alpha} = \mathbf{0}$ 时, $|\boldsymbol{\alpha}| = 0$;

(2) $|k\boldsymbol{\alpha}| = |k| \cdot |\boldsymbol{\alpha}|$;

(3) $|(\boldsymbol{\alpha}, \boldsymbol{\beta})| \leqslant |\boldsymbol{\alpha}| \cdot |\boldsymbol{\beta}|$;

(4) $|\boldsymbol{\alpha} + \boldsymbol{\beta}| \leqslant |\boldsymbol{\alpha}| + |\boldsymbol{\beta}|$.

证明 性质 (1), (2) 是显然的. 下面证明性质 (3) 和 (4).

(3) 当 $\boldsymbol{\beta} = \mathbf{0}$ 时, 结论显然成立.

当 $\boldsymbol{\beta} \neq \mathbf{0}$ 时, $(\boldsymbol{\beta}, \boldsymbol{\beta}) > 0$,

$$\begin{aligned}\left(\boldsymbol{\alpha} - \frac{(\boldsymbol{\alpha}, \boldsymbol{\beta})}{(\boldsymbol{\beta}, \boldsymbol{\beta})}\boldsymbol{\beta}, \boldsymbol{\alpha} - \frac{(\boldsymbol{\alpha}, \boldsymbol{\beta})}{(\boldsymbol{\beta}, \boldsymbol{\beta})}\boldsymbol{\beta}\right) &= (\boldsymbol{\alpha}, \boldsymbol{\alpha}) - 2\frac{(\boldsymbol{\alpha}, \boldsymbol{\beta})}{(\boldsymbol{\beta}, \boldsymbol{\beta})}(\boldsymbol{\alpha}, \boldsymbol{\beta}) + \left(\frac{(\boldsymbol{\alpha}, \boldsymbol{\beta})}{(\boldsymbol{\beta}, \boldsymbol{\beta})}\right)^2 (\boldsymbol{\beta}, \boldsymbol{\beta}) \\ &= (\boldsymbol{\alpha}, \boldsymbol{\alpha}) - \frac{(\boldsymbol{\alpha}, \boldsymbol{\beta})^2}{(\boldsymbol{\beta}, \boldsymbol{\beta})} \geqslant 0,\end{aligned}$$

故

$$\frac{(\boldsymbol{\alpha}, \boldsymbol{\beta})^2}{(\boldsymbol{\beta}, \boldsymbol{\beta})} \leqslant (\boldsymbol{\alpha}, \boldsymbol{\alpha}),\ (\boldsymbol{\alpha}, \boldsymbol{\beta})^2 \leqslant (\boldsymbol{\alpha}, \boldsymbol{\alpha})(\boldsymbol{\beta}, \boldsymbol{\beta}),$$

两边开方, 即得

$$|(\boldsymbol{\alpha},\boldsymbol{\beta})| \leqslant |\boldsymbol{\alpha}| \cdot |\boldsymbol{\beta}|.$$

(4) $|\boldsymbol{\alpha}+\boldsymbol{\beta}|^2 = (\boldsymbol{\alpha}+\boldsymbol{\beta},\boldsymbol{\alpha}+\boldsymbol{\beta}) = (\boldsymbol{\alpha},\boldsymbol{\alpha})+2(\boldsymbol{\alpha},\boldsymbol{\beta})+(\boldsymbol{\beta},\boldsymbol{\beta}) \leqslant (|\boldsymbol{\alpha}|+|\boldsymbol{\beta}|)^2$, 两边开方, 即得

$$|\boldsymbol{\alpha}+\boldsymbol{\beta}| \leqslant |\boldsymbol{\alpha}|+|\boldsymbol{\beta}|. \qquad \square$$

称长度为 1 的向量为单位向量. 对于任意非零向量 $\boldsymbol{\alpha}$, $\dfrac{\boldsymbol{\alpha}}{|\boldsymbol{\alpha}|}$ 即为单位向量.

定义 8.1.3 长度 $|\boldsymbol{\alpha}-\boldsymbol{\beta}|$ 称为向量 $\boldsymbol{\alpha}$ 和 $\boldsymbol{\beta}$ 的距离, 记为 $d(\boldsymbol{\alpha},\boldsymbol{\beta})$.

不难证明, 距离有以下三个性质: $\forall \boldsymbol{\alpha},\boldsymbol{\beta},\boldsymbol{\gamma} \in V$,

(1) $d(\boldsymbol{\alpha},\boldsymbol{\beta}) = d(\boldsymbol{\beta},\boldsymbol{\alpha})$;

(2) $d(\boldsymbol{\alpha},\boldsymbol{\beta}) \geqslant 0$, 当且仅当 $\boldsymbol{\alpha}=\boldsymbol{\beta}$ 时, $d(\boldsymbol{\alpha},\boldsymbol{\beta}) = 0$;

(3) $d(\boldsymbol{\alpha},\boldsymbol{\beta}) \leqslant d(\boldsymbol{\alpha},\boldsymbol{\gamma}) + d(\boldsymbol{\gamma},\boldsymbol{\beta})$.

定义 8.1.4 设 $\boldsymbol{\alpha},\boldsymbol{\beta}$ 是 V 中的两个非零向量, 称

$$\langle \boldsymbol{\alpha},\boldsymbol{\beta} \rangle = \arccos \frac{(\boldsymbol{\alpha},\boldsymbol{\beta})}{|\boldsymbol{\alpha}| \cdot |\boldsymbol{\beta}|} \quad (0 \leqslant \langle \boldsymbol{\alpha},\boldsymbol{\beta} \rangle \leqslant \pi)$$

为 $\boldsymbol{\alpha},\boldsymbol{\beta}$ 的夹角.

定义 8.1.5 设 $\boldsymbol{\alpha},\boldsymbol{\beta}$ 是 V 中两个非零向量, 若 $\langle \boldsymbol{\alpha},\boldsymbol{\beta} \rangle = \dfrac{\pi}{2}$, 则称 $\boldsymbol{\alpha}$ 与 $\boldsymbol{\beta}$ 垂直或正交, 记为 $\boldsymbol{\alpha} \perp \boldsymbol{\beta}$.

可见, 当 $\boldsymbol{\alpha} \neq \mathbf{0}$, $\boldsymbol{\beta} \neq \mathbf{0}$ 时, $\boldsymbol{\alpha} \perp \boldsymbol{\beta}$ 的充分必要条件是 $(\boldsymbol{\alpha},\boldsymbol{\beta}) = 0$. 且容易得到: 当 $\boldsymbol{\alpha} \perp \boldsymbol{\beta}$ 时, $|\boldsymbol{\alpha}+\boldsymbol{\beta}|^2 = |\boldsymbol{\alpha}|^2 + |\boldsymbol{\beta}|^2$.

在欧氏空间 V 中任取一组基 $\boldsymbol{\varepsilon}_1,\boldsymbol{\varepsilon}_2,\cdots,\boldsymbol{\varepsilon}_n$, 对 V 中的任意两个向量 $\boldsymbol{\alpha},\boldsymbol{\beta}$, 设

$$\boldsymbol{\alpha} = x_1\boldsymbol{\varepsilon}_1 + x_2\boldsymbol{\varepsilon}_2 + \cdots + x_n\boldsymbol{\varepsilon}_n,$$

$$\boldsymbol{\beta} = y_1\boldsymbol{\varepsilon}_1 + y_2\boldsymbol{\varepsilon}_2 + \cdots + y_n\boldsymbol{\varepsilon}_n.$$

由内积的性质可得

$$\begin{aligned}(\boldsymbol{\alpha},\boldsymbol{\beta}) &= (x_1\boldsymbol{\varepsilon}_1 + x_2\boldsymbol{\varepsilon}_2 + \cdots + x_n\boldsymbol{\varepsilon}_n, y_1\boldsymbol{\varepsilon}_1 + y_2\boldsymbol{\varepsilon}_2 + \cdots + y_n\boldsymbol{\varepsilon}_n) \\ &= \sum_{i=1}^{n}\sum_{j=1}^{n}(\boldsymbol{\varepsilon}_i,\boldsymbol{\varepsilon}_j)\,x_iy_j.\end{aligned}$$

令

$$a_{ij} = (\boldsymbol{\varepsilon}_i,\boldsymbol{\varepsilon}_j),\ i,j=1,2,\cdots,n,\ \boldsymbol{A} = (a_{ij})_{n\times n},$$

显然有

$$a_{ij} = a_{ji},\ i,j=1,2,\cdots,n,\ \text{即}\boldsymbol{A}^{\mathrm{T}} = \boldsymbol{A},$$

于是,

$$(\boldsymbol{\alpha},\boldsymbol{\beta})=\sum_{i=1}^{n}\sum_{j=1}^{n}a_{ij}x_iy_j=\boldsymbol{X}^{\mathrm{T}}\boldsymbol{A}\boldsymbol{Y},$$

其中 $\boldsymbol{X}=(x_1,x_2,\cdots,x_n)^{\mathrm{T}}$, $\boldsymbol{Y}=(y_1,y_2,\cdots,y_n)^{\mathrm{T}}$.

称矩阵 $\boldsymbol{A}$ 为基 $\boldsymbol{\varepsilon}_1,\boldsymbol{\varepsilon}_2,\cdots,\boldsymbol{\varepsilon}_n$ 的度量矩阵. 度量矩阵完全确定了任意两个向量的内积.

定理 8.1.1 度量矩阵是正定矩阵.

证明 设 V 的一组基为 $\boldsymbol{\varepsilon}_1,\boldsymbol{\varepsilon}_2,\cdots,\boldsymbol{\varepsilon}_n$, 其度量矩阵为 $\boldsymbol{A}$.

首先, $\boldsymbol{A}$ 是实对称矩阵. 又对任意 $\mathbf{R}^n$ 中的非零向量 $\boldsymbol{X}=(x_1,x_2,\cdots,x_n)^{\mathrm{T}}$, 令

$$\boldsymbol{\alpha}=x_1\boldsymbol{\varepsilon}_1+x_2\boldsymbol{\varepsilon}_2+\cdots+x_n\boldsymbol{\varepsilon}_n,$$

则对 V 中非零向量 $\boldsymbol{\alpha}$ 有,

$$(\boldsymbol{\alpha},\boldsymbol{\alpha})=\boldsymbol{X}^{\mathrm{T}}\boldsymbol{A}\boldsymbol{X}>0.$$

故 $\boldsymbol{A}$ 是正定矩阵. □

如果 $\boldsymbol{\delta}_1,\boldsymbol{\delta}_2,\cdots,\boldsymbol{\delta}_n$ 是 V 的另外一组基. 设这组基的度量矩阵为 $\boldsymbol{B}$. 由基 $\boldsymbol{\varepsilon}_1,\boldsymbol{\varepsilon}_2,\cdots,\boldsymbol{\varepsilon}_n$ 到基 $\boldsymbol{\delta}_1,\boldsymbol{\delta}_2,\cdots,\boldsymbol{\delta}_n$ 的过渡矩阵设为 $\boldsymbol{T}$, 即

$$(\boldsymbol{\delta}_1,\boldsymbol{\delta}_2,\cdots,\boldsymbol{\delta}_n)=(\boldsymbol{\varepsilon}_1,\boldsymbol{\varepsilon}_2,\cdots,\boldsymbol{\varepsilon}_n)\boldsymbol{T}.$$

于是, 不难算出

$$\boldsymbol{B}=(b_{ij})_{n\times n}=((\boldsymbol{\delta}_i,\boldsymbol{\delta}_j))_{n\times n}=\left(\boldsymbol{T}_i^{\mathrm{T}}\boldsymbol{A}\boldsymbol{T}_j\right)_{n\times n}=\boldsymbol{T}^{\mathrm{T}}\boldsymbol{A}\boldsymbol{T},$$

其中 $\boldsymbol{T}_i$ 为 $\boldsymbol{T}$ 的列向量, $i=1,2,\cdots,n$. 这就是说, 不同基的度量矩阵是合同的.

8.2 标准正交基

定义 8.2.1 设 $\boldsymbol{\alpha}_1,\boldsymbol{\alpha}_2,\cdots,\boldsymbol{\alpha}_s$ 是欧氏空间 V 中的一组非零的向量, 如果它们两两正交, 即

$$(\boldsymbol{\alpha}_i,\boldsymbol{\alpha}_j)=0,\quad i\neq j,\ i,j=1,2,\cdots,s,$$

则称这个向量组为一个正交向量组.

定理 8.2.1 设 $\boldsymbol{\alpha}_1,\boldsymbol{\alpha}_2,\cdots,\boldsymbol{\alpha}_s$ 是一个正交向量组, 则 $\boldsymbol{\alpha}_1,\boldsymbol{\alpha}_2,\cdots,\boldsymbol{\alpha}_s$ 一定线性无关.

证明 设

$$k_1\boldsymbol{\alpha}_1+k_2\boldsymbol{\alpha}_2+\cdots+k_s\boldsymbol{\alpha}_s=\mathbf{0}.$$

则 $\forall i=1,2,\cdots,s$, 有

$$(k_1\boldsymbol{\alpha}_1+k_2\boldsymbol{\alpha}_2+\cdots+k_s\boldsymbol{\alpha}_s,\ \boldsymbol{\alpha}_i)=0,$$

即

$$\begin{aligned}&k_1(\boldsymbol{\alpha}_1,\boldsymbol{\alpha}_i)+\cdots+k_{i-1}(\boldsymbol{\alpha}_{i-1},\boldsymbol{\alpha}_i)+k_i(\boldsymbol{\alpha}_i,\boldsymbol{\alpha}_i)+\\&k_{i+1}(\boldsymbol{\alpha}_{i+1},\boldsymbol{\alpha}_i)+\cdots+k_s(\boldsymbol{\alpha}_s,\boldsymbol{\alpha}_i)=0.\end{aligned}$$

由于

$$(\boldsymbol{\alpha}_j,\boldsymbol{\alpha}_i)=0,\ j\neq i,$$

所以有

$$k_i(\boldsymbol{\alpha}_i,\boldsymbol{\alpha}_i)=0,$$

而 $\boldsymbol{\alpha}_i\neq\mathbf{0}$, $(\boldsymbol{\alpha}_i,\boldsymbol{\alpha}_i)>0$, 因此必有

$$k_i=0,\ i=1,2,\cdots,s.$$

故 $\boldsymbol{\alpha}_1,\boldsymbol{\alpha}_2,\cdots,\boldsymbol{\alpha}_s$ 线性无关. □

由此可知, 在 n 维欧氏空间 V 中, 两两正交的向量不能超过 n 个.

定义 8.2.2 在 n 维欧氏空间 V 中, 由 n 个向量组成的正交向量组称为正交基; 由 n 个单位向量组成的正交基称为标准正交基.

由此可见, V 中的 n 个非零向量 $\boldsymbol{\varepsilon}_1,\boldsymbol{\varepsilon}_2,\cdots,\boldsymbol{\varepsilon}_n$ 为标准正交基, 当且仅当

$$(\boldsymbol{\varepsilon}_i,\boldsymbol{\varepsilon}_j)=\begin{cases}1, & i=j,\\0, & i\neq j,\end{cases}\quad i,j=1,2,\cdots,n,$$

也即, 它的度量矩阵为 $\boldsymbol{E}$.

定理 8.2.2 欧氏空间 V 中一定存在标准正交基.

证明 事实上, 我们想说, V 中有基, 就有标准正交基.

任取 V 的一组基 $\boldsymbol{\alpha}_1,\boldsymbol{\alpha}_2,\cdots,\boldsymbol{\alpha}_n$, 设它的度量矩阵为 $\boldsymbol{A}$. 则 $\boldsymbol{A}$ 为正定矩阵, 于是, 存在可逆矩阵 $\boldsymbol{C}$, 使

$$\boldsymbol{C}^{\mathrm{T}}\boldsymbol{A}\boldsymbol{C}=\boldsymbol{E}.$$

令

$$(\boldsymbol{\varepsilon}_1,\boldsymbol{\varepsilon}_2,\cdots,\boldsymbol{\varepsilon}_n)=(\boldsymbol{\alpha}_1,\boldsymbol{\alpha}_2,\cdots,\boldsymbol{\alpha}_n)\boldsymbol{C},$$

则 $\boldsymbol{\varepsilon}_1,\boldsymbol{\varepsilon}_2,\cdots,\boldsymbol{\varepsilon}_n$ 线性无关, 也构成 V 的一组基, 且其度量矩阵为 $\boldsymbol{C}^{\mathrm{T}}\boldsymbol{A}\boldsymbol{C}$, 即为 $\boldsymbol{E}$. 所以, $\boldsymbol{\varepsilon}_1,\boldsymbol{\varepsilon}_2,\cdots,\boldsymbol{\varepsilon}_n$ 为 V 的一组标准正交基. □

设 $\boldsymbol{\varepsilon}_1,\boldsymbol{\varepsilon}_2,\cdots,\boldsymbol{\varepsilon}_n$ 为欧氏空间 V 的一组标准正交基, 对 V 中的任意两个向量 $\boldsymbol{\alpha},\boldsymbol{\beta}$, 设

$$\boldsymbol{\alpha}=x_1\boldsymbol{\varepsilon}_1+x_2\boldsymbol{\varepsilon}_2+\cdots+x_n\boldsymbol{\varepsilon}_n,$$

$$\boldsymbol{\beta}=y_1\boldsymbol{\varepsilon}_1+y_2\boldsymbol{\varepsilon}_2+\cdots+y_n\boldsymbol{\varepsilon}_n,$$

则有

$$(\boldsymbol{\alpha},\boldsymbol{\beta})=\sum_{i=1}^{n}x_iy_i.$$

这个表达式对于任意一组标准正交基都是一样的. 如果 $\mathbf{R}^n$ 中的内积如例 8.1.1 中的定义, 则表明在 $\mathbf{R}^n$ 中取 n 个单位向量

$$\boldsymbol{\varepsilon}_1=(1,0,\cdots,0)^{\mathrm{T}},\ \boldsymbol{\varepsilon}_2=(0,1,\cdots,0)^{\mathrm{T}},\ \cdots,\ \boldsymbol{\varepsilon}_n=(0,0,\cdots,1)^{\mathrm{T}}$$

为标准正交基. 今后如无特别说明, $\mathbf{R}^n$ 中的内积就是例 8.1.1 中定义的内积.

除了定理 8.2.2 中给出的在 V 中找标准正交基的方法之外, 还有一种更为常用的从一组普通的基出发找到标准正交基的方法, 就是著名的施密特 (Schmidt) 正交化方法.

设 $\boldsymbol{\alpha}_1,\boldsymbol{\alpha}_2,\cdots,\boldsymbol{\alpha}_n$ 为 V 的一组基, 令

$$\begin{cases}\boldsymbol{\beta}_1=\boldsymbol{\alpha}_1,\\ \boldsymbol{\beta}_2=\boldsymbol{\alpha}_2-\dfrac{(\boldsymbol{\alpha}_2,\boldsymbol{\beta}_1)}{(\boldsymbol{\beta}_1,\boldsymbol{\beta}_1)}\boldsymbol{\beta}_1,\\ \boldsymbol{\beta}_3=\boldsymbol{\alpha}_3-\dfrac{(\boldsymbol{\alpha}_3,\boldsymbol{\beta}_1)}{(\boldsymbol{\beta}_1,\boldsymbol{\beta}_1)}\boldsymbol{\beta}_1-\dfrac{(\boldsymbol{\alpha}_3,\boldsymbol{\beta}_2)}{(\boldsymbol{\beta}_2,\boldsymbol{\beta}_2)}\boldsymbol{\beta}_2,\\ \quad\cdots\cdots\cdots\cdots\\ \boldsymbol{\beta}_n=\boldsymbol{\alpha}_n-\dfrac{(\boldsymbol{\alpha}_n,\boldsymbol{\beta}_1)}{(\boldsymbol{\beta}_1,\boldsymbol{\beta}_1)}\boldsymbol{\beta}_1-\cdots-\dfrac{(\boldsymbol{\alpha}_n,\boldsymbol{\beta}_{n-1})}{(\boldsymbol{\beta}_{n-1},\boldsymbol{\beta}_{n-1})}\boldsymbol{\beta}_{n-1},\end{cases}$$

则 $\boldsymbol{\beta}_1,\boldsymbol{\beta}_2,\cdots,\boldsymbol{\beta}_n$ 是 V 的一组正交基. 我们用数学归纳法证明:

当 $n=2$ 时, $(\boldsymbol{\beta}_2,\boldsymbol{\beta}_1)=(\boldsymbol{\alpha}_2,\boldsymbol{\beta}_1)-\dfrac{(\boldsymbol{\alpha}_2,\boldsymbol{\beta}_1)}{(\boldsymbol{\beta}_1,\boldsymbol{\beta}_1)}(\boldsymbol{\beta}_1,\boldsymbol{\beta}_1)=(\boldsymbol{\alpha}_2,\boldsymbol{\beta}_1)-(\boldsymbol{\alpha}_2,\boldsymbol{\beta}_1)=0$.

假设对 $n-1$, 结论成立, 即 $\boldsymbol{\beta}_1,\boldsymbol{\beta}_2,\cdots,\boldsymbol{\beta}_{n-1}$ 为一正交向量组.

$\forall i=1,2,\cdots,n-1$, 有

$$\begin{aligned}(\boldsymbol{\beta}_n,\boldsymbol{\beta}_i)&=(\boldsymbol{\alpha}_n,\boldsymbol{\beta}_i)-\frac{(\boldsymbol{\alpha}_n,\boldsymbol{\beta}_1)}{(\boldsymbol{\beta}_1,\boldsymbol{\beta}_1)}(\boldsymbol{\beta}_1,\boldsymbol{\beta}_i)-\cdots-\frac{(\boldsymbol{\alpha}_n,\boldsymbol{\beta}_{n-1})}{(\boldsymbol{\beta}_{n-1},\boldsymbol{\beta}_{n-1})}(\boldsymbol{\beta}_{n-1},\boldsymbol{\beta}_i)\\&=(\boldsymbol{\alpha}_n,\boldsymbol{\beta}_i)-\frac{(\boldsymbol{\alpha}_n,\boldsymbol{\beta}_i)}{(\boldsymbol{\beta}_i,\boldsymbol{\beta}_i)}(\boldsymbol{\beta}_i,\boldsymbol{\beta}_i)\\&=(\boldsymbol{\alpha}_n,\boldsymbol{\beta}_i)-(\boldsymbol{\alpha}_n,\boldsymbol{\beta}_i)=0.\end{aligned}$$

因此, $\boldsymbol{\beta}_1,\boldsymbol{\beta}_2,\cdots,\boldsymbol{\beta}_n$ 是一个正交向量组, 即为一组正交基.

再令

$$\varepsilon_i = \frac{\boldsymbol{\beta}_i}{|\boldsymbol{\beta}_i|},\ i = 1, 2, \cdots, n,$$

则 $\varepsilon_1, \varepsilon_2, \cdots, \varepsilon_n$ 即为一组标准正交基.

例 8.2.1 在 $\mathbf{R}^4$ 中, 已知一组基为

$$\boldsymbol{\alpha}_1 = (1,1,0,0),\ \boldsymbol{\alpha}_2 = (1,0,1,0),\ \boldsymbol{\alpha}_3 = (-1,0,0,1),\ \boldsymbol{\alpha}_4 = (1,-1,-1,1),$$

求 $\mathbf{R}^4$ 的一组标准正交基.

解 利用施密特正交化方法. 令

$$\begin{aligned}
\boldsymbol{\beta}_1 &= \boldsymbol{\alpha}_1 = (1,1,0,0),\\
\boldsymbol{\beta}_2 &= \boldsymbol{\alpha}_2 - \frac{(\boldsymbol{\alpha}_2, \boldsymbol{\beta}_1)}{(\boldsymbol{\beta}_1, \boldsymbol{\beta}_1)}\boldsymbol{\beta}_1 = (1,0,1,0) - \frac{1}{2}(1,1,0,0) = \left(\frac{1}{2}, -\frac{1}{2}, 1, 0\right),\\
\boldsymbol{\beta}_3 &= \boldsymbol{\alpha}_3 - \frac{(\boldsymbol{\alpha}_3, \boldsymbol{\beta}_1)}{(\boldsymbol{\beta}_1, \boldsymbol{\beta}_1)}\boldsymbol{\beta}_1 - \frac{(\boldsymbol{\alpha}_3, \boldsymbol{\beta}_2)}{(\boldsymbol{\beta}_2, \boldsymbol{\beta}_2)}\boldsymbol{\beta}_2\\
&= (-1,0,0,1) + \frac{1}{2}(1,1,0,0) + \frac{1}{3}\left(\frac{1}{2}, -\frac{1}{2}, 1, 0\right) = \left(-\frac{1}{3}, \frac{1}{3}, \frac{1}{3}, 1\right),\\
\boldsymbol{\beta}_4 &= \boldsymbol{\alpha}_4 - \frac{(\boldsymbol{\alpha}_4, \boldsymbol{\beta}_1)}{(\boldsymbol{\beta}_1, \boldsymbol{\beta}_1)}\boldsymbol{\beta}_1 - \frac{(\boldsymbol{\alpha}_4, \boldsymbol{\beta}_2)}{(\boldsymbol{\beta}_2, \boldsymbol{\beta}_2)}\boldsymbol{\beta}_2 - \frac{(\boldsymbol{\alpha}_4, \boldsymbol{\beta}_3)}{(\boldsymbol{\beta}_3, \boldsymbol{\beta}_3)}\boldsymbol{\beta}_3\\
&= (1,-1,-1,1) - 0 \cdot \boldsymbol{\beta}_1 - 0 \cdot \boldsymbol{\beta}_2 - 0 \cdot \boldsymbol{\beta}_3 = (1,-1,-1,1).
\end{aligned}$$

再令

$$\begin{aligned}
\varepsilon_1 &= \frac{\boldsymbol{\beta}_1}{|\boldsymbol{\beta}_1|} = \left(\frac{1}{\sqrt{2}}, \frac{1}{\sqrt{2}}, 0, 0\right),\\
\varepsilon_2 &= \frac{\boldsymbol{\beta}_2}{|\boldsymbol{\beta}_2|} = \left(\frac{1}{\sqrt{6}}, -\frac{1}{\sqrt{6}}, \frac{2}{\sqrt{6}}, 0\right),\\
\varepsilon_3 &= \frac{\boldsymbol{\beta}_3}{|\boldsymbol{\beta}_3|} = \left(-\frac{1}{2\sqrt{3}}, \frac{1}{2\sqrt{3}}, \frac{1}{2\sqrt{3}}, \frac{3}{2\sqrt{3}}\right),\\
\varepsilon_4 &= \frac{\boldsymbol{\beta}_4}{|\boldsymbol{\beta}_4|} = \left(\frac{1}{2}, -\frac{1}{2}, -\frac{1}{2}, \frac{1}{2}\right),
\end{aligned}$$

则 $\varepsilon_1, \varepsilon_2, \varepsilon_3, \varepsilon_4$ 为 $\mathbf{R}^4$ 的一组标准正交基. □

现在来讨论从一组标准正交基到另一组标准正交基的过渡矩阵.

设 $\varepsilon_1, \varepsilon_2, \cdots, \varepsilon_n$ 与 $\boldsymbol{\delta}_1, \boldsymbol{\delta}_2, \cdots, \boldsymbol{\delta}_n$ 是 n 维欧氏空间 V 的两组标准正交基, 并设由 $\varepsilon_1, \varepsilon_2, \cdots, \varepsilon_n$ 到 $\boldsymbol{\delta}_1, \boldsymbol{\delta}_2, \cdots, \boldsymbol{\delta}_n$ 的过渡矩阵为 $\boldsymbol{T}$, 即

$$(\boldsymbol{\delta}_1, \boldsymbol{\delta}_2, \cdots, \boldsymbol{\delta}_n) = (\varepsilon_1, \varepsilon_2, \cdots, \varepsilon_n)\boldsymbol{T}.$$

两组标准正交基的度量矩阵皆为 $\boldsymbol{E}$, 于是有

$$\boldsymbol{T}^{\mathrm{T}}\boldsymbol{E}\boldsymbol{T} = \boldsymbol{E},$$

即

$$\boldsymbol{T}^{\mathrm{T}}\boldsymbol{T}=\boldsymbol{E}.$$

定义 8.2.3 设 $\boldsymbol{A}$ 为 n 阶实方阵, 如果 $\boldsymbol{A}^{\mathrm{T}}\boldsymbol{A}=\boldsymbol{E}$, 则称 $\boldsymbol{A}$ 为正交矩阵.

由标准正交基到标准正交基的过渡矩阵为正交矩阵; 反过来, 如果第一组基是标准正交基, 同时它到第二组基的过渡矩阵是正交矩阵, 则第二组基也为标准正交基.

关于正交矩阵, 有以下结论:

(1) n 阶实方阵 $\boldsymbol{A}$ 为正交矩阵的充分必要条件是 $\boldsymbol{A}^{-1}=\boldsymbol{A}^{\mathrm{T}}$;

(2) n 阶实方阵 $\boldsymbol{A}$ 为正交矩阵的充分必要条件是 $\boldsymbol{A}$ 的 n 个行向量与 n 个列向量都是 $\mathbf{R}^n$ 的标准正交基;

(3) 若 $\boldsymbol{A}$ 是正交矩阵, 则 $\boldsymbol{A}^{-1}$ 也是正交矩阵;

(4) 若 $\boldsymbol{A},\boldsymbol{B}$ 都是 n 阶正交矩阵, 则 $\boldsymbol{AB}$ 也是正交矩阵;

(5) 若 $\boldsymbol{A}$ 是正交矩阵, 则 $|\boldsymbol{A}|=1$ 或 -1;

(6) 若 $\boldsymbol{A}$ 是正交矩阵, 则 $\boldsymbol{A}$ 的实特征值为 1 或 -1.

我们这里只证明 (2) 和 (6), 其他性质的证明比较容易, 请读者自行完成.

证明 (2) 设 $\boldsymbol{A}$ 的列向量组为 $\boldsymbol{\alpha}_1,\boldsymbol{\alpha}_2,\cdots,\boldsymbol{\alpha}_n$, 行向量组为 $\boldsymbol{\beta}_1,\boldsymbol{\beta}_2,\cdots,\boldsymbol{\beta}_n$. 则 $\boldsymbol{A}^{\mathrm{T}}\boldsymbol{A}=\boldsymbol{E}$ 等价于

$$(\boldsymbol{\alpha}_i,\boldsymbol{\alpha}_j)=a_{1i}a_{1j}+a_{2i}a_{2j}+\cdots+a_{ni}a_{nj}=(\boldsymbol{A}^{\mathrm{T}}\boldsymbol{A})_{ij}=(\boldsymbol{E})_{ij}=\begin{cases}1, & i=j,\\ 0, & i\neq j,\end{cases}$$

即等价于 $\boldsymbol{A}$ 的列向量组为 $\mathbf{R}^n$ 的标准正交基. 又 $\boldsymbol{A}\boldsymbol{A}^{\mathrm{T}}=\boldsymbol{E}$ 等价于

$$(\boldsymbol{\beta}_i,\boldsymbol{\beta}_j)=a_{i1}a_{j1}+a_{i2}a_{j2}+\cdots+a_{in}a_{jn}=(\boldsymbol{A}\boldsymbol{A}^{\mathrm{T}})_{ij}=(\boldsymbol{E})_{ij}=\begin{cases}1, & i=j,\\ 0, & i\neq j,\end{cases}$$

即等价于 $\boldsymbol{A}$ 的行向量组为 $\mathbf{R}^n$ 的标准正交基. 所以, $\boldsymbol{A}$ 为正交矩阵的充分必要条件是它的行向量组与列向量组都是 $\mathbf{R}^n$ 的标准正交基.

(6) 设 λ 为正交矩阵 $\boldsymbol{A}$ 的任一实特征值, $\boldsymbol{\alpha}=(a_1,a_2,\cdots,a_n)^{\mathrm{T}}$ 是 $\boldsymbol{A}$ 的属于 λ 的特征向量, 则有

$$\boldsymbol{A}\boldsymbol{\alpha}=\lambda\boldsymbol{\alpha}.$$

于是

$$\lambda^2(\boldsymbol{\alpha},\boldsymbol{\alpha})=(\lambda\boldsymbol{\alpha},\lambda\boldsymbol{\alpha})=(\boldsymbol{A}\boldsymbol{\alpha},\boldsymbol{A}\boldsymbol{\alpha})=(\boldsymbol{A}\boldsymbol{\alpha})^{\mathrm{T}}(\boldsymbol{A}\boldsymbol{\alpha})=\boldsymbol{\alpha}^{\mathrm{T}}\boldsymbol{A}^{\mathrm{T}}\boldsymbol{A}\boldsymbol{\alpha}=\boldsymbol{\alpha}^{\mathrm{T}}\boldsymbol{\alpha}=(\boldsymbol{\alpha},\boldsymbol{\alpha}).$$

由于 $\boldsymbol{\alpha}\neq\mathbf{0}$, $(\boldsymbol{\alpha},\boldsymbol{\alpha})>0$, 故 $\lambda^2=1$, $\lambda=1$ 或 -1. □

8.3 子空间

欧氏空间的子空间对于大空间的内积显然也是一个欧氏空间, 现在来讨论欧氏空间中具有正交关系的子空间.

定义 8.3.1 设 W_1, W_2 是欧氏空间 V 的两个子空间, 如果对于任意的 $\boldsymbol{\alpha}_1 \in W_1$, $\boldsymbol{\alpha}_2 \in W_2$, 都有

$$(\boldsymbol{\alpha}_1, \boldsymbol{\alpha}_2) = 0,$$

则称 W_1 与 W_2 是正交的, 记为 $W_1 \perp W_2$. 如果 V 中的向量 $\boldsymbol{\alpha}$, $\forall \boldsymbol{\alpha}_1 \in W_1$ 都有

$$(\boldsymbol{\alpha}, \boldsymbol{\alpha}_1) = 0,$$

则称 $\boldsymbol{\alpha}$ 与子空间 W_1 正交, 记为 $\boldsymbol{\alpha} \perp W_1$.

例如, 设 $\varepsilon_1, \varepsilon_2, \varepsilon_3, \varepsilon_4$ 是四维欧氏空间 V 的一组标准正交基, 则有

$$L(\varepsilon_1, \varepsilon_2) \perp L(\varepsilon_3, \varepsilon_4), \ L(\varepsilon_1) \perp L(\varepsilon_2, \varepsilon_3, \varepsilon_4)$$

等子空间的正交关系.

正交的子空间有下列性质:

(1) 若 $W_1 \perp W_2$, $W_1 \perp W_3$, 则 $W_1 \perp (W_2 + W_3)$.

$\forall \boldsymbol{\alpha} \in W_1$, $\forall \boldsymbol{\beta} \in W_2 + W_3$, 则有 $\boldsymbol{\beta}_2 \in W_2$, $\boldsymbol{\beta}_3 \in W_3$, 使得

$$\boldsymbol{\beta} = \boldsymbol{\beta}_2 + \boldsymbol{\beta}_3,$$

于是

$$(\boldsymbol{\alpha}, \boldsymbol{\beta}) = (\boldsymbol{\alpha}, \boldsymbol{\beta}_2 + \boldsymbol{\beta}_3) = (\boldsymbol{\alpha}, \boldsymbol{\beta}_2) + (\boldsymbol{\alpha}, \boldsymbol{\beta}_3) = 0 + 0 = 0.$$

故 $W_1 \perp (W_2 + W_3)$.

(2) 若 $W_1 \perp W_2$, 则 $W_1 \cap W_2 = \{\boldsymbol{0}\}$.

$\forall \boldsymbol{\alpha} \in W_1 \cap W_2$, 则 $\boldsymbol{\alpha} \in W_1$, 且 $\boldsymbol{\alpha} \in W_2$, 故 $(\boldsymbol{\alpha}, \boldsymbol{\alpha}) = 0$, 即 $\boldsymbol{\alpha} = \boldsymbol{0}$, $W_1 \cap W_2 = \{\boldsymbol{0}\}$.

因为正交的向量组是线性无关的, 所以, 关于正交的子空间有如下定理.

定理 8.3.1 如果子空间 $W_1, W_2, \cdots, W_s$ 两两正交, 则 $W_1 + W_2 + \cdots + W_s$ 是直和.

证明 设 $\dim W_i = r_i$, $i=1,2,\cdots,s$, 在 W_i 中取一组标准正交基

$$\varepsilon_{i1},\varepsilon_{i2},\cdots,\varepsilon_{ir_i},$$

则

$$W_1+W_2+\cdots+W_s = L(\varepsilon_{11},\cdots,\varepsilon_{1r_1},\varepsilon_{21},\cdots,\varepsilon_{2r_2},\cdots,\varepsilon_{s1},\cdots,\varepsilon_{sr_s}).$$

由于 $W_1,W_2,\cdots,W_s$ 两两正交, 则

$$\varepsilon_{11},\cdots,\varepsilon_{1r_1},\varepsilon_{21},\cdots,\varepsilon_{2r_2},\cdots,\varepsilon_{s1},\cdots,\varepsilon_{sr_s}$$

是正交向量组, 从而它们线性无关, 可构成 $W_1+W_2+\cdots+W_s$ 的一组基. 于是有

$$\dim(W_1+W_2+\cdots+W_s)=\sum_{i=1}^{s} r_i=\sum_{i=1}^{s}\dim\ W_i,$$

所以 $W_1+W_2+\cdots+W_s$ 是直和. □

定义 8.3.2 设 W_1,W_2 是欧氏空间 V 的两个子空间, 如果 $W_1 \perp W_2$, 且 $W_1\oplus W_2=V$, 则称 W_2 为 W_1 的正交补, 同时 W_1 也为 W_2 的正交补.

定理 8.3.2 n 维欧氏空间 V 的任一子空间 W_1 都有唯一的正交补.

证明 若 $W_1=\{\mathbf{0}\}$, 则 W_1 的正交补即为 V; 若 $W_1\neq\{\mathbf{0}\}$, 在 W_1 中取一组标准正交基 $\varepsilon_1,\varepsilon_2,\cdots,\varepsilon_r$, 将其扩充成 V 的一组标准正交基

$$\varepsilon_1,\varepsilon_2,\cdots,\varepsilon_r,\varepsilon_{r+1},\cdots,\varepsilon_n,$$

令

$$W_2=L(\varepsilon_{r+1},\cdots,\varepsilon_n),$$

则 W_2 就是 W_1 的正交补, 从而证明了正交补的存在性.

下证唯一性. 如果还有 V 的子空间 W_3 也是 W_1 的正交补, 那么

$$V=W_1\oplus W_2=W_1\oplus W_3.$$

$\forall \boldsymbol{\alpha}_2\in W_2$, 则有

$$\boldsymbol{\alpha}_2=\boldsymbol{\alpha}_1+\boldsymbol{\alpha}_3,\ \text{其中}\boldsymbol{\alpha}_1\in W_1,\ \boldsymbol{\alpha}_3\in W_3.$$

由于

$$(\boldsymbol{\alpha}_2,\boldsymbol{\alpha}_1)=0,\ (\boldsymbol{\alpha}_3,\boldsymbol{\alpha}_1)=0,$$

于是

$$(\boldsymbol{\alpha}_1,\boldsymbol{\alpha}_1)=(\boldsymbol{\alpha}_2-\boldsymbol{\alpha}_3,\boldsymbol{\alpha}_1)=(\boldsymbol{\alpha}_2,\boldsymbol{\alpha}_1)-(\boldsymbol{\alpha}_3,\boldsymbol{\alpha}_1)=0,$$

故

$$\boldsymbol{\alpha}_1 = \mathbf{0},\ \boldsymbol{\alpha}_2 = \boldsymbol{\alpha}_3 \in W_3.$$

由此知 $W_2 \subset W_3$; 同理可证 $W_3 \subset W_2$. 所以 $W_2 = W_3$, 唯一性得证. □

W_1 的正交补记为 $W_1^{\perp}$.

推论 8.3.1 $W_1^{\perp} = \{\boldsymbol{\alpha} \in V \mid \boldsymbol{\alpha} \perp W_1\}$.

证明 显然 $W_1^{\perp} \subset \{\boldsymbol{\alpha} \in V \mid \boldsymbol{\alpha} \perp W_1\}$; $\forall \boldsymbol{\alpha} \in \{\boldsymbol{\alpha} \in V \mid \boldsymbol{\alpha} \perp W_1\}$, 则有

$$\boldsymbol{\alpha} = \boldsymbol{\alpha}_1 + \boldsymbol{\alpha}_2,\ \boldsymbol{\alpha}_1 \in W_1,\ \boldsymbol{\alpha}_2 \in W_1^{\perp},$$

由于

$$(\boldsymbol{\alpha}, \boldsymbol{\alpha}_1) = 0,\ (\boldsymbol{\alpha}_2, \boldsymbol{\alpha}_1) = 0,$$

于是

$$(\boldsymbol{\alpha}_1, \boldsymbol{\alpha}_1) = (\boldsymbol{\alpha} - \boldsymbol{\alpha}_2, \boldsymbol{\alpha}_1) = (\boldsymbol{\alpha}, \boldsymbol{\alpha}_1) - (\boldsymbol{\alpha}_2, \boldsymbol{\alpha}_1) = 0,$$

故 $\boldsymbol{\alpha}_1 = \mathbf{0}$, $\boldsymbol{\alpha} = \boldsymbol{\alpha}_2 \in W_1^{\perp}$, 即 $\{\boldsymbol{\alpha} \in V \mid \boldsymbol{\alpha} \perp W_1\} \subset W_1^{\perp}$, 从而

$$W_1^{\perp} = \{\boldsymbol{\alpha} \in V \mid \boldsymbol{\alpha} \perp W_1\}.$$ □

定义 8.3.3 设 W_1 是欧氏空间 V 的子空间, $V = W_1 \oplus W_1^{\perp}$, $\forall \boldsymbol{\alpha} \in V$, 有

$$\boldsymbol{\alpha} = \boldsymbol{\alpha}_1 + \boldsymbol{\alpha}_2,$$

其中 $\boldsymbol{\alpha}_1 \in W_1$, $\boldsymbol{\alpha}_2 \in W_1^{\perp}$, 称 $\boldsymbol{\alpha}_1$ 为 $\boldsymbol{\alpha}$ 在子空间 W_1 中的内射影.

例 8.3.1 已知 $\boldsymbol{\alpha}_1 = (1,1,1,2,1)$, $\boldsymbol{\alpha}_2 = (1,0,0,1,-2)$, $\boldsymbol{\alpha}_3 = (2,1,-1,0,2)$, 设

$$W = L(\boldsymbol{\alpha}_1, \boldsymbol{\alpha}_2, \boldsymbol{\alpha}_3),$$

求 W 在 $\mathbf{R}^5$ 中的正交补 $W^{\perp}$, 并求向量 $\boldsymbol{\alpha} = (3,-7,2,1,8)$ 在 W 中的内射影.

解 $\forall \boldsymbol{\xi} \in W^{\perp}$, 设 $\boldsymbol{\xi} = (x_1, x_2, x_3, x_4, x_5)$, 则 $\boldsymbol{\xi}$ 与 $\boldsymbol{\alpha}_1, \boldsymbol{\alpha}_2, \boldsymbol{\alpha}_3$ 正交的充分必要条件为

$$\begin{cases} x_1 + x_2 + x_3 + 2x_4 + x_5 = 0, \\ x_1 + x_4 - 2x_5 = 0, \\ 2x_1 + x_2 - x_3 + 2x_5 = 0. \end{cases}$$

解得这个齐次方程组的一个基础解系为

$$\boldsymbol{\xi}_1 = (2,-1,3,-2,0),\ \boldsymbol{\xi}_2 = (4,-9,3,0,2),$$

则 $\boldsymbol{\xi}_1,\boldsymbol{\xi}_2$ 为 $W^{\perp}$ 的一组基, 即

$$W^{\perp}=L(\boldsymbol{\xi}_1,\boldsymbol{\xi}_2).$$

由于 $\boldsymbol{\alpha}_1,\boldsymbol{\alpha}_2,\boldsymbol{\alpha}_3,\boldsymbol{\xi}_1,\boldsymbol{\xi}_2$ 为 $\mathbf{R}^5$ 的一组基, 可设

$$\boldsymbol{\alpha}=k_1\boldsymbol{\alpha}_1+k_2\boldsymbol{\alpha}_2+k_3\boldsymbol{\alpha}_3+l_1\boldsymbol{\xi}_1+l_2\boldsymbol{\xi}_2,$$

解得

$$k_1=1,\ k_2=-2,\ k_3=\frac{1}{2},\ l_1=-\frac{1}{2},\ l_2=1,$$

即

$$\boldsymbol{\alpha}=(\boldsymbol{\alpha}_1-2\boldsymbol{\alpha}_2+\frac{1}{2}\boldsymbol{\alpha}_3)+\left(-\frac{1}{2}\boldsymbol{\xi}_1+\boldsymbol{\xi}_2\right),$$

其中 $\boldsymbol{\alpha}_1-2\boldsymbol{\alpha}_2+\frac{1}{2}\boldsymbol{\alpha}_3\in W$, $-\frac{1}{2}\boldsymbol{\xi}_1+\boldsymbol{\xi}_2\in W^{\perp}$. 所以, $\boldsymbol{\alpha}$ 在 W 中的内射影为

$$\boldsymbol{\alpha}_1-2\boldsymbol{\alpha}_2+\frac{1}{2}\boldsymbol{\alpha}_3=\left(0,\frac{3}{2},\frac{1}{2},0,6\right).$$

□

定义 8.3.4 设 W 为欧氏空间 V 的子空间, $\boldsymbol{\alpha}$ 是 V 中的向量, 记

$$d(\boldsymbol{\alpha},W)=\min_{\boldsymbol{\xi}\in W}\{d(\boldsymbol{\alpha},\boldsymbol{\xi})\},$$

则称 $d(\boldsymbol{\alpha},W)$ 为向量 $\boldsymbol{\alpha}$ 到子空间 W 的距离.

定理 8.3.3 设 W 为欧氏空间 V 的子空间, $\boldsymbol{\alpha}$ 是 V 中的向量, 且

$$\boldsymbol{\alpha}=\boldsymbol{\alpha}_1+\boldsymbol{\alpha}_2,$$

其中 $\boldsymbol{\alpha}_1\in W$, $\boldsymbol{\alpha}_2\in W^{\perp}$, 则有

$$d(\boldsymbol{\alpha},W)=d(\boldsymbol{\alpha},\boldsymbol{\alpha}_1).$$

证明 $\forall\boldsymbol{\xi}\in W$, 则 $\boldsymbol{\alpha}_1-\boldsymbol{\xi}\in W$, 于是

$$(\boldsymbol{\alpha}_2,\boldsymbol{\alpha}_1-\boldsymbol{\xi})=(\boldsymbol{\alpha}-\boldsymbol{\alpha}_1,\boldsymbol{\alpha}_1-\boldsymbol{\xi})=0.$$

由于

$$|\boldsymbol{\alpha}-\boldsymbol{\xi}|=|\boldsymbol{\alpha}-\boldsymbol{\alpha}_1+\boldsymbol{\alpha}_1-\boldsymbol{\xi}|,$$

所以

$$|\boldsymbol{\alpha}-\boldsymbol{\xi}|^2=|\boldsymbol{\alpha}-\boldsymbol{\alpha}_1|^2+|\boldsymbol{\alpha}_1-\boldsymbol{\xi}|^2,$$

从而

$$|\boldsymbol{\alpha}-\boldsymbol{\alpha}_1|^2\leqslant|\boldsymbol{\alpha}-\boldsymbol{\xi}|^2,$$

两边开方, 得

$$|\boldsymbol{\alpha}-\boldsymbol{\alpha}_1| \leqslant |\boldsymbol{\alpha}-\boldsymbol{\xi}|,$$

即

$$d(\boldsymbol{\alpha},\boldsymbol{\alpha}_1) \leqslant d(\boldsymbol{\alpha},\boldsymbol{\xi}).$$

因此

$$d(\boldsymbol{\alpha},\boldsymbol{\alpha}_1) = \min_{\boldsymbol{\xi}\in W}\{d(\boldsymbol{\alpha},\boldsymbol{\xi})\},$$

也即

$$d(\boldsymbol{\alpha},W) = d(\boldsymbol{\alpha},\boldsymbol{\alpha}_1). \qquad \square$$

定理结果表明, V 中向量 $\boldsymbol{\alpha}$ 到子空间 W 的距离就是它到在 W 中的内射影的距离, 也就是说, $\boldsymbol{\alpha}$ 到 W 所有向量的距离中以垂线最短.

设 W 为 $\mathbf{R}^n$ 的一个子空间, 取 W 的一组基 $\boldsymbol{\alpha}_1,\boldsymbol{\alpha}_2,\cdots,\boldsymbol{\alpha}_r$, 即

$$W = L(\boldsymbol{\alpha}_1,\boldsymbol{\alpha}_2,\cdots,\boldsymbol{\alpha}_r).$$

已知 $\boldsymbol{\beta}\in W$, 设 $\boldsymbol{\beta}$ 在 W 中的内射影为

$$\boldsymbol{\beta}_1 = x_1\boldsymbol{\alpha}_1 + x_2\boldsymbol{\alpha}_2 + \cdots + x_r\boldsymbol{\alpha}_r,$$

于是有

$$(\boldsymbol{\beta}-\boldsymbol{\beta}_1,\boldsymbol{\alpha}_i)=0,\ (\boldsymbol{\beta},\boldsymbol{\alpha}_i)=(\boldsymbol{\beta}_1,\boldsymbol{\alpha}_i),\ i=1,2,\cdots,r.$$

记以 $\boldsymbol{\alpha}_1,\boldsymbol{\alpha}_2,\cdots,\boldsymbol{\alpha}_r$ 为列向量组成的矩阵为 $\boldsymbol{A}$, 以 $x_1,x_2,\cdots,x_r$ 为分量的列向量为 $\boldsymbol{X}$, 则有

$$\boldsymbol{\beta}_1 = \boldsymbol{AX},\ \boldsymbol{A}^{\mathrm{T}}\boldsymbol{\beta} = \boldsymbol{A}^{\mathrm{T}}\boldsymbol{\beta}_1 = \boldsymbol{A}^{\mathrm{T}}\boldsymbol{AX},$$

即 $\boldsymbol{X}$ 为线性方程组

$$\boldsymbol{A}^{\mathrm{T}}\boldsymbol{AX} = \boldsymbol{A}^{\mathrm{T}}\boldsymbol{\beta}$$

的解. 由于

$$R(\boldsymbol{A}^{\mathrm{T}}\boldsymbol{A}) = R(\boldsymbol{A}) = r,$$

所以 $\boldsymbol{X}$ 是唯一可解的. 这样, 我们就求出 $\boldsymbol{\beta}$ 在 W 中的内射影 $\boldsymbol{\beta}_1$, 从而 $d(\boldsymbol{\beta},\boldsymbol{\beta}_1)$ 最小. 这就是所谓的最小二乘法原理.

什么是最小二乘问题呢? 实线性方程组

$$\begin{cases} a_{11}x_1 + a_{12}x_2 + \cdots + a_{1r}x_r = b_1, \\ a_{21}x_1 + a_{22}x_2 + \cdots + a_{2r}x_r = b_2, \\ \cdots\cdots\cdots\cdots \\ a_{n1}x_1 + a_{n2}x_2 + \cdots + a_{nr}x_r = b_n \end{cases} \quad (r \leqslant n)$$

可能无精确解, 即任何一组实数 $x_1, x_2, \cdots, x_r$ 都可能使

$$S=\sum_{i=1}^{n}(a_{i1}x_1+a_{i2}x_2+\cdots+a_{ir}x_r-b_i)^2\neq 0.$$

我们设法找 $x_1^0, x_2^0, \cdots, x_r^0$, 使 S 达到最小, 这样的 $x_1^0, x_2^0, \cdots, x_r^0$ 就称为方程组的最小二乘解. 这种问题就称为最小二乘问题.

记

$$\boldsymbol{A}=\begin{pmatrix} a_{11} & a_{12} & \cdots & a_{1r} \\ a_{21} & a_{22} & \cdots & a_{2r} \\ \vdots & \vdots & & \vdots \\ a_{n1} & a_{n2} & \cdots & a_{nr} \end{pmatrix}=\begin{pmatrix} \boldsymbol{\alpha}_1 & \boldsymbol{\alpha}_2 & \cdots & \boldsymbol{\alpha}_r \end{pmatrix},$$

即系数矩阵 $\boldsymbol{A}$ 的列向量为 $\boldsymbol{\alpha}_1, \boldsymbol{\alpha}_2, \cdots, \boldsymbol{\alpha}_r$. 又记

$$\boldsymbol{\beta}=\begin{pmatrix} b_1 \\ b_2 \\ \vdots \\ b_n \end{pmatrix}, \quad \boldsymbol{X}=\begin{pmatrix} x_1 \\ x_2 \\ \vdots \\ x_r \end{pmatrix}, \quad \boldsymbol{Y}=\begin{pmatrix} \sum\limits_{j=1}^{r} a_{1j}x_j \\ \sum\limits_{j=1}^{r} a_{2j}x_j \\ \vdots \\ \sum\limits_{j=1}^{r} a_{nj}x_j \end{pmatrix}=\boldsymbol{AX},$$

则

$$S=|\boldsymbol{Y}-\boldsymbol{\beta}|^2=d^2(\boldsymbol{\beta},\boldsymbol{Y}).$$

最小二乘法就是找 $x_1^0, x_2^0, \cdots, x_r^0$, 即 $\boldsymbol{X}^0$, 使 $\boldsymbol{\beta}$ 到 $\boldsymbol{Y}^0=\boldsymbol{AX}^0$ 的距离最小, 即使 S 达到最小. 这个 $\boldsymbol{X}^0$ 就是方程组

$$\boldsymbol{A}^{\mathrm{T}}\boldsymbol{AX}=\boldsymbol{A}^{\mathrm{T}}\boldsymbol{\beta}$$

的解, 称为原方程组的最小二乘解.

当然, 我们也可以通过求极值的必要条件, 即利用偏导数来求得最小二乘解, 请读者自行推导.

最小二乘法是统计学中求解线性模型参数估计问题的基本方法.

例 8.3.2 求下列线性方程组的最小二乘解.

$$\begin{cases} 0.81x + 0.24y = 0.50, \\ 0.65x + 0.33y = 0.29, \\ 0.71x + 0.57y = 0.45, \\ 0.17x + 0.76y = 0.14. \end{cases}$$

解

$$A=\begin{pmatrix}0.81&0.24\\0.65&0.33\\0.71&0.57\\0.17&0.76\end{pmatrix},\quad \beta=\begin{pmatrix}0.50\\0.29\\0.45\\0.14\end{pmatrix},$$

$$A^{\mathrm{T}}A=\begin{pmatrix}1.61&0.94\\0.94&1.07\end{pmatrix},\quad A^{\mathrm{T}}\beta=\begin{pmatrix}0.94\\0.58\end{pmatrix},$$

于是求解线性方程组

$$\begin{cases}1.61x+0.94y=0.94,\\0.94x+1.07y=0.58,\end{cases}$$

解得 $x\approx0.55$, $y\approx0.06$ 即为原方程组的最小二乘解. □

8.4 正交变换与对称变换

保持向量长度、向量间距离不变的线性变换是一类非常重要的线性变换.

定义 8.4.1 设 V 为欧氏空间, $\mathscr{A}$ 是 V 的线性变换, 如果 $\mathscr{A}$ 保持向量的内积不变, 即 $\forall\alpha,\beta\in V$, 有

$$(\mathscr{A}(\alpha),\mathscr{A}(\beta))=(\alpha,\beta),$$

则称 $\mathscr{A}$ 为正交变换.

显然, 正交变换 $\mathscr{A}$ 有下列性质:

(1) $\mathscr{A}$ 保持长度不变, 即 $\forall\alpha\in V$, 有

$$(\mathscr{A}(\alpha),\mathscr{A}(\alpha))=(\alpha,\alpha),$$

即

$$|\mathscr{A}(\alpha)|=|\alpha|.$$

(2) $\mathscr{A}$ 保持距离不变, 即 $\forall\alpha,\beta\in V$, 有

$$|\mathscr{A}(\alpha)-\mathscr{A}(\beta)|=|\alpha-\beta|,$$

即

$$d(\mathscr{A}(\alpha),\mathscr{A}(\beta))=d(\alpha,\beta).$$

(3) $\mathscr{A}$ 把标准正交基 $\varepsilon_1,\varepsilon_2,\cdots,\varepsilon_n$ 变为标准正交基 $\mathscr{A}(\varepsilon_1),\mathscr{A}(\varepsilon_2),\cdots,\mathscr{A}(\varepsilon_n)$.

定理 8.4.1 欧氏空间 V 的线性变换 $\mathscr{A}$ 为正交变换的充分必要条件是 $\mathscr{A}$ 在任意一组标准正交基下的矩阵为正交矩阵.

证明 在 V 中任取一组标准正交基 $\varepsilon_1,\varepsilon_2,\cdots,\varepsilon_n$.

先设 $\mathscr{A}$ 为正交变换, 则 $\mathscr{A}(\varepsilon_1),\mathscr{A}(\varepsilon_2),\cdots,\mathscr{A}(\varepsilon_n)$ 仍为标准正交基. 设

$$(\mathscr{A}(\varepsilon_1),\mathscr{A}(\varepsilon_2),\cdots,\mathscr{A}(\varepsilon_n))=(\varepsilon_1,\varepsilon_2,\cdots,\varepsilon_n)\boldsymbol{A},$$

$\boldsymbol{A}$ 既是 $\mathscr{A}$ 在标准正交基 $\varepsilon_1,\varepsilon_2,\cdots,\varepsilon_n$ 下的矩阵, 又是标准正交基 $\varepsilon_1,\varepsilon_2,\cdots,\varepsilon_n$ 到标准正交基 $\mathscr{A}(\varepsilon_1),\mathscr{A}(\varepsilon_2),\cdots,\mathscr{A}(\varepsilon_n)$ 的过渡矩阵, 故 $\boldsymbol{A}$ 为正交矩阵.

再设 $\mathscr{A}$ 在标准正交基 $\varepsilon_1,\varepsilon_2,\cdots,\varepsilon_n$ 下的矩阵 $\boldsymbol{A}$ 是正交矩阵. $\forall\boldsymbol{\alpha},\boldsymbol{\beta}\in V$, 设

$$\boldsymbol{\alpha}=x_1\varepsilon_1+x_2\varepsilon_2+\cdots+x_n\varepsilon_n,\ \boldsymbol{\beta}=y_1\varepsilon_1+y_2\varepsilon_2+\cdots+y_n\varepsilon_n,$$

即 $\boldsymbol{\alpha},\boldsymbol{\beta}$ 在标准正交基 $\varepsilon_1,\varepsilon_2,\cdots,\varepsilon_n$ 下的坐标分别为

$$\boldsymbol{X}=(x_1,x_2,\cdots,x_n)^{\mathrm{T}},\ \boldsymbol{Y}=(y_1,y_2,\cdots,y_n)^{\mathrm{T}},$$

则 $\mathscr{A}(\boldsymbol{\alpha})$, $\mathscr{A}(\boldsymbol{\beta})$ 在标准正交基 $\varepsilon_1,\varepsilon_2,\cdots,\varepsilon_n$ 下的坐标分别为 $\boldsymbol{AX}$, $\boldsymbol{AY}$, 于是

$$(\mathscr{A}(\boldsymbol{\alpha}),\mathscr{A}(\boldsymbol{\beta}))=(\boldsymbol{AX})^{\mathrm{T}}(\boldsymbol{AY})=\boldsymbol{X}^{\mathrm{T}}\boldsymbol{A}^{\mathrm{T}}\boldsymbol{AY}=\boldsymbol{X}^{\mathrm{T}}\boldsymbol{EY}=\boldsymbol{X}^{\mathrm{T}}\boldsymbol{Y}=(\boldsymbol{\alpha},\boldsymbol{\beta}).$$

所以, $\mathscr{A}$ 为正交变换. □

因为正交变换在标准正交基下的矩阵是正交矩阵, 而正交矩阵的行列式等于 1 或 -1, 如果正交矩阵的行列式等于 1, 就称相应的正交变换为第一类正交变换, 如果正交矩阵的行列式等于 -1, 就称相应的正交变换为第二类正交变换.

例 8.4.1 平面上的旋转变换, 即将任意向量保持长度不变逆时针旋转 θ 角, 容易推导出这个变换在基 $(1,0)$, $(0,1)$ 下的矩阵为

$$\begin{pmatrix}\cos\theta & -\sin\theta\\ \sin\theta & \cos\theta\end{pmatrix},$$

则这个平面旋转变换就是第一类正交变换.

例 8.4.2 平面上的反射变换, 即将任意向量 (x,y) 关于 x 轴作一次反射, 变为 $(x,-y)$, 很容易推得这个变换在基 $(1,0)$, $(0,1)$ 下的矩阵为

$$\begin{pmatrix}1 & 0\\ 0 & -1\end{pmatrix},$$

所以, 这个反射变换是第二类正交变换.

下面再简单介绍一下对称变换的概念.

定义 8.4.2 设 V 为欧氏空间, $\mathscr{A}$ 是 V 的线性变换, 如果 $\forall \boldsymbol{\alpha}, \boldsymbol{\beta} \in V$, 都有

$$(\mathscr{A}(\boldsymbol{\alpha}), \boldsymbol{\beta}) = (\boldsymbol{\alpha}, \mathscr{A}(\boldsymbol{\beta})),$$

则称 $\mathscr{A}$ 为对称变换.

定理 8.4.2 欧氏空间 V 的线性变换 $\mathscr{A}$ 为对称变换的充分必要条件是 $\mathscr{A}$ 在任意一组标准正交基下的矩阵为实对称矩阵.

证明 在 V 中任取一组标准正交基 $\boldsymbol{\varepsilon}_1, \boldsymbol{\varepsilon}_2, \cdots, \boldsymbol{\varepsilon}_n$, 设 $\mathscr{A}$ 在这组基下的矩阵为 $\boldsymbol{A}$, 即

$$\mathscr{A}(\boldsymbol{\varepsilon}_1, \boldsymbol{\varepsilon}_2, \cdots, \boldsymbol{\varepsilon}_n) = (\boldsymbol{\varepsilon}_1, \boldsymbol{\varepsilon}_2, \cdots, \boldsymbol{\varepsilon}_n)\boldsymbol{A}.$$

先设 $\mathscr{A}$ 为对称变换, 则有

$$(\mathscr{A}(\boldsymbol{\varepsilon}_i), \boldsymbol{\varepsilon}_j) = (\boldsymbol{\varepsilon}_i, \mathscr{A}(\boldsymbol{\varepsilon}_j)),$$

即

$$(a_{1i}\boldsymbol{\varepsilon}_1 + a_{2i}\boldsymbol{\varepsilon}_2 + \cdots + a_{ni}\boldsymbol{\varepsilon}_n,\ \boldsymbol{\varepsilon}_j) = (\boldsymbol{\varepsilon}_i,\ a_{1j}\boldsymbol{\varepsilon}_1 + a_{2j}\boldsymbol{\varepsilon}_2 + \cdots + a_{nj}\boldsymbol{\varepsilon}_n),$$

因为 $\boldsymbol{\varepsilon}_1, \boldsymbol{\varepsilon}_2, \cdots, \boldsymbol{\varepsilon}_n$ 为标准正交基, 故得

$$a_{ji} = a_{ij},\ i, j = 1, 2, \cdots, n.$$

这说明 $\boldsymbol{A}$ 是实对称矩阵.

再设 $\mathscr{A}$ 在标准正交基 $\boldsymbol{\varepsilon}_1, \boldsymbol{\varepsilon}_2, \cdots, \boldsymbol{\varepsilon}_n$ 下的矩阵 $\boldsymbol{A}$ 是实对称矩阵, 则 $\forall \boldsymbol{\alpha}, \boldsymbol{\beta} \in V$, 设 $\boldsymbol{\alpha}, \boldsymbol{\beta}$ 在标准正交基 $\boldsymbol{\varepsilon}_1, \boldsymbol{\varepsilon}_2, \cdots, \boldsymbol{\varepsilon}_n$ 下的坐标分别为 $\boldsymbol{X}, \boldsymbol{Y}$, 于是 $\mathscr{A}(\boldsymbol{\alpha})$, $\mathscr{A}(\boldsymbol{\beta})$ 在基 $\boldsymbol{\varepsilon}_1, \boldsymbol{\varepsilon}_2, \cdots, \boldsymbol{\varepsilon}_n$ 下的坐标分别为 $\boldsymbol{AX}$, $\boldsymbol{AY}$, 则有

$$(\mathscr{A}(\boldsymbol{\alpha}), \boldsymbol{\beta}) = (\boldsymbol{AX})^{\mathrm{T}}\boldsymbol{Y} = \boldsymbol{X}^{\mathrm{T}}\boldsymbol{A}^{\mathrm{T}}\boldsymbol{Y} = \boldsymbol{X}^{\mathrm{T}}\boldsymbol{AY} = (\boldsymbol{\alpha}, \mathscr{A}(\boldsymbol{\beta})).$$

这说明 $\mathscr{A}$ 是一个对称变换. □

对称变换与实对称矩阵的这种对应关系, 使得我们能够通过实对称矩阵来讨论对称变换. 关于实对称矩阵, 我们将在下一章继续讨论.

习 题 8

1. 设 $\boldsymbol{\alpha}=(a_1,a_2)$, $\boldsymbol{\beta}=(b_1,b_2)$ 为 $\mathbf{R}^2$ 中的任意两个向量, 判断 $\mathbf{R}^2$ 对以下定义的运算是否构成欧氏空间:

(1) $(\boldsymbol{\alpha},\boldsymbol{\beta})=a_1b_2+a_2b_1$;

(2) $(\boldsymbol{\alpha},\boldsymbol{\beta})=(a_1+a_2)b_1+(a_1+2a_2)b_2$;

(3) $(\boldsymbol{\alpha},\boldsymbol{\beta})=a_1b_1+a_2b_2+1$;

(4) $(\boldsymbol{\alpha},\boldsymbol{\beta})=a_1b_1-a_2b_2$.

2. 设 $\boldsymbol{\alpha}=(a_1,a_2,\cdots,a_n)$, $\boldsymbol{\beta}=(b_1,b_2,\cdots,b_n)$ 是 $\mathbf{R}^n$ 中的任意两个向量, 判断 $\mathbf{R}^n$ 对如下定义的运算是否构成欧氏空间:

(1) $(\boldsymbol{\alpha},\boldsymbol{\beta})=\sqrt{\sum\limits_{i=1}^{n}a_i^2b_i^2}$; (2) $(\boldsymbol{\alpha},\boldsymbol{\beta})=\left(\sum\limits_{i=1}^{n}a_i\right)\left(\sum\limits_{i=1}^{n}b_i\right)$.

3. 在 $\mathbf{R}^4$ 中, 求 $\boldsymbol{\alpha},\boldsymbol{\beta}$ 之间的夹角 $\langle\boldsymbol{\alpha},\boldsymbol{\beta}\rangle$ (内积按通常定义):

(1) $\boldsymbol{\alpha}=(2,1,3,2)$, $\boldsymbol{\beta}=(1,2,-2,1)$;

(2) $\boldsymbol{\alpha}=(1,2,2,3)$, $\boldsymbol{\beta}=(3,1,5,1)$;

(3) $\boldsymbol{\alpha}=(1,1,1,2)$, $\boldsymbol{\beta}=(3,1,-1,0)$.

4. 在 $\mathbf{R}^4$ 中, 求一单位向量, 使它与 $(1,1,-1,1)$, $(1,-1,-1,1)$, $(2,1,1,3)$ 都正交.

5. 设 $\boldsymbol{\alpha}_1,\boldsymbol{\alpha}_2,\cdots,\boldsymbol{\alpha}_n$ 是 n 维欧氏空间 V 的一组基, 证明:

(1) 若 $\boldsymbol{\gamma}\in V$, 使 $(\boldsymbol{\gamma},\boldsymbol{\alpha}_i)=0$, $i=1,2,\cdots,n$, 则 $\boldsymbol{\gamma}=\mathbf{0}$;

(2) 若 $\boldsymbol{\gamma}_1,\boldsymbol{\gamma}_2\in V$, 使对任一 $\boldsymbol{\alpha}\in V$, 有 $(\boldsymbol{\gamma}_1,\boldsymbol{\alpha})=(\boldsymbol{\gamma}_2,\boldsymbol{\alpha})$, 则 $\boldsymbol{\gamma}_1=\boldsymbol{\gamma}_2$.

6. 设 $\boldsymbol{\alpha}_1,\boldsymbol{\alpha}_2,\cdots,\boldsymbol{\alpha}_m$ 是欧氏空间 $\mathbf{R}^n$ 中的一组向量,

$$\boldsymbol{A}=\begin{pmatrix}(\boldsymbol{\alpha}_1,\boldsymbol{\alpha}_1) & (\boldsymbol{\alpha}_1,\boldsymbol{\alpha}_2) & \cdots & (\boldsymbol{\alpha}_1,\boldsymbol{\alpha}_m)\\(\boldsymbol{\alpha}_2,\boldsymbol{\alpha}_1) & (\boldsymbol{\alpha}_2,\boldsymbol{\alpha}_2) & \cdots & (\boldsymbol{\alpha}_2,\boldsymbol{\alpha}_m)\\\vdots & \vdots & & \vdots\\(\boldsymbol{\alpha}_m,\boldsymbol{\alpha}_1) & (\boldsymbol{\alpha}_m,\boldsymbol{\alpha}_2) & \cdots & (\boldsymbol{\alpha}_m,\boldsymbol{\alpha}_m)\end{pmatrix},$$

证明: $\boldsymbol{\alpha}_1,\boldsymbol{\alpha}_2,\cdots,\boldsymbol{\alpha}_m$ 线性无关当且仅当 $|\boldsymbol{A}|\neq 0$.

7. 设 $\mathbf{R}^4$ 在定义某种内积后构成欧氏空间, 已知基 $\boldsymbol{\alpha}_1=(1,-1,0,0)$, $\boldsymbol{\alpha}_2=(-1,2,0,0)$, $\boldsymbol{\alpha}_3=(0,1,2,1)$, $\boldsymbol{\alpha}_4=(1,0,1,1)$ 的度量矩阵为

$$\boldsymbol{A}=\begin{pmatrix}2 & -3 & 0 & 1\\-3 & 6 & 0 & -1\\0 & 0 & 13 & 9\\1 & -1 & 9 & 7\end{pmatrix},$$

求基 $\boldsymbol{\varepsilon}_1=(1,0,0,0)$, $\boldsymbol{\varepsilon}_2=(0,1,0,0)$, $\boldsymbol{\varepsilon}_3=(0,0,1,0)$, $\boldsymbol{\varepsilon}_4=(0,0,0,1)$ 的度量矩阵.

8. 设 $\varepsilon_1,\varepsilon_2,\varepsilon_3$ 是三维欧氏空间 V 的一组标准正交基, 证明:

$$\boldsymbol{\alpha}_1=\frac{1}{3}(2\varepsilon_1+2\varepsilon_2-\varepsilon_3),\ \boldsymbol{\alpha}_2=\frac{1}{3}(2\varepsilon_1-\varepsilon_2+2\varepsilon_3),\ \boldsymbol{\alpha}_3=\frac{1}{3}(\varepsilon_1-2\varepsilon_2-2\varepsilon_3)$$

也是 V 的一组标准正交基.

9. 在欧氏空间 $\mathbf{R}^4$ 中, 将基 $\boldsymbol{\alpha}_1=(1,1,1,1)$, $\boldsymbol{\alpha}_2=(3,3,1,1)$, $\boldsymbol{\alpha}_3=(5,3,3,1)$, $\boldsymbol{\alpha}_4=(3,-1,4,-2)$ 改造成一组标准正交基.

10. 在欧氏空间 $\mathbf{R}^4$ 中, 将 $\boldsymbol{\alpha}_1=\left(\frac{1}{2},\frac{1}{2},\frac{1}{2},\frac{1}{2}\right)$, $\boldsymbol{\alpha}_2=\left(0,\frac{\sqrt{2}}{2},\frac{\sqrt{2}}{2},0\right)$ 扩充成一组标准正交基.

11. 求齐次线性方程组

$$\begin{cases}2x_1+x_2-x_3+x_4-3x_5=0,\\ x_1+x_2-x_3+x_5=0\end{cases}$$

的解空间的一组标准正交基.

12. 已知欧氏空间 $\mathbf{R}^{2\times 2}$ 的子空间 $W=L(\boldsymbol{A}_1,\boldsymbol{A}_2)$, 其中

$$\boldsymbol{A}_1=\begin{pmatrix}1&1\\0&0\end{pmatrix},\quad \boldsymbol{A}_2=\begin{pmatrix}0&1\\1&1\end{pmatrix}.$$

求 $W^{\perp}$ 的一组标准正交基.

13. 设 $\boldsymbol{\alpha}$ 是 n 维欧氏空间 V 的一个非零向量, 用 W 表示 V 中全部与 $\boldsymbol{\alpha}$ 正交的向量所构成的集合, 证明:

(1) W 是 V 的 $n-1$ 维子空间;

(2) $W^{\perp}=L(\boldsymbol{\alpha})$.

14. 在 $\mathbf{R}^4$ 中, $\boldsymbol{\alpha}_1=(1,1,-1,2)$, $\boldsymbol{\alpha}_2=(1,-1,-1,-4)$, $\boldsymbol{\alpha}_3=(1,3,-1,8)$, 记 $W=L(\boldsymbol{\alpha}_1,\boldsymbol{\alpha}_2,\boldsymbol{\alpha}_3)$.

(1) 求 W 的一组标准正交基;

(2) 求 $\boldsymbol{\alpha}=(1,4,-4,-1)$ 在 W 上的内射影, 并求 $\boldsymbol{\alpha}$ 到 W 的距离.

15. 设 $\boldsymbol{\alpha}_i=(a_{i1},a_{i2},\cdots,a_{in})$, $i=1,2,\cdots,s$ 是 s 个 n 维实向量, 记 $V_1=L(\boldsymbol{\alpha}_1,\boldsymbol{\alpha}_2,\cdots,\boldsymbol{\alpha}_s)$, V_2 是实系数线性方程组

$$\begin{cases}a_{11}x_1+a_{12}x_2+\cdots+a_{1n}x_n=0,\\ a_{21}x_1+a_{22}x_2+\cdots+a_{2n}x_n=0,\\ \cdots\cdots\cdots\cdots\\ a_{s1}x_1+a_{s2}x_2+\cdots+a_{sn}x_n=0\end{cases}$$

的解空间, 证明: V_1 与 V_2 在 $\mathbf{R}^n$ 中互为正交补.

16. 证明: 实系数线性方程组 $\sum\limits_{j=1}^{n}a_{ij}x_j=b_i$, $i=1,2,\cdots,n$ 有解的充分必要条件是向量 $\boldsymbol{\beta}=(b_1,b_2,\cdots,b_n)$ 与齐次线性方程组 $\sum\limits_{j=1}^{n}a_{ji}x_j=0$, $i=1,2,\cdots,n$ 的解空间正交.

17. 设 $\boldsymbol{\alpha}_1,\boldsymbol{\alpha}_2,\cdots,\boldsymbol{\alpha}_s$ 与 $\boldsymbol{\beta}_1,\boldsymbol{\beta}_2,\cdots,\boldsymbol{\beta}_t$ 都是 n 维实向量, 证明: 若

$$(\boldsymbol{\alpha}_i,\boldsymbol{\beta}_j)=0,\ i=1,2,\cdots,s,\ j=1,2,\cdots,t,$$

则

$$R\{\boldsymbol{\alpha}_1,\boldsymbol{\alpha}_2,\cdots,\boldsymbol{\alpha}_s\}+R\{\boldsymbol{\beta}_1,\boldsymbol{\beta}_2,\cdots,\boldsymbol{\beta}_t\}\leqslant n.$$

18. 证明: 上三角形正交矩阵必为对角矩阵, 且对角元为 1 或 -1.

19. 设 $\boldsymbol{\alpha}$ 是 $\mathbf{R}^n$ 中的一个单位向量, 且 $\boldsymbol{\alpha}\neq(1,0,\cdots,0)$, 证明: 存在一个对称的正交矩阵 $\boldsymbol{A}$, 使 $\boldsymbol{A}$ 的第 1 列为 $\boldsymbol{\alpha}$.

20. 设 $\boldsymbol{\eta}$ 为 n 维欧氏空间中的单位向量, 定义:

$$\mathscr{A}(\boldsymbol{\alpha})=\boldsymbol{\alpha}-2\,(\boldsymbol{\eta},\boldsymbol{\alpha})\,\boldsymbol{\eta}.$$

证明:

(1) $\mathscr{A}$ 是正交变换 (这样的正交变换称为镜面反射);

(2) $\mathscr{A}$ 是第二类的.

21. 设 V 是 n 维欧氏空间, $\boldsymbol{\alpha},\boldsymbol{\beta}\in V$, $|\boldsymbol{\alpha}|=|\boldsymbol{\beta}|$, $\boldsymbol{\alpha}\neq\boldsymbol{\beta}$, 证明: 存在 V 中的镜面反射变换 $\mathscr{A}$, 使 $\mathscr{A}(\boldsymbol{\alpha})=\boldsymbol{\beta}$.

22. 设 n 维欧氏空间 V 的基为 $\boldsymbol{\alpha}_1,\boldsymbol{\alpha}_2,\cdots,\boldsymbol{\alpha}_n$, 其度量矩阵为 $\boldsymbol{G}$, V 的线性变换 $\mathscr{A}$ 在这组基下的矩阵为 $\boldsymbol{A}$, 证明:

(1) 若 $\mathscr{A}$ 是正交变换, 则 $\boldsymbol{A}^{\mathrm{T}}\boldsymbol{G}\boldsymbol{A}=\boldsymbol{G}$;

(2) 若 $\mathscr{A}$ 是对称变换, 则 $\boldsymbol{A}^{\mathrm{T}}\boldsymbol{G}=\boldsymbol{G}\boldsymbol{A}$.

23. 已知 n 维欧氏空间 V 的一组标准正交基为 $\boldsymbol{\alpha}_1,\boldsymbol{\alpha}_2,\cdots,\boldsymbol{\alpha}_n$, 且有 $\boldsymbol{\alpha}_0=\boldsymbol{\alpha}_1+2\boldsymbol{\alpha}_2+\cdots+n\boldsymbol{\alpha}_n$. 定义变换 $\mathscr{A}$:

$$\mathscr{A}(\boldsymbol{\alpha})=\boldsymbol{\alpha}+k\,(\boldsymbol{\alpha},\boldsymbol{\alpha}_0)\,\boldsymbol{\alpha}_0\quad(k\in\mathbf{R},\ k\neq0).$$

(1) 证明: $\mathscr{A}$ 是线性变换;

(2) 求 $\mathscr{A}$ 在基 $\boldsymbol{\alpha}_1,\boldsymbol{\alpha}_2,\cdots,\boldsymbol{\alpha}_n$ 下的矩阵;

(3) 证明: $\mathscr{A}$ 为正交变换当且仅当 $k=-\dfrac{2}{1^2+2^2+\cdots+n^2}$.

24. n 维欧氏空间 V 的线性变换 $\mathscr{A}$, 若 $\forall\boldsymbol{\alpha},\boldsymbol{\beta}\in V$, 都有 $(\mathscr{A}(\boldsymbol{\alpha}),\boldsymbol{\beta})=-(\boldsymbol{\alpha},\mathscr{A}(\boldsymbol{\beta}))$, 则称 $\mathscr{A}$ 为反对称变换. 证明: $\mathscr{A}$ 为反对称变换的充分必要条件是 $\mathscr{A}$ 在标准正交基下的矩阵为反称矩阵.

25. 求下列方程组的最小二乘解:

$$\begin{cases}0.39x-1.89y=1,\\0.61x-1.80y=1,\\0.93x-1.68y=1,\\1.35x-1.50y=1.\end{cases}$$

26. 假设身高与脚长符合线性关系, 请记录周围朋友的身高与脚长数据, 利用最小二乘法求出身高与脚长关系的经验公式.

9

第九章 矩阵分解

矩阵分解是将矩阵拆分为两个或多个比较简单或具有某种特性的矩阵的乘积. 矩阵分解为求解线性方程组问题及求解矩阵的特征值问题的算法设计提供了理论依据. 矩阵分解在统计计算及机器学习、推荐系统中有着重要的作用. 这一章, 我们将讨论两类矩阵分解, 即矩阵的三角分解和矩阵的正交分解.

9.1 矩阵的三角分解

矩阵的三角分解在统计计算中有着广泛的应用, 例如判别分析中常常用到正定矩阵的 Cholesky (楚列斯基) 分解等. 这一节, 我们介绍矩阵的 Doolittle (杜利特尔) 分解和 Crout (克劳特) 分解以及对称正定矩阵的 Cholesky 分解.

1. 矩阵的 Doolittle 分解 (LU 分解)

定理 9.1.1 设 $\boldsymbol{A}$ 为 n 阶方阵, 如果 $\boldsymbol{A}$ 的顺序主子式 $D_i \neq 0, i = 1,2,\cdots,n-1$, 则 $\boldsymbol{A}$ 可分解为一个单位下三角形矩阵 (对角元全为 1 的下三角形矩阵) $\boldsymbol{L}$ 与一个上三角形矩阵 $\boldsymbol{U}$ 的乘积, 且这种分解是唯一的.

证明 由于 $a_{11} = D_1 \neq 0$, 将 $\boldsymbol{A}$ 的第 1 行的 $-\dfrac{a_{21}}{a_{11}}$ 倍, $-\dfrac{a_{31}}{a_{11}}$ 倍, $\cdots$, $-\dfrac{a_{n1}}{a_{11}}$ 倍分别加到第 $2,3,\cdots,n$ 行上, 则得到

$$\boldsymbol{A} \to \boldsymbol{A}^{(1)} = \begin{pmatrix} a_{11} & a_{12} & \cdots & a_{1n} \\ 0 & a_{22}^{(1)} & \cdots & a_{2n}^{(1)} \\ \vdots & \vdots & & \vdots \\ 0 & a_{n2}^{(1)} & \cdots & a_{nn}^{(1)} \end{pmatrix}.$$

由于对 $\boldsymbol{A}$ 施行初等行变换, 相当于对 $\boldsymbol{A}$ 左乘相应的初等矩阵, 令

$$\boldsymbol{L}_1 = \begin{pmatrix} 1 & & & & \\ -\dfrac{a_{21}}{a_{11}} & 1 & & & \\ -\dfrac{a_{31}}{a_{11}} & & 1 & & \\ \vdots & & & \ddots & \\ -\dfrac{a_{n1}}{a_{11}} & & & & 1 \end{pmatrix} = \begin{pmatrix} 1 & & & & \\ -l_{21} & 1 & & & \\ -l_{31} & & 1 & & \\ \vdots & & & \ddots & \\ -l_{n1} & & & & 1 \end{pmatrix},$$

即有

$$\boldsymbol{L}_1\boldsymbol{A}=\boldsymbol{A}^{(1)}=\begin{pmatrix} a_{11} & a_{12} & \cdots & a_{1n} \\ 0 & a_{22}^{(1)} & \cdots & a_{2n}^{(1)} \\ \vdots & \vdots & & \vdots \\ 0 & a_{n2}^{(1)} & \cdots & a_{nn}^{(1)} \end{pmatrix}.$$

由于

$$\begin{vmatrix} a_{11} & a_{12} \\ 0 & a_{22}^{(1)} \end{vmatrix}=\begin{vmatrix} a_{11} & a_{12} \\ a_{21} & a_{22} \end{vmatrix}=D_2\neq 0,$$

即

$$a_{11}a_{22}^{(1)}\neq 0,$$

于是有 $a_{22}^{(1)}\neq 0$. 令

$$\boldsymbol{L}_2=\begin{pmatrix} 1 & & & & \\ & 1 & & & \\ & -\dfrac{a_{32}^{(1)}}{a_{22}^{(1)}} & 1 & & \\ & \vdots & & \ddots & \\ & -\dfrac{a_{n2}^{(1)}}{a_{22}^{(1)}} & & & 1 \end{pmatrix}=\begin{pmatrix} 1 & & & & \\ & 1 & & & \\ & -l_{32} & 1 & & \\ & \vdots & & \ddots & \\ & -l_{n2} & & & 1 \end{pmatrix},$$

则有

$$\boldsymbol{L}_2\boldsymbol{A}^{(1)}=\boldsymbol{A}^{(2)}=\begin{pmatrix} a_{11} & a_{12} & a_{13} & \cdots & a_{1n} \\ 0 & a_{22}^{(1)} & a_{23}^{(1)} & \cdots & a_{2n}^{(1)} \\ 0 & 0 & a_{33}^{(2)} & \cdots & a_{3n}^{(2)} \\ \vdots & \vdots & \vdots & & \vdots \\ 0 & 0 & a_{n3}^{(2)} & \cdots & a_{nn}^{(2)} \end{pmatrix}.$$

一般地, 若第 k 步消元后, 得到矩阵 $\boldsymbol{A}^{(k)}$,

$$\boldsymbol{A}^{(k)}=\begin{pmatrix} a_{11} & a_{12} & \cdots & a_{1,k+1} & \cdots & a_{1n} \\ 0 & a_{22}^{(1)} & \cdots & a_{2,k+1}^{(1)} & \cdots & a_{2n}^{(1)} \\ \vdots & \vdots & & \vdots & & \vdots \\ 0 & 0 & \cdots & a_{k+1,k+1}^{(k)} & \cdots & a_{k+1,n}^{(k)} \\ \vdots & \vdots & & \vdots & & \vdots \\ 0 & 0 & \cdots & a_{n,k+1}^{(k)} & \cdots & a_{nn}^{(k)} \end{pmatrix},$$

由于 $D_{k+1}\neq 0$, 则有 $a_{k+1,k+1}^{(k)}\neq 0$, 令

$$
\boldsymbol{L}_{k+1}=\begin{pmatrix}
1 & & & & & \\
& \ddots & & & & \\
& & 1 & & & \\
& & -\dfrac{a_{k+2,k+1}^{(k)}}{a_{k+1,k+1}^{(k)}} & 1 & & \\
& & \vdots & & \ddots & \\
& & -\dfrac{a_{n,k+1}^{(k)}}{a_{k+1,k+1}^{(k)}} & & & 1
\end{pmatrix}
=\begin{pmatrix}
1 & & & & & \\
& \ddots & & & & \\
& & 1 & & & \\
& & -l_{k+2,k+1} & 1 & & \\
& & \vdots & & \ddots & \\
& & -l_{n,k+1} & & & 1
\end{pmatrix},
$$

则有

$$
\boldsymbol{L}_{k+1}\boldsymbol{A}^{(k)}=\boldsymbol{A}^{(k+1)}=\begin{pmatrix}
a_{11} & a_{12} & \cdots & a_{1,k+1} & a_{1,k+2} & \cdots & a_{1n}\\
0 & a_{22}^{(1)} & \cdots & a_{2,k+1}^{(1)} & a_{2,k+2}^{(1)} & \cdots & a_{2n}^{(1)}\\
\vdots & \vdots & & \vdots & \vdots & & \vdots\\
0 & 0 & \cdots & a_{k+1,k+1}^{(k)} & a_{k+1,k+2}^{(k)} & \cdots & a_{k+1,n}^{(k)}\\
0 & 0 & \cdots & 0 & a_{k+2,k+2}^{(k+1)} & \cdots & a_{k+2,n}^{(k+1)}\\
\vdots & \vdots & & \vdots & \vdots & & \vdots\\
0 & 0 & \cdots & 0 & a_{n,k+2}^{(k+1)} & \cdots & a_{nn}^{(k+1)}
\end{pmatrix}.
$$

重复上述过程, 完成 $n-1$ 步, 则得到上三角形矩阵

$$
\boldsymbol{A}^{(n-1)}=\begin{pmatrix}
a_{11} & a_{12} & a_{13} & \cdots & a_{1n}\\
0 & a_{22}^{(1)} & a_{23}^{(1)} & \cdots & a_{2n}^{(1)}\\
0 & 0 & a_{33}^{(2)} & \cdots & a_{3n}^{(2)}\\
\vdots & \vdots & \vdots & & \vdots\\
0 & 0 & 0 & \cdots & a_{nn}^{(n-1)}
\end{pmatrix}.
$$

综合上述 $n-1$ 步, 也就是

$$
\boldsymbol{L}_{n-1}\boldsymbol{L}_{n-2}\cdots\boldsymbol{L}_{2}\boldsymbol{L}_{1}\boldsymbol{A}=\boldsymbol{A}^{(n-1)},
$$

$$\boldsymbol{A}=\boldsymbol{L}_1^{-1}\boldsymbol{L}_2^{-1}\cdots\boldsymbol{L}_{n-2}^{-1}\boldsymbol{L}_{n-1}^{-1}\boldsymbol{A}^{(n-1)}.$$

而

$$\boldsymbol{L}_k^{-1}=\begin{pmatrix}1&&&&&\\&\ddots&&&&\\&&1&&&\\&&l_{k+1,k}&1&&\\&&\vdots&&\ddots&\\&&l_{nk}&&&1\end{pmatrix},\ k=1,2,\cdots,n-1,$$

且

$$\boldsymbol{L}_1^{-1}\boldsymbol{L}_2^{-1}\cdots\boldsymbol{L}_{n-1}^{-1}=\begin{pmatrix}1&&&&&\\l_{21}&1&&&&\\l_{31}&l_{32}&1&&&\\\vdots&\vdots&\vdots&\ddots&&\\l_{n-1,1}&l_{n-1,2}&l_{n-1,3}&\cdots&1&\\l_{n1}&l_{n2}&l_{n3}&\cdots&l_{n,n-1}&1\end{pmatrix},$$

令

$$\boldsymbol{L}=\boldsymbol{L}_1^{-1}\boldsymbol{L}_2^{-1}\cdots\boldsymbol{L}_{n-1}^{-1},\ \boldsymbol{U}=\boldsymbol{A}^{(n-1)},$$

则 $\boldsymbol{L}$ 为单位下三角形矩阵, $\boldsymbol{U}$ 为上三角形矩阵, 且有

$$\boldsymbol{A}=\boldsymbol{L}\boldsymbol{U}.$$

下面来证明分解的唯一性. 我们这里仅在 $\boldsymbol{A}$ 为可逆矩阵时证明唯一性, 当 $\boldsymbol{A}$ 为不可逆矩阵时, 请读者自行完成. 假设

$$\boldsymbol{A}=\boldsymbol{L}\boldsymbol{U}=\overline{\boldsymbol{L}}\,\overline{\boldsymbol{U}},$$

其中 $\boldsymbol{L},\overline{\boldsymbol{L}}$ 为单位下三角形矩阵, $\boldsymbol{U},\overline{\boldsymbol{U}}$ 为上三角形矩阵, 且 $\boldsymbol{U},\overline{\boldsymbol{U}}$ 均可逆, 则

$$\boldsymbol{L}^{-1}\overline{\boldsymbol{L}}=\boldsymbol{U}\overline{\boldsymbol{U}}^{-1}.$$

上式左边仍为单位下三角形矩阵, 右边仍为上三角形矩阵, 从而有

$$\boldsymbol{L}^{-1}\overline{\boldsymbol{L}}=\boldsymbol{U}\overline{\boldsymbol{U}}^{-1}=\boldsymbol{E},$$

故

$$\boldsymbol{L}=\overline{\boldsymbol{L}},\ \boldsymbol{U}=\overline{\boldsymbol{U}}.$$ □

定理 9.1.1 中的这种矩阵分解就称为 Doolittle 分解, 或称为 LU 分解.

例 9.1.1 已知矩阵

$$\boldsymbol{A}=\begin{pmatrix}1&1&1\\0&4&-1\\2&-2&1\end{pmatrix},$$

则有

$$\begin{pmatrix}1&0&0\\0&1&0\\-2&0&1\end{pmatrix}\boldsymbol{A}=\begin{pmatrix}1&1&1\\0&4&-1\\0&-4&-1\end{pmatrix},$$

$$\begin{pmatrix}1&0&0\\0&1&0\\0&1&1\end{pmatrix}\begin{pmatrix}1&0&0\\0&1&0\\-2&0&1\end{pmatrix}\boldsymbol{A}=\begin{pmatrix}1&1&1\\0&4&-1\\0&0&-2\end{pmatrix},$$

于是就有

$$\boldsymbol{A}=\begin{pmatrix}1&0&0\\0&1&0\\2&-1&1\end{pmatrix}\begin{pmatrix}1&1&1\\0&4&-1\\0&0&-2\end{pmatrix}.$$

2. 矩阵的 Crout 分解

定理 9.1.2 设 $\boldsymbol{A}$ 为 n 阶方阵, 如果 $\boldsymbol{A}$ 的顺序主子式 $D_i \neq 0$ $(i=1,2,\cdots,n-1)$, 则 $\boldsymbol{A}$ 可以分解为一个下三角形矩阵与一个单位上三角形矩阵的乘积, 且这种分解是唯一的.

证明 由矩阵 $\boldsymbol{A}$ 的 Doolittle 分解的结果可知, 存在一个单位下三角形矩阵 $\boldsymbol{L}$ 及上三角形矩阵 $\boldsymbol{U}$, 使

$$\boldsymbol{A}=\boldsymbol{L}\boldsymbol{U},$$

其中

$$\boldsymbol{L}=\begin{pmatrix}1&&&&\\l_{21}&1&&&\\l_{31}&l_{32}&1&&\\\vdots&\vdots&\vdots&\ddots&\\l_{n1}&l_{n2}&l_{n3}&\cdots&1\end{pmatrix},\quad \boldsymbol{U}=\begin{pmatrix}u_{11}&u_{12}&\cdots&u_{1n}\\&u_{22}&\cdots&u_{2n}\\&&\ddots&\vdots\\&&&u_{nn}\end{pmatrix}.$$

由于 $D_i=u_{11}u_{22}\cdots u_{ii}\neq 0$, $i=1,2,\cdots,n-1$, 则 $u_{ii}\neq 0$, $i=1,2,\cdots,n-1$.

当 $\boldsymbol{A}$ 为可逆矩阵时, $|\boldsymbol{A}|=D_{n-1}u_{nn}\neq 0$, 则 $u_{nn}\neq 0$. 令

$$\boldsymbol{D} = \begin{pmatrix} u_{11} & & & \\ & u_{22} & & \\ & & \ddots & \\ & & & u_{nn} \end{pmatrix},$$

则 $\boldsymbol{D}$ 为可逆矩阵, 于是由 $\boldsymbol{A}$ 的 Doolittle 分解得到

$$\boldsymbol{A} = \boldsymbol{L}\boldsymbol{U} = \boldsymbol{L}\boldsymbol{D}\boldsymbol{D}^{-1}\boldsymbol{U} = (\boldsymbol{L}\boldsymbol{D})(\boldsymbol{D}^{-1}\boldsymbol{U}).$$

令

$$\overline{\boldsymbol{L}} = \boldsymbol{L}\boldsymbol{D},\ \overline{\boldsymbol{U}} = \boldsymbol{D}^{-1}\boldsymbol{U},$$

则 $\overline{\boldsymbol{L}}$ 为下三角形矩阵, $\overline{\boldsymbol{U}}$ 为单位上三角形矩阵, 且使

$$\boldsymbol{A} = \overline{\boldsymbol{L}}\,\overline{\boldsymbol{U}}.$$

当 $\boldsymbol{A}$ 为不可逆矩阵时, $|\boldsymbol{A}| = D_{n-1}u_{nn} = 0$, 则 $u_{nn} = 0$. 令

$$\boldsymbol{D} = \begin{pmatrix} u_{11} & & & & \\ & u_{22} & & & \\ & & \ddots & & \\ & & & u_{n-1,n-1} & \\ & & & & 0 \end{pmatrix},$$

$$\overline{\boldsymbol{U}} = \begin{pmatrix} 1 & \dfrac{u_{12}}{u_{11}} & \cdots & \dfrac{u_{1,n-1}}{u_{11}} & \dfrac{u_{1n}}{u_{11}} \\ & 1 & \cdots & \dfrac{u_{2,n-1}}{u_{22}} & \dfrac{u_{2n}}{u_{22}} \\ & & \ddots & \vdots & \vdots \\ & & & 1 & \dfrac{u_{n-1,n}}{u_{n-1,n-1}} \\ & & & & 1 \end{pmatrix},$$

则有

$$\boldsymbol{A} = \boldsymbol{L}\boldsymbol{U} = \boldsymbol{L}(\boldsymbol{D}\overline{\boldsymbol{U}}) = (\boldsymbol{L}\boldsymbol{D})\overline{\boldsymbol{U}},$$

令

$$\overline{\boldsymbol{L}} = \boldsymbol{L}\boldsymbol{D},$$

则有

$$\boldsymbol{A} = \overline{\boldsymbol{L}}\,\overline{\boldsymbol{U}},$$

其中 $\overline{\boldsymbol{L}}$ 为下三角形矩阵, $\overline{\boldsymbol{U}}$ 为单位上三角形矩阵.

这样, 我们就得到了矩阵 $\boldsymbol{A}$ 的 Crout 分解. 由 Doolittle 分解的唯一性, 我们就可以得到 Crout 分解的唯一性. □

实际上, 我们也可以直接对矩阵施行初等列变换, 将 $\boldsymbol{A}$ 化为下三角形矩阵, 即

$$\boldsymbol{A}\begin{pmatrix}1 & -u_{12} & \cdots & -u_{1n}\\ & 1 & & \\ & & \ddots & \\ & & & 1\end{pmatrix}\begin{pmatrix}1 & & & & \\ & 1 & -u_{23} & \cdots & -u_{2n}\\ & & 1 & & \\ & & & \ddots & \\ & & & & 1\end{pmatrix}\cdots\cdots$$

$$\begin{pmatrix}1 & & & \\ & \ddots & & \\ & & 1 & -u_{n-1,n}\\ & & & 1\end{pmatrix}=\begin{pmatrix}a_{11} & & & \\ a_{21} & a_{22}^{(1)} & & \\ \vdots & \vdots & \ddots & \\ a_{n1} & a_{n2}^{(1)} & \cdots & a_{nn}^{(n-1)}\end{pmatrix},$$

$$\boldsymbol{A}\begin{pmatrix}1 & -u_{12} & \cdots & -u_{1n}\\ & 1 & \cdots & -u_{2n}\\ & & \ddots & \vdots\\ & & & 1\end{pmatrix}=\begin{pmatrix}a_{11} & & & \\ a_{21} & a_{22}^{(1)} & & \\ \vdots & \vdots & \ddots & \\ a_{n1} & a_{n2}^{(1)} & \cdots & a_{nn}^{(n-1)}\end{pmatrix},$$

于是

$$\boldsymbol{A}=\begin{pmatrix}a_{11} & & & \\ a_{21} & a_{22}^{(1)} & & \\ \vdots & \vdots & \ddots & \\ a_{n1} & a_{n2}^{(1)} & \cdots & a_{nn}^{(n-1)}\end{pmatrix}\begin{pmatrix}1 & u_{12} & \cdots & u_{1n}\\ & 1 & \cdots & u_{2n}\\ & & \ddots & \vdots\\ & & & 1\end{pmatrix}.$$

这样, 也可以得到 $\boldsymbol{A}$ 的 Crout 分解.

例 9.1.2 考虑例 9.1.1 中的矩阵

$$\boldsymbol{A}=\begin{pmatrix}1 & 1 & 1\\ 0 & 4 & -1\\ 2 & -2 & 1\end{pmatrix},$$

对 $\boldsymbol{A}$ 施行初等列变换, 则有

$$\boldsymbol{A}\begin{pmatrix}1 & -1 & -1\\ 0 & 1 & 0\\ 0 & 0 & 1\end{pmatrix}=\begin{pmatrix}1 & 0 & 0\\ 0 & 4 & -1\\ 2 & -4 & -1\end{pmatrix},$$

$$\boldsymbol{A}\begin{pmatrix}1 & -1 & -1\\ 0 & 1 & 0\\ 0 & 0 & 1\end{pmatrix}\begin{pmatrix}1 & 0 & 0\\ 0 & 1 & \frac{1}{4}\\ 0 & 0 & 1\end{pmatrix}=\begin{pmatrix}1 & 0 & 0\\ 0 & 4 & 0\\ 2 & -4 & -2\end{pmatrix},$$

$$A\begin{pmatrix}1 & -1 & -\frac{5}{4}\\ 0 & 1 & \frac{1}{4}\\ 0 & 0 & 1\end{pmatrix}=\begin{pmatrix}1 & 0 & 0\\ 0 & 4 & 0\\ 2 & -4 & -2\end{pmatrix},$$

于是有

$$A=\begin{pmatrix}1 & 0 & 0\\ 0 & 4 & 0\\ 2 & -4 & -2\end{pmatrix}\begin{pmatrix}1 & 1 & 1\\ 0 & 1 & -\frac{1}{4}\\ 0 & 0 & 1\end{pmatrix}.$$

3. 对称正定矩阵的 Cholesky 分解

定理 9.1.3 设 $\boldsymbol{A}$ 为 n 阶对称矩阵, 若 $\boldsymbol{A}$ 的顺序主子式 $D_i \neq 0\ (i=1,2,\cdots,n-1)$, 则 $\boldsymbol{A}$ 可唯一地分解成

$$\boldsymbol{A}=\boldsymbol{L}\boldsymbol{D}\boldsymbol{L}^{\mathrm{T}},$$

其中 $\boldsymbol{L}$ 为单位下三角形矩阵, $\boldsymbol{D}$ 为对角矩阵.

证明 首先有 $\boldsymbol{A}$ 的 Doolittle 分解

$$\boldsymbol{A}=\boldsymbol{L}\boldsymbol{U},$$

其中 $\boldsymbol{L}$ 为单位下三角形矩阵, $\boldsymbol{U}$ 为上三角形矩阵, 令

$$\boldsymbol{D}=\begin{pmatrix}u_{11} & & & \\ & u_{22} & & \\ & & \ddots & \\ & & & u_{nn}\end{pmatrix},\quad \overline{\boldsymbol{U}}=\begin{pmatrix}1 & \frac{u_{12}}{u_{11}} & \cdots & \frac{u_{1n}}{u_{11}}\\ & 1 & \cdots & \frac{u_{2n}}{u_{22}}\\ & & \ddots & \vdots\\ & & & 1\end{pmatrix},$$

则有

$$\boldsymbol{A}=\boldsymbol{L}\boldsymbol{D}\overline{\boldsymbol{U}},\ \boldsymbol{A}=\boldsymbol{A}^{\mathrm{T}}=\overline{\boldsymbol{U}}^{\mathrm{T}}(\boldsymbol{D}\boldsymbol{L}^{\mathrm{T}}),$$

这里 $\overline{\boldsymbol{U}}^{\mathrm{T}}$ 为单位下三角形矩阵, $\boldsymbol{D}\boldsymbol{L}^{\mathrm{T}}$ 为上三角形矩阵, 由 Doolittle 分解的唯一性即得

$$\overline{\boldsymbol{U}}^{\mathrm{T}}=\boldsymbol{L},$$

于是得到对称矩阵 $\boldsymbol{A}$ 的分解式

$$\boldsymbol{A}=\boldsymbol{L}\boldsymbol{D}\boldsymbol{L}^{\mathrm{T}}.$$

□

现设 $\boldsymbol{A}$ 为 n 阶对称正定矩阵, 则 $\boldsymbol{A}$ 的各阶顺序主子式 $D_i > 0$ $(i = 1, 2, \cdots, n)$, 即

$$u_{11} = D_1 > 0,\ u_{ii} = \frac{D_i}{D_{i-1}} > 0,\ i = 2, 3, \cdots, n.$$

于是可将 $\boldsymbol{D}$ 分解成

$$\begin{aligned}\boldsymbol{D} &= \begin{pmatrix} u_{11} & & & \\ & u_{22} & & \\ & & \ddots & \\ & & & u_{nn} \end{pmatrix} \\ &= \begin{pmatrix} \sqrt{u_{11}} & & & \\ & \sqrt{u_{22}} & & \\ & & \ddots & \\ & & & \sqrt{u_{nn}} \end{pmatrix} \begin{pmatrix} \sqrt{u_{11}} & & & \\ & \sqrt{u_{22}} & & \\ & & \ddots & \\ & & & \sqrt{u_{nn}} \end{pmatrix}.\end{aligned}$$

记

$$\boldsymbol{D}^{\frac{1}{2}} = \begin{pmatrix} \sqrt{u_{11}} & & & \\ & \sqrt{u_{22}} & & \\ & & \ddots & \\ & & & \sqrt{u_{nn}} \end{pmatrix},$$

则由定理 9.1.3 结果得到

$$\boldsymbol{A} = \boldsymbol{L}\boldsymbol{D}\boldsymbol{L}^{\mathrm{T}} = \boldsymbol{L}\boldsymbol{D}^{\frac{1}{2}}\boldsymbol{D}^{\frac{1}{2}}\boldsymbol{L}^{\mathrm{T}} = (\boldsymbol{L}\boldsymbol{D}^{\frac{1}{2}})(\boldsymbol{L}\boldsymbol{D}^{\frac{1}{2}})^{\mathrm{T}}.$$

令

$$\overline{\boldsymbol{L}} = \boldsymbol{L}\boldsymbol{D}^{\frac{1}{2}},$$

则 $\overline{\boldsymbol{L}}$ 为下三角形矩阵, 使得

$$\boldsymbol{A} = \overline{\boldsymbol{L}}\,\overline{\boldsymbol{L}}^{\mathrm{T}}.$$

于是, 关于对称正定矩阵有如下定理.

定理 9.1.4 设 $\boldsymbol{A}$ 为 n 阶对称正定矩阵, 则 $\boldsymbol{A}$ 可分解为

$$\boldsymbol{A} = \overline{\boldsymbol{L}}\,\overline{\boldsymbol{L}}^{\mathrm{T}},$$

其中 $\overline{\boldsymbol{L}}$ 为下三角形矩阵. 当限定 $\overline{\boldsymbol{L}}$ 的对角元为正时, 这种分解是唯一的.

对称正定矩阵的这种分解, 就称为 Cholesky 分解.

例 9.1.3 已知矩阵

$$A=\begin{pmatrix}2&1&0\\1&2&1\\0&1&2\end{pmatrix}$$

为一 3 阶对称正定矩阵.

首先有

$$\begin{pmatrix}1&0&0\\0&1&0\\0&-\frac{2}{3}&1\end{pmatrix}\begin{pmatrix}1&0&0\\-\frac{1}{2}&1&0\\0&0&1\end{pmatrix}A=\begin{pmatrix}2&1&0\\0&\frac{3}{2}&1\\0&0&\frac{4}{3}\end{pmatrix},$$

$$A=\begin{pmatrix}1&0&0\\\frac{1}{2}&1&0\\0&\frac{2}{3}&1\end{pmatrix}\begin{pmatrix}2&1&0\\0&\frac{3}{2}&1\\0&0&\frac{4}{3}\end{pmatrix},$$

于是,

$$A=\begin{pmatrix}1&0&0\\\frac{1}{2}&1&0\\0&\frac{2}{3}&1\end{pmatrix}\begin{pmatrix}\sqrt{2}&0&0\\0&\frac{\sqrt{6}}{2}&0\\0&0&\frac{2\sqrt{3}}{3}\end{pmatrix}\begin{pmatrix}\sqrt{2}&0&0\\0&\frac{\sqrt{6}}{2}&0\\0&0&\frac{2\sqrt{3}}{3}\end{pmatrix}\cdot$$

$$\begin{pmatrix}1&\frac{1}{2}&0\\0&1&\frac{2}{3}\\0&0&1\end{pmatrix}=\begin{pmatrix}\sqrt{2}&0&0\\\frac{\sqrt{2}}{2}&\frac{\sqrt{6}}{2}&0\\0&\frac{\sqrt{6}}{3}&\frac{2\sqrt{3}}{3}\end{pmatrix}\begin{pmatrix}\sqrt{2}&\frac{\sqrt{2}}{2}&0\\0&\frac{\sqrt{6}}{2}&\frac{\sqrt{6}}{3}\\0&0&\frac{2\sqrt{3}}{3}\end{pmatrix}.$$

与定理 9.1.4 等价地, 有如下形式的结论.

定理 9.1.5 设 A 为 n 阶对称正定矩阵, 则 A 可分解为

$$A=\overline{U}^{\mathrm{T}}\overline{U},$$

其中 $\overline{U}$ 为上三角形矩阵. 当限定 $\overline{U}$ 的对角元为正时, 这种分解是唯一的.

证明 由定理 9.1.4 可知 A 唯一地分解为

$$A=\overline{L}\,\overline{L}^{\mathrm{T}},$$

其中 $\overline{\boldsymbol{L}}$ 是对角元为正的下三角形矩阵. 令

$$\overline{\boldsymbol{U}}=\overline{\boldsymbol{L}}^{\mathrm{T}},$$

则 $\overline{\boldsymbol{U}}$ 是对角元为正的上三角形矩阵, 且使

$$\boldsymbol{A}=\overline{\boldsymbol{U}}^{\mathrm{T}}\overline{\boldsymbol{U}}. \qquad \square$$

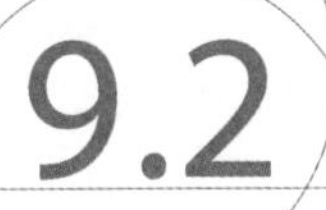

9.2 实矩阵的正交分解

矩阵的正交分解在求解矩阵的特征值问题的算法设计以及统计计算中是非常重要的. 这一节, 我们将介绍实矩阵的 QR 分解以及基于实对称矩阵谱分解的一系列实矩阵的正交分解结果.

1. 实可逆矩阵的 QR 分解

定理 9.2.1 设 $\boldsymbol{A}$ 为 n 阶实可逆矩阵, 则 $\boldsymbol{A}$ 可分解为一个正交矩阵 $\boldsymbol{Q}$ 与一个上三角形矩阵 $\boldsymbol{R}$ 的乘积, 即

$$\boldsymbol{A}=\boldsymbol{Q}\boldsymbol{R}.$$

当限定 $\boldsymbol{R}$ 的对角元都为正时, 这种分解是唯一的.

证明 记 $\boldsymbol{A}$ 的列向量组为 $\boldsymbol{\alpha}_1,\boldsymbol{\alpha}_2,\cdots,\boldsymbol{\alpha}_n$, 即 $\boldsymbol{A}$ 可表示为

$$\boldsymbol{A}=\begin{pmatrix}\boldsymbol{\alpha}_1 & \boldsymbol{\alpha}_2 & \cdots & \boldsymbol{\alpha}_n\end{pmatrix}.$$

由于 $\boldsymbol{A}$ 是可逆矩阵, 则 $\boldsymbol{\alpha}_1,\boldsymbol{\alpha}_2,\cdots,\boldsymbol{\alpha}_n$ 线性无关, 可利用施密特正交化方法将 $\boldsymbol{\alpha}_1,\boldsymbol{\alpha}_2,\cdots,\boldsymbol{\alpha}_n$ 改造成一组标准正交的向量, 即令

$$\begin{cases}\boldsymbol{\beta}_1=\boldsymbol{\alpha}_1,\\ \boldsymbol{\beta}_2=\boldsymbol{\alpha}_2-\dfrac{(\boldsymbol{\alpha}_2,\boldsymbol{\beta}_1)}{(\boldsymbol{\beta}_1,\boldsymbol{\beta}_1)}\boldsymbol{\beta}_1=\boldsymbol{\alpha}_2-k_{12}\boldsymbol{\alpha}_1,\\ \boldsymbol{\beta}_3=\boldsymbol{\alpha}_3-\dfrac{(\boldsymbol{\alpha}_3,\boldsymbol{\beta}_1)}{(\boldsymbol{\beta}_1,\boldsymbol{\beta}_1)}\boldsymbol{\beta}_1-\dfrac{(\boldsymbol{\alpha}_3,\boldsymbol{\beta}_2)}{(\boldsymbol{\beta}_2,\boldsymbol{\beta}_2)}\boldsymbol{\beta}_2=\boldsymbol{\alpha}_3-k_{13}\boldsymbol{\alpha}_1-k_{23}\boldsymbol{\alpha}_2,\\ \quad\cdots\cdots\cdots\cdots\\ \boldsymbol{\beta}_n=\boldsymbol{\alpha}_n-\dfrac{(\boldsymbol{\alpha}_n,\boldsymbol{\beta}_1)}{(\boldsymbol{\beta}_1,\boldsymbol{\beta}_1)}\boldsymbol{\beta}_1-\cdots-\dfrac{(\boldsymbol{\alpha}_n,\boldsymbol{\beta}_{n-1})}{(\boldsymbol{\beta}_{n-1},\boldsymbol{\beta}_{n-1})}\boldsymbol{\beta}_{n-1}=\\ \boldsymbol{\alpha}_n-k_{1n}\boldsymbol{\alpha}_1-\cdots-k_{n-1,n}\boldsymbol{\alpha}_{n-1},\end{cases}$$

也就是

$$\begin{pmatrix} \boldsymbol{\beta}_1 & \boldsymbol{\beta}_2 & \cdots & \boldsymbol{\beta}_n \end{pmatrix}$$

$$= \begin{pmatrix} \boldsymbol{\alpha}_1 & \boldsymbol{\alpha}_2 & \cdots & \boldsymbol{\alpha}_n \end{pmatrix} \begin{pmatrix} 1 & -k_{12} & -k_{13} & \cdots & -k_{1n} \\ 0 & 1 & -k_{23} & \cdots & -k_{2n} \\ \vdots & \vdots & \vdots & & \vdots \\ 0 & 0 & 0 & \cdots & -k_{n-1,n} \\ 0 & 0 & 0 & \cdots & 1 \end{pmatrix} = \boldsymbol{AU},$$

其中 $\boldsymbol{U}$ 为上三角形矩阵. 再令

$$\boldsymbol{\gamma}_i = \frac{\boldsymbol{\beta}_i}{|\boldsymbol{\beta}_i|},\ i = 1, 2, \cdots, n,$$

则 $\boldsymbol{\gamma}_1, \boldsymbol{\gamma}_2, \cdots, \boldsymbol{\gamma}_n$ 为一组标准正交的向量, 也即

$$\begin{pmatrix} \boldsymbol{\gamma}_1 & \boldsymbol{\gamma}_2 & \cdots & \boldsymbol{\gamma}_n \end{pmatrix} = \begin{pmatrix} \boldsymbol{\beta}_1 & \boldsymbol{\beta}_2 & \cdots & \boldsymbol{\beta}_n \end{pmatrix}$$

$$\begin{pmatrix} \frac{1}{|\boldsymbol{\beta}_1|} & & & \\ & \frac{1}{|\boldsymbol{\beta}_2|} & & \\ & & \ddots & \\ & & & \frac{1}{|\boldsymbol{\beta}_n|} \end{pmatrix} = \boldsymbol{AUD},$$

其中 $\boldsymbol{D}$ 为对角矩阵 $\operatorname{diag}\left(\frac{1}{|\boldsymbol{\beta}_1|}, \frac{1}{|\boldsymbol{\beta}_2|}, \cdots, \frac{1}{|\boldsymbol{\beta}_n|}\right)$. 令

$$\boldsymbol{Q} = \begin{pmatrix} \boldsymbol{\gamma}_1 & \boldsymbol{\gamma}_2 & \cdots & \boldsymbol{\gamma}_n \end{pmatrix},$$

则 $\boldsymbol{Q}$ 为正交矩阵, 且有

$$\boldsymbol{Q} = \boldsymbol{AUD},\ \boldsymbol{A} = \boldsymbol{Q}(\boldsymbol{UD})^{-1}.$$

令 $\boldsymbol{R} = (\boldsymbol{UD})^{-1}$, 则 $\boldsymbol{R}$ 为上三角形矩阵, 且对角元全为正, 我们得到

$$\boldsymbol{A} = \boldsymbol{QR}.$$

这就是实可逆矩阵 $\boldsymbol{A}$ 的 QR 分解. 假设 $\boldsymbol{A}$ 还有分解式

$$\boldsymbol{A} = \boldsymbol{Q}_1\boldsymbol{R}_1,$$

其中 $\boldsymbol{Q}_1$ 为正交矩阵, $\boldsymbol{R}_1$ 为对角元全为正的上三角形矩阵, 则有

$$\boldsymbol{QR} = \boldsymbol{Q}_1\boldsymbol{R}_1,\ \boldsymbol{Q}_1^{-1}\boldsymbol{Q} = \boldsymbol{R}_1\boldsymbol{R}^{-1}.$$

等式左边还是正交矩阵, 等式右边还是对角元全为正的上三角形矩阵. 对角元全为正的上三角形正交矩阵只能是 $\boldsymbol{E}$ (读者自行验证), 即

$$\boldsymbol{Q}_1^{-1}\boldsymbol{Q} = \boldsymbol{R}_1\boldsymbol{R}^{-1} = \boldsymbol{E},$$

故

$$\boldsymbol{Q}_1 = \boldsymbol{Q},\ \boldsymbol{R}_1 = \boldsymbol{R}.$$

这就证明了 QR 分解的唯一性. □

推论 9.2.1 设 $\boldsymbol{A}$ 为 n 阶对称正定矩阵, 则 $\boldsymbol{A}$ 可分解为

$$\boldsymbol{A} = \boldsymbol{R}^{\mathrm{T}}\boldsymbol{R},$$

其中 $\boldsymbol{R}$ 为对角元全为正的上三角形矩阵.

证明 由于 $\boldsymbol{A}$ 是正定的, 则存在可逆矩阵 $\boldsymbol{C}$, 使

$$\boldsymbol{A} = \boldsymbol{C}^{\mathrm{T}}\boldsymbol{C}.$$

对矩阵 $\boldsymbol{C}$, 由定理 9.2.1, 有

$$\boldsymbol{C} = \boldsymbol{Q}\boldsymbol{R},$$

其中 $\boldsymbol{Q}$ 为正交矩阵, $\boldsymbol{R}$ 为对角元全为正的上三角形矩阵, 于是有

$$\boldsymbol{A} = \boldsymbol{R}^{\mathrm{T}}\boldsymbol{Q}^{\mathrm{T}}\boldsymbol{Q}\boldsymbol{R} = \boldsymbol{R}^{\mathrm{T}}\boldsymbol{R}.$$ □

这个结论与定理 9.1.5 是一致的.

2. 实对称矩阵的谱分解

我们首先对实对称矩阵的特征值加以讨论.

定理 9.2.2 实对称矩阵的特征值皆为实数.

证明 设 $\boldsymbol{A}$ 为 n 阶实对称矩阵, λ_0 为 $\boldsymbol{A}$ 的任意一个特征值, $\boldsymbol{X} = (x_1, x_2, \cdots, x_n)^{\mathrm{T}}$ 是 $\boldsymbol{A}$ 的属于特征值 λ_0 的特征向量, 即

$$\boldsymbol{A}\boldsymbol{X} = \lambda_0\boldsymbol{X}.$$

令

$$\overline{\boldsymbol{X}} = (\overline{x}_1, \overline{x}_2, \cdots, \overline{x}_n)^{\mathrm{T}},$$

其中 $\overline{x}_i$ 是 x_i 的共轭复数, $i = 1, 2, \cdots, n$. 于是

$$\boldsymbol{A}\overline{\boldsymbol{X}} = \overline{\boldsymbol{A}\boldsymbol{X}} = \overline{\lambda_0\boldsymbol{X}} = \overline{\lambda}_0\overline{\boldsymbol{X}}.$$

考察等式

$$\overline{\boldsymbol{X}}^{\mathrm{T}}(\boldsymbol{A}\boldsymbol{X})=\overline{\boldsymbol{X}}^{\mathrm{T}}(\boldsymbol{A}^{\mathrm{T}}\boldsymbol{X})=(\overline{\boldsymbol{X}}^{\mathrm{T}}\boldsymbol{A}^{\mathrm{T}})\boldsymbol{X}=(\boldsymbol{A}\overline{\boldsymbol{X}})^{\mathrm{T}}\boldsymbol{X},$$

而

$$\overline{\boldsymbol{X}}^{\mathrm{T}}(\boldsymbol{A}\boldsymbol{X})=\overline{\boldsymbol{X}}^{\mathrm{T}}(\lambda_0\boldsymbol{X})=\lambda_0\overline{\boldsymbol{X}}^{\mathrm{T}}\boldsymbol{X},$$

$$(\boldsymbol{A}\overline{\boldsymbol{X}})^{\mathrm{T}}\boldsymbol{X}=\overline{\lambda}_0\overline{\boldsymbol{X}}^{\mathrm{T}}\boldsymbol{X},$$

故

$$\lambda_0\overline{\boldsymbol{X}}^{\mathrm{T}}\boldsymbol{X}=\overline{\lambda}_0\overline{\boldsymbol{X}}^{\mathrm{T}}\boldsymbol{X}.$$

因为

$$\overline{\boldsymbol{X}}^{\mathrm{T}}\boldsymbol{X}=x_1\overline{x}_1+x_2\overline{x}_2+\cdots+x_n\overline{x}_n$$

为不等于零的实数, 所以 $\lambda_0=\overline{\lambda}_0$, 即 λ_0 为一个实数. □

由于实对称矩阵的特征值都是实数, 所以它的特征向量都可取为实向量.

定理 9.2.3 设 $\boldsymbol{A}$ 为实对称矩阵, λ_1,λ_2 是 $\boldsymbol{A}$ 的两个互不相同的特征值, $\boldsymbol{X}_1,\boldsymbol{X}_2$ 分别是 $\boldsymbol{A}$ 的属于 λ_1,λ_2 的特征向量, 则 $\boldsymbol{X}_1$ 与 $\boldsymbol{X}_2$ 正交.

证明 由条件

$$\boldsymbol{A}\boldsymbol{X}_1=\lambda_1\boldsymbol{X}_1,\ \boldsymbol{A}\boldsymbol{X}_2=\lambda_2\boldsymbol{X}_2,$$

于是

$$\begin{aligned}\lambda_1(\boldsymbol{X}_1,\boldsymbol{X}_2)&=(\lambda_1\boldsymbol{X}_1,\boldsymbol{X}_2)=(\boldsymbol{A}\boldsymbol{X}_1,\boldsymbol{X}_2)=(\boldsymbol{A}\boldsymbol{X}_1)^{\mathrm{T}}\boldsymbol{X}_2=\boldsymbol{X}_1^{\mathrm{T}}\boldsymbol{A}^{\mathrm{T}}\boldsymbol{X}_2\\&=\boldsymbol{X}_1^{\mathrm{T}}\boldsymbol{A}\boldsymbol{X}_2=(\boldsymbol{X}_1,\boldsymbol{A}\boldsymbol{X}_2)=(\boldsymbol{X}_1,\lambda_2\boldsymbol{X}_2)=\lambda_2(\boldsymbol{X}_1,\boldsymbol{X}_2),\end{aligned}$$

也就是

$$(\lambda_1-\lambda_2)(\boldsymbol{X}_1,\boldsymbol{X}_2)=0.$$

由于 $\lambda_1\neq\lambda_2$, $\lambda_1-\lambda_2\neq0$. 所以 $(\boldsymbol{X}_1,\boldsymbol{X}_2)=0$, 即 $\boldsymbol{X}_1$ 与 $\boldsymbol{X}_2$ 正交. □

对实对称矩阵 $\boldsymbol{A}$, 除了常规的求特征值、特征向量的方法外, 还可以通过删除 $\boldsymbol{A}$ 的行和列形成子矩阵, 将子矩阵的特征值与 $\boldsymbol{A}$ 的特征值结合在一起, 计算出 $\boldsymbol{A}$ 的特征向量, 具体公式如下:

$$v_{ij}^2=\frac{\prod\limits_{k=1}^{n-1}(\lambda_i(\boldsymbol{A})-\lambda_k(\boldsymbol{M}_j))}{\prod\limits_{\substack{k=1\\k\neq i}}^{n}(\lambda_i(\boldsymbol{A})-\lambda_k(\boldsymbol{A}))},$$

其中, $\lambda_i(\boldsymbol{A})$ 为 $\boldsymbol{A}$ 的第 i 个特征值, $\boldsymbol{v}_i$ 为属于 $\lambda_i(\boldsymbol{A})$ 的特征向量, v_{ij} 为 $\boldsymbol{v}_i$ 的第 j 个分量, $\boldsymbol{M}_j$ 为删除 $\boldsymbol{A}$ 的第 j 行和第 j 列形成的子矩阵, $\lambda_k(\boldsymbol{M}_j)$ 为 $\boldsymbol{M}_j$ 的第 k 个特征值. 再根据

$$\left(\lambda_i(\boldsymbol{A})\boldsymbol{E}-\boldsymbol{A}\right)^*=\prod_{\substack{k=1\\k\neq i}}^{n}\left(\lambda_i(\boldsymbol{A})-\lambda_k(\boldsymbol{A})\right)\boldsymbol{v}_i\boldsymbol{v}_i^{\mathrm{T}}$$

来判断 v_{ij} 的正负号.

这个直接由特征值计算特征向量的方法在量子物理、机器学习等领域有很高的应用价值. 在这里, 我们对此公式不予证明. 有兴趣的读者可自行查阅相关文献.

例 9.2.1 设

$$\boldsymbol{A}=\begin{pmatrix}1&2\\2&4\end{pmatrix},$$

求 $\boldsymbol{A}$ 的特征值及特征向量.

解 先求 $\boldsymbol{A}$ 的特征值:

$$|\lambda\boldsymbol{E}-\boldsymbol{A}|=\begin{vmatrix}\lambda-1&-2\\-2&\lambda-4\end{vmatrix}=(\lambda-5)\lambda,$$

得到 $\lambda_1(\boldsymbol{A})=5$, $\lambda_2(\boldsymbol{A})=0$.

$$\boldsymbol{M}_1=(4),\quad \lambda_1(\boldsymbol{M}_1)=4,$$
$$\boldsymbol{M}_2=(1),\quad \lambda_1(\boldsymbol{M}_2)=1.$$

计算属于 $\lambda_1(\boldsymbol{A})=5$ 的特征向量:

$$v_{11}^2=\frac{5-4}{5-0}=\frac{1}{5},\quad v_{12}^2=\frac{5-1}{5-0}=\frac{4}{5},$$

又因为 $(5\boldsymbol{E}-\boldsymbol{A})^*=\begin{pmatrix}1&2\\2&4\end{pmatrix}$, 知 v_{11} 与 v_{12} 同号.

则属于 $\lambda_1(\boldsymbol{A})=5$ 的特征向量为

$$\boldsymbol{v}_1=\frac{1}{\sqrt{5}}(1,2)^{\mathrm{T}}\quad (\text{或 } \boldsymbol{v}_1=\frac{1}{\sqrt{5}}(-1,-2)^{\mathrm{T}}).$$

同理可以计算出属于 $\lambda_2(\boldsymbol{A})=0$ 的特征向量为

$$\boldsymbol{v}_2=\frac{1}{\sqrt{5}}(-2,1)^{\mathrm{T}}\quad (\text{或 } \boldsymbol{v}_2=\frac{1}{\sqrt{5}}(2,-1)^{\mathrm{T}}).$$

□

下面给出这一节最基本也是最重要的一个定理.

定理 9.2.4 对于任意一个 n 阶实对称矩阵 $\boldsymbol{A}$, 都存在一个 n 阶正交矩阵 $\boldsymbol{T}$, 使得

$$\boldsymbol{T}^{-1}\boldsymbol{A}\boldsymbol{T}=\boldsymbol{T}^{\mathrm{T}}\boldsymbol{A}\boldsymbol{T}=\begin{pmatrix}\lambda_1 & & & \\ & \lambda_2 & & \\ & & \ddots & \\ & & & \lambda_n\end{pmatrix} \text{或}$$

$$\boldsymbol{A}=\boldsymbol{T}\begin{pmatrix}\lambda_1 & & & \\ & \lambda_2 & & \\ & & \ddots & \\ & & & \lambda_n\end{pmatrix}\boldsymbol{T}^{\mathrm{T}},$$

其中 $\lambda_1,\lambda_2,\cdots,\lambda_n$ 是 $\boldsymbol{A}$ 的全部特征值.

证明 对 $\boldsymbol{A}$ 的阶数 n 作归纳法.

当 $n=1$ 时, 定理结论显然成立.

假设对 $n-1$ 阶实对称矩阵, 定理结论成立.

对 n 阶实对称矩阵 $\boldsymbol{A}$, 设 λ_1 是 $\boldsymbol{A}$ 的一个特征值, $\boldsymbol{X}_1$ 是 $\boldsymbol{A}$ 的属于 λ_1 的单位特征向量 (实向量), 即

$$\boldsymbol{A}\boldsymbol{X}_1=\lambda_1\boldsymbol{X}_1,\ |\boldsymbol{X}_1|=1.$$

将 $\boldsymbol{X}_1$ 扩充为 n 个标准正交的向量 $\boldsymbol{X}_1,\boldsymbol{X}_2,\cdots,\boldsymbol{X}_n$, 并以 $\boldsymbol{X}_1,\boldsymbol{X}_2,\cdots,\boldsymbol{X}_n$ 为列向量构成矩阵 $\boldsymbol{T}_1$, 即

$$\boldsymbol{T}_1=\begin{pmatrix}\boldsymbol{X}_1 & \boldsymbol{X}_2 & \cdots & \boldsymbol{X}_n\end{pmatrix},$$

则 $\boldsymbol{T}_1$ 为一个 n 阶正交矩阵, 且有

$$\begin{aligned}\boldsymbol{A}\boldsymbol{T}_1&=\boldsymbol{A}\begin{pmatrix}\boldsymbol{X}_1 & \boldsymbol{X}_2 & \cdots & \boldsymbol{X}_n\end{pmatrix}\\&=\begin{pmatrix}\boldsymbol{A}\boldsymbol{X}_1 & \boldsymbol{A}\boldsymbol{X}_2 & \cdots & \boldsymbol{A}\boldsymbol{X}_n\end{pmatrix}=\begin{pmatrix}\lambda_1\boldsymbol{X}_1 & \boldsymbol{A}\boldsymbol{X}_2 & \cdots & \boldsymbol{A}\boldsymbol{X}_n\end{pmatrix}.\end{aligned}$$

由于 $\boldsymbol{X}_1,\boldsymbol{X}_2,\cdots,\boldsymbol{X}_n$ 可构成 $\mathbf{R}^n$ 的一组标准正交基, 而 $\boldsymbol{A}\boldsymbol{X}_i\in\mathbf{R}^n$, $i=2,3,\cdots,n$, 于是可设

$$\boldsymbol{A}\boldsymbol{X}_i=b_{1i}\boldsymbol{X}_1+b_{2i}\boldsymbol{X}_2+\cdots+b_{ni}\boldsymbol{X}_n,\ i=2,3,\cdots,n,$$

则有

$$\boldsymbol{A}\boldsymbol{T}_1=\begin{pmatrix}\boldsymbol{X}_1 & \boldsymbol{X}_2 & \cdots & \boldsymbol{X}_n\end{pmatrix}\begin{pmatrix}\lambda_1 & b_{12} & \cdots & b_{1n}\\ 0 & b_{22} & \cdots & b_{2n}\\ \vdots & \vdots & & \vdots\\ 0 & b_{n2} & \cdots & b_{nn}\end{pmatrix},$$

$$\boldsymbol{T}_1^{\mathrm{T}}\boldsymbol{A}\boldsymbol{T}_1=\begin{pmatrix}\lambda_1 & b_{12} & \cdots & b_{1n}\\ 0 & b_{22} & \cdots & b_{2n}\\ \vdots & \vdots & & \vdots\\ 0 & b_{n2} & \cdots & b_{nn}\end{pmatrix}.$$

由于 $\boldsymbol{A}$ 是对称矩阵, $\boldsymbol{T}_1^{\mathrm{T}}\boldsymbol{A}\boldsymbol{T}_1$ 也是对称矩阵, 故

$$b_{12}=b_{13}=\cdots=b_{1n}=0,$$

$$\boldsymbol{T}_1^{\mathrm{T}}\boldsymbol{A}\boldsymbol{T}_1=\begin{pmatrix}\lambda_1 & 0 & \cdots & 0\\ 0 & b_{22} & \cdots & b_{2n}\\ \vdots & \vdots & & \vdots\\ 0 & b_{n2} & \cdots & b_{nn}\end{pmatrix}.$$

记

$$\boldsymbol{B}=\begin{pmatrix}b_{22} & \cdots & b_{2n}\\ \vdots & & \vdots\\ b_{n2} & \cdots & b_{nn}\end{pmatrix},$$

则 $\boldsymbol{B}$ 为一个 $n-1$ 阶实对称矩阵, 由归纳假设, 存在 $n-1$ 阶正交矩阵 $\boldsymbol{S}$, 使得

$$\boldsymbol{S}^{\mathrm{T}}\boldsymbol{B}\boldsymbol{S}=\begin{pmatrix}\lambda_2 & & & \\ & \lambda_3 & & \\ & & \ddots & \\ & & & \lambda_n\end{pmatrix}.$$

令

$$\boldsymbol{T}_2=\begin{pmatrix}1 & \boldsymbol{0}\\ \boldsymbol{0} & \boldsymbol{S}\end{pmatrix},$$

则 $\boldsymbol{T}_2$ 为一个 n 阶正交矩阵, 且使

$$\boldsymbol{T}_2^{\mathrm{T}}\boldsymbol{T}_1^{\mathrm{T}}\boldsymbol{A}\boldsymbol{T}_1\boldsymbol{T}_2=\begin{pmatrix}1 & \boldsymbol{0}\\ \boldsymbol{0} & \boldsymbol{S}'\end{pmatrix}\begin{pmatrix}\lambda_1 & \boldsymbol{0}\\ \boldsymbol{0} & \boldsymbol{B}\end{pmatrix}\begin{pmatrix}1 & \boldsymbol{0}\\ \boldsymbol{0} & \boldsymbol{S}\end{pmatrix}=\begin{pmatrix}\lambda_1 & & & \\ & \lambda_2 & & \\ & & \ddots & \\ & & & \lambda_n\end{pmatrix}.$$

令 $\boldsymbol{T}=\boldsymbol{T}_1\boldsymbol{T}_2$, 则 $\boldsymbol{T}$ 为 n 阶正交矩阵, 使

$$\boldsymbol{T}^{-1}\boldsymbol{A}\boldsymbol{T}=\boldsymbol{T}^{\mathrm{T}}\boldsymbol{A}\boldsymbol{T}=\begin{pmatrix}\lambda_1 & & & \\ & \lambda_2 & & \\ & & \ddots & \\ & & & \lambda_n\end{pmatrix},$$

$$A = T \begin{pmatrix} \lambda_1 & & & \\ & \lambda_2 & & \\ & & \ddots & \\ & & & \lambda_n \end{pmatrix} T^{\mathrm{T}}.$$

由于 $T^{-1}AT$ 与 A 相似, 它们有相同的特征值, 因而 $\lambda_1, \lambda_2, \cdots, \lambda_n$ 就是 A 的全部的特征值. 矩阵 A 的这个正交分解式称为谱分解式. □

对于一个实对称矩阵, 我们可以按如下步骤求出正交矩阵 T, 使 $T^{-1}AT = T^{\mathrm{T}}AT$ 为对角矩阵.

(1) 求出实对称矩阵 A 的全部特征值, 假设互不相同的特征值为 $\lambda_1, \lambda_2, \cdots, \lambda_s$ (重数分别为 $r_1, r_2, \cdots, r_s$, $r_1 + r_2 + \cdots + r_s = n$).

(2) 对每个特征值 λ_i $(i = 1, 2, \cdots, s)$, 求解齐次线性方程组

$$(\lambda_i E - A)X = 0,$$

得到一个基础解系 $\alpha_{i1}, \alpha_{i2}, \cdots, \alpha_{ir_i}$.

(3) 将 $\alpha_{i1}, \alpha_{i2}, \cdots, \alpha_{ir_i}$ 施密特正交化和单位化, 得到一组标准正交的向量 $\eta_{i1}, \eta_{i2}, \cdots, \eta_{ir_i}$, 它们仍为 A 的属于特征值 λ_i 的特征向量.

(4) 因为 $\lambda_1, \lambda_2, \cdots, \lambda_s$ 互不相同, 向量组

$$\eta_{11}, \cdots, \eta_{1r_1}, \eta_{21}, \cdots, \eta_{2r_2}, \cdots, \eta_{s1}, \cdots, \eta_{sr_s}$$

仍是正交向量组, 且总个数为 n 个. 以这组向量为列构成矩阵 T, 则 T 为一个 n 阶正交矩阵, 且使

$$T^{-1}AT = T^{\mathrm{T}}AT = \begin{pmatrix} \lambda_1 & & & & & & & & \\ & \ddots & & & & & & & \\ & & \lambda_1 & & & & & & \\ & & & \lambda_2 & & & & & \\ & & & & \ddots & & & & \\ & & & & & \lambda_2 & & & \\ & & & & & & \ddots & & \\ & & & & & & & \lambda_s & \\ & & & & & & & & \ddots \\ & & & & & & & & & \lambda_s \end{pmatrix}.$$

例 9.2.2 设矩阵

$$A=\begin{pmatrix}2&-1&-1&1\\-1&2&1&-1\\-1&1&2&-1\\1&-1&-1&2\end{pmatrix},$$

求正交矩阵 T, 使 $T^{-1}AT$ 为对角矩阵.

解 首先求 A 的特征值.

$$|\lambda E-A|=\begin{vmatrix}\lambda-2&1&1&-1\\1&\lambda-2&-1&1\\1&-1&\lambda-2&1\\-1&1&1&\lambda-2\end{vmatrix}=(\lambda-1)^3(\lambda-5),$$

所以 A 的特征值为 1 (3 重) 和 5.

求属于 1 的特征向量, 即求解齐次线性方程组 $(E-A)X=0$.

$$E-A=\begin{pmatrix}-1&1&1&-1\\1&-1&-1&1\\1&-1&-1&1\\-1&1&1&-1\end{pmatrix}\to\begin{pmatrix}-1&1&1&-1\\0&0&0&0\\0&0&0&0\\0&0&0&0\end{pmatrix},$$

等价的方程组为

$$-x_1+x_2+x_3-x_4=0,$$

求得一个基础解系为

$$\alpha_1=\begin{pmatrix}1\\1\\0\\0\end{pmatrix},\quad \alpha_2=\begin{pmatrix}1\\0\\1\\0\end{pmatrix},\quad \alpha_3=\begin{pmatrix}1\\0\\0\\-1\end{pmatrix}.$$

令

$$\beta_1=\alpha_1=\begin{pmatrix}1\\1\\0\\0\end{pmatrix},\quad \beta_2=\alpha_2-\frac{(\alpha_2,\beta_1)}{(\beta_1,\beta_1)}\beta_1=\begin{pmatrix}\frac{1}{2}\\-\frac{1}{2}\\1\\0\end{pmatrix},$$

$$\boldsymbol{\beta}_3=\boldsymbol{\alpha}_3-\frac{(\boldsymbol{\alpha}_3,\boldsymbol{\beta}_1)}{(\boldsymbol{\beta}_1,\boldsymbol{\beta}_1)}\boldsymbol{\beta}_1-\frac{(\boldsymbol{\alpha}_3,\boldsymbol{\beta}_2)}{(\boldsymbol{\beta}_2,\boldsymbol{\beta}_2)}\boldsymbol{\beta}_2=\begin{pmatrix}\frac{1}{3}\\-\frac{1}{3}\\-\frac{1}{3}\\-1\end{pmatrix},$$

再分别单位化, 得

$$\boldsymbol{\eta}_1=\begin{pmatrix}\frac{\sqrt{2}}{2}\\\frac{\sqrt{2}}{2}\\0\\0\end{pmatrix},\quad \boldsymbol{\eta}_2=\begin{pmatrix}\frac{\sqrt{6}}{6}\\-\frac{\sqrt{6}}{6}\\\frac{\sqrt{6}}{3}\\0\end{pmatrix},\quad \boldsymbol{\eta}_3=\begin{pmatrix}\frac{\sqrt{3}}{6}\\-\frac{\sqrt{3}}{6}\\-\frac{\sqrt{3}}{6}\\-\frac{\sqrt{3}}{2}\end{pmatrix}.$$

再求属于 5 的特征向量, 即求解齐次线性方程组 $(5\boldsymbol{E}-\boldsymbol{A})\boldsymbol{X}=\mathbf{0}$.

$$5\boldsymbol{E}-\boldsymbol{A}=\begin{pmatrix}3&1&1&-1\\1&3&-1&1\\1&-1&3&1\\-1&1&1&3\end{pmatrix}\to\begin{pmatrix}-1&0&0&1\\0&1&0&1\\0&0&1&1\\0&0&0&0\end{pmatrix},$$

求得基础解系为

$$\boldsymbol{\alpha}_4=\begin{pmatrix}1\\-1\\-1\\1\end{pmatrix},$$

将 $\boldsymbol{\alpha}_4$ 单位化得

$$\boldsymbol{\eta}_4=\begin{pmatrix}\frac{1}{2}\\-\frac{1}{2}\\-\frac{1}{2}\\\frac{1}{2}\end{pmatrix}.$$

则 $\boldsymbol{\eta}_1, \boldsymbol{\eta}_2, \boldsymbol{\eta}_3, \boldsymbol{\eta}_4$ 是一组标准正交的特征向量, 以它们为列构成矩阵

$$\boldsymbol{T} = \begin{pmatrix} \dfrac{\sqrt{2}}{2} & \dfrac{\sqrt{6}}{6} & \dfrac{\sqrt{3}}{6} & \dfrac{1}{2} \\ \dfrac{\sqrt{2}}{2} & -\dfrac{\sqrt{6}}{6} & -\dfrac{\sqrt{3}}{6} & -\dfrac{1}{2} \\ 0 & \dfrac{\sqrt{6}}{3} & -\dfrac{\sqrt{3}}{6} & -\dfrac{1}{2} \\ 0 & 0 & -\dfrac{\sqrt{3}}{2} & \dfrac{1}{2} \end{pmatrix},$$

则 $\boldsymbol{T}$ 为一个正交矩阵, 且使

$$\boldsymbol{T}^{-1}\boldsymbol{A}\boldsymbol{T} = \boldsymbol{T}^{\mathrm{T}}\boldsymbol{A}\boldsymbol{T} = \begin{pmatrix} 1 & & & \\ & 1 & & \\ & & 1 & \\ & & & 5 \end{pmatrix}. \qquad \square$$

由于实对称矩阵与实二次型是一一对应的, 用二次型的语言, 定理 9.2.4 可以叙述为

定理 9.2.5 任意一个实二次型

$$f(x_1, x_2, \cdots, x_n) = \sum_{i=1}^{n}\sum_{j=1}^{n} a_{ij}x_ix_j \quad (a_{ij} = a_{ji})$$

都可以经过正交线性变换化为标准形

$$\lambda_1 y_1^2 + \lambda_2 y_2^2 + \cdots + \lambda_n y_n^2,$$

其中 $\lambda_1, \lambda_2, \cdots, \lambda_n$ 是二次型矩阵的全部的特征值.

例 9.2.3 已知二次型

$$f(x_1, x_2, x_3) = 2x_1^2 + 3x_2^2 + 2ax_2x_3 + 3x_3^2 \quad (a > 0)$$

通过正交线性变换化为标准形

$$y_1^2 + 2y_2^2 + 5y_3^2,$$

求 a 及所作的正交线性变换.

解 二次型 $f(x_1,x_2,x_3)$ 的矩阵为

$$\boldsymbol{A}=\begin{pmatrix}2&0&0\\0&3&a\\0&a&3\end{pmatrix}.$$

由题设知 $\boldsymbol{A}$ 的特征值为

$$\lambda_1=1,\ \lambda_2=2,\ \lambda_3=5,$$

由于 $\lambda_1\lambda_2\lambda_3=|\boldsymbol{A}|$, 则有

$$10=2(9-a^2),$$

且要求 $a>0$, 于是可得

$$a=2.$$

求 $\boldsymbol{A}$ 的属于 $\lambda_1=1$ 的特征向量: 求解齐次线性方程组 $(\boldsymbol{E}-\boldsymbol{A})\boldsymbol{X}=\boldsymbol{0}$,

$$\boldsymbol{E}-\boldsymbol{A}=\begin{pmatrix}-1&0&0\\0&-2&-2\\0&-2&-2\end{pmatrix}\to\begin{pmatrix}1&0&0\\0&1&1\\0&0&0\end{pmatrix},$$

得一个基础解系为

$$\boldsymbol{\alpha}_1=(0,1,-1)^{\mathrm{T}}.$$

求 $\boldsymbol{A}$ 的属于 $\lambda_2=2$ 的特征向量: 求解齐次线性方程组 $(2\boldsymbol{E}-\boldsymbol{A})\boldsymbol{X}=\boldsymbol{0}$,

$$2\boldsymbol{E}-\boldsymbol{A}=\begin{pmatrix}0&0&0\\0&-1&-2\\0&-2&-1\end{pmatrix}\to\begin{pmatrix}0&1&0\\0&0&1\\0&0&0\end{pmatrix},$$

得一个基础解系为

$$\boldsymbol{\alpha}_2=(1,0,0)^{\mathrm{T}}.$$

求 $\boldsymbol{A}$ 的属于 $\lambda_3=5$ 的特征向量: 求解齐次线性方程组 $(5\boldsymbol{E}-\boldsymbol{A})\boldsymbol{X}=\boldsymbol{0}$,

$$5\boldsymbol{E}-\boldsymbol{A}=\begin{pmatrix}3&0&0\\0&2&-2\\0&-2&2\end{pmatrix}\to\begin{pmatrix}1&0&0\\0&1&-1\\0&0&0\end{pmatrix},$$

得一个基础解系为

$$\boldsymbol{\alpha}_3=(0,1,1)^{\mathrm{T}}.$$

再分别将 $\boldsymbol{\alpha}_1,\boldsymbol{\alpha}_2,\boldsymbol{\alpha}_3$ 单位化, 并以单位化后的 3 个向量为列向量构成矩阵

$$\boldsymbol{T}=\begin{pmatrix} 0 & 1 & 0 \\ \dfrac{\sqrt{2}}{2} & 0 & \dfrac{\sqrt{2}}{2} \\ -\dfrac{\sqrt{2}}{2} & 0 & \dfrac{\sqrt{2}}{2} \end{pmatrix},$$

则 $\boldsymbol{T}$ 为正交矩阵, 使

$$\boldsymbol{T}^{-1}\boldsymbol{A}\boldsymbol{T}=\boldsymbol{T}^{\mathrm{T}}\boldsymbol{A}\boldsymbol{T}=\begin{pmatrix} 1 & & \\ & 2 & \\ & & 5 \end{pmatrix},$$

即在正交线性变换 $\boldsymbol{X}=\boldsymbol{T}\boldsymbol{Y}$ 下, 二次型化为标准形

$$y_1^2+2y_2^2+5y_3^2.$$ □

由定理 9.2.4 和定理 9.2.5, 容易得到如下定理:

定理 9.2.6 实对称矩阵 $\boldsymbol{A}$ (或实二次型 $\boldsymbol{X}^{\mathrm{T}}\boldsymbol{A}\boldsymbol{X}$) 正定的充分必要条件为 $\boldsymbol{A}$ 的特征值全大于零.

3. 实可逆矩阵的奇异值分解

定义 9.2.1 设 $\boldsymbol{A}$ 为秩为 r 的 $m\times n$ 实矩阵, 矩阵 $\boldsymbol{A}^{\mathrm{T}}\boldsymbol{A}$ 的 n 个特征值为 $\lambda_i,\ i=1,2,\cdots,n$ ($\lambda_i\geqslant 0,\ i=1,2,\cdots,n$), 称 $\sigma_i=\sqrt{\lambda_i},\ i=1,2,\cdots,n$ 为矩阵 $\boldsymbol{A}$ 的奇异值.

通常, $\boldsymbol{A}$ 的奇异值指 $\boldsymbol{A}$ 的正奇异值.

定理 9.2.7 设 $\boldsymbol{A}$ 为 n 阶实可逆矩阵, 则存在 n 阶正交矩阵 $\boldsymbol{T}_1,\boldsymbol{T}_2$, 使得

$$\boldsymbol{A}=\boldsymbol{T}_1\begin{pmatrix} \sigma_1 & & & \\ & \sigma_2 & & \\ & & \ddots & \\ & & & \sigma_n \end{pmatrix}\boldsymbol{T}_2^{\mathrm{T}},$$

其中 $\sigma_1,\sigma_2,\cdots,\sigma_n$ 为 $\boldsymbol{A}$ 的全部奇异值.

证明 因为 $\boldsymbol{A}$ 是实可逆矩阵, 所以 $\boldsymbol{A}^{\mathrm{T}}\boldsymbol{A}$ 是实对称正定矩阵. 设 $\boldsymbol{A}^{\mathrm{T}}\boldsymbol{A}$ 的全部特征值为 $\lambda_1,\lambda_2,\cdots,\lambda_n$, 则有 $\lambda_i>0,\ i=1,2,\cdots,n$. 进而 $\sigma_i>0$, $i=1,2,\cdots,n$.

首先, 由定理 9.2.4 可得, 存在 n 阶正交矩阵 $\boldsymbol{T}$, 使

$$\boldsymbol{A}^{\mathrm{T}}\boldsymbol{A}=\boldsymbol{T}\begin{pmatrix}\lambda_1 & & & \\ & \lambda_2 & & \\ & & \ddots & \\ & & & \lambda_n\end{pmatrix}\boldsymbol{T}^{\mathrm{T}}.$$

对每个 λ_i 开方, 可得

$$\boldsymbol{A}^{\mathrm{T}}\boldsymbol{A}=\boldsymbol{T}\begin{pmatrix}\sqrt{\lambda_1} & & & \\ & \sqrt{\lambda_2} & & \\ & & \ddots & \\ & & & \sqrt{\lambda_n}\end{pmatrix}\begin{pmatrix}\sqrt{\lambda_1} & & & \\ & \sqrt{\lambda_2} & & \\ & & \ddots & \\ & & & \sqrt{\lambda_n}\end{pmatrix}\boldsymbol{T}^{\mathrm{T}},$$

$$\boldsymbol{A}=(\boldsymbol{A}^{\mathrm{T}})^{-1}\boldsymbol{T}\begin{pmatrix}\sqrt{\lambda_1} & & & \\ & \sqrt{\lambda_2} & & \\ & & \ddots & \\ & & & \sqrt{\lambda_n}\end{pmatrix}\begin{pmatrix}\sqrt{\lambda_1} & & & \\ & \sqrt{\lambda_2} & & \\ & & \ddots & \\ & & & \sqrt{\lambda_n}\end{pmatrix}\boldsymbol{T}^{\mathrm{T}}.$$

令

$$\boldsymbol{T}_1=(\boldsymbol{A}^{\mathrm{T}})^{-1}\boldsymbol{T}\begin{pmatrix}\sqrt{\lambda_1} & & & \\ & \sqrt{\lambda_2} & & \\ & & \ddots & \\ & & & \sqrt{\lambda_n}\end{pmatrix}, \quad \boldsymbol{T}_2=\boldsymbol{T},$$

则

$$\begin{aligned}\boldsymbol{T}_1\boldsymbol{T}_1^{\mathrm{T}}&=(\boldsymbol{A}^{\mathrm{T}})^{-1}\boldsymbol{T}\begin{pmatrix}\sqrt{\lambda_1} & & & \\ & \sqrt{\lambda_2} & & \\ & & \ddots & \\ & & & \sqrt{\lambda_n}\end{pmatrix}\begin{pmatrix}\sqrt{\lambda_1} & & & \\ & \sqrt{\lambda_2} & & \\ & & \ddots & \\ & & & \sqrt{\lambda_n}\end{pmatrix}\boldsymbol{T}^{\mathrm{T}}\boldsymbol{A}^{-1}\\ &=(\boldsymbol{A}^{\mathrm{T}})^{-1}\boldsymbol{A}^{\mathrm{T}}\boldsymbol{A}\boldsymbol{A}^{-1}=\boldsymbol{E},\end{aligned}$$

故 $\boldsymbol{T}_1,\boldsymbol{T}_2$ 均为 n 阶正交矩阵, 且使

$$\boldsymbol{A}=\boldsymbol{T}_1\begin{pmatrix}\sigma_1 & & & \\ & \sigma_2 & & \\ & & \ddots & \\ & & & \sigma_n\end{pmatrix}\boldsymbol{T}_2^{\mathrm{T}}.$$

□

4. 实矩阵的正交分解

定理 9.2.8 设 $\boldsymbol{A}$ 为 $m\times n$ 实矩阵, $R(\boldsymbol{A})=r$, 则存在 m 阶正交矩阵 $\boldsymbol{T}_m$ 和 n 阶正交矩阵 $\boldsymbol{T}_n$, 使得

$$\boldsymbol{A}=\boldsymbol{T}_m\begin{pmatrix}\boldsymbol{L}_r & \boldsymbol{O}\\ \boldsymbol{O} & \boldsymbol{O}\end{pmatrix}\boldsymbol{T}_n^{\mathrm{T}},$$

其中 $\boldsymbol{L}_r$ 为 r 阶下三角形矩阵.

证明 记 $\boldsymbol{A}$ 的列向量组为 $\boldsymbol{\alpha}_1,\boldsymbol{\alpha}_2,\cdots,\boldsymbol{\alpha}_n$, 即

$$\boldsymbol{A}=\begin{pmatrix}\boldsymbol{\alpha}_1 & \boldsymbol{\alpha}_2 & \cdots & \boldsymbol{\alpha}_n\end{pmatrix}.$$

分两种情况讨论.

(1) $r\leqslant n\leqslant m$.

不妨设 $\boldsymbol{A}$ 的前 r 列 $\boldsymbol{\alpha}_1,\boldsymbol{\alpha}_2,\cdots,\boldsymbol{\alpha}_r$ 线性无关 (若 $\boldsymbol{A}$ 的列向量组的极大无关组为 $\boldsymbol{\alpha}_{i_1},\boldsymbol{\alpha}_{i_2},\cdots,\boldsymbol{\alpha}_{i_r}$, 可对 $\boldsymbol{A}$ 右乘一个置换矩阵, 使 $\boldsymbol{\alpha}_{i_1},\boldsymbol{\alpha}_{i_2},\cdots,\boldsymbol{\alpha}_{i_r}$ 变为前 r 列, 而置换矩阵为正交矩阵), 将 $\boldsymbol{\alpha}_1,\boldsymbol{\alpha}_2,\cdots,\boldsymbol{\alpha}_r$ 施密特正交化和单位化, 变成 $\boldsymbol{\mu}_1,\boldsymbol{\mu}_2,\cdots,\boldsymbol{\mu}_r$, 即存在 r 阶可逆上三角形矩阵 $\boldsymbol{U}$, 使

$$\begin{pmatrix}\boldsymbol{\mu}_1 & \boldsymbol{\mu}_2 & \cdots & \boldsymbol{\mu}_r\end{pmatrix}=\begin{pmatrix}\boldsymbol{\alpha}_1 & \boldsymbol{\alpha}_2 & \cdots & \boldsymbol{\alpha}_r\end{pmatrix}\boldsymbol{U}.$$

再将 $\boldsymbol{\mu}_1,\boldsymbol{\mu}_2,\cdots,\boldsymbol{\mu}_r$ 扩充为 $\mathbf{R}^m$ 的一组标准正交基 $\boldsymbol{\mu}_1,\boldsymbol{\mu}_2,\cdots,\boldsymbol{\mu}_r,\boldsymbol{\mu}_{r+1},\boldsymbol{\mu}_{r+2},\cdots,\boldsymbol{\mu}_m$, 并以它们为列构成矩阵

$$\boldsymbol{T}_m=\begin{pmatrix}\boldsymbol{\mu}_1 & \boldsymbol{\mu}_2 & \cdots & \boldsymbol{\mu}_r & \boldsymbol{\mu}_{r+1} & \boldsymbol{\mu}_{r+2} & \cdots & \boldsymbol{\mu}_m\end{pmatrix},$$

则 $\boldsymbol{T}_m$ 为 m 阶正交矩阵, 且使

$$\boldsymbol{T}_m^{\mathrm{T}}\boldsymbol{A}=\begin{pmatrix}\boldsymbol{\mu}_1^{\mathrm{T}}\\ \boldsymbol{\mu}_2^{\mathrm{T}}\\ \vdots\\ \boldsymbol{\mu}_r^{\mathrm{T}}\\ \boldsymbol{\mu}_{r+1}^{\mathrm{T}}\\ \boldsymbol{\mu}_{r+2}^{\mathrm{T}}\\ \vdots\\ \boldsymbol{\mu}_m^{\mathrm{T}}\end{pmatrix}\begin{pmatrix}\boldsymbol{\alpha}_1 & \boldsymbol{\alpha}_2 & \cdots & \boldsymbol{\alpha}_r & \boldsymbol{\alpha}_{r+1} & \boldsymbol{\alpha}_{r+2} & \cdots & \boldsymbol{\alpha}_n\end{pmatrix}$$

$$
=\begin{pmatrix}
\begin{pmatrix}\boldsymbol{\mu}_1^{\mathrm{T}}\\ \boldsymbol{\mu}_2^{\mathrm{T}}\\ \vdots\\ \boldsymbol{\mu}_r^{\mathrm{T}}\end{pmatrix}\begin{pmatrix}\boldsymbol{\alpha}_1 & \boldsymbol{\alpha}_2 & \cdots & \boldsymbol{\alpha}_r\end{pmatrix} & \begin{pmatrix}\boldsymbol{\mu}_1^{\mathrm{T}}\\ \boldsymbol{\mu}_2^{\mathrm{T}}\\ \vdots\\ \boldsymbol{\mu}_r^{\mathrm{T}}\end{pmatrix}\begin{pmatrix}\boldsymbol{\alpha}_{r+1} & \boldsymbol{\alpha}_{r+2} & \cdots & \boldsymbol{\alpha}_n\end{pmatrix}\\
\begin{pmatrix}\boldsymbol{\mu}_{r+1}^{\mathrm{T}}\\ \boldsymbol{\mu}_{r+2}^{\mathrm{T}}\\ \vdots\\ \boldsymbol{\mu}_m^{\mathrm{T}}\end{pmatrix}\begin{pmatrix}\boldsymbol{\alpha}_1 & \boldsymbol{\alpha}_2 & \cdots & \boldsymbol{\alpha}_r\end{pmatrix} & \begin{pmatrix}\boldsymbol{\mu}_{r+1}^{\mathrm{T}}\\ \boldsymbol{\mu}_{r+2}^{\mathrm{T}}\\ \vdots\\ \boldsymbol{\mu}_m^{\mathrm{T}}\end{pmatrix}\begin{pmatrix}\boldsymbol{\alpha}_{r+1} & \boldsymbol{\alpha}_{r+2} & \cdots & \boldsymbol{\alpha}_n\end{pmatrix}
\end{pmatrix},
$$

其中

$$
\begin{aligned}
\begin{pmatrix}\boldsymbol{\mu}_1^{\mathrm{T}}\\ \boldsymbol{\mu}_2^{\mathrm{T}}\\ \vdots\\ \boldsymbol{\mu}_r^{\mathrm{T}}\end{pmatrix}\begin{pmatrix}\boldsymbol{\alpha}_1 & \boldsymbol{\alpha}_2 & \cdots & \boldsymbol{\alpha}_r\end{pmatrix} &= \begin{pmatrix}\boldsymbol{\mu}_1^{\mathrm{T}}\\ \boldsymbol{\mu}_2^{\mathrm{T}}\\ \vdots\\ \boldsymbol{\mu}_r^{\mathrm{T}}\end{pmatrix}\begin{pmatrix}\boldsymbol{\mu}_1 & \boldsymbol{\mu}_2 & \cdots & \boldsymbol{\mu}_r\end{pmatrix}\boldsymbol{U}^{-1}\\
&= \boldsymbol{E}_r\boldsymbol{U}^{-1} = \boldsymbol{U}^{-1},\\
&\begin{pmatrix}\boldsymbol{\mu}_{r+1}^{\mathrm{T}}\\ \boldsymbol{\mu}_{r+2}^{\mathrm{T}}\\ \vdots\\ \boldsymbol{\mu}_m^{\mathrm{T}}\end{pmatrix}\begin{pmatrix}\boldsymbol{\alpha}_1 & \boldsymbol{\alpha}_2 & \cdots & \boldsymbol{\alpha}_r\end{pmatrix}\\
&= \begin{pmatrix}\boldsymbol{\mu}_{r+1}^{\mathrm{T}}\\ \boldsymbol{\mu}_{r+2}^{\mathrm{T}}\\ \vdots\\ \boldsymbol{\mu}_m^{\mathrm{T}}\end{pmatrix}\begin{pmatrix}\boldsymbol{\mu}_1 & \boldsymbol{\mu}_2 & \cdots & \boldsymbol{\mu}_r\end{pmatrix}\boldsymbol{U}^{-1}\\
&= \boldsymbol{O}\boldsymbol{U}^{-1} = \boldsymbol{O},
\end{aligned}
$$

$$
\begin{aligned}
&\begin{pmatrix}\boldsymbol{\mu}_{r+1}^{\mathrm{T}}\\ \boldsymbol{\mu}_{r+2}^{\mathrm{T}}\\ \vdots\\ \boldsymbol{\mu}_m^{\mathrm{T}}\end{pmatrix}\begin{pmatrix}\boldsymbol{\alpha}_{r+1} & \boldsymbol{\alpha}_{r+2} & \cdots & \boldsymbol{\alpha}_n\end{pmatrix}\\
=&\begin{pmatrix}\boldsymbol{\mu}_{r+1}^{\mathrm{T}}\\ \boldsymbol{\mu}_{r+2}^{\mathrm{T}}\\ \vdots\\ \boldsymbol{\mu}_m^{\mathrm{T}}\end{pmatrix}\begin{pmatrix}k_1^{(r+1)}\boldsymbol{\alpha}_1+\cdots+k_r^{(r+1)}\boldsymbol{\alpha}_r\\ k_1^{(r+2)}\boldsymbol{\alpha}_1+\cdots+k_r^{(r+2)}\boldsymbol{\alpha}_r\\ \cdots\\ k_1^{(n)}\boldsymbol{\alpha}_1+\cdots+k_r^{(n)}\boldsymbol{\alpha}_r\end{pmatrix}
\end{aligned}
$$

$$= \begin{pmatrix} \boldsymbol{\mu}_{r+1}^{\mathrm{T}} \\ \boldsymbol{\mu}_{r+2}^{\mathrm{T}} \\ \vdots \\ \boldsymbol{\mu}_{m}^{\mathrm{T}} \end{pmatrix} \begin{pmatrix} \boldsymbol{\alpha}_1 & \boldsymbol{\alpha}_2 & \cdots & \boldsymbol{\alpha}_r \end{pmatrix} \begin{pmatrix} k_1^{(r+1)} & \cdots & k_1^{(n)} \\ \vdots & & \vdots \\ k_r^{(r+1)} & \cdots & k_r^{(n)} \end{pmatrix} = \boldsymbol{O}.$$

记 $r \times (n-r)$ 矩阵

$$\begin{pmatrix} \boldsymbol{\mu}_{1}^{\mathrm{T}} \\ \boldsymbol{\mu}_{2}^{\mathrm{T}} \\ \vdots \\ \boldsymbol{\mu}_{r}^{\mathrm{T}} \end{pmatrix} \begin{pmatrix} \boldsymbol{\alpha}_{r+1} & \boldsymbol{\alpha}_{r+2} & \cdots & \boldsymbol{\alpha}_n \end{pmatrix}$$

为 $\boldsymbol{F}$, 于是有

$$\boldsymbol{T}_m^{\mathrm{T}} \boldsymbol{A} = \begin{pmatrix} \boldsymbol{U}^{-1} & \boldsymbol{F} \\ \boldsymbol{O} & \boldsymbol{O} \end{pmatrix},$$

则

$$R \begin{pmatrix} (\boldsymbol{U}^{-1})^{\mathrm{T}} \\ \boldsymbol{F}^{\mathrm{T}} \end{pmatrix} = R \begin{pmatrix} \boldsymbol{U}^{-1} & \boldsymbol{F} \end{pmatrix} = r.$$

记 $\begin{pmatrix} (\boldsymbol{U}^{-1})^{\mathrm{T}} \\ \boldsymbol{F}^{\mathrm{T}} \end{pmatrix}$ 的列向量为 $\boldsymbol{\beta}_1, \boldsymbol{\beta}_2, \cdots, \boldsymbol{\beta}_r$, 即

$$\begin{pmatrix} (\boldsymbol{U}^{-1})^{\mathrm{T}} \\ \boldsymbol{F}^{\mathrm{T}} \end{pmatrix} = \begin{pmatrix} \boldsymbol{\beta}_1 & \boldsymbol{\beta}_2 & \cdots & \boldsymbol{\beta}_r \end{pmatrix},$$

将 $\boldsymbol{\beta}_1, \boldsymbol{\beta}_2, \cdots, \boldsymbol{\beta}_r$ 施密特正交化和单位化, 变成 $\boldsymbol{\nu}_1, \boldsymbol{\nu}_2, \cdots, \boldsymbol{\nu}_r$, 即存在一个 r 阶可逆的上三角形矩阵 $\boldsymbol{V}$, 使

$$\begin{pmatrix} \boldsymbol{\nu}_1 & \boldsymbol{\nu}_2 & \cdots & \boldsymbol{\nu}_r \end{pmatrix} = \begin{pmatrix} \boldsymbol{\beta}_1 & \boldsymbol{\beta}_2 & \cdots & \boldsymbol{\beta}_r \end{pmatrix} \boldsymbol{V}.$$

再将 $\boldsymbol{\nu}_1, \boldsymbol{\nu}_2, \cdots, \boldsymbol{\nu}_r$ 扩充为 $\mathbf{R}^n$ 的一组标准正交基 $\boldsymbol{\nu}_1, \boldsymbol{\nu}_2, \cdots, \boldsymbol{\nu}_r, \boldsymbol{\nu}_{r+1}, \boldsymbol{\nu}_{r+2}, \cdots, \boldsymbol{\nu}_n$, 并以它们为列构成矩阵

$$\boldsymbol{T}_n = \begin{pmatrix} \boldsymbol{\nu}_1 & \boldsymbol{\nu}_2 & \cdots & \boldsymbol{\nu}_r & \boldsymbol{\nu}_{r+1} & \boldsymbol{\nu}_{r+2} & \cdots & \boldsymbol{\nu}_n \end{pmatrix},$$

则 $\boldsymbol{T}_n$ 为 n 阶正交矩阵, 且使

$$\boldsymbol{T}_n^{\mathrm{T}}\begin{pmatrix}(\boldsymbol{U}^{-1})^{\mathrm{T}}\\ \boldsymbol{F}^{\mathrm{T}}\end{pmatrix}=\begin{pmatrix}\boldsymbol{\nu}_1^{\mathrm{T}}\\ \boldsymbol{\nu}_2^{\mathrm{T}}\\ \vdots\\ \boldsymbol{\nu}_r^{\mathrm{T}}\\ \boldsymbol{\nu}_{r+1}^{\mathrm{T}}\\ \boldsymbol{\nu}_{r+2}^{\mathrm{T}}\\ \vdots\\ \boldsymbol{\nu}_n^{\mathrm{T}}\end{pmatrix}\begin{pmatrix}\boldsymbol{\beta}_1 & \boldsymbol{\beta}_2 & \cdots & \boldsymbol{\beta}_r\end{pmatrix}$$

$$=\begin{pmatrix}\begin{pmatrix}\boldsymbol{\nu}_1^{\mathrm{T}}\\ \boldsymbol{\nu}_2^{\mathrm{T}}\\ \vdots\\ \boldsymbol{\nu}_r^{\mathrm{T}}\end{pmatrix}\begin{pmatrix}\boldsymbol{\beta}_1 & \boldsymbol{\beta}_2 & \cdots & \boldsymbol{\beta}_r\end{pmatrix}\\ \begin{pmatrix}\boldsymbol{\nu}_{r+1}^{\mathrm{T}}\\ \boldsymbol{\nu}_{r+2}^{\mathrm{T}}\\ \vdots\\ \boldsymbol{\nu}_n^{\mathrm{T}}\end{pmatrix}\begin{pmatrix}\boldsymbol{\beta}_1 & \boldsymbol{\beta}_2 & \cdots & \boldsymbol{\beta}_r\end{pmatrix}\end{pmatrix},$$

其中

$$\begin{pmatrix}\boldsymbol{\nu}_1^{\mathrm{T}}\\ \boldsymbol{\nu}_2^{\mathrm{T}}\\ \vdots\\ \boldsymbol{\nu}_r^{\mathrm{T}}\end{pmatrix}\begin{pmatrix}\boldsymbol{\beta}_1 & \boldsymbol{\beta}_2 & \cdots & \boldsymbol{\beta}_r\end{pmatrix}=\begin{pmatrix}\boldsymbol{\nu}_1^{\mathrm{T}}\\ \boldsymbol{\nu}_2^{\mathrm{T}}\\ \vdots\\ \boldsymbol{\nu}_r^{\mathrm{T}}\end{pmatrix}\begin{pmatrix}\boldsymbol{\nu}_1 & \boldsymbol{\nu}_2 & \cdots & \nu_r\end{pmatrix}\boldsymbol{V}^{-1}$$

$$=\boldsymbol{E}_r\boldsymbol{V}^{-1}=\boldsymbol{V}^{-1},$$

$$\begin{pmatrix}\boldsymbol{\nu}_{r+1}^{\mathrm{T}}\\ \boldsymbol{\nu}_{r+2}^{\mathrm{T}}\\ \vdots\\ \boldsymbol{\nu}_n^{\mathrm{T}}\end{pmatrix}\begin{pmatrix}\boldsymbol{\beta}_1 & \boldsymbol{\beta}_2 & \cdots & \boldsymbol{\beta}_r\end{pmatrix}=\begin{pmatrix}\boldsymbol{\nu}_{r+1}^{\mathrm{T}}\\ \boldsymbol{\nu}_{r+2}^{\mathrm{T}}\\ \vdots\\ \boldsymbol{\nu}_n^{\mathrm{T}}\end{pmatrix}\begin{pmatrix}\boldsymbol{\nu}_1 & \boldsymbol{\nu}_2 & \cdots & \boldsymbol{\nu}_r\end{pmatrix}\boldsymbol{V}^{-1}$$

$$=\boldsymbol{O}\boldsymbol{V}^{-1}=\boldsymbol{O}.$$

于是有

$$\boldsymbol{T}_n^{\mathrm{T}}\begin{pmatrix}(\boldsymbol{U}^{-1})^{\mathrm{T}}\\ \boldsymbol{F}^{\mathrm{T}}\end{pmatrix}=\begin{pmatrix}\boldsymbol{V}^{-1}\\ \boldsymbol{O}\end{pmatrix},$$

$$\begin{pmatrix}\boldsymbol{U}^{-1} & \boldsymbol{F}\end{pmatrix}\boldsymbol{T}_n=\begin{pmatrix}(\boldsymbol{V}^{-1})^{\mathrm{T}} & \boldsymbol{O}\end{pmatrix}.$$

记

$$\boldsymbol{L}_r=(\boldsymbol{V}^{-1})^{\mathrm{T}},$$

则 $\boldsymbol{L}_r$ 为 r 阶可逆下三角形矩阵. 故有

$$\boldsymbol{T}_m^{\mathrm{T}}\boldsymbol{A}\boldsymbol{T}_n=\begin{pmatrix}\boldsymbol{L}_r & \boldsymbol{O}\\ \boldsymbol{O} & \boldsymbol{O}\end{pmatrix},\quad \boldsymbol{A}=\boldsymbol{T}_m\begin{pmatrix}\boldsymbol{L}_r & \boldsymbol{O}\\ \boldsymbol{O} & \boldsymbol{O}\end{pmatrix}\boldsymbol{T}_n^{\mathrm{T}}.$$

(2) $r\leqslant m\leqslant n$.

$\boldsymbol{A}^{\mathrm{T}}$ 符合情况 (1), 于是, 存在 n 阶正交矩阵 $\overline{\boldsymbol{T}}_n$, m 阶正交矩阵 $\overline{\boldsymbol{T}}_m$, 使得

$$\overline{\boldsymbol{T}}_n^{\mathrm{T}}\boldsymbol{A}^{\mathrm{T}}\overline{\boldsymbol{T}}_m=\begin{pmatrix}\overline{\boldsymbol{L}}_r & \boldsymbol{O}\\ \boldsymbol{O} & \boldsymbol{O}\end{pmatrix},$$

其中 $\overline{\boldsymbol{L}}_r$ 为 r 阶可逆下三角形矩阵. 上式两边取转置, 就得到

$$\overline{\boldsymbol{T}}_m^{\mathrm{T}}\boldsymbol{A}\overline{\boldsymbol{T}}_n=\begin{pmatrix}\overline{\boldsymbol{L}}_r^{\mathrm{T}} & \boldsymbol{O}\\ \boldsymbol{O} & \boldsymbol{O}\end{pmatrix},$$

其中 $\overline{\boldsymbol{L}}_r^{\mathrm{T}}$ 即为 r 阶可逆上三角形矩阵. 令

$$\boldsymbol{P}=\begin{pmatrix}0 & 0 & \cdots & 0 & 1\\ 0 & 0 & \cdots & 1 & 0\\ \vdots & \vdots & & \vdots & \vdots\\ 1 & 0 & \cdots & 0 & 0\end{pmatrix}_{r\times r},\quad \boldsymbol{L}_r=\boldsymbol{P}\overline{\boldsymbol{L}}_r^{\mathrm{T}}\boldsymbol{P},$$

则 $\boldsymbol{L}_r$ 为 r 阶可逆下三角形矩阵. 再令

$$\boldsymbol{P}_m=\begin{pmatrix}\boldsymbol{P} & \boldsymbol{O}\\ \boldsymbol{O} & \boldsymbol{E}_{m-r}\end{pmatrix},\quad \boldsymbol{P}_n=\begin{pmatrix}\boldsymbol{P} & \boldsymbol{O}\\ \boldsymbol{O} & \boldsymbol{E}_{n-r}\end{pmatrix},$$

显然有

$$\boldsymbol{P}_m^{\mathrm{T}}=\boldsymbol{P}_m,\ \boldsymbol{P}_n^{\mathrm{T}}=\boldsymbol{P}_n,$$

且 $\boldsymbol{P}_m$ 为 m 阶正交矩阵, $\boldsymbol{P}_n$ 为 n 阶正交矩阵, 使得

$$\boldsymbol{P}_m^{\mathrm{T}}\overline{\boldsymbol{T}}_m^{\mathrm{T}}\boldsymbol{A}\overline{\boldsymbol{T}}_n\boldsymbol{P}_n=\begin{pmatrix}\boldsymbol{P}\overline{\boldsymbol{L}}_r^{\mathrm{T}}\boldsymbol{P} & \boldsymbol{O}\\ \boldsymbol{O} & \boldsymbol{O}\end{pmatrix}=\begin{pmatrix}\boldsymbol{L}_r & \boldsymbol{O}\\ \boldsymbol{O} & \boldsymbol{O}\end{pmatrix}.$$

最后, 令

$$\boldsymbol{T}_m=\overline{\boldsymbol{T}}_m\boldsymbol{P}_m,\ \boldsymbol{T}_n=\overline{\boldsymbol{T}}_n\boldsymbol{P}_n,$$

则 $\boldsymbol{T}_m$ 为 m 阶正交矩阵, $\boldsymbol{T}_n$ 为 n 阶正交矩阵, 且使

$$\boldsymbol{T}_m^{\mathrm{T}}\boldsymbol{A}\boldsymbol{T}_n=\begin{pmatrix}\boldsymbol{L}_r & \boldsymbol{O}\\ \boldsymbol{O} & \boldsymbol{O}\end{pmatrix},\quad \boldsymbol{A}=\boldsymbol{T}_m\begin{pmatrix}\boldsymbol{L}_r & \boldsymbol{O}\\ \boldsymbol{O} & \boldsymbol{O}\end{pmatrix}\boldsymbol{T}_n^{\mathrm{T}}.$$

□

对于一般的 $m\times n$ 实矩阵, 由定理 9.2.8, 其正交分解为下三角形矩阵, 下面, 我们希望寻求类似于定理 9.2.7 中实可逆矩阵那样的奇异值分解.

5. 实矩阵的奇异值分解

定理 9.2.9 设 $\boldsymbol{A}$ 为 $m\times n$ 实矩阵, $R(\boldsymbol{A})=r$, 则存在 m 阶正交矩阵 $\boldsymbol{T}_m$ 和 n 阶正交矩阵 $\boldsymbol{T}_n$, 使得

$$\boldsymbol{A}=\boldsymbol{T}_m\begin{pmatrix}\boldsymbol{D}_r & \boldsymbol{O}\\ \boldsymbol{O} & \boldsymbol{O}\end{pmatrix}\boldsymbol{T}_n^{\mathrm{T}},$$

其中 $\boldsymbol{D}_r$ 是对角元分别为 $\sigma_1,\sigma_2,\cdots,\sigma_r$ 的 r 阶对角矩阵, σ_i 是 $\boldsymbol{A}$ 的非零奇异值, $i=1,2,\cdots,r$.

证明 首先由定理 9.2.8 知, 存在 m 阶正交矩阵 $\boldsymbol{P}_m$ 和 n 阶正交矩阵 $\boldsymbol{P}_n$, 使得

$$\boldsymbol{A}=\boldsymbol{P}_m\begin{pmatrix}\boldsymbol{L}_r & \boldsymbol{O}\\ \boldsymbol{O} & \boldsymbol{O}\end{pmatrix}\boldsymbol{P}_n^{\mathrm{T}},\quad \boldsymbol{A}^{\mathrm{T}}=\boldsymbol{P}_n\begin{pmatrix}\boldsymbol{L}_r^{\mathrm{T}} & \boldsymbol{O}\\ \boldsymbol{O} & \boldsymbol{O}\end{pmatrix}\boldsymbol{P}_m^{\mathrm{T}}.$$

则有

$$\boldsymbol{A}^{\mathrm{T}}\boldsymbol{A}=\boldsymbol{P}_n\begin{pmatrix}\boldsymbol{L}_r^{\mathrm{T}} & \boldsymbol{O}\\ \boldsymbol{O} & \boldsymbol{O}\end{pmatrix}\boldsymbol{P}_m^{\mathrm{T}}\boldsymbol{P}_m\begin{pmatrix}\boldsymbol{L}_r & \boldsymbol{O}\\ \boldsymbol{O} & \boldsymbol{O}\end{pmatrix}\boldsymbol{P}_n^{\mathrm{T}}=\boldsymbol{P}_n\begin{pmatrix}\boldsymbol{L}_r^{\mathrm{T}}\boldsymbol{L}_r & \boldsymbol{O}\\ \boldsymbol{O} & \boldsymbol{O}\end{pmatrix}\boldsymbol{P}_n^{\mathrm{T}},$$

于是 $\begin{pmatrix}\boldsymbol{L}_r^{\mathrm{T}}\boldsymbol{L}_r & \boldsymbol{O}\\ \boldsymbol{O} & \boldsymbol{O}\end{pmatrix}$ 与 $\boldsymbol{A}^{\mathrm{T}}\boldsymbol{A}$ 相似, 它们有相同的特征值.

由于 $R(\boldsymbol{A})=r$, 则 $\boldsymbol{A}^{\mathrm{T}}\boldsymbol{A}$ 是秩为 r 的半正定矩阵, 不妨设 $\lambda_1,\lambda_2,\cdots,\lambda_r$ 为 $\boldsymbol{A}^{\mathrm{T}}\boldsymbol{A}$ 的大于零的特征值, 故 $\boldsymbol{L}_r^{\mathrm{T}}\boldsymbol{L}_r$ 的特征值为 $\lambda_1,\lambda_2,\cdots,\lambda_r$. 由定理 9.2.7 知, 存在 r 阶正交矩阵 $\boldsymbol{Q}_1,\boldsymbol{Q}_2$, 使得

$$\boldsymbol{L}_r=\boldsymbol{Q}_1\begin{pmatrix}\sigma_1 & & & \\ & \sigma_2 & & \\ & & \ddots & \\ & & & \sigma_r\end{pmatrix}\boldsymbol{Q}_2^{\mathrm{T}}=\boldsymbol{Q}_1\boldsymbol{D}_r\boldsymbol{Q}_2^{\mathrm{T}},$$

其中, $\sigma_1,\sigma_2,\cdots,\sigma_r$ 为 $\boldsymbol{L}_r$ 的奇异值, 也是 $\boldsymbol{A}$ 的奇异值. 令

$$\boldsymbol{Q}_m=\begin{pmatrix}\boldsymbol{Q}_1 & \boldsymbol{O}\\ \boldsymbol{O} & \boldsymbol{E}_{m-r}\end{pmatrix},\quad \boldsymbol{Q}_n=\begin{pmatrix}\boldsymbol{Q}_2 & \boldsymbol{O}\\ \boldsymbol{O} & \boldsymbol{E}_{n-r}\end{pmatrix},$$

则 $\boldsymbol{Q}_m$ 与 $\boldsymbol{Q}_n$ 分别为 m 阶和 n 阶正交矩阵, 且使

$$\begin{pmatrix}\boldsymbol{L}_r & \boldsymbol{O}\\ \boldsymbol{O} & \boldsymbol{O}\end{pmatrix}=\boldsymbol{Q}_m\begin{pmatrix}\boldsymbol{D}_r & \boldsymbol{O}\\ \boldsymbol{O} & \boldsymbol{O}\end{pmatrix}\boldsymbol{Q}_n^{\mathrm{T}},$$

也就是

$$\boldsymbol{A}=\boldsymbol{P}_m\boldsymbol{Q}_m\begin{pmatrix}\boldsymbol{D}_r & \boldsymbol{O}\\ \boldsymbol{O} & \boldsymbol{O}\end{pmatrix}\boldsymbol{Q}_n^{\mathrm{T}}\boldsymbol{P}_n^{\mathrm{T}}.$$

令

$$\boldsymbol{T}_m=\boldsymbol{P}_m\boldsymbol{Q}_m,\ \boldsymbol{T}_n=\boldsymbol{P}_n\boldsymbol{Q}_n,$$

则 $\boldsymbol{T}_m,\boldsymbol{T}_n$ 分别为 m 阶和 n 阶正交矩阵, 且使

$$\boldsymbol{A}=\boldsymbol{T}_m\begin{pmatrix}\boldsymbol{D}_r & \boldsymbol{O}\\ \boldsymbol{O} & \boldsymbol{O}\end{pmatrix}\boldsymbol{T}_n^{\mathrm{T}}.$$ □

这就是 $m\times n$ 实矩阵的奇异值分解.

矩阵的奇异值分解在统计学与数据科学中有着重要的应用, 比如统计学中的主成分分析, 数据处理与分析中的压缩和降维. 许多存储在计算机中的数据都是以矩阵的形式存在的, 进行合理的矩阵压缩能把存储矩阵所占的空间缩减下来. 以图像来说, 事实上一个灰度图像就是一个矩阵, 矩阵中的每个元素就是灰度图像的像素值. 我们设灰度图像矩阵为 $m\times n$ 矩阵 $\boldsymbol{A}$, 对 $\boldsymbol{A}$ 进行奇异值分解得到

$$\boldsymbol{A}=\boldsymbol{U}_m\begin{pmatrix}\boldsymbol{D}_r & \boldsymbol{O}\\ \boldsymbol{O} & \boldsymbol{O}\end{pmatrix}\boldsymbol{V}_n^{\mathrm{T}}=\sum_{i=1}^{r}\sigma_i\boldsymbol{u}_i\boldsymbol{v}_i^{\mathrm{T}},$$

其中, $\boldsymbol{U}_m$, $\boldsymbol{V}_n$ 分别为 m 阶和 n 阶正交矩阵, $\boldsymbol{u}_i\ (i=1,2,\cdots,m)$, $\boldsymbol{v}_j\ (j=1,2,\cdots,n)$ 分别为 $\boldsymbol{U}_m$ 和 $\boldsymbol{V}_n$ 的列向量. 奇异值 σ_i, $i=1,2,\cdots,r$ 有一定的大小关系, 我们不妨设 $\sigma_1\geqslant\sigma_2\geqslant\cdots\geqslant\sigma_r$. 分别取 $\boldsymbol{u}_i$ 和 $\boldsymbol{v}_j$ 的前 k 个分量. 若一个像素为 1 字节, 原始图像需 $m\times n$ 字节的存储空间, 而使用奇异值分解后只需 $k\times(1+m+n)$ 字节的存储空间, 以此达到压缩图像 (矩阵) 的目的.

同时相应地删减矩阵 $\boldsymbol{U}_m$ 的后 $m-k$ 行和 $\boldsymbol{V}_n$ 的后 $n-k$ 行. 这样, 删减后的三个矩阵相乘可以重构出一个新的矩阵, 而这个矩阵和原始数据的矩阵在一定程度上相差无几, 从而达到了降维和简化运算的目的.

主成分分析的基本思想也是降维.

习 题 9

1. 将矩阵

$$\boldsymbol{A}=\begin{pmatrix}1 & 2 & 3\\ 2 & 5 & 2\\ 3 & 1 & 5\end{pmatrix}$$

分解成一个单位下三角形矩阵与一个上三角形矩阵的乘积.

2. 将矩阵

$$A=\begin{pmatrix}1&1&1\\0&4&-1\\2&-2&1\end{pmatrix}$$

分解成一个下三角形矩阵与一个单位上三角形矩阵的乘积.

3. 试将矩阵

$$A=\begin{pmatrix}2&-1&1\\-1&-2&3\\1&3&1\end{pmatrix}$$

分解为 $A=LDL^{\mathrm{T}}$, 其中 L 为单位下三角形矩阵, D 为对角矩阵.

4. 试对矩阵

$$A=\begin{pmatrix}1&2&6\\2&5&15\\6&15&46\end{pmatrix}$$

作 Cholesky 分解.

5. 求正交矩阵 T, 使 $T^{-1}AT$ 为对角矩阵:

(1) $A=\begin{pmatrix}0&-2&2\\-2&-3&4\\2&4&-3\end{pmatrix}$; (2) $A=\begin{pmatrix}1&2&4\\2&-2&2\\4&2&1\end{pmatrix}$;

(3) $A=\begin{pmatrix}2&-2&0\\-2&1&-2\\0&-2&0\end{pmatrix}$; (4) $A=\begin{pmatrix}0&0&4&1\\0&0&1&4\\4&1&0&0\\1&4&0&0\end{pmatrix}$;

(5) $A=\begin{pmatrix}0&1&1&-1\\1&0&-1&1\\1&-1&0&1\\-1&1&1&0\end{pmatrix}$; (6) $A=\begin{pmatrix}-1&-3&3&-3\\-3&-1&-3&3\\3&-3&-1&-3\\-3&3&-3&-1\end{pmatrix}$.

6. 用正交线性变换化下列二次型为标准形:

(1) $x_1^2+2x_2^2+3x_3^2-4x_1x_2-4x_2x_3$;

(2) $x_1^2-2x_2^2-2x_3^2-4x_1x_2+4x_1x_3+8x_2x_3$;

(3) $2x_1x_2+2x_3x_4$;

(4) $x_1^2+x_2^2+x_3^2+x_4^2-2x_1x_2+6x_1x_3-4x_1x_4-4x_2x_3+6x_2x_4-2x_3x_4$.

7. 设 3 阶实对称矩阵 A 的特征值为 $1,2,3$, A 的属于特征值 $1,2$ 的特征向量分别为 $\alpha_1=(-1,-1,1)^{\mathrm{T}}$ 和 $\alpha_2=(1,-2,-1)^{\mathrm{T}}$.

(1) 求 A 的属于特征值 3 的特征向量;

(2) 求矩阵 A.

8. 设 A 是 n 阶实方阵, 证明: 存在正交矩阵 T, 使 $T^{-1}AT$ 为对角矩阵的充分必要条件是 A 的特征值全是实的.

9. 设 $\boldsymbol{A},\boldsymbol{B}$ 均为 n 阶实对称矩阵, 证明: 存在正交矩阵 $\boldsymbol{T}$, 使 $\boldsymbol{T}^{-1}\boldsymbol{A}\boldsymbol{T}=\boldsymbol{B}$ 的充分必要条件是 $\boldsymbol{A},\boldsymbol{B}$ 的特征值全部相同.

10. 证明: 特征值全是实的正交矩阵必为对称矩阵.

11. 设 $\boldsymbol{A}$ 是 n 阶实对称矩阵, 且 $\boldsymbol{A}^2=\boldsymbol{A}$, 证明: 存在正交矩阵 $\boldsymbol{T}$, 使得

$$\boldsymbol{T}^{-1}\boldsymbol{A}\boldsymbol{T}=\begin{pmatrix}1&&&&&\\&\ddots&&&&\\&&1&&&\\&&&0&&\\&&&&\ddots&\\&&&&&0\end{pmatrix}.$$

12. 设 $\boldsymbol{A}$ 为 n 阶实对称矩阵, 其特征值为 $\lambda_1\leqslant\lambda_2\leqslant\cdots\leqslant\lambda_n$, 证明: 对任意实 n 维列向量 $\boldsymbol{X}$ 均有

$$\lambda_1\boldsymbol{X}^{\mathrm{T}}\boldsymbol{X}\leqslant\boldsymbol{X}^{\mathrm{T}}\boldsymbol{A}\boldsymbol{X}\leqslant\lambda_n\boldsymbol{X}^{\mathrm{T}}\boldsymbol{X}.$$

13. 设 $\boldsymbol{A},\boldsymbol{B}$ 均为正定矩阵. 证明: $\boldsymbol{A}\boldsymbol{B}$ 为正定矩阵的充分必要条件为 $\boldsymbol{A}\boldsymbol{B}=\boldsymbol{B}\boldsymbol{A}$.

14. 设 $\boldsymbol{A},\boldsymbol{B}$ 是两个 n 阶实对称矩阵, 且 $\boldsymbol{B}$ 是正定矩阵, 证明: 存在一个 n 阶可逆矩阵 $\boldsymbol{T}$, 使 $\boldsymbol{T}^{\mathrm{T}}\boldsymbol{A}\boldsymbol{T}$ 与 $\boldsymbol{T}^{\mathrm{T}}\boldsymbol{B}\boldsymbol{T}$ 同时为对角矩阵.

15. 设 $\boldsymbol{A},\boldsymbol{B}$ 均为 n 阶实对称矩阵, 证明: 当 $\boldsymbol{A}\boldsymbol{B}=\boldsymbol{B}\boldsymbol{A}$ 时, 存在正交矩阵 $\boldsymbol{T}$, 使 $\boldsymbol{T}^{-1}\boldsymbol{A}\boldsymbol{T}$ 与 $\boldsymbol{T}^{-1}\boldsymbol{B}\boldsymbol{T}$ 同时为对角矩阵.

16. 设 $\boldsymbol{A}$ 为 n 阶实对称正定矩阵, 证明: 存在唯一一个实对称正定矩阵 $\boldsymbol{B}$, 使 $\boldsymbol{A}=\boldsymbol{B}^2$.

17. 求下列矩阵的奇异值分解:

(1) $\boldsymbol{A}=\begin{pmatrix}1&1\\1&1\\0&0\end{pmatrix}$; (2) $\boldsymbol{A}=\begin{pmatrix}1&0&1\\0&1&1\\0&0&0\end{pmatrix}$.

10

第十章

线性方程组数值解法介绍

10.1 引　　言

线性方程组在科学研究中具有极其重要的地位, 不仅有些实际问题的数学模型直接表述为线性方程组, 而且许许多多的数学问题的求解最终可归结为线性方程组的求解问题. 往往这些线性方程组的精确解很难或不可能求得, 因此, 对线性方程组的数值解法的研究具有非常重要的实际意义.

线性方程组的系数矩阵可大致分为两种, 一种为低阶稠密矩阵, 另一种是大型稀疏矩阵, 这就使线性方程组的数值解法依其系数矩阵的特点, 主要分为直接法和迭代法两类. 所谓直接法是指假设计算过程中没有舍入误差, 经过有限次算术运算可求得线性方程组精确解的方法. 但实际计算中, 由于舍入误差的存在和影响, 这种方法也只能求得线性方程组的近似解. 直接法是解系数矩阵为低阶稠密矩阵的线性方程组的有效方法. 迭代法是指用某种极限过程去逐步逼近线性方程组精确解的方法. 迭代法具有存储量少、程序设计简单等优点, 但存在收敛性问题. 迭代法是解系数矩阵为大型稀疏矩阵的线性方程组的重要方法.

10.2 直 接 法

1. 直接三角分解法

由第 9 章, 我们知道, 当 $\boldsymbol{A}$ 为可逆矩阵时, $\boldsymbol{A}$ 可以唯一地分解成

$$\boldsymbol{A}=\boldsymbol{L}\boldsymbol{U},$$

其中 $\boldsymbol{L}$ 为单位下三角形矩阵, $\boldsymbol{U}$ 为上三角形矩阵. 这样求解线性方程组 $\boldsymbol{A}\boldsymbol{X}=\boldsymbol{b}$ 的问题, 就转化为求解两个三角形线性方程组

$$\begin{cases}\boldsymbol{L}\boldsymbol{Y}=\boldsymbol{b},\\ \boldsymbol{U}\boldsymbol{X}=\boldsymbol{Y}.\end{cases}$$

下面设 $\boldsymbol{A}$ 的各阶顺序主子式均不为零. 利用 $\boldsymbol{A}$ 的三角分解式

$$\begin{pmatrix} a_{11} & a_{12} & \cdots & a_{1n} \\ a_{21} & a_{22} & \cdots & a_{2n} \\ \vdots & \vdots & & \vdots \\ a_{n1} & a_{n2} & \cdots & a_{nn} \end{pmatrix} = \begin{pmatrix} 1 & & & \\ l_{21} & 1 & & \\ \vdots & \vdots & \ddots & \\ l_{n1} & l_{n2} & \cdots & 1 \end{pmatrix} \begin{pmatrix} u_{11} & u_{12} & \cdots & u_{1n} \\ & u_{22} & \cdots & u_{2n} \\ & & \ddots & \vdots \\ & & & u_{nn} \end{pmatrix}$$

可以得到直接三角分解法求解 $\boldsymbol{AX}=\boldsymbol{b}$ 的计算步骤:

(1) $u_{1j}=a_{1j},\ j=1,2,\cdots,n;\ l_{i1}=a_{i1}/u_{11},\ i=2,3,\cdots,n.$

(2) 对 $r=2,3,\cdots,n$, 计算 $\boldsymbol{U}$ 的第 r 行元素与 $\boldsymbol{L}$ 的第 r 列元素.

$$u_{rj}=a_{rj}-\sum_{k=1}^{r-1} l_{rk}u_{kj},\ j=r,r+1,\cdots,n.$$

$$l_{ir}=\left(a_{ir}-\sum_{k=1}^{r-1} l_{ik}u_{kr}\right)\Big/u_{rr},\ i=r+1,r+2,\cdots,n\ (r\neq n).$$

(3) 求解 $\boldsymbol{LY}=\boldsymbol{b}$.

$$y_1=b_1,\ y_i=b_i-\sum_{k=1}^{i-1} l_{ik}y_k,\ i=2,3,\cdots,n.$$

(4) 求解 $\boldsymbol{UX}=\boldsymbol{Y}$.

$$x_n=y_n/u_{nn},\ x_i=\left(y_i-\sum_{k=i+1}^{n} u_{ik}x_k\right)\Big/u_{ii},\ i=n-1,n-2,\cdots,1.$$

例 10.2.1 用直接法求解线性方程组

$$\begin{cases} x_1 + 2x_2 + 3x_3 = 14, \\ 2x_1 + 5x_2 + 2x_3 = 18, \\ 3x_1 + x_2 + 5x_3 = 20. \end{cases}$$

解 方程组的系数矩阵

$$\boldsymbol{A}=\begin{pmatrix} 1 & 2 & 3 \\ 2 & 5 & 2 \\ 3 & 1 & 5 \end{pmatrix}=\begin{pmatrix} 1 & 0 & 0 \\ 2 & 1 & 0 \\ 3 & -5 & 1 \end{pmatrix}\begin{pmatrix} 1 & 2 & 3 \\ 0 & 1 & -4 \\ 0 & 0 & -24 \end{pmatrix}.$$

求解 $\begin{cases} y_1 = 14, \\ 2y_1 + y_2 = 18, \\ 3y_1 - 5y_2 + y_3 = 20, \end{cases}$ 得 $\begin{cases} y_1=14, \\ y_2=-10, \\ y_3=-72. \end{cases}$

$$\text{求解}\begin{cases} x_1 + 2x_2 + 3x_3 = 14, \\ \qquad x_2 - 4x_3 = -10, \\ \qquad\qquad - 24x_3 = -72, \end{cases} \qquad \text{得}\begin{cases} x_1 = 1, \\ x_2 = 2, \\ x_3 = 3. \end{cases}$$ □

从直接法的计算公式可以看出, 当 $u_{rr}=0$ 时, 计算将中断, 或若当 u_{rr} 绝对值很小时, 按公式计算可能引起舍入误差的累积. 但当 $\boldsymbol{A}$ 可逆时, 我们可以通过交换 $\boldsymbol{A}$ 的行, 即对 $\boldsymbol{A}$ 左乘置换矩阵 $\boldsymbol{P}$, 实现对 $\boldsymbol{PA}$ 的 $\boldsymbol{LU}$ 分解. 我们将矩阵 $\boldsymbol{A}$ 的直接三角分解修改为选主元的三角分解.

设第 $r-1$ 步计算已完成, 这时 $\boldsymbol{A}$ 的实际存储如下所示:

$$\boldsymbol{A} \to \begin{pmatrix} u_{11} & u_{12} & \cdots & \cdots & \cdots & \cdots & u_{1n} \\ l_{21} & u_{22} & \cdots & \cdots & \cdots & \cdots & u_{2n} \\ \vdots & \ddots & \ddots & & & & \vdots \\ \vdots & \vdots & \ddots & u_{r-1,r-1} & \cdots & \cdots & u_{r-1,n} \\ \vdots & \vdots & & l_{r,r-1} & a_{rr} & \cdots & a_{rn} \\ \vdots & \vdots & & \vdots & \vdots & & \vdots \\ l_{n1} & l_{n2} & \cdots & l_{n,r-1} & a_{nr} & \cdots & a_{nn} \end{pmatrix}.$$

第 r 步分解需要用到 u_{rr}, 如果 u_{rr} 很小, 为了避免很小的数作除数, 引入

$$s_i = a_{ir} - \sum_{k=1}^{r-1} l_{ik}u_{kr}, \ i = r, r+1, \cdots, n,$$

于是

$$u_{rr} = s_r, \ l_{ir} = s_i/s_r, \ i = r+1, r+2, \cdots, n.$$

若

$$|s_{i_r}| = \max_{r \leqslant i \leqslant n} |s_i|,$$

我们交换 $\boldsymbol{A}$ 的第 r 行与第 i_r 行, 即用 s_{i_r} 作为 u_{rr}, 由此再进行第 r 步计算. 于是, 我们得到选列主元的三角分解法求解 $\boldsymbol{AX}=\boldsymbol{b}$ 的计算步骤:

(1) 对 $r = 1, 2, \cdots, n$,

① 计算 s_i.

$$s_i = a_{ir} - \sum_{k=1}^{r-1} l_{ik}u_{kr}, \ i = r, r+1, \cdots, n.$$

② 选列主元.

$$|s_{i_r}| = \max_{r \leqslant i \leqslant n} |s_i|, \ \text{记录} I_p(r) = i_r.$$

③ 交换 $\boldsymbol{A}$ 的第 r 行与第 i_r 行.

$$a_{rj} \leftrightarrow a_{i_r j},\ j=1,2,\cdots,n.$$

④ 计算 $\boldsymbol{U}$ 的第 r 行元素与 $\boldsymbol{L}$ 的第 r 列元素.

$$\begin{aligned}
&a_{rr}=u_{rr}=s_r,\\
&l_{ir}=s_i/u_{rr},\ i=r+1,r+2,\cdots,n,\\
&u_{rj}=a_{rj}-\sum_{k=1}^{r-1} l_{rk}u_{kj},\ j=r+1,r+2,\cdots,n.
\end{aligned}$$

上述过程实现了 $\boldsymbol{PA}$ 的三角分解, 矩阵 $\boldsymbol{P}$ 由 $I_p(n)$ 的最后记录得到.

(2) 求解 $\boldsymbol{LY}=\boldsymbol{Pb}$.

① 对 $i=1,2,\cdots,n-1$,

若 $i=I_p(i)$, 则 b_i 不变; 否则, 交换 b_i 与 $b_{I_p(i)}$.

② $y_1=b_1$, $y_i=b_i-\sum\limits_{k=1}^{r-1} l_{ik}y_k$, $i=2,3,\cdots,n$.

(3) 求解 $\boldsymbol{UX}=\boldsymbol{Y}$.

$$x_n=y_n/u_{nn},\ x_i=\left(y_i-\sum_{k=i+1}^{n} u_{ik}x_k\right)\Big/u_{ii},\ i=n-1,n-2,\cdots,1.$$

例 10.2.2 考虑线性方程组

$$\begin{cases} 10^{-4}x_1 + x_2 = 1,\\ x_1 + x_2 = 2. \end{cases}$$

该方程组的精确解为 $x_1=\dfrac{1}{1-10^{-4}}\approx 1$, $x_2=2-x_1\approx 1$.

如果不选主元, 设

$$\boldsymbol{A}=\begin{pmatrix} 10^{-4} & 1\\ 1 & 1\end{pmatrix}=\begin{pmatrix} 1 & \\ l_{21} & 1\end{pmatrix}\begin{pmatrix} u_{11} & u_{12}\\ & u_{22}\end{pmatrix},$$

得到 $u_{11}=10^{-4}$, $u_{12}=1$, $l_{21}=1/10^{-4}=10^4$, $u_{22}=1-10^4\approx-10^4$.

求解 $\boldsymbol{LY}=\boldsymbol{b}=\begin{pmatrix}1\\2\end{pmatrix}$, 得到 $y_1=1$, $y_2=2-10^4\approx-10^4$.

求解 $\boldsymbol{UX}=\boldsymbol{Y}$, 得到 $x_2=1$, $x_1=0$.

这个结果与精确解谬之千里.

如果我们先将 $\boldsymbol{A}$ 的第 1 行与第 2 行互换, 即选 $a_{21}=1$ 为列主元, 得到

$$\boldsymbol{PA}=\begin{pmatrix} 0 & 1\\ 1 & 0\end{pmatrix}\begin{pmatrix} 10^{-4} & 1\\ 1 & 1\end{pmatrix}=\begin{pmatrix} 1 & 1\\ 10^{-4} & 1\end{pmatrix}.$$

设

$$\begin{pmatrix} 1 & 1 \\ 10^{-4} & 1 \end{pmatrix} = \begin{pmatrix} 1 & \\ l_{21} & 1 \end{pmatrix} \begin{pmatrix} u_{11} & u_{12} \\ & u_{22} \end{pmatrix},$$

得到 $u_{11} = 1$, $u_{12} = 1$, $l_{21} = 10^{-4}/1 = 10^{-4}$, $u_{22} = 1 - 10^{-4} \approx 1$.

求解 $\boldsymbol{LY} = \boldsymbol{Pb} = \begin{pmatrix} 2 \\ 1 \end{pmatrix}$, 得到 $y_1 = 2$, $y_2 = 1 - 2 \times 10^{-4} \approx 1$.

求解 $\boldsymbol{UX} = \boldsymbol{Y}$, 得到 $x_2 = 1$, $x_1 = 1$.

结果则与精确值十分接近.

如果 $\boldsymbol{A}$ 是某些特殊矩阵, 求解 $\boldsymbol{AX} = \boldsymbol{b}$ 的算法会进一步得以简化.

2. 平方根法

设 $\boldsymbol{A}$ 为对称正定矩阵, 由第 9 章可知, $\boldsymbol{A}$ 可以唯一地分解为

$$\boldsymbol{A} = \boldsymbol{LL}^{\mathrm{T}},$$

其中 $\boldsymbol{L}$ 为对角元全大于零的下三角形矩阵. 由此, 我们可以得到求解系数矩阵为对称正定矩阵的线性方程组 $\boldsymbol{AX} = \boldsymbol{b}$ 的平方根法的计算步骤:

(1) 对 $j = 1, 2, \cdots, n$,

① $l_{jj} = \left(a_{jj} - \sum\limits_{k=1}^{j-1} l_{jk}^2 \right)^{\frac{1}{2}}$.

② $l_{ij} = \left(a_{ij} - \sum\limits_{k=1}^{j-1} l_{ik} l_{jk} \right) \Big/ l_{jj}$, $i = j+1, j+2, \cdots, n$.

(2) 求解 $\boldsymbol{LY} = \boldsymbol{b}$.

$$y_i = \left(b_i - \sum_{k=1}^{i-1} l_{ik} y_k \right) \Big/ l_{ii},\ i = 1, 2, \cdots, n.$$

(3) 求解 $\boldsymbol{L}^{\mathrm{T}} \boldsymbol{X} = \boldsymbol{Y}$.

$$x_i = \left(y_i - \sum_{k=i+1}^{n} l_{ki} x_k \right) \Big/ l_{ii},\ i = n, n-1, \cdots, 1.$$

由于

$$a_{jj} = \sum_{k=1}^{j} l_{jk}^2,\ j = 1, 2, \cdots, n,$$

所以

$$l_{jk}^2 \leqslant a_{jj} \leqslant \max_{1 \leqslant j \leqslant n} \{a_{jj}\},$$

于是

$$\max_{j,k} \{l_{jk}^2\} \leqslant \max_{1 \leqslant j \leqslant n} \{a_{jj}\}.$$

这说明, l_{jk} 的数量级不会增长且 l_{jj} 恒为正数, 于是不选主元的平方根法是一个数值稳定的算法.

3. 追赶法

在一些统计问题中, 比如一阶自相关线性回归模型 $\boldsymbol{Y} = \boldsymbol{X\beta} + \boldsymbol{\varepsilon}$, 误差项 $\boldsymbol{\varepsilon}$ 满足

$$\varepsilon_t = \rho\varepsilon_{t-1} + v_t,\ t = 1, 2, \cdots, T,\ |\rho| < 1,$$

$\boldsymbol{\varepsilon}$ 的协方差阵的逆矩阵

$$\boldsymbol{\Omega}^{-1} = \left(\boldsymbol{E}(\boldsymbol{\varepsilon\varepsilon}^{\mathrm{T}})\right)^{-1} = \begin{pmatrix} 1 & -\rho & & & \\ -\rho & 1+\rho^2 & -\rho & & \\ & \ddots & \ddots & \ddots & \\ & & -\rho & 1+\rho^2 & -\rho \\ & & & -\rho & 1 \end{pmatrix}.$$

这种矩阵称为三对角矩阵, 并且对角元的绝对值大于非对角元的绝对值之和, 是对角占优的三对角矩阵. 我们利用矩阵的直接三角分解法来推导求解三对角线性方程组 $\boldsymbol{AX} = \boldsymbol{d}$ 的计算公式.

设

$$\boldsymbol{A} = \begin{pmatrix} b_1 & c_1 & & \\ a_2 & b_2 & \ddots & \\ & \ddots & \ddots & c_{n-1} \\ & & a_n & b_n \end{pmatrix}, \quad \boldsymbol{d} = \begin{pmatrix} d_1 \\ d_2 \\ \vdots \\ d_n \end{pmatrix}.$$

由第 9 章, 可以得到 $\boldsymbol{A}$ 的 Crout 分解

$$\begin{pmatrix} b_1 & c_1 & & \\ a_2 & b_2 & \ddots & \\ & \ddots & \ddots & c_{n-1} \\ & & a_n & b_n \end{pmatrix} = \begin{pmatrix} \alpha_1 & & & \\ \gamma_2 & \alpha_2 & & \\ & \ddots & \ddots & \\ & & \gamma_n & \alpha_n \end{pmatrix} \begin{pmatrix} 1 & \beta_1 & & \\ & 1 & \ddots & \\ & & \ddots & \beta_{n-1} \\ & & & 1 \end{pmatrix}$$

$$\overset{\text{def}}{=\!=} \boldsymbol{LU}.$$

比较两边矩阵的各个元素可以得到:

$$b_1 = \alpha_1,\ c_1 = \alpha_1\beta_1;$$

$$a_i = \gamma_i,\ b_i = \gamma_i\beta_{i-1} + \alpha_i,\ i = 2, 3, \cdots, n;\ c_i = \alpha_i\beta_i,\ i = 2, 3, \cdots, n-1,$$

即

$$\gamma_i = a_i,\ i = 2, 3, \cdots, n;$$

$$\beta_1 = \frac{c_1}{b_1},\ \beta_i = c_i/(b_i - a_i\beta_{i-1}),\ i = 2, 3, \cdots, n-1;$$

$$\alpha_1 = b_1,\ \alpha_i = b_i - a_i\beta_{i-1},\ i = 2, 3, \cdots, n.$$

进而, 可以得到解三对角方程组的计算步骤:

(1) $\beta_1 = \frac{c_1}{b_1}$, $\beta_i = c_i/(b_i - a_i\beta_{i-1}),\ i = 2, 3, \cdots, n-1$.

(2) 求解 $\boldsymbol{LY} = \boldsymbol{d}$.

$$y_1 = d_1/b_1,\ y_i = (d_i - a_i y_{i-1})/(b_i - a_i\beta_{i-1}),\ i = 2, 3, \cdots, n.$$

(3) 求解 $\boldsymbol{UX} = \boldsymbol{Y}$.

$$x_n = y_n,\ x_i = y_i - \beta_i x_{i+1},\ i = n-1, \cdots, 2, 1.$$

我们将计算 $\beta_1 \to \beta_2 \to \cdots \to \beta_{n-1}$ 及 $y_1 \to y_2 \to \cdots \to y_n$ 的过程称为追的过程, 将计算 $x_n \to x_{n-1} \to \cdots \to x_1$ 的过程称为赶的过程, 所以上述方法称为追赶法.

对于求解对角占优的三对角线性方程组, 追赶法的计算公式中不会出现中间结果数量级的巨大增长和舍入误差的严重累积.

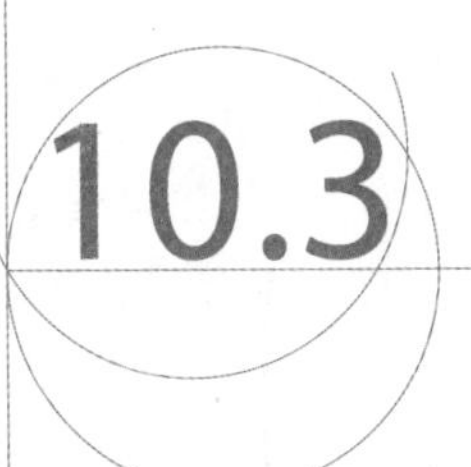

10.3 迭 代 法

对于线性方程组

$$\boldsymbol{AX} = \boldsymbol{b},$$

当 $\boldsymbol{A}$ 阶数很大, 但零元素比较多, 即 $\boldsymbol{A}$ 为大型稀疏矩阵时, 利用迭代法求解方程组是合适的. 在存储和运算两方面都可以利用 $\boldsymbol{A}$ 中有大量零元素的特点.

将 $\boldsymbol{AX} = \boldsymbol{b}$ 变形得到等价的迭代方程组

$$\boldsymbol{X} = \boldsymbol{BX} + \boldsymbol{f},$$

其中, $\boldsymbol{B}$ 称为迭代矩阵. 设 $\boldsymbol{X}^{(0)}$ 为任取的初始向量, 按下述公式构造向量序列:

$$\begin{cases} \boldsymbol{X}^{(1)} = \boldsymbol{BX}^{(0)} + \boldsymbol{f}, \\ \boldsymbol{X}^{(2)} = \boldsymbol{BX}^{(1)} + \boldsymbol{f}, \\ \cdots\cdots\cdots\cdots \\ \boldsymbol{X}^{(k+1)} = \boldsymbol{BX}^{(k)} + \boldsymbol{f}, \\ \cdots\cdots\cdots\cdots \end{cases}$$

其中 k 为迭代次数, $\boldsymbol{B}$ 与 k 无关. 如果 $\lim\limits_{k\to\infty}\boldsymbol{X}^{(k)}=\boldsymbol{X}^*$ 存在, 则

$$\boldsymbol{X}^*=\boldsymbol{B}\boldsymbol{X}^*+\boldsymbol{f},$$

$\boldsymbol{X}^*$ 即为原方程组的解. 以上过程就是求解线性方程组的迭代法.

要使得 $\boldsymbol{X}^{(k)}$ 收敛, 就得使误差向量序列

$$\boldsymbol{\varepsilon}^{(k)}=\boldsymbol{X}^{(k)}-\boldsymbol{X}^*$$

收敛于零向量, 而对误差向量序列递推可得

$$\begin{aligned}\boldsymbol{\varepsilon}^{(k+1)}&=\boldsymbol{X}^{(k+1)}-\boldsymbol{X}^*=\boldsymbol{B}\boldsymbol{X}^{(k)}+\boldsymbol{f}-\boldsymbol{B}\boldsymbol{X}^*-\boldsymbol{f}=\boldsymbol{B}(\boldsymbol{X}^{(k)}-\boldsymbol{X}^*)=\boldsymbol{B}\boldsymbol{\varepsilon}^{(k)}\\&=\cdots=\boldsymbol{B}^k\boldsymbol{\varepsilon}^{(0)}.\end{aligned}$$

因此, 考虑 $\boldsymbol{X}^{(k)}$ 的收敛性, 就是要研究 $\boldsymbol{B}$ 满足什么条件, 可使 $\boldsymbol{B}^k$ 收敛到零矩阵. 可以证明: $\boldsymbol{B}^k$ 收敛到零矩阵的充分必要条件是

$$\rho(\boldsymbol{B})<1,$$

其中 $\rho(\boldsymbol{B})$ 为 $\boldsymbol{B}$ 的谱半径, 即 $\boldsymbol{B}$ 的特征值的最大绝对值.

下面, 我们介绍三种求解线性方程组的迭代法.

1. 雅可比迭代法

设 $\boldsymbol{A}$ 为可逆矩阵, 且 $\boldsymbol{A}$ 的对角元全部非零. 记

$$\boldsymbol{D}=\begin{pmatrix}a_{11}&&&\\&a_{22}&&\\&&\ddots&\\&&&a_{nn}\end{pmatrix},\ \boldsymbol{L}=-\begin{pmatrix}0&&&\\a_{21}&0&&\\\vdots&\vdots&\ddots&\\a_{n1}&a_{n2}&\cdots&0\end{pmatrix},$$

$$\boldsymbol{U}=-\begin{pmatrix}0&a_{12}&\cdots&a_{1n}\\&0&\cdots&a_{2n}\\&&\ddots&\vdots\\&&&0\end{pmatrix},$$

则有

$$\boldsymbol{A}=\boldsymbol{D}-\boldsymbol{L}-\boldsymbol{U}.$$

$\boldsymbol{A}\boldsymbol{X}=\boldsymbol{b}$ 等价地变形为

$$\boldsymbol{D}\boldsymbol{X}=(\boldsymbol{L}+\boldsymbol{U})\boldsymbol{X}+\boldsymbol{b},\ \boldsymbol{X}=\boldsymbol{D}^{-1}(\boldsymbol{L}+\boldsymbol{U})\boldsymbol{X}+\boldsymbol{D}^{-1}\boldsymbol{b}.$$

令

$$\boldsymbol{B}=\boldsymbol{D}^{-1}(\boldsymbol{L}+\boldsymbol{U}),\ \boldsymbol{f}=\boldsymbol{D}^{-1}\boldsymbol{b},$$

得到雅可比 (Jacobi) 迭代方程组

$$\boldsymbol{X}=\boldsymbol{B}\boldsymbol{X}+\boldsymbol{f}.$$

将每一个方程写出来, 即为

$$x_i=\frac{1}{a_{ii}}\Big(b_i-\sum_{\substack{j=1\\j\neq i}}^{n}a_{ij}x_j\Big),\ i=1,2,\cdots,n.$$

于是, 我们得到求解 $\boldsymbol{AX}=\boldsymbol{b}$ 的雅可比迭代法的计算步骤:

(1) 给定初始向量 $\boldsymbol{X}^{(0)}=(x_1^{(0)},x_2^{(0)},\cdots,x_n^{(0)})^{\mathrm{T}}$.

(2) 对 $k=0,1,2,\cdots$, 计算

$$x_i^{(k+1)}=\frac{1}{a_{ii}}\Big(b_i-\sum_{\substack{j=1\\j\neq i}}^{n}a_{ij}x_j^{(k)}\Big),\ i=1,2,\cdots,n.$$

例 10.3.1 用雅可比迭代法求解线性方程组

$$\begin{cases}8x_1-3x_2+2x_3=20,\\4x_1+11x_2-x_3=33,\\6x_1+3x_2+12x_3=36.\end{cases}$$

选取初始向量 $\boldsymbol{X}^{(0)}=(0,0,0)^{\mathrm{T}}$. 对 $k=0,1,2,\cdots$, 按照雅可比迭代公式

$$\begin{aligned}x_1^{(k+1)}&=(3x_2^{(k)}-2x_3^{(k)}+20)/8,\\x_2^{(k+1)}&=(-4x_1^{(k)}+x_3^{(k)}+33)/11,\\x_3^{(k+1)}&=(-6x_1^{(k)}-3x_2^{(k)}+36)/12\end{aligned}$$

进行计算, 迭代到第 10 次, 有

$$\boldsymbol{X}^{(10)}=(3.000\,032,\ 1.999\,838,\ 0.999\,881\,3)^{\mathrm{T}},$$

与方程组的精确解 $\boldsymbol{X}^*=(3,2,1)^{\mathrm{T}}$ 相当接近.

2. 高斯–赛德尔迭代法

在雅可比迭代法中, 计算 $x_i^{(k+1)}$ 时, 已经计算出的 $x_1^{(k+1)},x_2^{(k+1)},\cdots,x_{i-1}^{(k+1)}$ 没有被利用. 我们总认为最新计算出的分量可能比旧的分量要好一些, 因此, 对最新计算出来的这些分量加以利用, 就得到求解 $\boldsymbol{AX}=\boldsymbol{b}$ 的高斯 (Gauss)–赛德尔 (Seidel) 迭代法的计算步骤:

(1) 给定初始向量 $\boldsymbol{X}^{(0)}=(x_1^{(0)},x_2^{(0)},\cdots,x_n^{(0)})^{\mathrm{T}}$.

(2) 对 $k=0,1,2,\cdots$,

$$x_i^{(k+1)}=\frac{1}{a_{ii}}\left(b_i-\sum_{j=1}^{i-1}a_{ij}x_j^{(k+1)}-\sum_{j=i+1}^{n}a_{ij}x_j^{(k)}\right),\ i=1,2,\cdots,n.$$

事实上, 高斯–赛德尔迭代法是将 $\boldsymbol{AX}=\boldsymbol{b}$ 等价地变形为

$$(\boldsymbol{D}-\boldsymbol{L})\boldsymbol{X}=\boldsymbol{UX}+\boldsymbol{b},\quad \boldsymbol{X}=(\boldsymbol{D}-\boldsymbol{L})^{-1}\boldsymbol{UX}+(\boldsymbol{D}-\boldsymbol{L})^{-1}\boldsymbol{b}.$$

迭代矩阵为

$$\boldsymbol{B}=(\boldsymbol{D}-\boldsymbol{L})^{-1}\boldsymbol{U}.$$

可以证明: 如果 $\boldsymbol{A}$ 为对角占优矩阵, 则对任意的初始向量 $\boldsymbol{X}^{(0)}$, 求解 $\boldsymbol{AX}=\boldsymbol{b}$ 的雅可比迭代法与高斯–赛德尔迭代法都是收敛的.

例 10.3.2 用高斯–赛德尔迭代法求解线性方程组

$$\begin{cases} 8x_1 - 3x_2 + 2x_3 = 20, \\ 4x_1 + 11x_2 - x_3 = 33, \\ 6x_1 + 3x_2 + 12x_3 = 36. \end{cases}$$

仍选取初始向量为 $\boldsymbol{X}^{(0)}=(0,0,0)^{\mathrm{T}}$, 对 $k=0,1,2,\cdots$, 按照高斯–赛德尔迭代公式

$$\begin{aligned} x_1^{(k+1)} &= (3x_2^{(k)}-2x_3^{(k)}+20)/8, \\ x_2^{(k+1)} &= (-4x_1^{(k+1)}+x_3^{(k)}+33)/11, \\ x_3^{(k+1)} &= (-6x_1^{(k+1)}-3x_2^{(k+1)}+36)/12 \end{aligned}$$

进行计算, 迭代到第 5 次, 可得

$$\boldsymbol{X}^{(5)}=(2.999\,843,\ 2.000\,072,\ 1.000\,061)^{\mathrm{T}}.$$

从此例可以看出, 在两种迭代法都收敛的情况下, 高斯–赛德尔迭代法要比雅可比迭代法收敛快.

3. 松弛迭代法

计算 $x_i^{(k+1)}$ 时, 将高斯–赛德尔迭代法计算出的结果作为辅助量, 记为

$$\tilde{x}_i^{(k+1)}=\frac{1}{a_{ii}}\Big(b_i-\sum_{j=1}^{i-1}a_{ij}x_j^{(k+1)}-\sum_{j=i+1}^{n}a_{ij}x_j^{(k)}\Big),$$

而令

$$x_i^{(k+1)}=(1-\omega)x_i^{(k)}+\omega\tilde{x}_i^{(k+1)},$$

即把 $x_i^{(k+1)}$ 取为 $x_i^{(k)}$ 与 $\tilde{x}_i^{(k+1)}$ 的加权平均. 于是有

$$x_i^{(k+1)}=x_i^{(k)}+\omega(\tilde{x}_i^{(k+1)}-x_i^{(k)})=x_i^{(k)}+\frac{\omega}{a_{ii}}\Big(b_i-\sum_{j=1}^{i-1}a_{ij}x_j^{(k+1)}-\sum_{j=i}^{n}a_{ij}x_j^{(k)}\Big),$$

其中 ω 称为松弛因子. 在实际中真正使用的 ω 值通常的取值范围为 $1<\omega<2$, 称为超松弛因子, 此时的迭代法称为超松弛迭代法. 这样, 我们就得到求解 $\boldsymbol{AX}=\boldsymbol{b}$ 的松弛迭代法的计算步骤:

(1) 给定初始向量 $\boldsymbol{X}^{(0)}=(x_1^{(0)},x_2^{(0)},\cdots,x_n^{(0)})^{\mathrm{T}}$.

(2) 对 $k=0,1,2,\cdots$, 计算

$$x_i^{(k+1)}=x_i^{(k)}+\frac{\omega}{a_{ii}}\Big(b_i-\sum_{j=1}^{i-1}a_{ij}x_j^{(k+1)}-\sum_{j=i}^{n}a_{ij}x_j^{(k)}\Big),\ i=1,2,\cdots,n.$$

事实上, 松弛迭代法是将 $\boldsymbol{AX}=\boldsymbol{b}$ 等价地变形为

$$\begin{aligned}
&\boldsymbol{DX}=(\boldsymbol{L}+\boldsymbol{U})\boldsymbol{X}+\boldsymbol{b},\quad \omega\boldsymbol{DX}=\omega(\boldsymbol{L}+\boldsymbol{U})\boldsymbol{X}+\omega\boldsymbol{b},\\
&\boldsymbol{DX}=\omega\boldsymbol{DX}+(1-\omega)\boldsymbol{DX}=\omega\boldsymbol{LX}+\omega\boldsymbol{UX}+(1-\omega)\boldsymbol{DX}+\omega\boldsymbol{b},\\
&(\boldsymbol{D}-\omega\boldsymbol{L})\boldsymbol{X}=\Big((1-\omega)\boldsymbol{D}+\omega\boldsymbol{U}\Big)\boldsymbol{X}+\omega\boldsymbol{b},\\
&\boldsymbol{X}=(\boldsymbol{D}-\omega\boldsymbol{L})^{-1}\Big((1-\omega)\boldsymbol{D}+\omega\boldsymbol{U}\Big)\boldsymbol{X}+(\boldsymbol{D}-\omega\boldsymbol{L})^{-1}\omega\boldsymbol{b},
\end{aligned}$$

即松弛法的迭代矩阵为

$$\boldsymbol{B}=(\boldsymbol{D}-\omega\boldsymbol{L})^{-1}\Big((1-\omega)\boldsymbol{D}+\omega\boldsymbol{U}\Big).$$

可以证明: 如果 $\boldsymbol{A}$ 为对称正定矩阵, 当 $1<\omega<2$ 时, 对任意的初始向量 $\boldsymbol{X}^{(0)}$, 求解 $\boldsymbol{AX}=\boldsymbol{b}$ 的超松弛迭代法都是收敛的.

例 10.3.3 用超松弛迭代法求解线性方程组

$$\begin{cases}
-4x_1+x_2+x_3+x_4=1,\\
x_1-4x_2+x_3+x_4=1,\\
x_1+x_2-4x_3+x_4=1,\\
x_1+x_2+x_3-4x_4=1.
\end{cases}$$

选取初始向量为 $\boldsymbol{X}^{(0)}=(0,0,0)^{\mathrm{T}}$, 选取 $\omega=1.3$, 对 $k=0,1,2,\cdots$, 按迭代公式

$$\begin{aligned}
x_1^{(k+1)}&=x_1^{(k)}-\omega(1+4x_1^{(k)}-x_2^{(k)}-x_3^{(k)}-x_4^{(k)})/4,\\
x_2^{(k+1)}&=x_2^{(k)}-\omega(1-x_1^{(k+1)}+4x_2^{(k)}-x_3^{(k)}-x_4^{(k)})/4,\\
x_3^{(k+1)}&=x_3^{(k)}-\omega(1-x_1^{(k+1)}-x_2^{(k+1)}+4x_3^{(k)}-x_4^{(k)})/4,\\
x_4^{(k+1)}&=x_4^{(k)}-\omega(1-x_1^{(k+1)}-x_2^{(k+1)}-x_3^{(k+1)}+4x_4^{(k)})/4
\end{aligned}$$

进行计算, 第 11 次迭代结果为

$$\boldsymbol{X}^{(11)}=(-0.999\,996\,46,\ -1.000\,003\,10,\ -0.999\,999\,53,\ -0.999\,999\,12)^{\mathrm{T}},$$

与方程组的精确解

$$X^* = (-1,-1,-1,-1)^{\mathrm{T}}$$

相当接近.

本例的最佳松弛因子是 $\omega = 1.3$. 如果选择了恰当的松弛因子, 可使松弛迭代法比高斯–赛德尔迭代法收敛更快, 松弛就真正起到了加速的作用.

迭代法具有循环的计算公式, 方法简单, 适宜解系数矩阵为大型稀疏矩阵的方程组, 在实际计算中, 只需存储 $\boldsymbol{A}$ 的非零元素. 三种迭代法中, 松弛迭代法更为常用.

克雷洛夫 (Krylov) 子空间迭代法也是求解系数矩阵为大型稀疏矩阵的线性方程组的高效方法, 其原理和算法较上面讲述的迭代法要复杂, 综合利用了代数学中的多个知识点, 感兴趣的读者可以自行参阅有关书籍学习.

习 题 10

1. 用选列主元的三角分解法求解线性方程组:

(1) $\begin{cases} 3x_2 + 4x_3 = 1, \\ x_1 - x_2 + x_3 = 2, \\ 2x_1 + x_2 + 2x_3 = 3; \end{cases}$

(2) $\begin{cases} 0.409\,6x_1 + 0.123\,4x_2 + 0.367\,8x_3 + 0.294\,3x_4 = 0.404\,3, \\ 0.224\,6x_1 + 0.387\,2x_2 + 0.401\,5x_3 + 0.112\,9x_4 = 0.155\,0, \\ 0.364\,5x_1 + 0.192\,0x_2 + 0.378\,1x_3 + 0.064\,3x_4 = 0.424\,0, \\ 0.178\,4x_1 + 0.400\,2x_2 + 0.278\,6x_3 + 0.392\,7x_4 = -0.255\,7. \end{cases}$

2. 用平方根法求解线性方程组:

(1) $\begin{cases} 2x_1 - x_2 + x_3 = 4, \\ -x_1 - 2x_2 + 3x_3 = 5, \\ x_1 + 3x_2 + x_3 = 6; \end{cases}$

(2) $\begin{cases} 0.642\,8x_1 + 0.347\,5x_2 - 0.846\,8x_3 = 0.412\,7, \\ 0.347\,5x_1 + 1.842\,3x_2 + 0.475\,9x_3 = 1.732\,1, \\ -0.846\,8x_1 + 0.475\,9x_2 + 1.214\,7x_3 = -0.862\,1. \end{cases}$

3. 用追赶法求解三对角线性方程组

$$\begin{cases} 2x_1 - x_2 = 1, \\ -x_1 + 2x_2 - x_3 = 0, \\ -x_2 + 2x_3 - x_4 = 0, \\ -x_3 + 2x_4 - x_5 = 0, \\ -x_4 + 2x_5 = 0. \end{cases}$$

4. 试推导求矩阵

$$A = \begin{pmatrix} 2 & 1 & -3 & -1 \\ 3 & 1 & 0 & 7 \\ -1 & 2 & 4 & -2 \\ 1 & 0 & -1 & 5 \end{pmatrix}$$

的逆矩阵的数值算法公式.

5. 用雅可比迭代法求解线性方程组, 当解有 4 位小数稳定时, 停止迭代.

$$\begin{cases} x_1 + 2x_2 - 2x_3 = 1, \\ x_1 + x_2 + x_3 = 1, \\ 2x_1 + 2x_2 + x_3 = 1. \end{cases}$$

6. 用高斯–赛德尔迭代法求解线性方程组, 当解有 4 位小数稳定时, 停止迭代.

$$\begin{cases} x_1 + 0.4x_2 + 0.4x_3 = 1, \\ 0.4x_1 + x_2 + 0.8x_3 = 2, \\ 0.4x_1 + 0.8x_2 + x_3 = 3. \end{cases}$$

7. 用超松弛迭代法求解线性方程组, 当解有 4 位小数稳定时, 停止迭代.

$$\begin{cases} 4x_1 - x_2 = 1, \\ -x_1 + 4x_2 - x_3 = 4, \\ - x_2 + 4x_3 = -3. \end{cases}$$

分别取超松弛因子 $\omega = 1.03$, $\omega = 1.1$.

8. 考虑线性方程组 $HX = b$, 其中系数矩阵 H 为希尔伯特 (Hilbert) 矩阵,

$$H = (h_{ij})_{n\times n},\ h_{ij} = \frac{1}{i+j-1},\ i,j = 1,2,\cdots,n.$$

分别构造求解该方程组的雅可比迭代法、高斯–赛德尔迭代法和超松弛迭代法的算法公式.

11

第十一章
矩阵特征值问题数值解法介绍

矩阵的特征值问题在实际应用中是很常见的. 例如在多元统计分析中的主成分分析等方法中有着重要的应用. 关于计算 n 阶方阵 $\boldsymbol{A}$ 的特征值问题, 当 $n=2,3$ 时, 我们还可以求出特征多项式的根, 但当 n 较大时, 首先要计算 n 阶行列式, 然后再求 n 次特征多项式的根. 其实, 次数大于等于 5 的多项式不存在显式的求根公式, 由此看出求解矩阵的特征值问题的确很复杂, 从而引导我们研究矩阵的特征值与特征向量的数值解法. 常用的数值方法有两类, 一类是迭代法, 包括幂法及反幂法; 另一类是正交相似变换法, 包括雅可比方法和 QR 方法.

11.1 迭代法

1. 幂法

在某些统计分析中, 只需要我们求出绝对值最大的特征值 (称为矩阵的主特征值) 和相应的特征向量, 对于求解这种特征值问题, 幂法是合适的. 幂法是一种计算矩阵主特征值的迭代法, 方法简单, 对稀疏矩阵较合适.

设 n 阶实方阵 $\boldsymbol{A}$ 有 n 个线性无关的特征向量 $\boldsymbol{\alpha}_1,\boldsymbol{\alpha}_2,\cdots,\boldsymbol{\alpha}_n$, 分别属于特征值 $\lambda_1,\lambda_2,\cdots,\lambda_n$, 且特征值满足

$$|\lambda_1|\geqslant|\lambda_2|\geqslant\cdots\geqslant|\lambda_n|.$$

对于任意给定的非零初始向量 $\boldsymbol{v}_0$, $\boldsymbol{v}_0$ 可以表示为

$$\boldsymbol{v}_0=\sum_{i=1}^{n}a_i\boldsymbol{\alpha}_i.$$

按下述方法构造规范化向量序列, 称为幂法迭代公式:

$$\begin{cases}\text{任取初始向量}\boldsymbol{v}_0\neq\boldsymbol{0}\ (\text{要求}a_1\neq 0),\\ \boldsymbol{u}_0=\boldsymbol{v}_0,\\ \boldsymbol{v}_k=\boldsymbol{A}\boldsymbol{u}_{k-1},\\ \boldsymbol{u}_k=\boldsymbol{v}_k/\max(\boldsymbol{v}_k),\ k=1,2,\cdots,\end{cases}$$

其中 $\max(\boldsymbol{v}_k)$ 表示向量 $\boldsymbol{v}_k$ 的绝对值最大的分量. 则有

$$\lim_{k\to\infty}\boldsymbol{u}_k=\frac{\boldsymbol{\alpha}_1}{\max(\boldsymbol{\alpha}_1)},$$

$$\lim_{k\to\infty}\max(\boldsymbol{v}_k)=\lambda_1.$$

这是因为

$$
\begin{aligned}
&\boldsymbol{v}_1=\boldsymbol{A}\boldsymbol{u}_0=\boldsymbol{A}\boldsymbol{v}_0, && \boldsymbol{u}_1=\frac{\boldsymbol{v}_1}{\max(\boldsymbol{v}_1)}=\frac{\boldsymbol{A}\boldsymbol{v}_0}{\max(\boldsymbol{A}\boldsymbol{v}_0)},\\
&\boldsymbol{v}_2=\boldsymbol{A}\boldsymbol{u}_1=\frac{\boldsymbol{A}^2\boldsymbol{v}_0}{\max(\boldsymbol{A}\boldsymbol{v}_0)}, && \boldsymbol{u}_2=\frac{\boldsymbol{v}_2}{\max(\boldsymbol{v}_2)}=\frac{\boldsymbol{A}^2\boldsymbol{v}_0}{\max(\boldsymbol{A}^2\boldsymbol{v}_0)},\\
&\cdots\\
&\boldsymbol{v}_k=\frac{\boldsymbol{A}^k\boldsymbol{v}_0}{\max(\boldsymbol{A}^{k-1}\boldsymbol{v}_0)}, && \boldsymbol{u}_k=\frac{\boldsymbol{A}^k\boldsymbol{v}_0}{\max(\boldsymbol{A}^k\boldsymbol{v}_0)}.
\end{aligned}
$$

而

$$
\boldsymbol{A}^k\boldsymbol{v}_0=\sum_{i=1}^{n}a_i\lambda_i^k\boldsymbol{\alpha}_i=\lambda_1^k\left[a_1\boldsymbol{\alpha}_1+\sum_{i=2}^{n}a_i\left(\frac{\lambda_i}{\lambda_1}\right)^k\boldsymbol{\alpha}_i\right],
$$

$$
\boldsymbol{u}_k=\frac{\lambda_1^k\left[a_1\boldsymbol{\alpha}_1+\sum\limits_{i=2}^{n}a_i\left(\frac{\lambda_i}{\lambda_1}\right)^k\boldsymbol{\alpha}_i\right]}{\max\left[\lambda_1^k\left(a_1\boldsymbol{\alpha}_1+\sum\limits_{i=2}^{n}a_i\left(\frac{\lambda_i}{\lambda_1}\right)^k\boldsymbol{\alpha}_i\right)\right]}=\frac{a_1\boldsymbol{\alpha}_1+\sum\limits_{i=2}^{n}a_i\left(\frac{\lambda_i}{\lambda_1}\right)^k\boldsymbol{\alpha}_i}{\max\left[a_1\boldsymbol{\alpha}_1+\sum\limits_{i=2}^{n}a_i\left(\frac{\lambda_i}{\lambda_1}\right)^k\boldsymbol{\alpha}_i\right]},
$$

由于

$$
\left|\frac{\lambda_i}{\lambda_1}\right|<1,\ i=2,3,\cdots,n,
$$

所以有

$$
\lim_{k\to\infty}\boldsymbol{u}_k=\frac{\boldsymbol{\alpha}_1}{\max(\boldsymbol{\alpha}_1)}.
$$

同理,

$$
\boldsymbol{v}_k=\frac{\lambda_1^k\left[a_1\boldsymbol{\alpha}_1+\sum\limits_{i=2}^{n}a_i\left(\frac{\lambda_i}{\lambda_1}\right)^k\boldsymbol{\alpha}_i\right]}{\max\left[\lambda_1^{k-1}\left(a_1\boldsymbol{\alpha}_1+\sum\limits_{i=2}^{n}a_i\left(\frac{\lambda_i}{\lambda_1}\right)^{k-1}\boldsymbol{\alpha}_i\right)\right]},
$$

$$
\lim_{k\to\infty}\max(\boldsymbol{v}_k)=\lambda_1.
$$

例 11.1.1 用幂法求矩阵

$$
\boldsymbol{A}=\begin{pmatrix}1 & 1 & \frac{1}{2}\\ 1 & 1 & \frac{1}{4}\\ \frac{1}{2} & \frac{1}{4} & 2\end{pmatrix}
$$

的主特征值及相应的特征向量.

应用幂法的计算公式, 当 $k=20$ 时, 得到

$$
\max(\boldsymbol{v}_{20})=2.536\ 532\ 3,\ \boldsymbol{u}_{20}=(0.748\ 2,\ 0.649\ 7,\ 1).
$$

而 $\boldsymbol{A}$ 的主特征值及特征向量的精确值为

$$\lambda_1 = 2.536\ 525\ 9,\ \boldsymbol{\alpha}_1 = (0.748\ 221\ 16,\ 0.649\ 661\ 16,\ 1).$$

应用幂法计算矩阵 $\boldsymbol{A}$ 的主特征值的收敛速度取决于比值 $r = \left|\dfrac{\lambda_2}{\lambda_1}\right|$, 当 r 接近 1 时收敛速度会很慢, 这时, 通常会采用如下方法来加速收敛.

引进矩阵

$$\boldsymbol{B} = \boldsymbol{A} - s\boldsymbol{E},$$

其中 s 为可选参数. 则 $\boldsymbol{B}$ 的特征值为 $\lambda_1 - s, \lambda_2 - s, \cdots, \lambda_n - s$, 且 $\boldsymbol{B}$ 与 $\boldsymbol{A}$ 有相同的特征向量. 适当选择参数 s, 使 $\lambda_1 - s$ 仍为 $\boldsymbol{B}$ 的主特征值, 且使

$$\left|\frac{\lambda_2 - s}{\lambda_1 - s}\right| < \left|\frac{\lambda_2}{\lambda_1}\right|.$$

对矩阵 $\boldsymbol{B}$ 应用幂法, 使得计算 $\boldsymbol{B}$ 的主特征值 $\lambda_1 - s$ 的过程得到加速. 这种方法称为原点平移法.

2. 反幂法

反幂法是用来计算矩阵的绝对值最小的特征值及其特征向量的方法.

设 $\boldsymbol{A}$ 为一个 n 阶可逆矩阵, 其特征值为 $\lambda_1, \lambda_2, \cdots, \lambda_n$, 且

$$|\lambda_1| \geqslant |\lambda_2| \geqslant \cdots \geqslant |\lambda_{n-1}| > |\lambda_n| > 0,$$

且有分别属于它们的 n 个线性无关的特征向量 $\boldsymbol{\alpha}_1, \boldsymbol{\alpha}_2, \cdots, \boldsymbol{\alpha}_n$. 则 $\boldsymbol{A}^{-1}$ 的特征值为 $\dfrac{1}{\lambda_1}, \dfrac{1}{\lambda_2}, \cdots, \dfrac{1}{\lambda_n}$, 且

$$\left|\frac{1}{\lambda_n}\right| > \left|\frac{1}{\lambda_{n-1}}\right| \geqslant \cdots \geqslant \left|\frac{1}{\lambda_1}\right|,$$

相应的特征向量为 $\boldsymbol{\alpha}_1, \boldsymbol{\alpha}_2, \cdots, \boldsymbol{\alpha}_n$. 因此, 计算 $\boldsymbol{A}$ 的绝对值最小的特征值的问题就是计算 $\boldsymbol{A}^{-1}$ 的绝对值最大的特征值问题. 对 $\boldsymbol{A}^{-1}$ 应用幂法就得到了关于 $\boldsymbol{A}$ 的反幂法迭代公式:

$$\begin{cases} \text{任取初始向量} \boldsymbol{v}_0 \neq \boldsymbol{0}\ (\text{要求} a_n \neq 0), \\ \boldsymbol{u}_0 = \boldsymbol{v}_0, \\ \boldsymbol{v}_k = \boldsymbol{A}^{-1}\boldsymbol{u}_{k-1}, \\ \boldsymbol{u}_k = \boldsymbol{v}_k / \max(\boldsymbol{v}_k),\ k = 1, 2, \cdots, \end{cases}$$

其中, 迭代向量 $\boldsymbol{v}_k$ 可以通过解方程组 $\boldsymbol{A}\boldsymbol{v}_k = \boldsymbol{u}_{k-1}$ 求得. 则有

$$\lim_{k\to\infty} \boldsymbol{u}_k = \frac{\boldsymbol{\alpha}_n}{\max(\boldsymbol{\alpha}_n)},$$

$$\lim_{k\to\infty}\max(\boldsymbol{v}_k)=\frac{1}{\lambda_n}.$$

也可以结合原点平移法来加速反幂法的收敛或求矩阵的其他特征值及其特征向量. 需要注意的是, 选择的参数 s, 一定要使 $(\boldsymbol{A}-s\boldsymbol{E})^{-1}$ 存在. 具体算法请读者思考后自行给出.

11.2 正交相似变换法

1. 雅可比方法

雅可比方法是用来计算实对称矩阵的全部特征值及特征向量的方法. 它的理论基础是对称矩阵可以正交相似于对角矩阵. 它的基本思想是通过一系列的平面旋转变换 (正交相似变换), 使矩阵的非对角元素不断减小, 直至将矩阵化为对角矩阵, 即可得到矩阵的全部特征值.

记 $\boldsymbol{P}$ 为平面旋转矩阵

$$\boldsymbol{P}=\begin{pmatrix}1&&&&&&&&\\&\ddots&&&&&&&\\&&1&&&&&&\\&&&\cos\theta&&\cdots&&\sin\theta&&&\\&&&&1&&&&&\\&&&\vdots&&\ddots&&\vdots&&\\&&&&&&1&&&\\&&&-\sin\theta&&\cdots&&\cos\theta&&\\&&&&&&&&1&\\&&&&&&&&&\ddots&\\&&&&&&&&&&1\end{pmatrix}\overset{\text{def}}{=\!=}\boldsymbol{P}(i,j).$$

$\boldsymbol{P}$ 有如下性质:

(1) $\boldsymbol{P}$ 为正交矩阵;

(2) $\boldsymbol{P}$ 和单位矩阵相比, 只在 (i,i), (i,j), (j,i), (j,j) 四个位置上的元素不一样;

(3) $\boldsymbol{PA}$ 只改变 $\boldsymbol{A}$ 的第 i 行与第 j 行元素, $\boldsymbol{AP}^{\mathrm{T}}$ 只改变 $\boldsymbol{A}$ 的第 i 列与第 j 列元素, $\boldsymbol{PAP}^{\mathrm{T}}$ 只改变 $\boldsymbol{A}$ 的第 i 行、第 j 行、第 i 列、第 j 列的元素.

记 $\boldsymbol{B}=\boldsymbol{PAP}^{\mathrm{T}}$, 则 $\boldsymbol{B}$ 的元素的计算公式为:

$$b_{ii}=a_{ii}\cos^2\theta+a_{jj}\sin^2\theta+2a_{ij}\sin\theta\cos\theta,$$

$$
\begin{aligned}
b_{jj} &= a_{ii}\sin^2\theta + a_{jj}\cos^2\theta - 2a_{ij}\sin\theta\cos\theta,\\
b_{ij} &= b_{ji} = \frac{1}{2}(a_{jj}-a_{ii})\sin 2\theta + a_{ij}\cos 2\theta,\\
b_{ik} &= b_{ki} = a_{ik}\cos\theta + a_{jk}\sin\theta,\ k\neq i,j,\\
b_{jk} &= b_{kj} = a_{jk}\cos\theta - a_{ik}\sin\theta,\ k\neq i,j,\\
b_{lk} &= b_{kl} = a_{lk},\ l,k\neq i,j.
\end{aligned}
$$

如果 $\boldsymbol{A}$ 的一个非对角元素 $a_{ij}\neq 0$, 则可以选择一平面旋转矩阵 $\boldsymbol{P}(i,j)$ (即选择 θ, 使 $\tan 2\theta = \dfrac{2a_{ij}}{a_{ii}-a_{jj}}$), 使 $\boldsymbol{B}=\boldsymbol{PAP}^{\mathrm{T}}$ 的非对角元素 $b_{ij}=b_{ji}=0$, 且有下述关系式:

(1) $b_{ik}^2+b_{jk}^2=a_{ik}^2+a_{jk}^2$;

(2) $b_{ii}^2+b_{jj}^2=a_{ii}^2+a_{jj}^2+2a_{ij}^2$;

(3) $b_{lk}^2=a_{lk}^2,\ l,k\neq i,j$.

由此可知, $\boldsymbol{B}$ 的非对角元素的平方和比 $\boldsymbol{A}$ 的非对角元素的平方和减少了 $2a_{ij}^2$.

下面介绍雅可比方法.

首先选取 $\boldsymbol{A}$ 的绝对值最大的非对角元素, 称为主元素. 设

$$
|a_{i_1j_1}| = \max_{l\neq k}|a_{lk}|,
$$

$a_{i_1j_1}$ 一定是非零的, 否则 $\boldsymbol{A}$ 已经对角化了. 选择一平面旋转矩阵 $\boldsymbol{P}_1=\boldsymbol{P}(i_1,j_1)$ 使 $\boldsymbol{A}^{(1)}=\boldsymbol{P}_1\boldsymbol{A}\boldsymbol{P}_1^{\mathrm{T}}$ 的非对角元素 $a_{i_1j_1}^{(1)}=a_{j_1i_1}^{(1)}=0$.

再选 $\boldsymbol{A}^{(1)}$ 的非对角元素中的主元素. 设

$$
|a_{i_2j_2}^{(1)}| = \max_{l\neq k}|a_{lk}^{(1)}|,
$$

则 $a_{i_2j_2}^{(1)}\neq 0$, 又可选择一平面旋转矩阵 $\boldsymbol{P}_2=\boldsymbol{P}(i_2,j_2)$, 使 $\boldsymbol{A}^{(2)}=\boldsymbol{P}_2\boldsymbol{A}^{(1)}\boldsymbol{P}_2^{\mathrm{T}}$ 的非对角元素 $a_{i_2j_2}^{(2)}=a_{j_2i_2}^{(2)}=0$. 需要注意的是, 上次消成零的主元素, 这次有可能变为非零.

重复上述过程, 连续对 $\boldsymbol{A}$ 施行一系列的平面旋转变换, 每次消除非对角元素中绝对值最大的元素, 直到将 $\boldsymbol{A}$ 的所有非对角元素均化为充分小为止.

对矩阵序列

$$
\boldsymbol{A}^{(m)}=\boldsymbol{P}_m\boldsymbol{A}^{(m-1)}\boldsymbol{P}_m^{\mathrm{T}},\ m=1,2,\cdots,
$$

可以证明:

$$
\lim_{m\to\infty}\boldsymbol{A}^{(m)}=\boldsymbol{D}\ (\text{对角矩阵}).
$$

由此可知, 当 m 充分大时,

$$
\boldsymbol{P}_m\cdots\boldsymbol{P}_2\boldsymbol{P}_1\boldsymbol{A}\boldsymbol{P}_1^{\mathrm{T}}\boldsymbol{P}_2^{\mathrm{T}}\cdots\boldsymbol{P}_m^{\mathrm{T}}\approx\boldsymbol{D}.
$$

记 $\boldsymbol{T}=\boldsymbol{P}_m\cdots\boldsymbol{P}_2\boldsymbol{P}_1$, 则 $\boldsymbol{T}$ 为正交矩阵, 且

$$\boldsymbol{T}\boldsymbol{A}\boldsymbol{T}^{\mathrm{T}}\approx\boldsymbol{D},\quad \boldsymbol{A}\boldsymbol{T}^{\mathrm{T}}\approx\boldsymbol{T}^{\mathrm{T}}\boldsymbol{D},$$

即 $\boldsymbol{T}^{\mathrm{T}}$ 的列向量就是 $\boldsymbol{A}$ 的 (近似) 特征向量.

例 11.2.1 用雅可比方法求对称矩阵

$$\boldsymbol{A}=\begin{pmatrix}2&-1&0\\-1&2&-1\\0&-1&2\end{pmatrix}$$

的特征值.

解 $\boldsymbol{A}^{(0)}=\boldsymbol{A}$, $a_{12}=-1$ 为 $\boldsymbol{A}^{(0)}$ 非对角元素的主元素, 令

$$\boldsymbol{P}_1=\begin{pmatrix}0.707\,106\,8&0.707\,106\,8&0\\-0.707\,106\,8&0.707\,106\,8&0\\0&0&1\end{pmatrix},$$

则

$$\boldsymbol{A}^{(1)}=\boldsymbol{P}_1\boldsymbol{A}^{(0)}\boldsymbol{P}_1^{\mathrm{T}}=\begin{pmatrix}1&0&-0.707\,106\,8\\0&3&-0.707\,106\,8\\-0.707\,106\,8&-0.707\,106\,8&2\end{pmatrix}.$$

$a_{13}^{(1)}=-0.707\,106\,8$ 为 $\boldsymbol{A}^{(1)}$ 非对角元素的主元素, 令

$$\boldsymbol{P}_2=\begin{pmatrix}0.888\,073\,8&0&0.459\,700\,8\\0&1&0\\-0.459\,700\,8&0&0.888\,073\,8\end{pmatrix},$$

则

$$\boldsymbol{A}^{(2)}=\boldsymbol{P}_2\boldsymbol{A}^{(1)}\boldsymbol{P}_2^{\mathrm{T}}=\begin{pmatrix}0.633\,974\,6&-0.325\,057\,6&0\\-0.325\,057\,6&3&-0.627\,963\,0\\0&-0.627\,963\,0&2.366\,025\end{pmatrix}.$$

$a_{23}^{(2)}=-0.627\,963\,0$ 为 $\boldsymbol{A}^{(2)}$ 非对角元素的主元素, 令

$$\boldsymbol{P}_3=\begin{pmatrix}1&0&0\\0&0.851\,654\,0&-0.524\,104\,5\\0&0.524\,104\,5&0.851\,654\,0\end{pmatrix},$$

则

$$A^{(3)} = P_3 A^{(2)} P_3^{\mathrm{T}} = \begin{pmatrix} 0.633\ 974\ 6 & -0.276\ 836\ 6 & -0.170\ 364\ 2 \\ -0.276\ 836\ 6 & 3.386\ 446 & 0 \\ -0.170\ 364\ 2 & 0 & 1.979\ 579 \end{pmatrix}.$$

$a_{12}^{(3)} = -0.276\ 836\ 6$ 为 $A^{(3)}$ 非对角元素的主元素, 令

$$P_4 = \begin{pmatrix} 0.995\ 078\ 5 & 0.099\ 090\ 04 & 0 \\ -0.099\ 090\ 04 & 0.995\ 078\ 5 & 0 \\ 0 & 0 & 1 \end{pmatrix},$$

则

$$A^{(4)} = P_4 A^{(3)} P_4^{\mathrm{T}} = \begin{pmatrix} 0.606\ 407\ 2 & 0 & -0.169\ 525\ 8 \\ 0 & 3.414\ 013 & 0.016\ 881\ 40 \\ -0.169\ 525\ 8 & 0.016\ 881\ 40 & 1.979\ 579 \end{pmatrix}.$$

$a_{13}^{(4)} = -0.169\ 525\ 8$ 为 $A^{(4)}$ 非对角元素的主元素, 令

$$P_5 = \begin{pmatrix} 0.992\ 684\ 2 & 0 & 0.120\ 739\ 5 \\ 0 & 1 & 0 \\ -0.120\ 739\ 5 & 0 & 0.992\ 684\ 2 \end{pmatrix},$$

则

$$A^{(5)} = P_5 A^{(4)} P_5^{\mathrm{T}} = \begin{pmatrix} 0.585\ 787\ 9 & 0.203\ 825\ 2 \times 10^{-2} & 0 \\ 0.203\ 825\ 2 \times 10^{-2} & 3.414\ 013 & 0.016\ 757\ 90 \\ 0 & 0.016\ 757\ 90 & 2.000\ 198 \end{pmatrix}.$$

如果到此停止计算, 得到 A 的特征值近似解为

$$\lambda_1 \approx 0.585\ 787\ 9,\ \lambda_2 \approx 3.414\ 013,\ \lambda_3 \approx 2.000\ 198.$$

而 A 的真实特征值为

$$\lambda_1 = 2\left(1 - \frac{\sqrt{2}}{2}\right) \approx 0.585\ 786,\ \lambda_2 = 2\left(1 + \frac{\sqrt{2}}{2}\right) \approx 3.414\ 214,\ \lambda_3 = 2.$$

可见, 近似解的精确度已经比较高了.

再逐步求出 $T^{\mathrm{T}} = P_1^{\mathrm{T}} P_2^{\mathrm{T}} P_3^{\mathrm{T}} P_4^{\mathrm{T}} P_5^{\mathrm{T}}$ 的列向量, 即得 A 的特征向量. □

2. QR 方法

由第 9 章, 我们知道, 任意一个可逆矩阵 $\boldsymbol{A}$, 都可以经过正交变换化为一个上三角形矩阵, 即存在正交矩阵 $\boldsymbol{Q}$ 及上三角形矩阵 $\boldsymbol{R}$, 使

$$\boldsymbol{Q}=\boldsymbol{A}\boldsymbol{R}^{-1},\ \boldsymbol{A}=\boldsymbol{Q}\boldsymbol{R},\ \boldsymbol{Q}^{\mathrm{T}}\boldsymbol{A}=\boldsymbol{R}.$$

这就是一般实可逆矩阵的 QR 分解, 也是 QR 方法求矩阵特征值和特征向量的理论基础.

至于 QR 分解中的正交矩阵 $\boldsymbol{Q}^{\mathrm{T}}$, 可以是我们在第 9 章证明 QR 分解时, 通过对 $\boldsymbol{A}$ 的列向量作施密特标准正交化得到的正交矩阵的转置, 也可以是一系列的平面旋转矩阵的乘积. 事实上, 由于 $\boldsymbol{A}$ 的第 1 列一定存在不为零的元素, 如果 $a_{j1}\neq 0\ (j=2,3,\cdots,n)$, 则存在平面旋转矩阵 $\boldsymbol{P}(1,2)$, $\boldsymbol{P}(1,3)$, $\cdots$, $\boldsymbol{P}(1,n)$, 使

$$\boldsymbol{P}(1,n)\cdots\boldsymbol{P}(1,3)\boldsymbol{P}(1,2)\boldsymbol{A}=\begin{pmatrix} r_{11} & a_{12}^{(1)} & \cdots & a_{1n}^{(1)}\\ 0 & a_{22}^{(1)} & \cdots & a_{2n}^{(1)}\\ \vdots & \vdots & & \vdots\\ 0 & a_{n2}^{(1)} & \cdots & a_{nn}^{(1)}\end{pmatrix}=\boldsymbol{A}^{(1)},$$

记 $\boldsymbol{P}_1=\boldsymbol{P}(1,n)\cdots\boldsymbol{P}(1,3)\boldsymbol{P}(1,2)$. 同理, 如果 $a_{j2}^{(1)}\neq 0\ (j=3,4,\cdots,n)$, 则存在平面旋转矩阵 $\boldsymbol{P}(2,3)$, $\boldsymbol{P}(2,4)$, $\cdots$, $\boldsymbol{P}(2,n)$ (记 $\boldsymbol{P}_2=\boldsymbol{P}(2,n)\cdots\boldsymbol{P}(2,4)$ $\boldsymbol{P}(2,3)$), 使

$$\boldsymbol{P}_2\boldsymbol{P}_1\boldsymbol{A}=\boldsymbol{P}_2\boldsymbol{A}^{(1)}=\begin{pmatrix} r_{11} & a_{12}^{(1)} & a_{13}^{(1)} & \cdots & a_{1n}^{(1)}\\ 0 & r_{22} & a_{23}^{(2)} & \cdots & a_{2n}^{(2)}\\ 0 & 0 & a_{33}^{(2)} & \cdots & a_{3n}^{(2)}\\ \vdots & \vdots & \vdots & & \vdots\\ 0 & 0 & a_{n3}^{(2)} & \cdots & a_{nn}^{(2)}\end{pmatrix}=\boldsymbol{A}^{(2)}.$$

重复上述过程, 最后得到一系列正交矩阵 $\boldsymbol{P}_1,\boldsymbol{P}_2,\cdots,\boldsymbol{P}_{n-1}$, 使

$$\boldsymbol{P}_{n-1}\cdots\boldsymbol{P}_2\boldsymbol{P}_1\boldsymbol{A}=\begin{pmatrix} r_{11} & a_{12}^{(1)} & \cdots & a_{1n}^{(1)}\\ & r_{22} & \cdots & a_{2n}^{(2)}\\ & & \ddots & \vdots\\ & & & a_{nn}^{(n-1)}\end{pmatrix}=\boldsymbol{R},$$

即 $\boldsymbol{Q}^{\mathrm{T}}=\boldsymbol{P}_{n-1}\cdots\boldsymbol{P}_2\boldsymbol{P}_1$, 使 $\boldsymbol{Q}^{\mathrm{T}}\boldsymbol{A}=\boldsymbol{R}$. 除了一系列的平面旋转变换可以将 $\boldsymbol{A}$ 化为上三角形矩阵, 还可以运用豪斯霍尔德 (Householder) 变换, 即镜面反射变换. 设镜面反射矩阵

$$\boldsymbol{H}=\boldsymbol{E}-2\boldsymbol{w}\boldsymbol{w}^{\mathrm{T}},$$

其中 $\boldsymbol{w}$ 为单位向量. 容易验证 $\boldsymbol{H}$ 是正交矩阵. 对于给定的向量 $\boldsymbol{\alpha}$ $(\neq a\boldsymbol{\varepsilon}_1)$, 可以选择单位向量

$$\boldsymbol{w}=\frac{\boldsymbol{\alpha}-a\boldsymbol{\varepsilon}_1}{|\boldsymbol{\alpha}-a\boldsymbol{\varepsilon}_1|},$$

使

$$\boldsymbol{H}\boldsymbol{\alpha}=a\boldsymbol{\varepsilon}_1,$$

其中 $a=|\boldsymbol{\alpha}|$, $\boldsymbol{\varepsilon}_1=(1,0,\cdots,0)^{\mathrm{T}}$.

于是存在镜面反射矩阵 $\boldsymbol{H}_1$, 将 $\boldsymbol{A}$ 的第 1 列化为 $r_{11}\boldsymbol{\varepsilon}_1$, 即

$$\boldsymbol{H}_1\boldsymbol{A}=\begin{pmatrix} r_{11} & a_{12}^{(1)} & \cdots & a_{1n}^{(1)} \\ 0 & a_{22}^{(1)} & \cdots & a_{2n}^{(1)} \\ \vdots & \vdots & & \vdots \\ 0 & a_{n2}^{(1)} & \cdots & a_{nn}^{(1)} \end{pmatrix}=\left(\begin{array}{c|ccc} r_{11} & a_{12}^{(1)} & \cdots & a_{1n}^{(1)} \\ \hline \boldsymbol{0} & & \boldsymbol{A}^{(1)} & \end{array}\right).$$

其中 r_{11} 为 $\boldsymbol{A}$ 的第 1 列向量的长度.

又存在镜面反射矩阵 $\overline{\boldsymbol{H}}_2$, 将 $\boldsymbol{A}^{(1)}$ 的第 1 列化为 $r_{22}\boldsymbol{\varepsilon}_1$, 其中 r_{22} 为 $\boldsymbol{A}^{(1)}$ 的第 1 列向量的长度. 令

$$\boldsymbol{H}_2=\begin{pmatrix} 1 & \boldsymbol{0} \\ \boldsymbol{0} & \overline{\boldsymbol{H}}_2 \end{pmatrix},$$

则

$$\boldsymbol{H}_2\boldsymbol{H}_1\boldsymbol{A}=\begin{pmatrix} r_{11} & a_{12}^{(1)} & a_{13}^{(1)} & \cdots & a_{1n}^{(1)} \\ 0 & r_{22} & a_{23}^{(2)} & \cdots & a_{2n}^{(2)} \\ 0 & 0 & a_{33}^{(2)} & \cdots & a_{3n}^{(2)} \\ \vdots & \vdots & \vdots & & \vdots \\ 0 & 0 & a_{n3}^{(2)} & \cdots & a_{nn}^{(2)} \end{pmatrix}$$

$$=\left(\begin{array}{cc|ccc} r_{11} & a_{12}^{(1)} & a_{13}^{(1)} & \cdots & a_{1n}^{(1)} \\ 0 & r_{22} & a_{23}^{(2)} & \cdots & a_{2n}^{(2)} \\ \hline \multicolumn{2}{c|}{\boldsymbol{O}} & & \boldsymbol{A}^{(2)} & \end{array}\right).$$

重复上述过程, 最后得到一系列的镜面反射矩阵 $\boldsymbol{H}_1,\boldsymbol{H}_2,\cdots,\boldsymbol{H}_{n-1}$, 使

$$\boldsymbol{H}_{n-1}\cdots\boldsymbol{H}_2\boldsymbol{H}_1\boldsymbol{A}=\begin{pmatrix} r_{11} & a_{12}^{(1)} & \cdots & a_{1n}^{(1)} \\ & r_{22} & \cdots & a_{2n}^{(2)} \\ & & \ddots & \vdots \\ & & & a_{nn}^{(n-1)} \end{pmatrix}=\boldsymbol{R},$$

即此时 $\boldsymbol{Q}^{\mathrm{T}}=\boldsymbol{H}_{n-1}\cdots\boldsymbol{H}_2\boldsymbol{H}_1$, 使 $\boldsymbol{Q}^{\mathrm{T}}\boldsymbol{A}=\boldsymbol{R}$.

下面给出求解 n 阶实可逆矩阵特征问题的 QR 方法.

令

$$\boldsymbol{A}^{(0)}=\boldsymbol{A},$$

设

$$\boldsymbol{A}^{(k)}=\boldsymbol{Q}_k\boldsymbol{R}_k\ (\text{其中}\boldsymbol{Q}_k\text{为正交矩阵, }\boldsymbol{R}_k\text{ 为上三角形矩阵}),$$

再令

$$\boldsymbol{A}^{(k+1)}=\boldsymbol{R}_k\boldsymbol{Q}_k,\ k=0,1,2,\cdots.$$

由此得到一个矩阵序列 $\{\boldsymbol{A}^{(k)}\}$, $\{\boldsymbol{A}^{(k)}\}$ 是一个相互正交相似的矩阵序列. 事实上,

$$\begin{aligned}\boldsymbol{A}^{(k+1)}&=\boldsymbol{R}_k\boldsymbol{Q}_k=\boldsymbol{Q}_k^{\mathrm{T}}\boldsymbol{A}^{(k)}\boldsymbol{Q}_k\\&=\boldsymbol{Q}_k^{\mathrm{T}}(\boldsymbol{Q}_{k-1}^{\mathrm{T}}\boldsymbol{A}^{(k-1)}\boldsymbol{Q}_{k-1})\boldsymbol{Q}_k\\&=\cdots\\&=\boldsymbol{Q}_k^{\mathrm{T}}\boldsymbol{Q}_{k-1}^{\mathrm{T}}\cdots\boldsymbol{Q}_1^{\mathrm{T}}\boldsymbol{A}\boldsymbol{Q}_1\cdots\boldsymbol{Q}_{k-1}\boldsymbol{Q}_k\\&=\widetilde{\boldsymbol{Q}}_k^{\mathrm{T}}\boldsymbol{A}\widetilde{\boldsymbol{Q}}_k,\end{aligned}$$

这里 $\widetilde{\boldsymbol{Q}}_k=\boldsymbol{Q}_1\boldsymbol{Q}_2\cdots\boldsymbol{Q}_k$. 所以, 矩阵序列 $\{\boldsymbol{A}^{(k)}\}$ 中所有矩阵都有着与矩阵 $\boldsymbol{A}$ 相同的特征值. 如果矩阵 $\boldsymbol{A}$ 的特征值 $\lambda_1,\lambda_2,\cdots,\lambda_n$ 满足

$$|\lambda_1|>|\lambda_2|>\cdots>|\lambda_n|>0,$$

则可以证明矩阵序列 $\{\boldsymbol{A}^{(k)}\}$ 本质收敛于上三角形矩阵

$$\begin{pmatrix}\lambda_1&*&*&\cdots&*\\&\lambda_2&*&\cdots&*\\&&\ddots&\ddots&\vdots\\&&&\ddots&*\\&&&&\lambda_n\end{pmatrix},$$

即当 $k\to\infty$ 时, $a_{ii}^{(k)}\to\lambda_i$, $i=1,2,\cdots,n$, $a_{ij}^{(k)}\to 0$, $1\leqslant j<i\leqslant n$, 而当 $1\leqslant i<j\leqslant n$ 时, $a_{ij}^{(k)}$ 的极限不一定存在. 如果矩阵 $\boldsymbol{A}$ 是对称的, 则 $\{\boldsymbol{A}^{(k)}\}$ 收敛到对角矩阵

$$\begin{pmatrix}\lambda_1&&&\\&\lambda_2&&\\&&\ddots&\\&&&\lambda_n\end{pmatrix},$$

且 $\widetilde{\boldsymbol{Q}}_k$ 的列向量收敛到 $\boldsymbol{A}$ 的分别属于特征值 $\lambda_1,\lambda_2,\cdots,\lambda_n$ 的特征向量.

例 11.2.2 设矩阵

$$A = \begin{pmatrix} 7 & 2 \\ 2 & 4 \end{pmatrix},$$

其两个特征值分别为 $\lambda_1 = 8, \lambda_2 = 3$. 属于 $\lambda_1 = 8$ 的特征向量为 $(2,1)^{\mathrm{T}}$ 的任意非零常数倍, 属于 $\lambda_2 = 3$ 的特征向量为 $(-1,2)^{\mathrm{T}}$ 的任意非零常数倍. 对 $\boldsymbol{A}$ 作 QR 分解得到

$$\boldsymbol{A} = \boldsymbol{Q}_0\boldsymbol{R}_0 = \begin{pmatrix} 0.962 & -0.275 \\ 0.275 & 0.962 \end{pmatrix}\begin{pmatrix} 7.28 & 3.02 \\ 0 & 3.30 \end{pmatrix},$$

则

$$\boldsymbol{A}^{(1)} = \boldsymbol{R}_0\boldsymbol{Q}_0 = \begin{pmatrix} 7.83 & 0.906 \\ 0.906 & 3.17 \end{pmatrix}.$$

与矩阵 $\boldsymbol{A}$ 相比, 矩阵 $\boldsymbol{A}^{(1)}$ 的对角线上元素更大, 非对角线元素更小. 继续对 $\boldsymbol{A}^{(1)}$ 作 QR 分解得到

$$\boldsymbol{A}^{(1)} = \boldsymbol{Q}_1\boldsymbol{R}_1 = \begin{pmatrix} 0.993 & -0.115 \\ 0.115 & 0.993 \end{pmatrix}\begin{pmatrix} 7.89 & 1.26 \\ 0 & 3.05 \end{pmatrix},$$

则

$$\boldsymbol{A}^{(2)} = \boldsymbol{R}_1\boldsymbol{Q}_1 = \begin{pmatrix} 7.98 & 0.350 \\ 0.350 & 3.02 \end{pmatrix}.$$

对 $\boldsymbol{A}^{(2)}$ 作 QR 分解得到

$$\boldsymbol{A}^{(2)} = \boldsymbol{Q}_2\boldsymbol{R}_2 = \begin{pmatrix} 0.999 & -0.043\,8 \\ 0.043\,8 & 0.999 \end{pmatrix}\begin{pmatrix} 7.99 & 0.482 \\ 0 & 3.000 \end{pmatrix},$$

则有

$$\boldsymbol{A}^{(3)} = \boldsymbol{R}_2\boldsymbol{Q}_2 = \begin{pmatrix} 8.00 & 0.131 \\ 0.131 & 3.00 \end{pmatrix},$$

此时

$$\widetilde{\boldsymbol{Q}}_2 = \boldsymbol{Q}_0\boldsymbol{Q}_1\boldsymbol{Q}_2 = \begin{pmatrix} 0.906 & -0.424 \\ 0.424 & 0.906 \end{pmatrix}.$$

可见, 继续上述过程的话, $\boldsymbol{A}^{(k)}$ 的非对角线上元素会越来越小, 而对角线上元素会趋于 8 和 3, 即

$$\lim_{k\to\infty} \boldsymbol{A}^{(k)} = \begin{pmatrix} 8 & 0 \\ 0 & 3 \end{pmatrix},$$

且 $\widetilde{\boldsymbol{Q}}_k$ 的列向量会趋于特征值 8 和 3 相应的特征向量.

QR 方法是求解中、小型实矩阵特征值问题的最有效方法之一.

注意, 我们这里讲述的是 QR 方法的基本思想; 实际应用中, 通常是对一个普通矩阵 $\boldsymbol{A}$, 先利用豪斯霍尔德变换化为上黑森伯格 (Hessenberg) 矩阵 (对称矩阵化为对称三对角矩阵), 然后再利用 QR 方法求上黑森伯格矩阵 (或对称三对角矩阵) 的特征值问题.

习 题 11

1. 写出用幂法计算下列矩阵的主特征值的前三步迭代过程:

(1) $\begin{pmatrix} 2 & 1 & 1 \\ 1 & 2 & 1 \\ 1 & 1 & 2 \end{pmatrix}$, $\boldsymbol{X}^{(0)} = (1, -1, 2)^{\mathrm{T}}$; (2) $\begin{pmatrix} 1 & 1 & 1 \\ 1 & 1 & 0 \\ 1 & 0 & 1 \end{pmatrix}$, $\boldsymbol{X}^{(0)} = (-1, 0, 1)^{\mathrm{T}}$.

2. 用幂法计算下列矩阵的主特征值及特征向量, 当特征值有 3 位小数稳定时, 迭代停止:

(1) $\begin{pmatrix} 7 & 3 & -2 \\ 3 & 4 & -1 \\ -2 & -1 & 3 \end{pmatrix}$; (2) $\begin{pmatrix} 3 & -4 & 3 \\ -4 & 6 & 3 \\ 3 & 3 & 1 \end{pmatrix}$.

3. 用雅可比方法求矩阵

$$\begin{pmatrix} 1.0 & 1.0 & 0.5 \\ 1.0 & 1.0 & 0.25 \\ 0.5 & 0.25 & 2.0 \end{pmatrix}$$

的全部特征值及特征向量.

4. 利用豪斯霍尔德变换, 将矩阵

$$\boldsymbol{A} = \begin{pmatrix} 2 & -1 & -1 \\ -1 & 2 & -1 \\ -1 & -1 & 2 \end{pmatrix}$$

正交相似为三对角矩阵.

5. 试用豪斯霍尔德变换, 将矩阵

$$\boldsymbol{A} = \begin{pmatrix} 1 & 1 & 1 \\ 2 & -1 & -1 \\ 2 & -4 & 5 \end{pmatrix}$$

分解为 $\boldsymbol{QR}$, 其中 $\boldsymbol{Q}$ 为正交矩阵, $\boldsymbol{R}$ 为上三角形矩阵.

6. 用 QR 方法计算矩阵

$$\boldsymbol{A} = \begin{pmatrix} 1 & 2 & 0 \\ 2 & -1 & 1 \\ 0 & 1 & 2 \end{pmatrix}$$

的全部特征值.

7. 考虑希尔伯特矩阵

$$\boldsymbol{H}=(h_{ij})_{n\times n},\ h_{ij}=\frac{1}{i+j-1},\ i,j=1,2,\cdots,n.$$

对 $n=5,\ 10$, 分别计算 $\boldsymbol{H}$ 的全部特征值.

8. 计算矩阵

$$\boldsymbol{A}=\begin{pmatrix} 9 & 4.5 & 3 \\ -56 & -28 & -18 \\ 60 & 30 & 19 \end{pmatrix}$$

的全部特征值.

参考文献

[1] 北京大学数学系前代数小组. 高等代数. 5 版. 北京: 高等教育出版社, 2019.

[2] 孟道骥. 高等代数与解析几何. 3 版. 北京: 科学出版社, 2014.

[3] 王萼芳. 高等代数. 北京: 高等教育出版社, 2009.

[4] 李庆扬, 王能超, 易大义. 数值分析. 5 版. 北京: 清华大学出版社, 2008.

[5] 白峰杉. 数值计算引论. 2 版. 北京: 高等教育出版社, 2010.

[6] 肖云茹. 统计计算. 天津: 南开大学出版社, 1994.

郑重声明